国家出版基金资助项目
“新闻出版改革发展项目库”入库项目
“十三五”国家重点出版物出版规划项目

中国稀土科学与技术丛书

主　　编　干　勇
执行主编　林东鲁

稀土玻璃

李维民　周慧敏　刘　慧　袁晓曲　编著

北　京
冶 金 工 业 出 版 社
2016

内容提要

本书是《中国稀土科学与技术丛书》之一，本书从稀土离子的基本状况及发展历史出发，通过对玻璃的基础知识，稀土无色光学玻璃、稀土有色光学玻璃、稀土光功能玻璃的组成、结构、性能、生产工艺、工业装备、质量控制及应用技术，国内外研究动态及产业发展趋势等的介绍展示了稀土玻璃领域的新工艺、新技术、新产品，全面反映了该领域国内外研究的最新成果。

本书可供相关领域的科研人员、生产技术人员使用，也可作为大专院校相关专业师生的教学参考用书。

图书在版编目(CIP)数据

稀土玻璃/李维民等编著. —北京：冶金工业出版社，2016.5
(中国稀土科学与技术丛书)
ISBN 978-7-5024-7216-0

Ⅰ.①稀…　Ⅱ.①李…　Ⅲ.①稀土族—玻璃
Ⅳ.①TQ171.71

中国版本图书馆CIP数据核字(2016)第224498号

出 版 人　谭学余
地　　址　北京市东城区嵩祝院北巷39号　邮编　100009　电话　(010)64027926
网　　址　www.cnmip.com.cn　电子信箱　yjcbs@cnmip.com.cn
丛书策划　任静波　肖　放
责任编辑　张熙莹　唐晶晶　肖　放　美术编辑　彭子赫　版式设计　孙跃红
责任校对　王永欣　孙跃红　责任印制　牛晓波
ISBN 978-7-5024-7216-0
冶金工业出版社出版发行；各地新华书店经销；固安华明印业有限公司印刷
2016年5月第1版，2016年5月第1次印刷
169mm×239mm；21.75印张；425千字；332页
87.00元

冶金工业出版社　投稿电话　(010)64027932　投稿信箱　tougao@cnmip.com.cn
冶金工业出版社营销中心　电话　(010)64044283　传真　(010)64027893
冶金书店　地址　北京市东四西大街46号(100010)　电话　(010)65289081(兼传真)
冶金工业出版社天猫旗舰店　yjgycbs.tmall.com
(本书如有印装质量问题，本社营销中心负责退换)

《中国稀土科学与技术丛书》

编辑委员会

序

稀土元素由于其结构的特殊性而具有诸多其他元素所不具备的光、电、磁、热等特性，是国内外科学家最为关注的一组元素。稀土元素可用来制备许多用于高新技术的新材料，被世界各国科学家称为“21世纪新材料的宝库”。稀土元素被广泛应用于国民经济和国防工业的各个领域。稀土对改造和提升石化、冶金、玻璃陶瓷、纺织等传统产业，以及培育发展新能源、新材料、新能源汽车、节能环保、高端装备、新一代信息技术、生物等战略新兴产业起着至关重要的作用。美国、日本等发达国家都将稀土列为发展高新技术产业的关键元素和战略物资，并进行大量储备。

经过多年发展，我国在稀土开采、冶炼分离和应用技术等方面取得了较大进步，产业规模不断扩大。我国稀土产业已取得了四个“世界第一”：一是资源量世界第一，二是生产规模世界第一，三是消费量世界第一，四是出口量世界第一。综合来看，目前我国已是稀土大国，但还不是稀土强国，在核心专利拥有量、高端装备、高附加值产品、高新技术领域应用等方面尚有差距。

国务院于2015年5月发布的《中国制造2025》规划纲要提出力争通过三个十年的努力，到新中国成立一百年时，把我国建设成为引领世界制造业发展的制造强国。规划明确了十个重点领域的突破发展，即新一代信息技术产业、高档数控机床和机器人、航空航天装备、海洋工程装备及高技术船舶、先进轨道交通装备、节能与新能源汽车、电力装备、农机装备、新材料、生物医药及高性能医疗器械。稀土在这十个重点领域中都有十分重要而不可替代的应用。稀土产业链从矿石到原材料，再到新材料，最后到零部件、器件和整机，具有几倍，甚至百倍的倍增效应，给下游产业链带来明显的经济效益，并带来巨大的节能减排方面的社会效益。稀土应用对高新技术产业和先进制造业具有重要的支撑作用，稀土原材料应用与《中国制造2025》具有很高的关联度。

长期以来，发达国家对稀土的基础研究及前沿技术开发高度重视，并投入很多，以期保持在相关领域的领先地位。我国从新中国成立初开始，就高度重视稀土资源的开发、研究和应用。国家的各个五年计划的科技攻关项目、国家自然科学基金、国家“863计划”及“973计划”项目，以及相关的其他国家及地方的科技项目，都对稀土研发给予了长期持续的支持。我国稀土研发水平，从跟踪到并跑，再到领跑，有的学科方向已经处于领先水平。我国在稀土基础研究、前沿技术、工程化开发方面取得了举世瞩目的成就。

系统地总结、整理国内外重大稀土科技进展，出版有关稀土基础科学与工程技术的系列丛书，有助于促进我国稀土关键应用技术研发和产业化。目前国内外尚无在内容上涵盖稀土开采、冶炼分离以及应用技术领域，尤其是稀土在高新技术应用的系统性、综合性丛书。为配合实施国家稀土产业发展策略，加快产业调整升级，并为其提供决策参考和智力支持，中国稀土学会决定组织全国各领域著名专家、学者，整理、总结在稀土基础科学和工程技术上取得的重大进展、科技成果及国内外的研发动态，系统撰写稀土科学与技术方面的丛书。

在国家对稀土科学技术研究的大力支持和稀土科技工作者的不断努力下，我国在稀土研发和工程化技术方面获得了突出进展，并取得了不少具有自主知识产权的科技成果，为这套丛书的编写提供了充分的依据和丰富的素材。我相信这套丛书的出版对推动我国稀土科技理论体系的不断完善，总结稀土工程技术方面的进展，培养稀土科技人才，加快稀土科学技术学科建设与发展有重大而深远的意义。

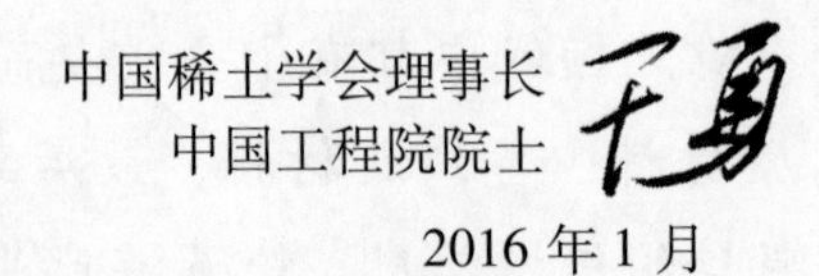

中国稀土学会理事长
中国工程院院士

2016年1月

编者的话

稀土元素被誉为工业维生素和新材料的宝库，在传统产业转型升级和发展战略新兴产业中都大显身手。发达国家把稀土作为重要的战略元素，长期以来投入大量财力和科研资源用于稀土基础研究和工程化技术开发。多种稀土功能材料的问世和推广应用，对以航空航天、新能源、新材料、信息技术、先进制造业等为代表的高新技术产业发展起到了巨大的推动作用。

我国稀土科研及产品开发始于20世纪50年代。60年代开始了系统的稀土采、选、冶技术的研发，同时启动了稀土在钢铁中的推广应用，以及其他领域的应用研究。70～80年代紧跟国外稀土功能材料的研究步伐，我国在稀土钐钴、稀土钕铁硼等研发方面卓有成效地开展工作，同时陆续在催化、发光、储氢、晶体等方面加大了稀土功能材料研发及应用的力度。

经过半个多世纪几代稀土科技工作者的不懈努力，我国在稀土基础研究和产品开发上取得了举世瞩目的重大进展，在稀土开采、选冶领域，形成和确立了具有我国特色的稀土学科优势，如徐光宪院士创建了稀土串级萃取理论并成功应用，体现了中国稀土提取分离技术的特色和先进性。稀土采、选、冶方面的重大技术进步，使我国成为全球最大的稀土生产国，能够生产高质量和优良性价比的全谱系产品，满足国内外日益增长的需求。同时，我国在稀土功能材料的基础研究和工程化技术开发方面已跻身国际先进水平，成为全球最大的稀土功能材料生产国。

科技部于2016年2月17日公布了重点支持的高新技术领域，其中与稀土有关的研究包括：半导体照明用长寿命高效率的荧光粉材料、半导体器件、敏感元器件与传感器、稀有稀土金属精深产品制备技术，超导材料、镁合金、结构陶瓷、功能陶瓷制备技术，功能玻璃制备技术，新型催化剂制备及应用技术，燃料电池技术，煤燃烧污染防治技术，机动车排放控制技术，工业炉窑污染防治技术，工业有害废气控制技术，节能与新能源汽车技术。这些技术涉及电子信息、新材料、新能源与节能、资源与环境等较多的领域。由此可见稀土应用的重要性和应用范围之广。

稀土学科是涉及矿山、冶金、化学、材料、环境、能源、电子等的多专业的交叉学科。国内各出版社在不同时期出版了大量稀土方面的专著，涉及稀土地质、稀土采选冶、稀土功能材料及应用的各个方向和领域。有代表性的是1995年由徐光宪院士主编、冶金工业出版社出版的《稀土（上、中、下)》。国外有代表性的是由爱思唯尔（Elsevier）出版集团出版的“Handbook on the Physics and Chemistry of Rare Earths”（《稀土物理化学手册》）等，该书从1978年至今持续出版。总的来说，目前在内容上涵盖稀土开采、冶炼分离以及材料应用技术领域，尤其是高新技术应用的系统性、综合性丛书较少。

为此，中国稀土学会决定组织全国稀土各领域内著名专家、学者，编写《中国稀土科学与技术丛书》。中国稀土学会成立于1979年11月，是国家民政部登记注册的社团组织，是中国科协所属全国一级学会，2011年被民政部评为4A级社会组织。组织编写出版稀土科技书刊是学会的重要工作内容之一。出版这套丛书的目的，是为了较系统地总结、整理国内外稀土基础研究和工程化技术开发的重大进展，以利于相关理论和知识的传播，为稀土学界和产业界以及相关产业的有关人员提供参考和借鉴。

参与本丛书编写的作者，都是在稀土行业内有多年经验的资深专家学者，他们在百忙中参与了丛书的编写，为稀土学科的繁荣与发展付出了辛勤的劳动，对此中国稀土学会表示诚挚的感谢。

中国稀土学会
2016年3月

前　言

稀土玻璃的问世已有百年历史，但加入了稀土氧化物而具有优越性能的新型玻璃却是在20世纪的后期才有惊人的快速发展。随着光电信息技术和玻璃制造工艺技术的发展，稀土玻璃的应用范围已从军事国防、航空航天、光学器件及电子工业等领域扩大到了人们的日常生活领域。

我国光学成像元器件的产量居世界第一位，但目前系统论述稀土玻璃的书籍很少。为了使广大科研人员、生产技术人员和大专院校的师生等充分了解稀土玻璃的组成、结构、性能、生产工艺、工业装备、质量控制、应用技术以及国内外研究动态与技术发展趋势，我们在大量查阅国内外文献资料的基础上，根据自己20多年的科研与生产实践，编写了本书。

本书内容全面，深入浅出，理论联系实际，充分论述了稀土玻璃，尤其是稀土光学玻璃的理论知识，详细介绍了稀土玻璃领域的新工艺、新技术、新产品，全面反映了该领域国内外研究的最新成果，具有很强的实用性。

全书共分7章，第1章全面讲述了稀土玻璃的基本状况及发展历史。第2章到第7章分别论述了稀土光学玻璃基础知识、稀土无色光学玻璃的制备、稀土有色玻璃、稀土光功能玻璃、国内外研究动态及产业发展趋势。

本书是在中国稀土学会的统一组织领导下，由挂靠成都光明光电股份有限公司的玻璃陶瓷专业委员会李维民等人编写的。第1章由李维民、袁晓曲编写，第2章由周慧敏、毛露路编写，第3章由李维民编写，第4章和第5章由周慧敏编写，第6章由袁晓曲、刘慧、李群、何波等人编写，第7章由栗勇、周慧敏编写。全书由李维民、周慧敏、栗勇审校定稿。本书的出版得到了国家出版基金的资助，在此深表谢意。

虽然我们有多年从事光学玻璃，尤其是稀土光学玻璃的科研与产业化方面的理论研究和实践工作的经验，但书中难免存在不足之处，敬请读者及各界同仁批评指正。

作 者

2016年1月

目　　录

1　绪论 …… 1

1.1　稀土玻璃发展现状 …… 1
1.2　技术发展沿革 …… 1
　1.2.1　稀土光学玻璃 …… 1
　1.2.2　稀土激光玻璃 …… 2
　1.2.3　稀土光纤玻璃 …… 3
　1.2.4　稀土红外玻璃和防辐射玻璃 …… 4
　1.2.5　稀土微晶玻璃 …… 4
　1.2.6　稀土新型功能玻璃 …… 6
参考文献 …… 7

2　稀土玻璃基础知识 …… 8

2.1　稀土氧化物在玻璃工业中的应用 …… 8
　2.1.1　稀土玻璃中的稀土元素 …… 8
　2.1.2　稀土光学玻璃中氧化物的作用及其原料性质 …… 8
2.2　稀土光学玻璃结构与生成规律 …… 18
　2.2.1　概述 …… 18
　2.2.2　稀土光学玻璃成玻璃性理论基础 …… 19
　2.2.3　稀土光学玻璃组分系统 …… 19
2.3　稀土无色光学玻璃的分类、命名与主要性能 …… 27
　2.3.1　稀土无色光学玻璃的分类及命名 …… 27
　2.3.2　稀土无色光学玻璃标准与技术指标 …… 29
　2.3.3　稀土无色光学玻璃主要物化性能 …… 34
参考文献 …… 41

3　稀土无色光学玻璃的制备 …… 42

3.1　原料与配料 …… 42
　3.1.1　原料 …… 42

3.1.2 称量 …… 44
3.1.3 配制料的混合 …… 45
3.1.4 稀土光学玻璃常用原料主要质量要求 …… 46
3.2 稀土光学玻璃熔炉结构与工序 …… 47
3.2.1 稀土光学玻璃电熔基础知识 …… 47
3.2.2 稀土光学玻璃连续熔炼 …… 51
3.3 稀土玻璃熔制过程 …… 54
3.3.1 连续熔炼 …… 54
3.3.2 铂器皿安装与烤炉 …… 55
3.3.3 配合料投入与均化 …… 58
3.3.4 光学玻璃熔制过程中主要的质量缺陷 …… 62
3.3.5 光学常数控制 …… 79
3.3.6 光学玻璃更换牌号方法 …… 85
3.4 铂单坩埚熔炼 …… 86
3.4.1 铂单坩埚发展过程 …… 86
3.4.2 铂单坩埚生产特点 …… 87
3.4.3 铂单坩埚炉构造及工装 …… 87
3.4.4 铂单坩埚炉生产 …… 91
3.5 光学玻璃组件成型 …… 93
3.5.1 二次压型 …… 93
3.5.2 压型产品的备料 …… 94
3.5.3 产品图 …… 95
3.5.4 切割工艺 …… 96
3.5.5 震动磨工艺 …… 97
3.5.6 修磨工艺 …… 98
3.5.7 备料过程中的质量管理 …… 99
3.5.8 二次压型 …… 99
3.5.9 退火 …… 102
3.5.10 二次压型产品的质量检验 …… 102
3.6 光学玻璃的热处理 …… 103
3.6.1 概述 …… 103
3.6.2 光学玻璃的精密退火 …… 103
3.7 光学玻璃窑炉用耐火材料 …… 117
3.7.1 概述 …… 117
3.7.2 耐火材料的定义、分类和性质 …… 118
3.7.3 电熔耐火材料 …… 122
3.7.4 烧结耐火材料 …… 126

3.7.5 不定形耐火材料 …… 129
3.7.6 光学玻璃窑炉用耐火材料的损坏形式 …… 132
3.7.7 光学玻璃窑炉用耐火材料的选择 …… 133
3.8 光学玻璃冷加工 …… 135
3.8.1 概述 …… 135
3.8.2 下料（切割）加工 …… 135
3.8.3 平面粗磨 …… 138
3.8.4 手修 …… 144
3.8.5 精磨（细磨） …… 145
3.8.6 抛光 …… 150
3.8.7 倒角（边）加工 …… 158
3.8.8 滚磨外圆 …… 160
3.8.9 上盘、下盘和清洗 …… 162
3.8.10 冷加工检验 …… 166
3.9 光学玻璃测试方法 …… 169
3.9.1 折射率和色散系数测试方法 …… 169
3.9.2 折射率精密测试方法 …… 172
3.9.3 边缘应力双折射测试方法 …… 176
3.9.4 中部应力双折射测试方法 …… 178
3.9.5 光学均匀性测试方法 …… 180
3.9.6 内透过率测试方法 …… 182
3.9.7 着色度测试方法 …… 183
3.9.8 光吸收系数测试方法 …… 184
3.9.9 条纹度检测方法 …… 185
3.9.10 气泡度检验方法 …… 186
参考文献 …… 188

4 稀土有色玻璃 …… 190

4.1 稀土有色玻璃基础知识 …… 190
4.1.1 概述 …… 190
4.1.2 稀土元素着色 …… 190
4.1.3 稀土离子着色剂 …… 192
4.1.4 组合着色 …… 196
4.1.5 影响稀土离子着色的因素 …… 196
4.2 稀土滤光玻璃 …… 197
4.2.1 滤光玻璃的分类及命名 …… 197

4.2.2 滤光玻璃的质量指标 …… 199
4.2.3 稀土滤光玻璃的特性 …… 200
4.2.4 滤光玻璃生产和质量检验 …… 204
4.2.5 稀土滤光玻璃的应用 …… 205
4.3 高级器皿和工艺美术品用稀土有色玻璃 …… 207
4.3.1 紫色玻璃 …… 207
4.3.2 绿色玻璃 …… 207
4.3.3 红色玻璃 …… 208
4.3.4 黄色玻璃 …… 208
4.4 彩色乳浊玻璃 …… 209
4.4.1 黄色乳浊玻璃 …… 209
4.4.2 奶油色乳浊玻璃 …… 210
4.4.3 紫色乳浊玻璃 …… 211
4.5 稀土玻璃脱色 …… 211
4.5.1 玻璃的脱色原理 …… 211
4.5.2 稀土元素化学脱色 …… 212
4.5.3 稀土元素物理脱色 …… 213
4.5.4 组合脱色 …… 213
4.5.5 脱色技术应用 …… 214
参考文献 …… 218

5 稀土光功能玻璃 …… 220

5.1 激光玻璃 …… 220
5.1.1 概述 …… 220
5.1.2 激光玻璃的激光参数 …… 222
5.1.3 稀土掺杂激光玻璃 …… 223
5.1.4 稀土掺杂硼硅酸盐玻璃的强激光防护 …… 231
5.2 稀土掺杂光学光纤 …… 234
5.2.1 概述 …… 234
5.2.2 稀土掺杂光纤 …… 235
5.3 稀土上转换发光材料 …… 240
5.3.1 稀土上转换发光材料的基质类型 …… 240
5.3.2 稀土上转换发光机理的研究 …… 241
5.3.3 稀土上转换发光材料的应用 …… 243
5.4 法拉第旋光玻璃 …… 244
5.4.1 概述 …… 244

5.4.2 维尔德常数 …… 244
5.4.3 Pr_2O_3、Nd_2O_3、Dy_2O_3 旋光玻璃 …… 245
5.4.4 Tb_2O_3 旋光玻璃 …… 246
5.4.5 CeO_2 旋光玻璃 …… 246
5.4.6 旋光玻璃的应用 …… 247
5.5 光敏玻璃 …… 248
5.5.1 概述 …… 248
5.5.2 稀土光敏玻璃分类 …… 248
5.5.3 玻璃增敏技术 …… 249
5.6 卤化物玻璃 …… 251
5.6.1 概述 …… 251
5.6.2 玻璃态氯化物、溴化物和碘化物 …… 251
5.6.3 氟化物玻璃 …… 251
5.7 红外光学玻璃 …… 254
5.8 耐辐射光学玻璃 …… 256
5.8.1 概述 …… 256
5.8.2 耐辐射机理 …… 257
5.8.3 耐辐射玻璃实例及应用 …… 258
5.9 光学眼镜玻璃 …… 260
5.9.1 眼镜片玻璃的性能与分类 …… 260
5.9.2 眼镜片玻璃的性能 …… 261
5.9.3 UV 光白托片眼镜玻璃 …… 261
5.9.4 克罗克斯和克罗克赛眼镜玻璃 …… 263
5.9.5 高折射、低密度眼镜玻璃 …… 264
5.9.6 光致变色眼镜玻璃 …… 265
5.9.7 遮阳眼镜玻璃 …… 267
5.9.8 工业护目镜玻璃 …… 268
5.9.9 激光护目镜玻璃 …… 268
5.9.10 彩电防疲劳高折射率低密度眼镜玻璃 …… 269
参考文献 …… 271

6 国内外产业技术发展 …… 272

6.1 稀土玻璃国内外主要制造厂商 …… 272
6.1.1 日本 HOYA（保谷） …… 272
6.1.2 日本 OHARA（小原） …… 273
6.1.3 德国 SCHOTT（肖特） …… 274
6.1.4 美国 Corning（康宁） …… 276

6.1.5 成都光明光电 …… 277
6.1.6 湖北新华光 …… 278
6.2 稀土光学玻璃专利研究分析 …… 279
6.2.1 研究目的及专利数据来源 …… 279
6.2.2 专利申请布局分析 …… 279
6.2.3 专利技术整体布局分析 …… 283
6.2.4 退火工艺技术专利布局状况 …… 292
6.2.5 测试工艺技术专利布局状况 …… 294
6.2.6 稀土光学玻璃专利研究 …… 297
6.2.7 稀土光学玻璃专利申请与新产品开发 …… 299
6.3 其他非光学类稀土玻璃专利申请情况分析 …… 305
6.3.1 检索概述 …… 305
6.3.2 专利申请人情况 …… 305
6.3.3 申请国别分析 …… 306
6.3.4 典型专利代表 …… 306
6.4 发达国家技术发展趋势 …… 307
6.4.1 玻璃生产技术 …… 308
6.4.2 玻璃产品技术 …… 310
6.4.3 玻璃生产支援技术 …… 313
6.4.4 与环境有关的技术现状 …… 315
6.4.5 从专利角度分析国内外技术水平与差距 …… 316
6.5 面向制造企业知识产权方面的建议 …… 317
参考文献 …… 320

7 稀土玻璃的应用与发展趋势展望 …… 321
7.1 稀土光学玻璃在光电信息产业领域的应用情况 …… 321
7.1.1 稀土光学玻璃在光电信息产业领域的主要应用与终端产品 …… 321
7.1.2 主要应用终端市场情况及发展趋势 …… 321
7.1.3 主要应用终端技术发展趋势 …… 325
7.1.4 终端产品对稀土光学玻璃性能要求及材料研发趋势 …… 325
7.2 稀土玻璃在其他领域的应用情况与趋势 …… 326
7.2.1 滤光玻璃的发展应用 …… 326
7.2.2 新型的滤光玻璃 …… 327
参考文献 …… 328

索引 …… 329

1 绪　　论

1.1 稀土玻璃发展现状

玻璃是熔融、冷却、固化的非晶体（在特定条件下也可能成为晶态）无机物，具有一系列非常可贵的特性：透明，坚硬，具有良好的耐蚀、耐热、电学和光学性质；能够用多种成型和加工方法制成各种形状和大小的制品[1]；可以通过调整化学组成改变其性质，以适应不同的使用要求。制造玻璃的原料丰富，价格低廉，因此玻璃具有极其广泛的应用，在国民经济中起着重要的作用。

稀土元素独特的电子构型使其成为新材料的宝库，特别是在光学功能玻璃领域已成为必不可少的材料，并获得了重要而广泛的应用，涉及光信息的产生、传输、调制、存储等各个方面。随着技术的发展，人们逐步发现稀土可使许多高科技领域应用玻璃获得特殊性能，它们在这些新型玻璃领域内起着不同的作用，由此产生了种类繁多的新型稀土功能玻璃。

随着科学技术的发展，新品种玻璃不断出现。近几十年来，人们对稀土玻璃研究的水平不断提高，研究内容从宏观进入微观，由定性研究步入半定量及定量分析研究。稀土玻璃组成由以硼酸盐系统为主拓展至氧化物、氮氧化合物、卤化物、硫化物玻璃，还包含非晶态物质、非晶态半导体金属玻璃、非晶态碳、无定形体和有机高分子物质等。玻璃形态包括球、管、块状、薄板纤维膜涂层、微孔体及粉末。玻璃制备方法也由传统的高温熔融成型（压制、吹制、拉制等）发展为化学气相沉积（CVD）或溅射法用于制备薄膜，CVD 用于光纤预制棒的制备，溶胶－凝胶法的液相低温合成，通过热处理使之出现分相、结晶等，制备出微孔玻璃、生物微晶玻璃等，通过离子交换制备折射率分布镜头及光波导路。稀土在新型功能玻璃领域内起着不同的作用，如本体、掺杂、改性、助熔、澄清、稳定控制晶粒等。

1.2 技术发展沿革

1.2.1 稀土光学玻璃

稀土在光学玻璃中的应用起始于 19 世纪末，主要是用 CeO_2 作玻璃的脱色剂。20 世纪 20 年代后期，美国的莫里（G. N. Morey）开始研究稀土元素氧化物的硼酸盐玻璃，此后各国都进行了镧系硼酸盐光学玻璃的研究。1938 年，美国柯达公司首次制造出具有高折射率、低色散特性的含镧光学玻璃，从而扩大了光学玻璃的光学常数范围。光学玻璃组成中引入较多稀土氧化物的稀土玻璃具有高折射率、低色散的特点，是制造大孔径、宽视场摄影物镜、长焦距、变焦距镜头以及高倍显微镜等不可缺少的光学材料，它对于改善光学仪器特别是照相机物镜的成像质量和简化设计具有重要意义，因而在国防军工用光系统的设计中成为关键材料。

我国从1958年开始研究稀土光学玻璃，但因受原料纯度的限制，稀土光学玻璃发展较为缓慢。长春光学精密机械研究所为了发展高折射率、低色散的光学玻璃，在1965年得到长春应用化学研究所的支持，对硝酸镧进行提纯，并对 $B_2O_3-La_2O_3-RO$ 系统玻璃进行了研究，成功试制出光学性能（$n_d=1.692$，$v_d=54.5$）合格的稀土光学玻璃。该所于1976年研制并生产了稀土光学玻璃镧冕5个牌号，重镧火石6个牌号。1978年北京玻璃研究所研制并小批量生产了镧冕类9个牌号，镧火石类4个牌号，重镧火石类2个牌号，其中LaF、ZLaF、LaK等牌号在生产35mm电影摄影镜头系列，焦距为16mm、35mm、85mm等镜头中使用，性能满足了高级摄影镜头系列产品的需要。

目前在世界范围内采用稀土氧化物制得的光学玻璃多达300多种，它们被广泛地用在航天、航海、军工、电视电影、天文、地质和照相等方面。稀土光学玻璃主要生产国家有日本、美国、德国、俄罗斯、英国及法国等。近20年来，我国对稀土光学玻璃的研究已经取得了不少成果，在硅酸盐系统、硼酸盐系统、磷酸盐系统及卤化物系统等方面都取得了很大进展。目前我国镧系光学玻璃的年生产能力已超过2500t，居世界首位，标志着我国稀土光学玻璃的先进水平。

1.2.2 稀土激光玻璃

1961年首次使用掺钕的硅酸盐玻璃获得脉冲激光，开辟了稀土玻璃激光材料与器件的研究。目前已知在玻璃中可以产生激光的稀土离子有 Nd^{3+}、Er^{3+}、Ho^{3+}、Tm^{3+}、Yb^{3+}等。在稀土激光玻璃的制造中，Nd^{3+}是最普遍采用的谐振腔工作物质之一。这主要是由于 Nd^{3+}能引起吸收和发光，它是谐振腔的发光中心，$4f$电子在 Nd^{3+}中某种程度上的隔离作用是玻璃状结晶格子对辐射带的高度与宽度产生影响的原因，也是对能级混合以及能级局部分裂产生影响的原因。

稀土玻璃激光材料易于制备，利用热成型和冷加工可制备不同大小尺寸和形状的玻璃，玻璃组分可在很大的范围内变化，从而可以改变玻璃对激光波长的折射率，并可调节折射率的温度系数、热光系数和非线性折射率等光学性质，获得光学质量和光学均匀性好的激光材料。

1963年，长春光学精密机械研究所成功研制出掺钕激光玻璃，并研制出钕玻璃激光器。1964年，开发出的硅酸盐钕玻璃和磷酸盐钕玻璃，具有高增益、高量子效率、低非线性折射率、低损耗系数，机械性质优异等特点，并具有很强的抗热冲击能力。我国已成功将这些玻璃应用于ICF大型激光装置上，成为除美国、日本、德国和俄罗斯等国之外能制备用于ICF激光钕玻璃的国家。

1.2.3 稀土光纤玻璃

稀土光纤具有传光效率高、集光能力强、信息传递量大、速度快、分辨率高、抗干扰、耐腐蚀、可弯曲、保密性好、资源丰富及成本低等一系列优点。由稀土光纤玻璃制成的光导纤维，在光通信中发挥着重要的作用。

自1997年日本NTT公司首先提出掺Er^{3+}碲酸盐玻璃光纤可用于宽带放大器以来，其实用化进程相当快。NTT公司在1997年报道的掺铒碲酸盐玻璃光纤的损耗为3dB/m，1998年减小到0.5dB/m，1999年又减小到0.05dB/m，现在损耗为0.02dB/m。之后，有关掺稀土碲酸盐玻璃光纤的专利申请急剧增加，申请单位涉及日本NTT公司、美国Corning公司、Lucent公司及Bell实验室等，其中一个重要原因是大家都认识到了碲酸盐玻璃光纤在光纤通信和增益带宽方面的独特优势。

2000年，日本Asahi公司和日本京都大学首先提出铋酸盐玻璃可以用作光纤放大器材料，一年后Asahi公司研制出掺Er^{3+}铋酸盐玻璃光纤，他们在研究报告中指出，掺Er^{3+}铋酸盐玻璃光纤能在C+L波段同时工作，另外，铋酸盐玻璃光纤在强度、防潮和抗裂三个方面明显优于碲酸盐和氟化物光纤，且制备成本低。但是有关掺Er^{3+}铋酸盐玻璃光纤构成的EDFA在增益平坦和噪声指数方面的研究还有待进一步深入。

基于氟化物玻璃的低声子能量以及氟化物光纤成熟的制造技术，掺Tm^{3+}氟化物光纤目前广泛应用于TDFA或GS-TDFA。这种光纤主要以ZBLAN、ZBLAL、ZBAN等玻璃系统为主。

掺Er^{3+}磷酸盐玻璃光纤与碲酸盐、铋酸盐、氟化物玻璃光纤相比，带宽并不占优势，但磷酸盐玻璃对Er^{3+}的溶解度很高，单位长度增益极高。美国Kigre公司利用自己在磷酸盐激光钕玻璃生产工艺的基础，研制出掺Er^{3+}磷酸盐玻璃光纤。在美国光纤通信展览会及研讨会（OFC）2001会议上报道了5.1cm光纤长度下获得15.5dB增益的结果，单位长度增益约为3.0dB/cm，这个数值近期又提高到了5.4dB/cm[1]。

稀土光纤分氧化物和非氧化物玻璃光纤两类。到目前为止，已能在光纤中掺钕、钬、铕、铒、镱、铽及镝等多种稀土离子，掺杂浓度为$1\times10^{-6}\sim4300\times10^{-6}$，已制成单膜、多膜、保偏等各种光纤。

非氧化物玻璃中阴离子如F^-、Cl^-或氧化物玻璃中O^{2-}的相对原子质量大，玻璃网络中正负离子间键力常数小，因此非氧化物玻璃光纤的透红外性能较好。目前，氧化物玻璃光纤的理论光损耗已降到0.002dB/km以下，即为超低损耗，其要求杂质量在1×10^{-9}以下。由于原料的纯度以及玻璃中的微小杂质等的影响，氟化物玻璃光纤的光损耗目前尚未达到理论值，氟化物玻璃光纤中杂质吸收主要来自于3*d*过渡元素，稀土和OH^-基等。

在中长距离光通信中，传输损耗量是关键问题。石英光纤可传递各种不同波长的光，但光衰不一样。1550nm波长的光在石英光纤中传输的光衰减率最低（0.15dB/km），几乎为下限衰减率，因此，光损失最小。由于Er^{3+}在受到波长为980nm、1480nm的光激发后能发射出1550nm波长的光，因此将百万分之几十至几百的Er^{3+}掺入到石英光纤，再配以980nm和1480nm两种波长的半导体激光器就基本构成了1550nm光信号的光放大器[2]。

掺铒的光纤广泛用于电话光缆和电子信息光缆，不仅光信号转换能力强，而且在传输过程中信息几乎没有损失。1993年，英国、法国、美国几大通信公司联通了大西洋海底光缆通信系统，在这条600km长的通信线路上，可以同时有60万部电话通话。1996年，横贯太平洋的光缆通信系统工程也已实施。

光导纤维装置在医学上已广泛用于人体内腔照射和身体机能检查。此外，还用在计算机、航空电子装置和轮船上的控制装置、示踪传感器、声磁探测系统等。

掺稀土玻璃光纤作为近年来出现的一种基质光纤放大器的增益介质新材料，在实现宽带通信的WDM系统中逐步扮演起重要的角色，它们已成为宽带光纤放大器中不可缺少的组成部分。稀土光纤已广泛应用于通信、计算机、交通、电力及广播电视等领域。

1.2.4 稀土红外玻璃和防辐射玻璃

含稀土的玻璃具有较宽的红外透射范围，经研究得知稀土玻璃透过波长小于7μm，为了拓宽红外透过的波段，科学家们研究了含稀土非氧化物玻璃加$ZrF_4-LaF_3-BaF_2$、$ZrF_4-ThF_4-LaF_3$以及稀土硫属化物玻璃。这些玻璃对于红外光学和电子玻璃具有十分重大的意义。目前，红外玻璃在航空航天、红外火炮导弹卫星和电子通信等方面得到了广泛应用[2]。

随着原子能工业和电脑办公等科学的发展，防止红外线和紫外线的辐射，保护人们的身体健康显得尤其重要。在稀土多功能新材料的研究开发中发现，防辐射最好的稀土元素有Ce、Gd、Eu、Dy、Sm和Pm等，当在钠－钙－硅玻璃中加入适量的CeO_2和Fe_2O_3时，在一定的工艺制度下能够制得非常理想的防辐射玻璃，同时可以采用浮法工艺大批量生产防辐射玻璃投放市场。

1.2.5 稀土微晶玻璃

微晶玻璃又名玻璃陶瓷，是通过控制玻璃成核和析晶而获得的多晶陶瓷材料，残余玻璃相通常低于50%。微晶玻璃的实际应用研究不过几十年，美国Corning公司首次研制出光敏微晶玻璃，并申请了第一个微晶玻璃专利。20世纪

50 年代，Stookey 对微晶玻璃进行了大量的研究。

由于 SiO_2 的存在，硅酸盐氟氧化物微晶玻璃被认为具有稳定的力学、化学性能，并有比氧化物玻璃或晶体更高的激光损伤阈值。微晶玻璃作为激光介质材料的研究始于 1972 年，由 Rapp 和 Chrysochoos 首次提出。1973 年，Müller 和 Neuroth 用 Ta_2O_5 作成核剂制备出掺 Nd^+ 的脉冲激光微晶玻璃。1975 年，Auzel 等人首次制出 Yb^{3+}，Er^{3+} 共掺氟氧化物微晶玻璃，稀土离子植入 PbF_2 微晶相中，红外上转换效率与 LaF_3 单晶相比明显增强。1993 年，Wang 和 Ohwali 报道了第一块透明氟氧化物微晶玻璃。2001 年，Corning 公司的 Tick 等人研制出一种新的透明氟氧化物激光微晶玻璃，实现了掺 Nd^{3+} 微晶玻璃纤维激光器。

透明微晶玻璃的研究尽管起步较晚，但材料本身所具有的优异性能，如氟化物或卤化物的低声子能量、稀土离子可溶性、氧化物的机械和化学稳定性以及比氧化物玻璃或晶体具有更高的激光损伤阈值等，在光学应用方面，具有广阔的发展空间和应用前景。主要稀土微晶玻璃性能见表 1－1。

表 1－1 主要稀土微晶玻璃性能[1]

类别		性能	应用
Zerodur β－石英固溶体		零线膨胀系数 $(0\pm0.02\times10^{-6})$℃$^{-1}$ (0～100℃)； 热导率 1.46W/(m·K) (20℃)； 红外透过率高（90% 以上）	望远镜
掺 Cr^{3+} 莫来石微晶玻璃		现已达到 32% 的量子效率，但距离实际应用还有差距（要达到 60% 量子效率），可通过提高原料纯度，降低 FeO 杂质含量及降低晶粒尺度来实现	太阳能集光器；大功率激光介质材料
稀土掺杂氟氧化物微晶玻璃	$30SiO_2-15Al_2O_3-24PbF_2-20CdF_2-10YbF_3-1ErF_3$	从 972～550nm 和 660nm 的有效转换发绿光和红光的效率分别是氟化物玻璃的 2 倍和 10 倍，发光强度是热处理玻璃前的 100 倍	上转换材料
	$30SiO_2-15Al_2O_3-17PbF_2-29CdF_2-4YF_3-5ZnF_2-Pr^{3+}$	量子效率为 7%	1300nm 放大器
	$SiO_2-15Al_2O_3-Na_2O-LaF_3-Er^{3+}$	优于传统 Al 掺杂 SiO_2 光纤	1500nm 放大器
	$SiO_2-15Al_2O_3-Na_2O-LaF_3-Er^{3+}$	优于传统 Al 掺杂 SiO_2 光纤	1300nm 放大器
锂铝硅微晶玻璃	β－锂霞石 β－黝辉石	负膨胀系数：-176×10^{-7}K； 线膨胀系数：$3.0\times10^{-6}K^{-1}$； 杨氏模量：80GPa； 抗弯耐磨性能优于 ZrO_2 陶瓷	光学布拉格反射器衬底；光学连接器组件

1.2.6 稀土新型功能玻璃

稀土在新型功能玻璃领域内起着不同的作用，如本体、掺杂、改性、助熔、澄清、稳定控制晶粒等。稀土元素在光学功能材料方面曾起过里程碑式的作用，如1959年发现用Yb^{3+}作敏化剂，Er^{3+}、Ho^{3+}、Tm^{3+}作激活剂的光子加和现象，为上转换材料的应用奠定了基础，1960年掺Sm^{3+}的CaF_2晶体实现在0.7μm的脉冲激光输出；1961年掺Nd^{3+}的硅酸盐玻璃输出脉冲激光；1964年Nd^{3+}：YAG实现连续激光输出；1973年发现TbFe光存储材料；1974年在Pr的化合物中发现光子的分割，即吸收一个高能量的光子分割成两个或多个低能量的光子；20世纪90年代，掺Er光纤放大器用于光通信；1996年发现CeSb的Karr磁光旋转效应等。这些新发现导致新功能玻璃层出不穷。

稀土窗玻璃是由稀土元素和二氧化硅组成的，它可以吸收太阳光和储存热能，当太阳光照射到稀土玻璃上时，可以透过可见光，吸收红外光。稀土玻璃可以把红外能转换成玻璃的内能，升高玻璃的温度，改善玻璃的热吸收能力，增加进入室内的太阳能，降低采吸能耗，对于建筑节能和环境保护具有重要的意义。日本旭硝子已经开始生产含稀土车窗用吸收热能玻璃。近年，美、日、法等国开发出掺氧化铈的防紫外线玻璃，用于汽车挡风玻璃和其他方面，这将是今后稀土应用的热点。

稀土法拉第磁光玻璃是一种新型的功能材料，因其各向均匀性好、磁旋光性能优异、成本低廉，在光纤通信、电力输送、航天、制导、卫星测控和激光系统等一切需要避免有害反射光的场合中都有着广泛的应用，是高科技领域中非常重要的新型功能材料。

稀土新型功能玻璃还包括稀土有色玻璃、生物玻璃、抗菌玻璃、耐热防火玻璃等，稀土新型功能玻璃已经与我们的生活息息相关，随着技术的进步，也将开发出越来越多的新型功能玻璃。新型稀土功能玻璃及其应用领域见表1－2。

表1－2 新型稀土功能玻璃及其应用领域

领域	新型玻璃	应用预测
光功能	长波光选择性透过、反射、聚光、镜头	隔热、反射或防发射玻璃折射分布镜头
	非线性光学	光开关、维持相位偏转
	磁光玻璃	光偏转
	声光玻璃	光开关
	光致变色	调节光透过率
	新一代光纤	超长距离光通信、光能传送
	喇曼辐射玻璃光纤	光波长转换组件、光放大组件

续表 1－2

领域	新 型 玻 璃	应 用 预 测
光功能	光路用玻璃	光波导、光控制组件，光 IC
	超光滑玻璃	光存储器、平面显示器基板，薄膜晶体管基板
	高性能存储玻璃薄膜	可写型光存储器
	电致变色显示组件玻璃	平面显示器、汽车及建筑物的调光窗
	混合（波导连接）IC 基板	低温烧成 IC 基板
能源	新型激光玻璃	激光加工机、医疗激光机、激光核聚变、光 CVD 紫外线光源 X 射线光源
	超离子传导性玻璃	固体电池
	激光器用光波导玻璃光纤	CO_2 和 CO 激光器用波导
生命科学	生物玻璃、微晶玻璃	人工骨、人工齿根、人工齿、齿冠
	高性能微孔玻璃	生物技术领域的分离精制膜、精制血浆、酵母菌载体、吸附体
宇宙航空	高强度微晶玻璃	轻质高强度结构材料
	高韧度微晶玻璃	耐热高性能结构材料
	可机械加工玻璃	可机械加工
	氧氮玻璃	高强度增强材料
热功能	耐热玻璃	耐热
	低膨胀	光掩膜基版
	低熔点封接	封装、焊接
化学功能	熔融固化	放射性废弃物固化
	耐碱性	混凝土增强

参 考 文 献

[1] 姜中宏. 新型光功能玻璃 [M]. 北京：化学工业出版社，2008.

[2] 聂春生. 实用玻璃组分 [M]. 天津：天津科学技术出版社，2002.

2 稀土玻璃基础知识

2.1 稀土氧化物在玻璃工业中的应用

2.1.1 稀土玻璃中的稀土元素

稀土玻璃是含稀土及稀有金属氧化物的一类玻璃的统称。稀土元素包含 La、Ce、Pr、Nd、Pm、Sm、Eu、Gd、Tb、Dy、Ho、Er、Tm、Yb、Lu、Sc、Y 等 17 种元素。稀有金属元素有 Ta、Nb、W、Zr 等。

由于稀土元素独有的电子层结构，使其具备较多独特的性质，是尖端科技不可或缺的原材料。如 Nd、Tm、Ho 等元素加入到玻璃体，可以作为激光玻璃的工作物质；Ce 可以用来制作防辐射玻璃；Pm、Sm 等在磁性材料方面有较为广泛的应用。由于稀土氧化物价格较高，在玻璃工业中，主要用于制造光学玻璃、特殊技术玻璃与高级艺术玻璃制品。

2.1.2 稀土光学玻璃中氧化物的作用及其原料性质

构成玻璃的常用氧化物有 SiO_2、B_2O_3、Al_2O_3、BaO、CaO、PbO、Na_2O、K_2O、ZnO、P_2O_5、La_2O_3、Li_2O、Ta_2O_5、ZrO_2、CeO_2、Sb_2O_3、As_2O_3 等。其中 SiO_2、B_2O_3、P_2O_5 为玻璃生成体氧化物，在玻璃中的比例较大，如 SiO_2 在硅酸盐玻璃中含量占 30% ~80%，B_2O_3 在硼酸盐玻璃中含量占 15% ~50%。玻璃生成体（骨架）氧化物对玻璃生产工艺、光学性能和物化性能起重要作用。Al_2O_3、ZnO、TiO_2、MgO 为玻璃中间体氧化物。BaO、CaO、Na_2O、K_2O、La_2O_3、Ta_2O_5、ZrO_2、Sb_2O_3、As_2O_3 为网络外体氧化物。

有些氧化物之间性能相差很大，它们间的部分替换能够有效改变玻璃的某些光学性能。如 TiO_2 替换 PbO 能够明显提高玻璃折射率和色散值，改善玻璃化学性能，减小玻璃的密度；P_2O_5 替换 SiO_2 能够降低玻璃折射率和色散值，降低化学稳定性；CeO_2 取代 Sb_2O_3 使玻璃具有耐辐射性能。常用氧化物在玻璃中的作用及其原料性质叙述如下。

2.1.2.1 二氧化硅（SiO_2）

二氧化硅是光学玻璃最主要的化工原料之一。它来源于加工后的脉石英和天然石英砂。二氧化硅原料为无定型的白色粉末，不溶于水，而溶于氢氟酸生成四氟化硅，与碱共熔生成硅酸钠：

$$SiO_2 + 4HF \longrightarrow SiF_4 + 2H_2O$$

$$SiO_2 + Na_2CO_3 \longrightarrow Na_2SiO_3 + CO_2 \uparrow$$

二氧化硅的密度为 2.26g/cm^3，熔点为 1713℃，沸点为 2590℃，折射率（n_d）为 1.475，色散（$n_F - n_C$）为 695×10^{-5}。结晶型的二氧化硅有石英、鳞石英和方石英三种，每种又有高、低温两种变体：

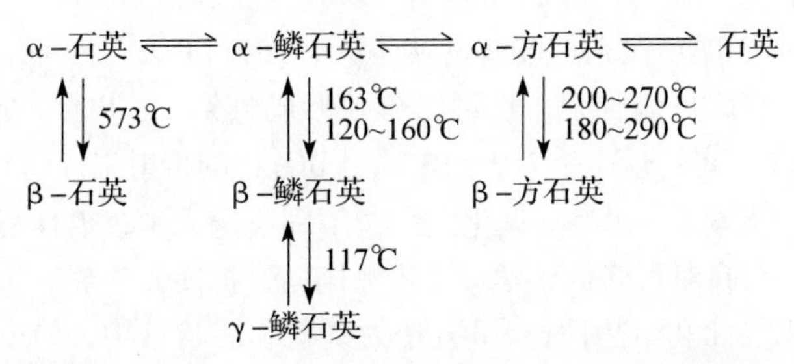

从左至右变化缓慢，从上至下变化较快。β-石英较为稳定，尤其是β-方石英在常温下可以长久存于自然界[1]。

二氧化硅为玻璃生成体，可以单独形成玻璃，即熔石玻璃（1700～1800℃）速冷时不结晶，称为石英玻璃，其线膨胀系数为 $4.6 \times 10^{-7}℃^{-1}$，在 800～850℃之间长时间保持可形成鳞石英结晶。它在光学玻璃中以四面体［SiO_4］互相连接形成玻璃骨架，牢固向三度空间发展为网络结构，这使硅酸盐光学玻璃具有较好的化学稳定性、机械强度、透紫外性、透明度，较高的软化温度，较低的线膨胀系数。但随着二氧化硅的 Si/O 比值不同，［SiO_4］所处的状态和连接情况不同，玻璃性质也就不同。二氧化硅用于玻璃制造优点很多，但其含量增加，会使玻璃熔制难度增加，玻璃缺陷如气泡、结石等将出现，因此一般将二氧化硅含量控制在 70% 以下。

二氧化硅是以自身的形式引入，经常伴随的杂质有 CaO、MgO、Fe_2O_3、K_2O、Na_2O、TiO_2 和 Cr_2O_3 等。

2.1.2.2 氧化钡（BaO）

氧化钡的密度为 5.72g/cm^3，熔点为 1920℃，折射率（n_d）为 1.87，色散值（$n_F - n_C$）为 1890×10^{-5}。氧化钡作为光学玻璃的网络外体，能提高光学玻璃的折射率、密度和光泽度，是 BaK、ZK、BaF、ZBaF、La 系等玻璃的重要组成。但氧化钡含量大将明显降低光学玻璃化学稳定性、热稳定性和析晶性能，同时加剧对耐火材料和铂坩埚的侵蚀，使熔炼工艺和生产设备复杂化。

氧化钡一般以 $Ba(NO_3)_2$ 和 $BaCO_3$ 形式引入，在熔炼过程中分解为氧化钡。其反应方程为：

$$BaCO_3 \xrightarrow{\text{白热}} BaO + CO_2 \uparrow$$

$$2Ba(NO_3)_2 \xrightarrow{1000\sim1200℃} 2BaO + 4NO_2\uparrow + O_2\uparrow$$

硝酸钡熔点较低（592℃），在1000～1200℃就完全分解，因此是一种助熔剂和氧化剂。碳酸钡熔点较高，一般为1470℃[1]。

2.1.2.3　氧化硼（B_2O_3）

氧化硼一般情况为无色透明状硬脆物质，密度为1.84g/cm^3，熔点为600℃。结晶氧化硼密度为1.805g/cm^3，熔点为295℃，沸点为1860℃，能溶于水和酒精，吸水性强[1]。B_2O_3在光学玻璃中以［BO_4］和［BO_3］两种结构存在，它们可以与［SiO_4］组成玻璃骨架，也可以单独形成骨架。［BO_4］的折射率（n_d）为1.61，色散值（n_F-n_C）为750×10^{-5}；［BO_3］的折射率（n_d）为1.464，色散值（n_F-n_C）为670×10^{-5}。氧化硼结构不同决定光学玻璃性质不同，［BO_4］为四面体结构，存在时可降低光学玻璃析晶倾向，提高光学玻璃折射率，改善光泽，提高化学稳定性和耐热性；［BO_3］为链状和层状结构，如逐步增加，玻璃就会产生较低的软化温度、较差的化学稳定性以及较大的线膨胀系数。［BO_4］和［BO_3］结构的相互转变，会使玻璃出现某些性质的明显变化，玻璃学称之为硼反常现象[2]，即组分与性质曲线上出现极大或极小值，利用硼反常现象可使光学玻璃达到某种特定要求。表2－1列出几种硼硅钠系统的光学玻璃各种主要性能的极值位置。

表2－1　几种硼硅钠系统的光学玻璃各种主要性能的极值位置

性质	玻璃系统	极值类型	极值位置（B_2O_3）	Na_2O与B_2O_3含量比
黏度	$20\ Na_2O\cdot x\ B_2O_3(80-x)SiO_2$	极大值	15%	4/3
机械强度	$(82-x)SiO_2$	极大值	15%	6/5
n_d值	$(85-x)SiO_2$	极大值	20%	3/4
线膨胀系数	$20\ Na_2O\cdot x\ B_2O_3(80-x)SiO_2$	极小值	18%	20/18
化学稳定性	$20\ Na_2O\cdot x\ B_2O_3(80-x)SiO_2$	极小值	15%	4/3

分子折射率、色散、介质损耗、电阻率和表面张力没有出现极大值或极小值现象。在这些系统中，对光学玻璃性质变化起决定作用的不是B_2O_3的绝对含量，而是Na_2O与B_2O_3的含量比，该比值为1的地方会出现极小值或极大值。当第四种氧化物引入时，极值的位置约在该比值为1处；当BaO引入时，极值向氧化硼多的方向移动；而其他物质如La_2O_3、TiO_2、BeO、Al_2O_3等的加入，极值明显呈下降趋势，向氧化硼低的方向移动。

在复杂的硼硅酸盐玻璃中，Na_2O与B_2O_3含量比值一定，玻璃性质与SiO_2与B_2O_3的含量比大小有关。如SiO_2与B_2O_3含量比增加，折射率增加；当SiO_2与B_2O_3含量比等于2时，折射率不变；当SiO_2与B_2O_3含量比大于2时，折射率下降。

氧化硼是玻璃的重要组成成分。含量大时，熔炼过程的挥发（5%～8%）将引起玻璃常数和条纹波动，玻璃其他性质也将改变，从而使生产工艺复杂化。

氧化硼大多数以硼酸形式引入，有时也用硼砂。硼酸加热至70℃时失水，部分变化为偏硼酸（HBO_2）。温度再高则转化为焦硼酸 $H_2B_4O_7$。一般情况下，在100℃时的分解方程式为：

$$2H_3BO_3 \xrightarrow{100℃} B_2O_3 + 3H_2O$$

因此，对硼酸进行水分测试时，其烘干温度不得超过70℃。硼酸呈弱酸性，溶于热水、甘油、乙醚和酒精。硼砂可分为含结晶水和无水两类。硼砂为白色晶体，易溶于水，在干燥空气中易从晶体表面开始风化，加热时产生脱水现象，在350～400℃时为无水硼砂，在747℃时熔为玻璃。当以硼砂作为光学玻璃原料时，只能用于含钠的玻璃，且要减去硼砂引入的钠含量。

2.1.2.4 氧化钠（Na_2O）

氧化钠熔点为920℃，密度为2.27g/cm³，折射率（n_d）为1.59，色散值（$n_F - n_C$）为 1420×10^{-5}，它既是玻璃成分，又是重要的助溶剂。在玻璃中挥发自重的0.5%～3.2%。用它代替氧化钾时，玻璃高温黏度变小，扩散系数增加，有利于条纹的消除，当 Na_2O 代替 K_2O 保持两者总浓度达某一值时，玻璃性能将出现极大值或极小值，这种现象称为“中和效应”。中和效应的结果有助于改善玻璃化学稳定性、离子扩散速度、黏度、介电损耗、导电性等，但代替后，CO_2 在玻璃中溶解度变小，可能会造成澄清困难，同时随 Na_2O 引入量的增加，SiO_2 过剩量相应增加，析晶倾向加大，玻璃结构断裂严重，对光学玻璃的线膨胀系数、热稳定性、化学稳定性和机械强度等性能不利，且玻璃中 Na_2O 成分含量较大会加剧挥发和对坩埚（熔化池）的侵蚀，易使玻璃出现条纹、结石和着色。

氧化钠一般以碳酸钠（俗称纯碱）形式引入，有时也用 $NaNO_3$ 和 Na_2SO_4 引入，前者多用于无色光学玻璃，后者用于有色光学玻璃。为了考虑熔炼气氛或某种特殊性也可以两者按比例同时使用。碳酸钠是一种白色粉末，密度为2.5g/cm³，易吸潮结块，易溶于水而放热（水解热），熔点为850℃，灼热进行分解的方程式为：

$$Na_2CO_3 \xrightarrow{灼热} Na_2O + CO_2\uparrow$$

硝酸钠为白色固体，密度为2.27g/cm³，熔点为308℃，易溶于水。高于600℃时分解，其化学方程式为：

$$2NaNO_3 \xrightarrow{600℃} Na_2O + NO_2\uparrow + NO\uparrow + O_2\uparrow$$

硫酸钠为白色固体，熔点为885℃，沸点为1430℃，在水中的溶解随温度增高而减少，它的引入会严重侵蚀坩埚，分解温度高，且是逐步进行的，1200℃时分解9.8%，300℃保持3h分解24.4%，在1350～1400℃要完全分解仍然比较困难，直到光学玻璃澄清末尾或温度达到某一阶段继续分解放出SO_2，形成难以排除的小气泡。另外，由于其密度小（1.46g/cm^3），未分解的Na_2SO_4易浮在玻璃液面而形成所谓的硝水现象，同时可能促成FeO、FeS、Fe_2O_3生成，最后与多硫化钠形成着色严重的Na_2FeS_3。硫酸钠分解的化学方程式为：

$$2Na_2SO_4 \longrightarrow 2Na_2O + 2SO_2\uparrow + O_2\uparrow$$

2.1.2.5　氧化钾（K_2O）

氧化钾密度为2.32g/cm^3，折射率（n_d）为1.575，色散值（$n_F - n_C$）为1200×10^{-5}，由于氧化钾（K_2O）未达到熔点就开始分解，故其熔点是无法测定的。

氧化钾是冕牌玻璃和火石玻璃的重要组成之一。在光学玻璃熔制过程中，挥发比氧化钠大，最高可达自重的12%。它在光学玻璃中比氧化钠稳定，代替一部分氧化钠能改善玻璃的透明度和光泽，并降低析晶性能。同时，含氧化钠10%和氧化钾5%的光学玻璃具有最小黏度。另外，含氧化钾的光学玻璃具有较低的表面张力，硬化速度快，操作范围较大。但含量大玻璃黏度增加，扩散系数减小，玻璃条纹不易消除，玻璃机械强度、热稳定性、线膨胀系数都将变差。

氧化钾大部分以K_2CO_3和KNO_3形式引入。碳酸钾是白色结晶粉末，密度为2.29g/cm^3，熔点为891℃，易溶于水，易吸潮结块，常含杂质氧化钾和硫酸钾[1]，灼热时分解方程式为：

$$K_2CO_3 \xrightarrow{\text{灼热}} K_2O + CO_2\uparrow$$

硝酸钾为菱形结晶，在空气中稳定，易溶于水，334℃熔融而成为流动液体，温度继续提高时的分解方程式为：

$$2KNO_3 \longrightarrow 2KNO_2 + O_2\uparrow \longrightarrow K_2O + NO_2\uparrow + NO\uparrow + O_2$$

2.1.2.6　氧化铅（PbO）

氧化铅又称黄丹，黄色粉末，在空气中易吸收CO_2，难溶于水，但溶于热的氢氧化钾和氢氧化钠的溶液中，密度为9.5g/cm^3，熔点为880℃，折射率（n_d）为2.46，色散值（$n_F - n_C$）为7700×10^{-5}。它是火石、重火石、钡火石和重钡火石光学玻璃不可缺少的成分[3]，能提高光学玻璃折射率和色散值，增大玻璃的密度，扩大玻璃生成范围，提高光学玻璃光泽。当玻璃中PbO含量大于60%时，该玻璃可以阻止一定量的γ射线和X射线透过，一般用来作射线防护窗和观察窗。由于Pb^{2+}具有18个电子的外层结构，因此易受极化而变形。另外，Pb—O键中共价键成分较高，故容易以低配位进入网络成为玻璃生成体，同时随含量增加出现Pb-1、Pb-2、Pb-3三种结构而改变玻璃各项性质。熔化时氧化铅易挥发，对坩埚或熔炉侵蚀严重，玻璃光学常数、气泡、条纹和着色易出现问题。

氧化铅以 PbO、Pb_3O_4 和 $Pb(NO_3)_2$ 形式引入。熔炼气氛为还原气氛时就会有金属铅析出的可能，这对玻璃和铂坩埚有害。同时，在还原条件下与原料中的硫杂质化合将析出 PbS（黑棕色）加深玻璃的色调。

2.1.2.7 氧化锌（ZnO）[3]

氧化锌为白色粉末，微溶于水，可溶于酸，不被氢还原，密度为 5.6g/cm^3，熔点为 1260℃，在 1800℃ 下升华，折射率（n_d）为 1.96，色散（$n_F - n_C$）为 2850×10^{-5}。

氧化锌在光学玻璃中以［ZnO］和［ZnO_6］形式存在，其作用为：

（1）降低光学玻璃高温黏度和线膨胀系数。

（2）改善光学玻璃的光泽。

（3）稀土钡冕玻璃中代替部分氧化钡可以减少玻璃对坩埚的侵蚀。

（4）提高化学稳定性和机械强度。

（5）在硒－镉玻璃中生成稳定的 ZnO 和 ZnSe 使硫和硒不挥发而留在玻璃中，起到固定剂的作用。

（6）在硼酸盐玻璃中，还能优先夺取氧，生成［ZnO］进入网络结构，从而改进这种玻璃的性能并降低析晶倾向等。

（7）铅玻璃中引入 2%～5% 时，可减小高温黏度，有利于气泡和条纹的消除。但玻璃表面张力增大，玻璃液反应不活跃，降温过程黏度变化大使残留气泡难以消除。

2.1.2.8 氧化钙（CaO）

氧化钙为白色粉末，密度为 3.2～3.4g/cm^3，熔点为 2570℃，在空气中吸收 CO_2 和水，折射率（n_d）为 1.83，色散值（$n_F - n_C$）为 1750×10^{-5}。氧化钙能够提高光学玻璃化学稳定性，增加光学玻璃机械强度和硬度，引入质量分数为 2%～3% 时为宜，含量少（以 $CaCO_3$ 形式引入），为助熔物。对含碳酸钠的玻璃助熔效果更好，它与碳酸钠会发生反应：

$$Na_2CO_3 + CaCO_3 \xrightarrow{600℃} [Na_2Ca(CO_3)_2]$$

该生成物在 815℃ 下熔化，和二氧化硅反应温度较碳酸钠和二氧化硅反应的温度低；高温黏度增大，易析晶，玻璃形成速度快。

氧化钙一般以碳酸钙的形式引入。碳酸钙是白色粉末，密度为 2.71g/cm^3，溶于酸，难溶于水，加热至 1420℃ 开始分解，其化学反应方程式为：

$$CaCO_3 \xrightarrow{1420℃} CaO + CO_2 \uparrow$$

据计算推测，在 10.39MPa 下熔点为 1339℃。由此可见，不含钠，熔化温度又低的光学玻璃碳酸钙熔化较困难，碳酸钙常有 Al_2O_3、CaO 杂质。

2.1.2.9 氧化铝（Al_2O_3）

氧化铝为白色粉末，易吸水但不溶于水，在浓酸中的溶解度取决于该酸溶剂的温度，也溶于碱，是两性氧化物。密度为3.5～4.1g/cm^3，熔点为2050℃，折射率（n_d）为1.52，色散（$n_F - n_C$）为850×10^{-5}。

氧化铝能改善玻璃热稳定性和化学稳定性，增加玻璃弹性和硬度，提高机械强度，降低折射率和色散。

氧化铝在玻璃中有两种状态，当玻璃中游离氧多时以［AlO_4］存在，不足时以［AlO_6］存在。前者可作为玻璃的网络，后者具有高的折射率和较小的分子体积，可以有效地降低玻璃导热性，减轻玻璃液对耐火材料的侵蚀。氧化铝在某些玻璃中可以起特殊作用，使这些玻璃达到某种特定的要求，如利用氧化铝夺取氧生成［AlO_4］比B_2O_3夺取氧生成［BO_4］能力强的特性可改善玻璃化学性能，保证玻璃具有低折射、低色散的光学性能。

由于氧化铝熔点高，表面张力大，引入后玻璃黏度增大，气泡难以消除。所以，一般引入量在3%以下。

氧化铝可以是自身形式和氢氧化铝形式引入。氢氧化铝（$Al(OH)_3$）为白色粉末，密度为2.42g/cm^3，几乎不溶于水，新沉淀的氢氧化铝长时间处于水中，就会失去溶于碱和酸的能力。在100℃以上将发生分解：

$$2Al(OH)_3 \xrightarrow{>100℃} Al_2O_3 + 3H_2O$$

所以氢氧化铝测试水分的烘干温度应小于80℃。

2.1.2.10 二氧化钛（TiO_2）

纯净的二氧化钛呈白色，硬度为6～6.5，密度为4.2～4.3g/cm^3，弱酸性，熔点为1800℃，加热时变黄，冷却时呈白色，熔于热硫酸和熔融的碱金属酸式盐中，折射率（n_d）为2.2～2.48，色散（$n_F - n_C$）为7500×10^{-5}～6100×10^{-5}。TiO_2的引入使光学玻璃增加网络氧化物含量，从而增加光学玻璃稳定性，提高光学玻璃折射率和色散，降低玻璃密度和高温黏度，但低温黏度变大。挥发甚微或不挥发，有利于光学玻璃澄清和条纹清除。目前TiO_2广泛应用于高折射高色散、低折射高色散等环保光学玻璃。

二氧化钛本身着色很弱，在玻璃中吸收紫外线和靠近紫蓝色区域的光线。但和二氧化铈、氧化铁共存时有明显变化，CeO_2和Fe_2O_3促进吸收并使吸收向长波方向移动。这种移动程度与玻璃中碱金属离子的半径有关，半径越大，移动幅度越大，另外也与硼含量有关，B_2O_3含量大于15%时移动幅度加快，所以含二氧化钛的玻璃一般带浅黄色或浅绿色。从结构变化角度有3种可能性解释：

（1）Ti^{4+}和Ti^{3+}转变，但理由不充分。因为一般无色光学玻璃，尤其是重铅玻璃均在氧化气氛中熔炼，不容易具备高价向低价转变的条件。

（2）TiO_2促使［FeO_6］转化为［FeO_4］的结果。因为［FeO_4］进入网络着色大大加强，这种可能性是存在的。

（3）TiO_2在玻璃中存在组分有微小差别的分相区，在TiO_2较多的分相区中溶解较多的Fe^{3+}等着色离子，降低了着色离子间的距离，加快了缔合，使缔合物成为着色中心，如形成Fe(O)Ti类型缔合物，使着色能力加大。这种可能性也是存在的。

TiO_2一般以自身形式引入。TiO_2生产方式有氯化法和硫酸法，但两种生产方式质量有差别。目前国内高质量的TiO_2生产企业量产化能力较弱。TiO_2对玻璃折射率和色散影响很大，要特别注意配料过程的称量和混合[3]。

2.1.2.11 五氧化二钽（Ta_2O_5）和五氧化二铌（Nb_2O_5）

纯净Ta_2O_5是白色粉末，密度为8.02g/cm^3，折射率（n_d）为2.75，色散（n_F-n_C）为8150×10^{-5}，不溶于水。在真空中加热至白热时分解为钽和氧。Nb_2O_5折射率为2.95，色散（n_F-n_C）为8050×10^{-5}。二者是折射率大于1.8700、色散系数大于45的光学玻璃的重要组成，且都能改善玻璃析晶性能。Nb_2O_5藏量较大，生产工艺非常成熟，被大量使用；Ta_2O_5藏量有限、价格高，大量使用受到限制。

2.1.2.12 二氧化锆（ZrO_2）

二氧化锆为硬质白色粉末，不溶于水，密度为5.89g/cm^3，折射率（n_d）为1.92，色散（n_F-n_C）为2250×10^{-5}，常温为单斜系晶型，1000℃以上转变为正方系晶型。强热灼烧所得的二氧化锆只溶于浓硫酸和氢氟酸，熔点为2900℃，线膨胀系数较小与石英玻璃相近，耐碱性能好，引入玻璃能提高玻璃析晶性能、化学稳定性和折射率，是光学玻璃重要组成部分。但含量超过总量8%时，熔化难度加大，且ZrO_2容易沉淀，也将给光学玻璃带来一定缺陷。

2.1.2.13 氧化镧（La_2O_3）

氧化镧La_2O_3，相对分子质量为325.84，白色粉末，是碱性相当强的氧化物，容易与酸起作用。密度为6.51g/cm^3，熔点为2000℃，折射率（n_d）为2.47，色散（n_F-n_C）为3800×10^{-5}，它是高折射、低色散光学玻璃理想的组成成分。有的镧系光学玻璃中La_2O_3含量高达40%以上。

氧化镧La_2O_3能增加玻璃的抗水性，提高其折射率和降低色散，是制造高折射率、低色散光学玻璃不可缺少的原料。玻璃中镧一般是以La^{3+}状态存在，由于La^{3+}的离子半径大（$r=0.12$nm），配位数高（8），因此氧化镧不是玻璃生成体，不能进入网络，而处于网络空隙之中，这是它与B^{3+}、Al^{3+}、Ga^{3+}的不同之处。由于La^{3+}位于结构网络的空隙，又具有较高的配位数，因此含La_2O_3的玻璃结构比较紧密，具有高的折射率；La^{3+}又具有比较紧密的电子层结构，所以含La_2O_3的玻璃色散并不大，这就是镧玻璃具有高折射低色散的主要原因。镧对玻璃的作用与Al_2O_3有一些类似，如引入少量La_2O_3能适当提高玻璃的化学稳定性，降低线膨胀系数，改善玻璃的灯工性能等。例如用镧掺杂的高硅氧玻璃，灯工加工性能良好，在火焰中反复加工都不易失透。防止玻璃表面因水和酸而引起的变质，增强硼酸盐玻璃的寿命，增大玻璃的硬度，提高软化温度。

在光学玻璃中，一般 La_2O_3 的含量在 10% ~45% 之间，由于 La_2O_3 的加入容易使玻璃分相析晶，导致加入量受到限制，为改善含 La_2O_3 玻璃的析晶问题，可加入一定量的 Y_2O_3 和 Gd_2O_3 来代替 La_2O_3，因此，目前的高折射稀土光学玻璃大都含有 La_2O_3、Y_2O_3、Gd_2O_3。目前主要稀土光学玻璃品种有 LaK（镧冕玻璃为镧钡硼硅酸盐系统，折射率大于 1.65），ZLaF 和 LaF（（重）镧火石玻璃，主要成分为镧钽钡硼酸盐系统，折射率大于 1.75）。

2.1.2.14　氧化铈（CeO_2）

氧化铈为柠檬黄粉末，密度为 7.5g/cm³，不溶于水而溶于浓硫酸，还原情况下可溶于盐酸，1900℃开始蒸发而不分解，熔点为 1950℃，折射率（n_d）为 2.13，色散（$n_F - n_C$）为 4300×10^{-5}。CeO_2 能提高玻璃吸收紫外线的能力，含 CeO_2 的玻璃在强辐射线照射下不变色。在玻璃的熔融温度下，CeO_2 能分解放出氧，是一种强氧化剂。引入玻璃一是作澄清剂，二是使光学玻璃具有耐辐射性能。玻璃熔制应避免强氧化气氛，同时玻璃组分不能有砷。氧化铈的引入之所以能使光学玻璃具有耐辐射性能，是因为在辐射作用下 Ce^{4+} 转变为 Ce^{3+}，即：

$$Ce^{4+} + e \longrightarrow Ce^{3+}$$

因此，辐射能量就消耗在离子价态转变上，而不是消耗于着色离子中心的形成。Ce^{4+} 和 Ce^{3+} 的吸收位于紫外波段，不引起玻璃颜色的变化。目前，关于耐辐射机理在说法上并不完全一致。

二氧化铈在耐辐射光学玻璃中引入量不大，一般少于 1.5%（质量分数）。若要在 25.8C/kg 辐射剂量下使玻璃稳定，玻璃氧化铈含量为 0.1% ~0.6%；若要在 258C/kg 辐射剂量下使玻璃稳定，玻璃氧化铈含量为 0.6% ~1.5%。根据玻璃基本组成不同，氧化铈含量也有变化。中铅玻璃随 PbO 的增加，CeO_2 引入量逐渐减少；当 PbO 质量分数在 60% 以上时，CeO_2 引入量控制在 0.1% 左右即可。它在高温阶段存在下列平衡：

$$4CeO_2 \xrightarrow{1350 \sim 1400℃} 2Ce_2O_3 + O_2 \uparrow$$

二氧化铈作光学玻璃脱色剂使玻璃明亮洁净，颜色美而柔和，具有双色效应，可产生荧光现象；用作光学玻璃的抛光粉具有研磨快、不留斑点及光洁度好的优点。抛光粉中 CeO_2 含量一般不少于 40%。

含氧化铈玻璃往往带有浅黄色，但随玻璃类型和玻璃组成不同而不同。玻璃颜色随 PbO 含量的增加而加深，颜色产生的原因主要是：

（1）CeO_2 在紫外线 320 ~400nm 有吸收峰。另外，Ce^{3+} 在紫外线 315nm 的吸收峰向可见光移动，对蓝光的吸收加强。

（2）CeO_2 本身带进微量着色稀土 Pr_2O_3、Nd_2O_3、Sm_2O_3、Dy_2O_3、Ho_2O_3 等氧化物，这些氧化物都有各自的特征吸收。

（3）在光学玻璃中，可产生对可见光有吸收的铈酸盐。

（4）玻璃中含有微量的SO_4^{2-}、As_2O_3、Sb_2O_3、V_2O_5等物质。

（5）CeO_2有较高的氧化性，可使玻璃保持较多的Fe^{3+}（黄绿色）和生成［Fe_2O_3］离子团（红棕色）。

除少数几个牌号，大多数光学玻璃氧化铈与氧化砷、氧化锑共存要产生光敏效应使玻璃透过率迅速下降。非常典型的是K509这种玻璃，当它们共存时光吸收率由不共存时的0.4%增加到2.0%，共存时熔炼中产生的反应有：

$$2Ce^{4+} + As^{3+} \longrightarrow 2Ce^{3+} + As^{5+} \quad (共存时)$$

暴晒后产生的反应为：

$$2Ce^{3+} + As^{5+} \longrightarrow 2Ce^{4+} + As^{3+} \quad (暴晒后)$$

以上就是光化学反应的结果。紫外线照射后，在300～400nm范围以光的形式放出，产生荧光。常用这种照射来判断耐辐射玻璃与非耐辐射玻璃，如判断K9和K509、BaK7和BaK507等。

在熔制耐辐射玻璃时，由于二氧化铈的引入，某些火石玻璃各谱线的折射率值不能按比例增加或减少，致使色散值偏低，从F502系列直至ZF501系列都比较明显。对于这种现象有待进一步的研究。

二氧化铈大多以其自身形式引入，必要时用硝酸铈或氢氧化铈形式引入，也可CeO_2与TiO_2共享，使玻璃呈金黄色。CeO_2用作玻璃的着色剂、脱色剂、澄清剂，以及吸收紫外线的眼镜玻璃、耐X射线辐射玻璃。

2.1.2.15 氧化钕（Nd_2O_3）

氧化钕，蓝色结晶粉末，相对分子质量为336.54，使玻璃呈玫瑰色并有双色现象（在人工照明下，会发生由玫瑰蓝到玫瑰红的变色），在钾、铅玻璃中，着色作用最强。Nd_2O_3与硒同用，可制得美丽的紫红色玻璃。

氧化钕用作玻璃的着色剂、脱色剂，用以制造眼镜玻璃、激光玻璃、艺术玻璃等。

2.1.2.16 氧化镨（Pr_2O_3）

氧化镨，黄色或绿色粉末，相对分子质量为329.84，使玻璃呈美丽的绿黄色，薄层时，玻璃较黄，厚层时玻璃较绿。常用于制造艺术玻璃。

2.1.2.17 氧化钐（Sm_2O_3）

氧化钐，黄色或白色粉末，相对分子质量为348.86，使玻璃呈美丽的黄色，用于制造艺术玻璃、光技术玻璃。

2.1.2.18 氧化锂（Li_2O）

氧化锂密度为2.0g/cm^3，熔点为1700℃，折射率（n_d）为1.68，色散（$n_F - n_C$）为1380×10^{-5}。玻璃中的O与Si含量比值小时，氧化锂起断键作用，助熔作用强烈，使玻璃黏度大幅下降。O与Si含量比值大时，氧化锂主要起积聚作用，代替 Na_2O 和 K_2O，使玻璃线膨胀系数降低，结晶倾向变小（主要是与碱金属氧化物组合，乳浊粒子向高温方向移动使乳浊过程温度范围变窄）。但是，这种替换多了则结果相反，一般引入量为 0.1% ~1.0%。

氧化锂一般以碳酸锂（Li_2CO_3）形式引入。碳酸锂密度为 2.11g/cm³，熔点为 618 ~732℃。

2.1.2.19　氧化镁（MgO）

氧化镁密度为 3.2 ~3.7g/cm³，熔点为 2800℃，折射率（n_d）为 1.64，色散（$n_F - n_C$）为 1300×10^{-5}。

氧化镁在钙钠玻璃中是网络外体氧化物，能缓和温度与黏度的关系，减少玻璃失透现象。以 3.5% 的 MgO 代替 CaO 可以使玻璃凝固速度变慢，有利于成型，能减少析晶倾向，降低玻璃线膨胀系数，提高玻璃热稳定性、化学稳定性、机械强度和退火温度。在有些玻璃中 MgO 以［MgO_6］结构进入玻璃结构网络使玻璃具有优良的物化性能。引入量过多会导致玻璃熔制困难。

MgO 一般以碳酸镁（$MgCO_3$）形式引入。碳酸镁也称为菱镁石，外观为灰白色、淡红色或肉色，在 300℃时开始分解：

$$MgCO_3 \xrightarrow{300℃} MgO + CO_2 \uparrow$$

2.1.2.20　三氧化二锑（Sb_2O_3）

三氧化二锑有菱形结晶和细小白色粉末两种状态，后者加热变黄，冷却后又变为白色，密度为 5.7g/cm³，折射率（n_d）为 1.98，色散（$n_F - n_C$）为 3800×10^{-5}。

作为澄清剂，三氧化二锑可以单独使用，也可以与氧化砷按比例混合使用，这要根据玻璃组成和熔炼工艺而定。单坩埚生产用量为 0.2% ~0.3%（质量分数），连熔生产要少得多。Sb_2O_3 在光学玻璃中含量大时，折射率和色散值将急剧上升，会出现特殊的二次色散现象。这种现象在中国牌号 TF1 与 TF2 中得到应用。同时，由于三氧化二锑的氧化性强于氧化铁，使玻璃保持较多 Fe^{3+}。但如果光学玻璃中有大量的 SO_4^{2-} 存在，则玻璃变黄，这一点需引起注意。

2.2　稀土光学玻璃结构与生成规律

2.2.1　概述

由于 La_2O_3 具有高折射率、低色散的性质，因此是制造高折射率、低色散光学玻璃不可缺少的原料。然而，因 La_2O_3 中的 La^{3+} 离子场强较高，积聚能力强，易使玻璃分相和析晶，故其引入量受到限制。为此可加入一定量的稀土元素氧化物 Y_2O_3 或 Gd_2O_3 来替代部分 La_2O_3，使组成复杂化，提高玻璃的高温黏度，改善稀土光学玻璃的析晶性能。所以目前的稀土光学玻璃系统大都是含有 La_2O_3、Y_2O_3、Gd_2O_3 等稀土元素氧化物，还含有 Th、Ta、Nb、Ba、Zr、Cd、Pb、Zn 等较重元素和 Si、B、Al、Ca 等较轻元素，使玻璃具有不同折射率和色散，并增加玻璃的稳定性。

在稀土玻璃牌号方面，国内目前可以提供镧冕、镧火石、重镧火石稀土光学玻璃有 50 余个。在组成研究方面，发展了环保稀土光学玻璃，折射率大于 1.95 的特高折射率稀土玻璃系统，低熔点稀土玻璃系统，含氟稀土玻璃系统，无钽化稀土玻璃系统，磷酸盐稀土玻璃系统等新型稀土玻璃系统。在量产工艺研究方面，发展了稀土光学玻璃连熔技术，极大地降低了稀土光学玻璃的生产成本，品质和稳定性达到日本、德国先进厂商水平，且大量供应国际市场，目前国内仅成都光明就已具备每年 2000t 稀土光学玻璃的生产能力。

2.2.2 稀土光学玻璃成玻璃性理论基础

历史上对于玻璃形成的学说有很多，如查哈里阿森认为玻璃是否能形成和形成玻璃的物质的配位数有关。笛卡尔从结晶化学理论出发，认为玻璃的形成与原子间的电场强度有关。孙观汉认为玻璃的形成和氧化物键能有关，并把玻璃形成氧化物分为玻璃形成体、中间体和网络外体三类，他认为形成玻璃的氧化物分为网络形成体氧化物、中间体氧化物、修饰氧化物三种。一般来讲，氧化磷、氧化硅、氧化硼、氧化锗等属于网络形成体氧化物，这几种氧化物能单独形成玻璃，在玻璃化合物中起到骨架作用。氧化铝、氧化钆、氧化铍、氧化锑、氧化钛、氧化铋等氧化物不能单独形成玻璃，但是加入玻璃中能部分进入玻璃网络，这部分氧化物属于中间体氧化物。氧化镧、氧化钇、氧化锆、氧化铌等金属氧化物，还包括碱土金属氧化物和碱金属氧化物等，不能进入玻璃网络，存在于玻璃网络内，可以改变玻璃的各项性质。

对于玻璃生成来说，以上学说都有一定的指导意义，但是也有各自的缺陷。随着科技的发展，人们对玻璃的认识越来越深刻，忽略玻璃内部结构，只要冷却足够快，在冷却过程中不形成析晶就会形成玻璃。因此，对于玻璃产业从业人员来说，玻璃形成领域方面主要是研究如何调整组分配比使形成玻璃比较容易。

由于稀土氧化物离子半径较大，电场强度大，有较高的配位数。在硼氧四面体中，配位要求也较高，导致在结构中近程有序范围增加，容易产生局部聚集，使玻璃易分相或析晶。因此，研制稀土光学玻璃组分的主旨在于在保证稀土添加量和其光学性能的基础上，合理配置其他组分，降低稀土在玻璃中的析晶趋势，用较为简易的工艺就能获得各项指标合理的稀土光学玻璃产品。

2.2.3 稀土光学玻璃组分系统

2.2.3.1 传统稀土光学玻璃

A 传统镧冕玻璃组分

镧冕玻璃根据折射率高低可分为三个区域，每一区域内的玻璃成分各不相同。折射率在1.70以下的镧冕玻璃，主要是在重冕玻璃的基础上发展起来的。其化学成分基本上和重冕玻璃相同，在组分中引入部分氧化镧，早期玻璃引入部分氧化钍，如原肖特公司SK21（658575）、SK22（678555）和SSK10（694535）等都是属于这种玻璃，其组分见表2-2。

表2-2　折射率1.70以下镧冕玻璃组分　（%）

玻璃牌号	玻璃成分（质量分数）							
	SiO_2	B_2O_3	Al_2O_3	Sb_2O_3	As_2O_3	ThO_2	La_2O_3	BaO
LaK658/575	19.2	17.9	1.4	—	—	12.0	—	48.6
LaK678/555	15.8	18.0	0.5	0.4	0.5	—	1.5	48.5
LaK694/535	16.5	16.5	0.1	—	—	9.5	11.0	47.8

目前，此类玻璃系统主要有以下缺点：

（1）含有放射性物质。

（2）BaO含量较高，玻璃密度较大。

（3）在生产过程中容易发缸，铂坩埚熔炼时容易产生铂夹杂物。

折射率大于1.70的镧冕玻璃，主要都是含有大量稀土氧化物的硼酸盐玻璃。如$B_2O_3-La_2O_3-RO$（R为碱土金属）系统、$B_2O_3-La_2O_3-ThO_2$系统、$B_2O_3-La_2O_3-ZnO$系统和$B_2O_3-La_2O_3-GdO-ThO_2$系统等。

此类镧冕玻璃的改进方向主要有以下几点：

（1）使用TiO_2、Y_2O_3、Ga_2O_3等替代ThO_2和GdO。

（2）合理配比Si和B的比值，增加玻璃的高温黏度，减少玻璃的析晶倾向。

（3）合理配比Y_2O_3和La_2O_3的比值，降低玻璃的析晶倾向。

B　传统（重）镧火石玻璃组分

折射率大于1.75、小于1.80的镧火石光学玻璃采用的组分系统主要有：$B_2O_3-La_2O_3-PbO$、$B_2O_3-La_2O_3-CdO$和$B_2O_3-La_2O_3-ThO_2$。以上组分系统中都含有对环境有害的PbO、CdO、ThO_2等物质，目前采用TiO_2、ZnO、Y_2O_3、Nb_2O_5、ZrO_2等高折射氧化物代替，同时在玻璃系统中添加部分碱土金属氧化物调节旋光性和平衡组分。

折射率大于1.80、阿贝数小于50的镧系玻璃称为重镧火石玻璃，传统的重镧火石光学玻璃主要由以下基础系统组成：$B_2O_3-La_2O_3-Ta_2O_5-ThO_2$、$B_2O_3-La_2O_3-Ta_2O_5-ZnO$、$SiO_2-B_2O_3-La_2O_3-Ta_2O_5-Al_2O_3$、$B_2O_3-La_2O_3-Ta_2O_5-Nb_2O_5-ZrO_2$、$B_2O_3-La_2O_3-Ta_2O_5-Nb_2O_5-WO_3$和$B_2O_3-La_2O_3-WO_3$。

目前此类光学玻璃的发展趋势主要是：

（1）使用TiO_2、Y_2O_3、Ga_2O_3等替代ThO_2和GdO等具有放射性及有毒物质。

（2）降低（取消）Ta_2O_5 在组分中的含量。

（3）降低玻璃的析晶倾向。

（4）提升玻璃的蓝色光波段透过率。

2.2.3.2 环保化稀土光学玻璃

光学玻璃为达到特定的光学常数，引入了化学元素周期表中的大部分元素。光学玻璃两大类中的火石玻璃就以氧化铅为其组成成分。冕牌玻璃为加速玻璃熔体的澄清而使用氧化砷。为发展高折射率低色散镧系玻璃，引入具有放射性的二氧化钍。早期稀土玻璃中 ThO_2 含量（质量分数）达到20%以上。氧化镉在硼酸盐玻璃中有较大的玻璃形成范围，早期许多镧冕、镧火石、重镧火石玻璃中都引入较多的 CdO。有害物质的影响包括使用过程中废弃物造成的环境污染，玻璃制造过程中废气、废水对环境的污染和对人类健康的危害。对此，各国都制定了相关法规，对玻璃制造过程中污染大气的排放物，如硫氧化物、氮氧化物、一氧化碳、粉尘颗粒、光化学氧化物等都有明确的数量规定，对 Pb、Cd、Cr^{6+}、P 等产生水质污染的物质的排放量也已有严格的标准，对危害人体的 Pb、As 排放量也都有相应的法规。各光学玻璃厂一直致力于降低光学玻璃中有害物质的含量，从20世纪80年代开始，已不再使用 ThO_2、CdO，而使用 Nb_2O_5 和 Ta_2O_5 来替代。欧盟于2002年制定了 WEEE 2002/96/EC（Waste Electrical and Electronic Equipmen，废弃电器和电子设备）指令 ROHS 2002/95/EC，禁止使用某些有害物质。WEEE 涵盖了计算机、扫描仪、传真机等信息技术设备和电视机、DVD 播放机、照相机等消费性设备。对为电子设备提供原材料的光学玻璃，主要受 RoHS（Restriction of Hazardous Substances）的限制。RoHS 于2003年2月颁布，2006年7月1日开始实施，欧盟成员国确保市场上的电器电子设备符合 RoHS 的要求。按 RoHS 的规定，上市新商品禁止含有铅、汞、镉、多溴联苯（PBB）、多溴二苯醚（PBDE）。针对 RoHS，各光学玻璃制造厂都已有相应的对策。成为光学玻璃牌号进行工业生产的玻璃都不含汞和有机物，镉也已不再使用，受 RoHS 限制的主要是铅。考虑到砷在制造过程中产生的危害，光学玻璃制造中防止有害物质和污染归结为无铅无砷光学玻璃的制造。按 RoHS 法规，玻璃中的铅含量必须小于0.1%（质量分数）。

对于环保稀土光学玻璃来说，镧冕类光学玻璃不含或只含少量铅，用其他氧化物取代 PbO 不会影响玻璃性质。砷作为澄清剂引入，一般在0.5%（质量分数）以内，除去 As_2O_3 对玻璃性质影响很小，目前用 Sb_2O_3、KHF_2、NaCl 或硫酸盐作为澄清剂替代。环保镧火石玻璃以 $SiO_2-B_2O_3-TiO_2-BaO(CaO)-La_2O_3$ 为基础，Nb_2O_5 逐渐成为重要组分。重镧火石玻璃以 $SiO_2-B_2O_3-TiO_2-La_2O_3$ 为基础，引入较多的 Nb_2O_5 和 ZrO_2 等高折射率、低色散氧化物。

2.2.3.3 低软化温度稀土光学玻璃

近年来，光学摄像设备，尤其是小型光学摄像设备，如卡片相机、单电相机、可拍照手机、监控摄像仪、行车记录仪等得到了广泛的应用，这些光学摄像设备未来主要有两个发展趋势：一是摄像设备的体积越来越小，可以方便地与其他设备进行耦合；二是成像质量越来越高，可满足高清视频应用需求。

从光学系统设计来看，非球面镜片与球面镜片相比有很大的优势，非球面可以提高光学系统的相对口径比，扩大视场角，在提高光束质量的同时，所使用的透镜数比采用球面镜片的少，镜头的形状可以很小，可减轻系统质量。从成像质量方面来看，采用非球面技术设计的光学系统，可消除球差、慧差、像散、场曲，减少光能损失，从而获得高质量的图像效果和高品质的光学特性。

过去，非球面镜片只能通过传统的研磨、抛光工序获得，效率很低、成本高昂，只能应用于高端光学成像设备中。近年来，非球面精密压型技术得到了迅猛发展，与传统非球面加工技术不同，非球面精密压型技术采用的方法是在普通模具中将光学玻璃软化，压制为预制件，然后再将预制件放入具有高精度表面的模具中再次加热，压制为非球面镜片。由于非球面模具的表面精度非常高，压制出的成品表面质量也非常好，可以直接装机使用。这种制作方式的优势在于减少了后续的加工、研磨等工序，不但可以节省大量成本，同时可以降低后续工序中使用的研磨液、研磨粉、黏合剂等有害物质的排放。

非球面压型中使用的精密模具一般采用硬脆材料，必须使用分辨率达到0.01μm的超精密计算机数控车床加工，用金刚石磨轮磨削成所期盼的形状精度，再抛光为光学镜面。所以，非球面压型中使用的精密模具成本很高。非球面精密模具如果在较高的温度下（不低于600℃）工作，精密模具容易在高温下氧化而无法继续使用。因此，光学玻璃是否适用于非球面精密压型，其首要的条件是玻璃化温度 T_g 低于600℃，同时，T_g 越低，精密模具寿命就越长，非球面镜片的生产成本就越低。因此，近年来，为了满足非球面精密压型的需求，低软化温度光学玻璃得到了较大的发展。

低软化温度稀土光学玻璃是在环保稀土光学玻璃的基础上，添加碱金属氧化物 Li_2O、二价氧化物 ZnO 等，同时合理配比玻璃中各个组分，在 T_g 显著下降的同时，抑制玻璃的析晶趋势。

Li_2O、Na_2O、K_2O 同属于碱金属氧化物。碱金属氧化物加入玻璃中，会起到助熔作用，降低玻璃的熔解温度，使玻璃熔化变得容易。从玻璃结构方面来看，碱金属离子进入玻璃中，能打断玻璃网络。适当地打断玻璃网络，可以降低玻璃的高温黏度，降低玻璃的 T_g。但是，如果过多的碱金属氧化物进入玻璃，玻璃网络将受到严重破坏，使玻璃的化学稳定性、抗析晶性能等大幅度降低。因此，选择合适的碱金属氧化物种类和含量，对实现熔炼工艺、玻璃黏度、化学稳定性、抗析晶性能、玻璃的 T_g、玻璃的线膨胀系数等方面的平衡可以起到非常重要的作用。

在同样的质量分数下，Li_2O 破坏玻璃网络的能力最强，与 Na_2O 和 K_2O 相比，降低玻璃 T_g 的能力最强。尤其重要的是，与 Na^+ 与 K^+ 相比，Li^+ 场强较大，对周围离子的聚集能力较其他两种碱金属离子强，在同样含量的条件下，玻璃线膨胀系数会降低。但 Li_2O 加入量不宜过多，否则容易导致玻璃析晶、对铂坩埚腐蚀加重、化学稳定性下降。

ZnO 加入到玻璃中可以调节玻璃的折射率和色散，并且可以降低玻璃的 T_g。尤其重要的是，ZnO 加入低软化温度玻璃系统，可以提升玻璃系统的形成玻璃能力。部分镧冕和镧火石类的低软化温度光学玻璃组成见表 2－3。

表 2－3 部分镧冕和镧火石类的低软化温度光学玻璃组成

组分及基本性质		部分稀土低软化温度光学玻璃构成									
		1	2	3	4	5	6	7	8	9	10
组分（质量分数）/%	SiO_2	25.00	32.00	30.00	5.2	15.0	11.0	1.0	7.5	6.5	6.5
	B_2O_3	15.95	12.00	12.00	29.9	25.0	29.0	15.5	22.0	19.2	19.54
	La_2O_3	19.00	17.50	17.50	21.1	25.5	22.0	25.1	25.0	33.9	35.0
	Gd_2O_3	0.00	0.00	0.00	4.3	5.0	0.0	0.0	0.0	0.0	0.0
	ZnO	21.00	12.00	12.00	3.0	0.0	10.0	28.0	15.5	7.2	18.0
	Y_2O_3	0.00	0.00	0.00	10.0	14.4	15.0	0.1	1.0	0.0	0.0
	Nb_2O_5	2.10	0.50	5.00	0.5	0.1	0.9	10.0	5.0	6.0	6.5
	ZrO_2	5.00	5.50	5.00	8.0	1.0	3.0	6.5	3.0	3.7	3.7
	Ta_2O_5	0.00	0.00	0.00	7.0	5.9	8.0	1.0	10.0	4.0	4.0
	WO_3	0.0	0.0	0.0	0.0	0.0	0.0	10.0	5.0	7.2	5.7
	CaO	8.90	13.50	11.50	0	0.0	0.0	0.0	0.0	0.0	0.0
	BaO	0.00	0.00	0.00	5.0	3.0	0.0	0.0	0.0	0.0	0.0
	MgO	0.00	0.00	0.00	0.0	0.0	0.0	0.0	0.0	0.0	0.0
	SrO	0.00	4.00	4.00	2.0	0.0	0.0	0.0	0.0	0.0	0.0
	Li_2O	3.00	3.00	3.00	3.0	3.0	1.0	1.8	5.0	1.0	1.0
	Sb_2O_3	0.05	0.00	0.00	0.1	0.1	0.1	0.1	0.1	0.1	0.1
n_d		1.688	1.662	1.696	1.714	1.715	1.742	1.842	1.775	1.805	1.805
v_d		49.7	52.9	48.0	48.8	52.2	51.5	35.4	41.1	40.3	40.6
t_g/℃		526	543	541	560	578	550	504	584	558	564

2.2.3.4 特高折射率稀土光学玻璃

传统的特高折射率光学玻璃主要是以 PbO 为主体，添加部分 SiO_2 和 B_2O_3 作为玻璃网络形成体，同时添加少量 TiO_2 和 Bi_2O_3，为了提升玻璃的稳定性，添加少量 ZnO、BaO、CdO 等，如前苏联定型的 036181 与德国定型的 933209 等牌号。以上的这些特高折射率光学玻璃牌号主要是高折射高色散玻璃，同时含有几种目前不能使用的非环保原料，因此此类光学玻璃已经不再使用。

稀土氧化物具备高折射的特点使得它们成为制备特高折射率光学玻璃的理想材料，但是由于过去原料、工艺的限制，特高折射率稀土光学玻璃发展较慢。

2000 年以来，便携式数码光学设备得到了巨大的发展，其发展趋势主要有两点：一是体积越来越小，可以做到很轻薄，方便使用者随身携带；二是成像质量越来越高。折射率高于 1.96 以上的光学玻璃一般称为特高折射率玻璃，使用在光学成像设备上可以极大地缩短成像的焦距，减少镜头成像所需要的长度，从而大幅度降低镜头的体积。特高折射率光学玻璃的出现，使得镜头小型化、轻薄化成为可能。同时，特高折射率光学玻璃应用于成像镜头可以大大提升镜头的变焦能力，使轻薄成像设备拥有较大的变焦能力。另外，特高折射率光学玻璃与特低折射率玻璃（氟磷酸盐光学玻璃）耦合使用，可以有效减少成像设备的相差、色差等，有效提升成像设备的成像质量。

高折射率光学玻璃为了达到较高的折射率，会加入大量的 La_2O_3、Y_2O_3、Gd_2O_3 等稀土高折射氧化物。但这些氧化物通常来说非常昂贵。TiO_2 是一种常用的化工原料，价格相对于稀土氧化物便宜。TiO_2 加入玻璃组分中能扩大成玻范围，提升玻璃折射率，同时能提升玻璃的化学稳定性。所以，通常在高折射率光学玻璃中加入一定的 TiO_2，取代部分稀土氧化物，使玻璃成本降低。但是，TiO_2 加入量如果过大，在玻璃熔炼过程中会产生着色，严重降低玻璃的光透过率。所以研究如何加大 TiO_2 在玻璃组分中的含量，同时又能获得透过率较好的光学玻璃是未来特高折射率稀土光学玻璃的发展方向之一。

一般来说，高折射率光学玻璃在光透过方面，蓝光透过率较低折射光学玻璃要低。以单反相机镜头为例，一般由几枚至十几枚光学镜片构成，如果采用高折射光学玻璃蓝光透过率较低的话，那么最后到达传感器的蓝光总量将比其他波长的光线少很多，为还原相片的真实色彩带来较大的困难。在光学设计领域，一般用 τ_{400nm}来表征蓝光透过率，τ_{400nm}的值越大，说明蓝光透过率越高。

在制造光学镜片的过程中，通常的工艺是按压型规格把光学玻璃切割为毛坯，然后放入高温模具中，根据其弛垂温度 T_s 的不同，升温至 850 ~ 1000℃并保持 15 ~ 20min 使其软化，压制为镜片毛坯。然后再进行研磨抛光等后续工序。这种加工手段在光学制造领域称为二次压型。在二次压型过程中，其升温温度一般处在玻璃的析晶区间，这就要求玻璃具有较好的抗失透性能（抗失透性能包括表面抗析晶性能与内部抗析晶性能）。与较低折射率玻璃相比，特高折射光学玻璃网络形成体如 SiO_2、B_2O_3 等含量就相对较小，易导致析晶的高折射氧化物含量较大，其析晶性能较一般低折射率光学玻璃要差一些。这就要求在组分开发方面玻璃组分配比要合理，尽量降低玻璃的析晶趋向，使得玻璃在生产过程中不产生析晶或者产生晶核。另外，二次压型过程中也要管控好工艺流程，在满足玻璃压型的情况下尽量使用较低的温度，同时使压型件尽快的通过析晶温度区，使在二次压型过程中玻璃不产生析晶。

2.2.3.5 光学玻璃着色

A 电子跃迁引起着色

根据电子在原子周围的分布情况，原子或离子均可分为四类：

(1) 轨道完全被电子充满的原子。这类原子不能生产化合物，不能生成化合物，也不能着色。惰性气体，如氖、氦等就属于此类。

(2) 最外层轨道电子未排满的原子。它们能生成化合物，但它们的盐是无色的。

(3) 两个轨道未全部充满的原子。过渡元素，如镍、钴、铁、锰等均属此类。它们的离子能在可见光谱区着色，并显示吸收。

(4) 具有3个轨道未填满电子的原子。稀土元素便属于此类，它们的电子跃迁在内层轨道上进行。相邻原子的作用力对轨道的能量没有影响，因此呈现窄能带吸收。

如果玻璃中含有后两类原子，则会引起对可见光谱中几个波长的吸收。

离子、原子或原子团的固有运动也会引起着色，即离子、原子或原子团的固有运动（振动）对辐射能的吸收产生影响。

B 玻璃结构引起着色

从玻璃结构观点来看，如果在玻璃的结构网络中含有着色离子、离子团或原子团，那么它们的直接相邻者，即生成玻璃结构的离子就会以自己的电荷和电场对着色原子施加影响，这时，在大多数情况下，都要在宽广的波段范围内产生吸收。

C 玻璃基础成分对着色的影响

玻璃中 SiO_2、TiO_2、R_2O（R 为碱金属）含量对着色有影响。

(1) SiO_2 对着色的影响。石英玻璃是用纯的 SiO_2 制成的，不存在网络外体的影响，紫外透过率最高。在光学玻璃中，当 SiO_2 含量高时，将不同程度地继承石英玻璃的这种性质而扩大可见光的透过率，且呈酸性，有利于玻璃中的 Fe 以 Fe_2O_3 形式存在，着色能力下降。

(2) R_2O 含量对着色的影响。碱金属是 K 类玻璃的重要成分，Fe^{3+}/Fe^{2+} 比值和 K_2O/Na_2O 比值成正比，K_2O/Na_2O 比值大玻璃着色度好。

(3) TiO_2 对着色的影响。玻璃因含 TiO_2 着色度普遍要受影响。实际上 TiO_2 本身着色很弱，但 TiO_2 能让着色物质 Fe 由［FeF_6］转变为［FeO_4］进入网络结构而着色。

2.2.3.6 光学玻璃光学常数的理论计算方法

实践证明，我国著名光学玻璃学者干福熹和前苏联著名学者杰姆金娜分别提出的两个计算体系实用性较强。这两个计算体系都符合光学玻璃组成、结构与玻璃性质的联系。

A　干福熹计算方法

干福熹从玻璃的简单组成到复杂组成，深入研究了硅酸盐、硼酸盐、磷酸盐等系统玻璃各化学组成（氧化物）含量、结构和玻璃性质的关系，推导出玻璃物理性质的加和计算方法[2]。这种加和法也可以计算加入1%某种组分后光学常数的变化值。计算公式为：

$$\Delta n_{玻} = M_{玻}/M_i(n_i - n_{玻}) \times 0.01 \tag{2-1}$$

式中，$\Delta n_{玻}$ 为加入1%某种组分后玻璃光学常数的变化值；$M_{玻}$ 为计算得到的玻璃摩尔质量；M_i 为加入某组分的摩尔质量；n_i 为加入某组分的光学常数；$n_{玻}$ 为计算得到的玻璃的光学常数。

如果 $n_i > n_{玻}$，$\Delta n_{玻}$ 为正值，说明加入某组分玻璃光学常数升高；反之加入某组分玻璃光学常数降低。

计算步骤为：

（1）计算各氧化物物质的量。

（2）计算氧化物总的物质的量。

（3）计算各氧化物摩尔分数。

（4）计算各氧化物折射率。

（5）计算玻璃折射率。

（6）计算玻璃摩尔质量。

（7）计算加入1%某种组分后玻璃光学常数的变化值。

B　杰姆金娜计算方法

杰姆金娜通过热分析证明了玻璃中会形成如下化合物：$BaO \cdot SiO_2$、$CaO \cdot SiO_2$、$2MgO \cdot SiO_2$、$2ZnO \cdot SiO_2$、$PbO \cdot 2SiO_2$、$K_2O \cdot SiO_2$、$Na_2O \cdot SiO_2$。多组分玻璃的 SiO_2 含量满足上述化合物所必须的量时，这种玻璃就可以认为是成分平衡的玻璃。在这种玻璃中各氧化物只存在一种平衡状态。当玻璃中 SiO_2 含量不足以形成这些化合物时，其他氧化物开始争夺 SiO_2 而处于游离状态，这时就会出现第二种、第三种结构状态。杰姆金娜计算方法计算加入1%某种组分后光学常数的变化值。计算公式为：

$$\Delta n_{玻} = S_c/S_i \times (n_i - n_{玻}) \times 0.01 \tag{2-2}$$

$$n_{玻} = \frac{\sum(a_i \times n_i/S_i)}{\sum(a_i/S_i)} \tag{2-3}$$

$$S_i = \frac{\sum a_i}{\sum(a_i/S_i)} \tag{2-4}$$

式中，$\Delta n_{玻}$ 为加入1%某种组分后玻璃光学常数的变化值；$n_{玻}$ 为计算得到的玻璃光学常数；a_i 为玻璃中某组分的质量分数；n_i 为玻璃中某组分的光学常数；S_i 为玻璃中某组分的结构系数；S_c 为玻璃的结构系数。

如果 $n_i > n_{玻}$，$\Delta n_{玻}$ 为正值，说明加入某组分玻璃光学常数升高；反之加入某组分玻璃光学常数降低。

计算步骤为：

（1）判定玻璃 SiO_2 是否过剩。

（2）计算玻璃氧值 K。

（3）计算各氧化物折射率。

（4）计算玻璃结构系数 S_c。

（5）计算玻璃折射率。

（6）计算加入1%某种组分后玻璃光学常数的变化值。

2.3 稀土无色光学玻璃的分类、命名与主要性能

2.3.1 稀土无色光学玻璃的分类及命名

2.3.1.1 国内稀土无色光学玻璃的分类及命名

稀土无色光学玻璃的分类及命名按 GB/T 903—1987《无色光学玻璃》规定。La（镧）代表根据玻璃的化学组成特征分类；冕牌（K）和火石玻璃（F）是以色散系数（也称阿贝数）$v_d = 50$ 为分界线分类；表示折射率高，用“重”的汉语拼音第一个字母“Z”表示[4]。随着环保化要求的提高和业界的共同认知，将玻璃配方中不含有铅、砷、镉等对环境有害组分的玻璃称为环境友好玻璃，在新版标准的修改稿中，是在牌号前用“环保”汉语拼音的第一个字母“H”表示。目前稀土无色光学玻璃正全部环保化。

GB/T 903—1987《无色光学玻璃》中有关稀土无色光学玻璃的分类见表2-4。

表2-4 稀土无色光学玻璃的分类

玻璃类别名称	代 号	环境友好玻璃类别名称	代 号
镧冕玻璃	LaK	镧冕玻璃	H-LaK
镧火石玻璃	LaF	镧火石玻璃	H-LaF
重镧火石玻璃	ZLaF	重镧火石玻璃	H-ZLaF

（1）镧冕玻璃 H-LaK。在化学组成上，属镧钡硼硅酸盐系统。在 $n_d - v_d$ 领域图中，镧冕玻璃位于重冕玻璃的上方，其 $n_d = 1.65 \sim 1.75$，$v_d = 50 \sim 60$。

（2）镧火石玻璃 H-LaF、重镧火石玻璃 H-ZLaF。在光学性质上，属于高

折射率、低色散玻璃。在化学组成上，镧火石玻璃属镧钡钛硼酸盐系统，重镧火石玻璃属镧钽（铌）钡钛硼酸盐系统。在 $n_d - v_d$ 领域图中，H－ZLaF 玻璃位于 H－LaF 玻璃上方。它们的光学性能范围如下：H－LaF：$n_d = 1.65 \sim 1.80$，$v_d = 34 \sim 50$；H－ZLaF：$n_d = 1.80 \sim 2.0$，$v_d = 30 \sim 50$。

2.3.1.2　国外企业稀土无色光学玻璃的分类及命名

德国 SCHOTT 公司的稀土光学玻璃牌号的分类是以色散系数 v_d 的大小分为冕牌和火石玻璃两大类，大致的分界线为 $v_d = 50$。用 K 代表冕牌类玻璃，用 F 代表火石牌类玻璃，La（镧）是代表根据玻璃的化学组成特征，用“S”表示“重”。

日本 HOYA 公司的稀土光学玻璃牌号的分类主要是根据玻璃的化学组成和玻璃的折射率和阿贝数分类。用 C 代表冕牌类玻璃，用 F 代表火石牌类玻璃。用“D”表示“重”，根据玻璃的化学组成特征，分别用 La（镧）、Nb（铌）和钽（Ta）代表。日本 OHARA 公司的光学玻璃牌号的分类是选择配方组分中一个或两个最重要的组成中的化学元素的两个字母表示，稀土用 La（镧）。第三个字母表示折射率的高低：用“H”表示“高”（high）；用“M”表示“中等”（medium）；用“L”表示“低”（low）。

HOYA、SCHOTT、OHARA 公司的稀土光学玻璃牌号的分类对照见表 2－5。

表 2－5　HOYA、SCHOTT、OHARA 公司的稀土光学玻璃牌号的分类对照

公司	HOYA	SCHOTT	OHARA
稀土光学玻璃牌号	LaC（镧冕）	LaK	YGH
	TaC（钽冕）		LAL
	LaFL（轻镧火石）	LaF	
	LaF（镧火石）	LaF	
	NbF（铌火石）	LaF	LAM
	TaF（钽火石）	LaF LaSF	LAH
	NbFD（重铌火石）	LaF LaSF	
	TaFD（重钽火石）	LaSF	

2.3.1.3　低软化温度的稀土光学玻璃

近十年来，用于精密模压成型的低软化温度，无铅、砷、镉以及其他放射性元素的低软化温度的稀土光学玻璃得到迅速发展。成都光明用“低”字汉语拼音字母的声母“D”加“－”作为前缀表示，日本 OHARA 对用于模压成型的低软化温度玻璃加“L－”作前缀表示，HOYA 公司加“M－”作前缀表示，德国 SCHOTT 公司加“P－”作前缀表示。

2.3.2 稀土无色光学玻璃标准与技术指标

2.3.2.1 概述

稀土无色光学玻璃的主要质量指标和特性均按无色光学玻璃的相关标准执行，按GB/T 903—1987《无色光学玻璃》的规定，用下列质量指标考核并规定了具体值[4]：

（1）折射率 n_d、色散系数 v_d 与标准数值的允许差值。

（2）同一批玻璃中，折射率及色散系数的一致性。

（3）光学玻璃均匀性。

（4）应力双折射。

（5）条纹度。

（6）气泡度。

（7）光吸收系数（或着色度）。

2.3.2.2 光学常数

光学仪器设计人员在设计光学系统时，是根据所用玻璃光学常数的标准值进行设计的。在设计时，就考虑了一定的光学常数偏差，所以生产光学玻璃时光学常数必须控制在一定的允许偏差范围内，否则将使光学仪器的实际成像与设计结果不符，达不到预期的成像效果。同时，同一批光学仪器往往采用同批的光学玻璃制成，为了便于统一调校，同批光学玻璃光学常数的允许偏差要比它们与标准值的偏差更加严格。

光学玻璃的光学均匀性是指其折射率的均匀程度。例如由于玻璃退火不良，可能使玻璃边部的折射率比中心的折射率低；由于玻璃中存在条纹、结石，可使主体玻璃的折射率与条纹部分存在差异，这样就在玻璃中存在折射率微差 Δn，这种光学不均匀性会降低光学系统成像的分辨率及成像质量。

由于对光电材料的要求越来越严格，折射率在折射率允差、一批玻璃内折射率变化的允差与折射率的均匀性之间是有区别的：所有精退火玻璃块和玻璃制品都是组批交付。批可能是一块玻璃或几块条料。在按标称值交付批中，折射率和阿贝数允差是单块部件玻璃所允许的最大偏差。交付批所提供的标准测试报告中的折射率按公式（2-5）计算：

$$n_{lot} = (n_{max} + n_{min})/2 \qquad (2-5)$$

式中，n_{max}，n_{min} 为这一批中折射率的最大值和最小值。

玻璃的折射率不仅与波长有关，而且与温度有关。折射率变化与温度变化之间的关系用折射率温度系数表示。折射率温度系数可能是正值，也可能是负值。绝对折射率温度系数 $\Delta n_{abs}/\Delta T$ 是在真空中测量的。

除GB/T 7962.1—2010《无色光学玻璃测试方法　第1部分　折射率和色散系数》、GB/T 7962.2—2010《无色光学玻璃测试方法　第2部分　光学均匀性斐索平面干涉法》、GB/T 7962.4—2010《无色光学玻璃测试方法 第4部分 折射率温度系数》[5]标准外，与其有关的国际标准和国外先进标准还有：ISO 12123—2010《光学和光子学光学玻璃毛坯规范》[6]；ISO 10110－4：1997《光学和光学仪器 光学组件和系统制图准备 光学材料的缺陷允差 不均匀性和条纹度》[7]。日本光学玻璃工业会标准有：JOGIS 01—2003《光学玻璃折射率测试方法》；JOGIS 18—1994《光学玻璃折射率温度系数测试方法》。

其中 ISO 12123—2010 中折射率与标准值的允许偏差、批一致性和光学均匀性等级对照见表2－6。

表2－6 折射率与标准值的允许偏差、批一致性和光学均匀性等级

允　差	折射率	阿贝数/%	应　用
标准值的允许偏差	$\pm 200\times10^{-5}$		
	$\pm 100\times10^{-5}$		
	$\pm 50\times10^{-5}$		
	$\pm 30\times10^{-5}$		
	$\pm 20\times10^{-5}$		
批一致性	$\pm 30\times10^{-5}$	±0.8	
	$\pm 10\times10^{-5}$	±0.5	
	$\pm 5\times10^{-5}$	±0.3	
	$\pm 2\times10^{-5}$	±0.2	
光学均匀性	$\pm 10\times10^{-5}$		用于普通尺寸
	$\pm 4\times10^{-5}$		
	$\pm 1\times10^{-5}$		玻璃毛坯的局部体积
	$\pm 0.4\times10^{-5}$		
	$\pm 0.2\times10^{-5}$		特殊牌号玻璃毛坯的局部体积
	$\pm 0.1\times10^{-5}$		

2.3.2.3 应力双折射和光弹系数

玻璃中永久性内应力的大小和分布与退火条件、玻璃牌号、玻璃大小和几何形状等有关。这种应力会引起双折射，双折射的大小与玻璃的应力光弹常数有关。

除 GB/T 7962.5—2010《无色光学玻璃测试方法 第5部分 应力双折射》标准外，与应力双折射有关的国际标准还有：ISO 11455—1995《光学玻璃毛坯 应力双折射测量》；ISO 12123—2010《光学和光子学光学玻璃毛坯规范》；ISO 10110－2：1996《光学和光学仪器 光学组件和系统制图准备 光学材料的缺陷允差 应力双折射》[8]。

在 ISO 10110－2:1996 中规定了光学材料中残留的应力双折射允差用 0/A 表示，其中 0 是应力双折射的代码，A 是允许量的值，为试样厚度为 1cm 时产生的最大光程差（单位为 nm）。

玻璃中的应力双折射会导致不同偏振方向光束的折射率差。因此，根据入射光的偏振情况，透镜中的应力双折射会带来不同焦距长度，使图像变得模糊不清。ISO 10110－2：1996 对于一些典型应用给出了允许的应力双折射值，见表 2－7。

表 2－7 典型应用允许的应力双折射值

每厘米玻璃厚度允许的光程差值/nm	典型应用	每厘米玻璃厚度允许的光程差值/nm	典型应用
<2	偏振仪器 干涉仪器	10	成像光学系统 显微光学系统
5	精密光学系统 天文光学系统	20	放大镜
		无要求	照明光学

ISO 12123—2010《光学和光子学光学玻璃毛坯规范》规定的光学玻璃毛坯的应力双折射的优选允差见表 2－8。

表 2－8 光学玻璃毛坯应力双折射的优选允差

应力双折射的优选允差/nm · cm^{-1}	通常应用
≥20	毛坯玻璃
<20	
≤12	
≤6	
≤4	
≤2	毛坯玻璃的切割部分

2.3.2.4 条纹度

光学玻璃的生产工艺决定折射率具有优良的空间均匀性。通常人们将玻璃折射率整体的或大范围的均匀性与局部偏差分辨出来。条纹就是玻璃内部均匀性在空间上的局部变化。

条纹产生的主要原因是由于原材料未实现完全均匀、熔化池池壁材料剥脱、熔炼过程中池炉和澄清池产生的对流不均匀，不同的搅拌工艺或在成型过程中和切割熔融玻璃时均可能产生条纹。

条纹度是表示玻璃中条纹的消除程度。条纹的存在使玻璃局部产生折射率微差 Δn，导致光学不均匀性，降低光学系统成像的分辨率及成像质量。

除 GB/T 7962.7—1986《无色光学玻璃测试方法 第7部分 条纹度》标准和国外公司标准外，与条纹度有关的国际标准和国外先进标准有：ISO 12123—2010《光学和光子学光学玻璃毛坯规范》，ISO 10110－4：1997《光学和光学仪器 光学组件和系统制图准备 光学材料的缺陷允差 不均匀性和条纹度》，美国军用标准 MIL－G－174B《光学玻璃》，日本光学玻璃工业会标准 JOGIS 11—2006《光学玻璃条纹度测试方法》[9] 与 MIL－G－174B 基本相同。其对比见表2－9。

表2－9 光学玻璃条纹度测试方法对比

<table>
<tr><th>项　目</th><th>MIL－G－174B</th><th>ISO 10110－4：1997</th><th colspan="2">ISO 12123—2010</th></tr>
<tr><td>适用范围</td><td>毛坯玻璃</td><td>抛光玻璃</td><td colspan="2">毛坯玻璃</td></tr>
<tr><td>表征方式</td><td>条纹度（不考虑样品厚度）</td><td>条纹面积（条纹密集程度）</td><td colspan="2">条纹度引起的波阵面偏移（样品厚度：50mm）</td></tr>
<tr><td rowspan="3">条纹等级</td><td>D（无定量指标）</td><td rowspan="2">≥30nm
1：≤10%
2：≤5%
3：≤2%
4：≤1%</td><td><60nm
<30nm</td><td>玻璃毛坯</td></tr>
<tr><td>C（无定量指标）</td><td rowspan="2"><15nm
<10nm</td><td rowspan="2">玻璃毛坯的局部体积</td></tr>
<tr><td>B（无定量指标）</td><td><30nm
5：极低的条纹成分，更详细的细节必须在图中标注</td></tr>
</table>

2.3.2.5 气泡度和夹杂物

光学玻璃的组分通常以氧化物形式存在。在熔炼过程中，由于引入的化工原料都可能是碳酸盐或碳酸氢盐及其他盐类，这些化工原料在熔化时会产生反应气体而形成气泡。原料中未完全熔化的物质、低熔性的内壁物质、来自外界的固体颗粒、来自铂坩埚的铂粒子在玻璃失透过程，结晶产生玻璃夹杂物（固体微粒）。

气泡会使光发生散射，降低光学系统的成像亮度和像的质量，气泡度是表示玻璃中气泡的消除程度。

除 GB/T 7962.8—2010《无色光学玻璃测试方法 第8部分 气泡度》标准和国外公司标准外，与气泡和夹杂物有关的国际标准和国外先进标准有：ISO 12123—2010《光学和光子学光学玻璃毛坯规范》，ISO 10110－3：1996《光学和光学仪器 光学组件和系统制图准备 光学材料的缺陷允差 气泡和夹杂物》[10]，JOGIS 12—1994《光学玻璃气泡度测试方法》，JOGIS 13—1994《光学玻璃夹杂物测试方法》。

在 ISO 10110－3：1996 中规定了光学材料存在的气泡允许量用 $1/N \times A$ 表示，

其中1是气泡和夹杂物的代码，N是允许的气泡数量，A是气泡大小的等级数，A规定为与气泡最大投影面积的平方根相等（面积为正方形则为边长），单位mm，等级数见表2-10。

表2-10 ISO 10110-3:1996 气泡度等级

乘 数	1（优选值）	2.5	6.3	16
基本级数	0.006			
	0.010	0.006		
	0.016	0.010	0.006	
	0.025	0.016	0.010	0.006
	0.040	0.025	0.016	0.010
	0.063	0.040	0.025	0.016
	0.10	0.063	0.040	0.025
	0.16	0.10	0.063	0.040
	0.25	0.16	0.10	0.063
	0.40	0.25	0.16	0.10
	0.63	0.40	0.25	0.16
	1.0	0.63	0.40	0.25
	1.6	1.0	0.63	0.40
	2.5	1.6	1.0	0.63
	4.0	2.5	1.6	1.0

ISO 12123—2010《光学和光子学光学玻璃毛坯规范》光学玻璃毛坯中所允许的气泡和夹杂物的规定见表2-11。

表2-11 ISO 12123—2010 光学玻璃气泡和夹杂物规定

在给定的玻璃体积内（每$100cm^3$）允许直径$\phi \geqslant 0.03mm$的气泡度和夹杂物的最大横截面积/mm^2	允许的最多个数（每$100cm^3$）	在给定的玻璃体积内（每$100cm^3$）允许直径$\phi \geqslant 0.03mm$的气泡度和夹杂物的最大横截面积/mm^2	允许的最多个数（每$100cm^3$）
0.5	140	0.1	30
0.25	70	0.63	10

不允许在最终成品中出现气泡和夹杂物密集的现象。密集情况的出现通常是在任意5%的样品区域中，气泡和夹杂物多余总量的20%。当样品中的夹杂物总数量在10个以内时，有两个或两个以上气泡和夹杂物集中在5%的区域内构成密集。

2.3.2.6　光吸收系数、着色度和光谱内透过率

A　光吸收系数

光学系统成像的亮度和玻璃的透明度直接相关，无色光学玻璃对某一波长光线的透明度是以光吸收系数（或着色度）来表示的。光线透过光学系统中一系列棱镜透镜后，一部分能量损耗于光学零件的界面反射，另一部分能量则被光学零件所吸收。前者随光学玻璃折射率的增加而增加；后者与玻璃原料的质量、熔制时混入的着色杂质及工艺条件等综合因素有关。所以光吸收系数（或着色度）是重要的质量指标。光吸收系数目前使用日趋减少。

B　着色度（λ_{80}/λ_5）

光学玻璃透射光谱特性用着色度（λ_{80}/λ_5）表示，按以下方法确定：样品厚度为10mm±0.1mm，λ_{80}是玻璃透射比达到80%时对应的波长，λ_5是玻璃透射比达到5%时对应的波长。

C　光谱内透过率

光学玻璃能够在整个可见光区内（400～800nm）提供优良的透过率。通常情况下，透过率范围还能扩展到近紫外和近红外区。按照一般的趋势，折射率越低的玻璃透过率越高，甚至可以透到紫外区的短波长。折射率越高的玻璃，紫外吸收边界波长越接近可见区。

GB/T 7962.9—2010《无色光学玻璃测试方法　第9部分　光吸收系数》和GB/T 7962.12—2010《无色光学玻璃测试方法　第12部分　光谱内透射比》表述了与透过率有关的指标。目前国际标准有：ISO 12123—2010《光学和光子学光学玻璃毛坯规范》，日本光学玻璃工业会标准有：JOGIS 02—2003《光学玻璃着色度测试方法》和JOGIS 17—1982《光学玻璃内透过率测试方法》。

2.3.3　稀土无色光学玻璃主要物化性能

2.3.3.1　化学稳定性

玻璃的化学稳定性是用来表示玻璃对水溶液、酸溶液、碱溶液、盐溶液及潮湿大气的抗侵蚀能力，玻璃的使用受其耐腐蚀能力的影响。

稀土光学玻璃的化学稳定性比一般的硅酸盐玻璃的化学稳定性差得多。加工及使用过程中，常出现霉斑、侵蚀条纹等，严重地影响稀土光学玻璃加工工艺制定，使得稀土光学玻璃的成本较高。为改善稀土光学玻璃的化学稳定性曾进行过许多工作，但一直未能得到较好的解决。

A　耐水的稳定性

在水的作用下，玻璃表面会产生任意形状和各种颜色的斑点，这种斑点由不明显的浅灰色和淡黄色到很清晰的斑点，这些斑点常常是透明的，但当侵蚀严重时，玻璃呈浑浊状。水与玻璃作用产生霉斑的过程大体可描述如下：水与玻璃接

触时，引起玻璃组分中化合物的水解，使其变为氢氧化物，可溶性的氢氧化物向水中扩散，难溶的氢氧化物则仍留在玻璃中并同未被水解的化合物形成成分与原有玻璃不同的表面浸析层。

稀土光学玻璃大都是硼硅酸盐或硼酸盐系统，这类玻璃在水的作用下，发霉性比硅酸盐玻璃严重得多，在水的作用下，玻璃的表面活性降低，当水与玻璃作用形成薄膜时，反射系数降低，膜层加厚，反射系数降低加大，同时，由于侵蚀，玻璃反射光谱也会改变。对于大多数稀土光学玻璃，在水的作用下有时会形成强度很低的浸析层，这些浸析层很容易脱落或迅速被侵蚀溶液溶掉而不具有保护性能，结果使玻璃遭到破坏。

稀土玻璃中含有较多的 B_2O_3 和 La_2O_3，B_2O_3 是玻璃形成体，$[BO_3]^{3-}$ 的连接远比 $[SiO_4]^{4-}$ 的连接松。因此，玻璃结构的紧密程度不高，水与玻璃表面的作用较强，玻璃中 La_2O_3 的 La—O 键力较小，因此易被侵蚀；另外，玻璃的侵蚀性与玻璃水化后形成的氢氧化物在水中的溶解度有关。$La(OH)_3$ 的水溶性很小，因此 La_2O_3 玻璃的水溶性比同成分的含其他三价金属氧化物的玻璃的水溶性要小。因此，镧系光学玻璃化学稳定性差的主要根源在于含有较高含量的 B_2O_3。铝的氧化物 Al_2O_3 能明显降低发霉性。

稀土元素氧化物对玻璃耐水性产生较大的影响：当引入其氢氧化物不溶于水和酸类的金属时，玻璃与水作用的发霉性降低。对于非硅酸盐玻璃，一般情况下，与水作用所产生的结果不是霉斑，而是“表面损伤”。

B 耐潮湿气体稳定性

任何玻璃表面都要有较高的化学活性，因为在玻璃表面存在化学键未完全饱和的原子，因此，任何玻璃在某种程度上都会把空气中的水分子吸附到表面上，从而形成几个分子厚的看不见的薄膜。在稳定的玻璃中，这种吸附会自行停止。当玻璃中含有较多数量的能与水强烈作用的物质时（首先是碱金属氧化物，P_2O_5，B_2O_3），水被吸附到玻璃表面。部分渗透到玻璃中，使玻璃分解，并在玻璃表面逐渐形成玻璃浸析产物。进一步的反应过程就有所不同了，其决定于玻璃成分。稀土光学玻璃中，B_2O_3 作为玻璃的主要生成体，含有少量的 SiO_2，这种玻璃通常在潮湿大气作用下，由薄膜中形成浸析析晶。使玻璃表面变混浊，蒙上一层灰白色并龟裂，这种破坏情况常常不是逐渐表现出来的，而是“突变”。起初，玻璃表面没有变化，但是，在某一瞬间开始急剧地破坏。稀土光学玻璃中，碱土金属氧化物含量越高，玻璃耐潮性越差。氧化硼的含量越高，玻璃的耐潮性也越差。一般来讲，玻璃中引入的氧化镧、氧化钇、氧化铌、氧化钽、氧化锆和氧化铝能改善玻璃的耐潮性。

C 耐酸性

玻璃在酸性介质作用下的溶解过程与在水中溶解过程有所不同，酸性介质中氢离子的强活动性，可深入到玻璃表面的保护层内部与金属离子起交换作用，加速后者向表面的扩散。同时，酸溶液与玻璃水解产物的作用生成易溶的盐类，使玻璃的溶解进度大大加快。

稀土光学玻璃对酸性介质是不稳定的，主要是 B_2O_3 含量高的缘故。硼酸盐玻璃与酸性介质作用时析出硼，使玻璃表面遭到很大破坏，与硅酸盐玻璃相比更严重，酸性介质是光学玻璃在加工、使用及保存中难以排除的一种侵蚀介质，它导致玻璃表面生成色斑、彩雾、生霉，致使光学镜头的光学性能改变，甚至报废。

D　耐碱性

光学组件在使用过程中，有时也会与碱性介质接触，碱溶液能够严重破坏各类玻璃，使玻璃中的金属变为氢氧化物。在碱溶液与玻璃作用的初始阶段，常出现光亮的擦痕，随后玻璃的表面薄膜完全被腐蚀掉，使玻璃表面相当不均匀，致使玻璃表面发毛变乌，有时也沉淀出二次破坏产物皮渣。在硅酸盐玻璃中，氧化锆、氧化锡及稀土金属氧化物能够提高玻璃的耐碱能力。

与酸侵蚀一样，凡加入强结构连接的氧化物如 MgO、CaO、ZnO、PbO、Al_2O_3 等均能提高稀土光学玻璃的耐碱能力。侵蚀所形成的产物对碱侵蚀影响很大，如果这些产物不溶解或难溶解，就会在玻璃表面形成一层保护层。目前，有关稀土光学玻璃对碱的抗侵蚀性没有进一步深入研究，有待于系统的研究工作。

E　对盐溶液作用

中性或酸性盐溶液对玻璃的破坏结果类似于水对玻璃的破坏作用，使玻璃发霉，发霉程度主要取决于溶液的 pH 值，与溶解的盐的性质关系不大。

玻璃的化学稳定性涉及的问题很多，玻璃的侵蚀过程是一个复杂的物理化学过程。它不仅与玻璃成分，侵蚀液的温度、浓度、性质有关，还与玻璃的热历史有关，玻璃退火程度不同，其结构的稳定性也不同。一般说来，急冷玻璃比徐冷玻璃的密度小，折射率低，处于结构较松弛的介稳状态，因此，急冷玻璃的化学稳定性也较差。

F　耐候稳定性

耐气候稳定性描述的是光学玻璃在高温高相对湿度下的稳定性，这种情况下，敏感玻璃表面一般会生成一层难以擦除的白色膜。国际上，德国 SCHOTT 公司 CR（ISO/DIS 13384）、日本 HOYA（D_H）、HIKARI 公司（CR）、OHARA W（S）和英国皮尔金顿（Pilking）（Clim. R）先后建立了耐气候稳定性测试方法。国内还未见光学玻璃耐候稳定性标准。

日本 HOYA（D_H）和 HIKARI 公司（CR）耐候性，按日本光学玻璃工业协会标准 JOGIS 07—2009 执行，样品规格为 30mm × 30mm × 3mm 研磨抛光放入恒温恒湿槽中，在 57.5℃保持 50min，64℃下保持 50min，每 1h 循环一次，进行 24

次循环，处理后观察48h，按表2-12分级。

表2-12 日本HOYA（D_H）和HIKARI公司（CR）耐候性的级别

级别	浊度/%	级别	浊度/%
1	<2	4	20（包含）~30(不包含)
2	2(包含)~10(不包含)	5	≥30
3	10(包含)~20(不包含)		

日本OHARA表面法抗潮湿大气作用稳定性W（S），即将带有新研磨面的试样放入60℃、相对湿度为95%的恒温恒湿槽中，放置24h后使用50倍显微镜观察研磨面。对于严重变错的玻璃种类，重新换用试样进行6h的实验，经过同样的观察后根据表2-13等级分类。

表2-13 日本OHARA表面法抗潮湿大气作用稳定性等级分类

级别	判断基准
1	以照度6000lx观察经过24h实验后的试样时，完全没有变错现象的产品
2	以照度1500lx观察经过24h实验后的试样时没有变错现象，但以照度6000lx观察时发现变错现象的产品
3	以照度1500lx观察经过24h实验后的试样时发现变错现象的产品
4	以照度1500lx观察经过6h实验后的试样时发现变错现象的产品

德国SCHOTT公司按（ISO/DIS 13384）标准执行检测玻璃的耐候性，采用了一种加速强化的测试方法。把抛光未镀膜的玻璃片放在饱和水蒸气环境中，温度在40~50℃之间每1h交替变化。在加热阶段，由于玻璃片的温度比环境温度升得慢，所以，水会凝结在玻璃上。在冷却阶段，开始时环境温度要比玻璃片的温度下降得快，这样会使玻璃表面变干。

30h后，从环境实验箱中取出玻璃，用实验前后的散射度的变化ΔH来衡量其表面的变化情况。散射度测量使用球面散射仪，根据实验30h后测量的浊度ΔH分类，表2-14列出了耐气候稳定性的类别。

表2-14 德国SCHOTT公司耐气候稳定性（ISO/DIS 13384）类别

耐气候稳定性类别（CR）	1	2	3	4
浊度差(ΔH)/%	<0.3	0.3(包含)~1.0(不包含)	1.0(包含)~2.0(不包含)	≥2.0

皮尔金顿（Pilking）（Clim. R）耐候性测试为把抛光的玻璃片放在饱和水蒸气环境中，温度在40~50℃之间每45min交替变化。实验时间范围为30~180h，测量浊度。

G 国家标准和国家军用标准

GB/T 12085—2010《光学和光学仪器环境试验方法 第2部分 低温、高温、湿热》[11]修改采用ISO 9022—2002《光学和光学仪器环境试验方法 第2部

分　低温、高温、湿热》第4.2.4条规定。条件试验方法12湿热的严酷等级见表2-15。

表2-15　严酷等级

严酷等级	01	02	03	04	05	06	07
气候条件	40℃ ±2℃，相对湿度为90% ~95%						
暴露时间	24h	4d	10d	21d	56d	6h	16h
工作状态	0或1或2						

注：工作状态仅适用于暴露时间的最后34h。

H　化学稳定性国际标准

稀土光学玻璃化学稳定性实验方法按无色光学玻璃的有关国家标准执行。国际标准中有三种化学稳定性实验方法：

（1）耐酸实验方法（SR）——ISO 8424—1996[12]。耐酸稳定性按光学玻璃与大量酸溶液（如胶水、碳酸水等）接触时表现出的玻璃性能进行分类。如果酸性水溶液与玻璃表面起反应，污斑就可能形成（见耐污染稳定性），或玻璃被分解，或两种反应同时出现。耐酸稳定性实验提供有关玻璃溶解真实有用的信息。实验时，把6面抛光的玻璃样品浸没在大量的酸性溶液中。把溶解0.1μm层厚所需时间作为耐酸稳定性的测量结果。膜层厚度根据单位面积的质量损失和玻璃密度计算。类别SR5成为这两类玻璃之间类别划分的过渡点。在pH值为0.3的强酸溶液中溶掉层厚度达到0.1μm的时间不到0.1h的玻璃和在pH值为4.6弱酸溶液中溶掉层厚度达到0.1μm的时间大于10h的玻璃，都属于SR5类。耐酸稳定性（SR）类别的总体划分情况见表2-16。

表2-16　耐酸稳定性类别（温度：25℃）

耐酸稳定性类别SR	1	2	3	4	5		51	52	53
pH值	0.3	0.3	0.3	0.3	0.3	4.6	4.6	4.6	4.6
时间/h	>100	10~100	1~10	0.1~1	<0.1	>10	1~10	0.1~1	<0.1

（2）耐碱实验方法（AR）——ISO 10629—1996[13]和耐磷酸实验方法（PR）——ISO 9689—1990[14]。耐碱稳定性和耐磷酸稳定性两种实验方法都用于表示玻璃耐过饱和碱性水溶液的稳定性，并使用同一个类别划分表。

耐碱稳定性是当玻璃与热的碱性液体接触时，玻璃对碱的灵敏性。值得注意的是，在光学玻璃的冷加工过程中，由于水和磨削玻璃颗粒之间发生化学反应，通常会使磨削液或抛光液的碱性越来越强。当磨削液和抛光液被反复循环使用时，这是特别有用的。同时也值得注意的是，温度越高磨削越快。此外，热的碱性溶液被广泛用在抛光表面的清洗工艺中。

耐磷酸稳定性是用清洗液清洁玻璃时，玻璃对磷酸的反应。该方法考虑的是用于清洁光学玻璃的清洗液（洗涤剂）通常是不纯的氢氧化物溶液，它们含有多磷酸。耐磷酸稳定性类别描述的就是光学玻璃耐受这些洗涤剂的稳定性。

耐碱稳定性和耐磷酸稳定性用小数点分开的两位数字表示。第1个数字表示耐碱稳定性类别AR或耐磷酸稳定性类别PR。后面的小数表示在整个实验过程中肉眼看到玻璃表面变化的情况。

耐碱稳定性类别AR是根据玻璃在碱性溶液中（氢氧化钠：0.01mol/L，pH值为12），溶掉厚度达到0.1μm时的时间来划分的，实验温度为50℃。耐磷酸稳定性类别PR是根据玻璃在含磷碱性溶液中（五钠三磷酸（$Na_5P_3O_{10}$）：0.01mol/L，pH值为10），溶掉厚度达到0.1μm时的时间来划分的，实验温度为50℃。溶掉层的厚度，根据单位面积的质量损失和玻璃密度计算。表2－17列出了耐碱稳定性和耐磷酸稳定性类别。

表2－17 耐碱稳定性和耐磷酸稳定性类别

耐碱稳定性类别（AR），耐磷酸稳定性类别（PR）	1	2	3	4
时间/h	>4	1～4	0.25～1	<0.25

I 化学稳定性表面法和粉末法的其他标准

（1）国外先进标准。日本光学玻璃工业会标准：JOGIS 06—1999《光学玻璃化学耐久性测试方法（粉末法）》和JOGIS 07—2006《光学玻璃化学耐久性测试方法（表面法）》。

（2）国家标准。GB/T 7962.14—2010《无色光学玻璃测试方法　耐酸稳定性》和GB/T 7962.15—2010《无色光学玻璃测试方法　耐潮稳定性》。

（3）行业标准。JB/T 10576—2006《无色光学玻璃化学稳定性实验方法》。

2.3.3.2 热学性能

光学玻璃的线膨胀系数、转变温度和弛垂温度、退火点温度、软化温度等热性能的测定除GB/T 7962.16—2010《无色光学玻璃测试方法　第16部分　线膨胀系数、转变温度和弛垂温度》外，国际标准有ISO 7884－8:1998《玻璃　黏度和黏温点测量　第8部分　转变温度（膨胀系数）测量》和ISO 7884－4:1987《玻璃　黏度和黏温点测量　第4部分　退火点测量》及日本光学玻璃工业会标准JOGIS 08—2006《光学玻璃热膨胀系数测试方法》。

玻璃的长度和体积随温度的增加而增加（线膨胀系数α为正值）。

退火点温度$T_{10^{13}}$，对于光学玻璃的退火非常重要。$T_{10^{13}}$就是玻璃黏度为1×10^{13} dPa·s时的温度。按照ISO 7884－4的规定，$T_{10^{13}}$就是所谓的退火上限温度，转变温度T_g通常就在$T_{10^{13}}$附近。在均匀加热的情况下，温度高于退火上限温度5～15K时，30min内玻璃的应力就能被消除。在热处理过程中，如果温度超过$T_{10^{13}}$ 200K时，光学精加工表面可能就要变形，折射率也要改变。

软化温度（$T_{10^{7.6}}$）指的是玻璃在自身重量的作用下就会变形的黏度范围（如玻璃塌陷变形，玻璃粉烧结在一起等）。$T_{10^{7.6}}$ 就是玻璃黏度为 $1\times10^{7.6}$ dPa·s 时的温度。

室温条件下，玻璃导热系数值的范围从 1.38 W/(m·K)（纯石英玻璃）到大约 0.5 W/(m·K)（高含铅玻璃）。最常用的硅酸盐玻璃的导热系数值在 0.9 ~ 1.2 W/(m·K) 之间。

温度在 300℃以上时，玻璃中传递的热辐射成分开始明显增加。导热系数与温度的关系增大，玻璃对辐射热的吸收变得更加明显。

等温平均比热容 c_p(20℃，100℃) 值是玻璃性能的一部分，是根据测量从 100℃的热玻璃传递到 20℃的液体量热器中的热量测量出来的。当温度高于转变温度时，c_p 值的大小基本上就与温度没有关系了。

2.3.3.3 力学性能

光学玻璃的力学性能主要包括：弹性模量、剪切模量和泊松比以及努普硬度和磨耗度。

弹性模量、剪切模量和泊松比按 GB/T 7962.6—2010《无色光学玻璃测试方法 第 6 部分 弹性模量、剪切模量和泊松比》测量。一般情况下，含铅玻璃的弹性模量值较小，稀土玻璃的弹性模量值较大。

努普硬度除 GB/T 7962.18—2010《无色光学玻璃测试方法 第 18 部分 克氏硬度》外，国际标准有 ISO 9385 : 1990《玻璃和玻璃陶瓷努普硬度测试方法》和日本光学玻璃工业会标准 JOGIS 09—1975《光学玻璃努普硬度测试方法》。

在努普硬度测试中，采用对称棱角为 172°30′和 130°的四角锥用金刚石压头，施加一定负荷，保持一定时间后，测量菱形压痕深度。在金刚石压入玻璃板的过程中，玻璃产生弹性和塑性形变。永久性压痕尺寸与由材料化学组分决定的硬度有关。

通常具有大容量的网格结构（硅和硼的氧化物）的玻璃有高硬度值。钡－镧－硼（镧冕和重镧火石玻璃）具有最高的硬度值，增加玻璃组分中的碱和/或铅含量，压痕硬度将减小。

磨耗度除 GB/T 7962.19—2010《无色光学玻璃测试方法 第 19 部分 磨耗度》外，该性能测试的国际标准有 ISO 12844 : 1999《光学玻璃毛坯 金刚石丸片研磨 测试方法和分类》和日本光学玻璃工业会标准 JOGIS 10—1994《光学玻璃磨耗度测试方法》。按 ISO 12844 : 1999 标准的磨耗度分类见表 2－18[15]。

表 2－18 ISO 12844 : 1999 标准的磨耗度

耐磨等级	耐磨限值	耐磨等级	耐磨限值
HG 1	≤30	HG 4	90（不包含）~120（包含）
HG 2	30（不包含）~60（包含）	HG 5	120（不包含）~150（包含）
HG 3	60（不包含）~90（包含）	HG 6	>150

2.3.3.4　密度

除 GB/T 7962.20—2010《无色光学玻璃测试方法　第 20 部分　密度》外，该性能测试的国外标准有日本光学玻璃工业会标准 JOGIS 05—1975《光学玻璃密度测试方法》。大多数情况下，玻璃的密度越大，其折射率也越高。玻璃的密度大小主要由其化学组成决定。转变温度附近的退火条件对密度大小有少量的影响，由于热膨胀的原因，玻璃的密度随温度增高而减小。

参考文献

[1] 司徒杰生，等．无机化工产品［M］．第四版．北京：化学工业出版社，2004.

[2] 干福熹．光学玻璃［M］．北京：科学出版社，1982.

[3] 朱更国，等．光学玻璃生产工艺［M］．成都：成都科技大学出版社，1987.

[4] 全国光学和光子学标准化技术委员会．GB/T 903—1987 无色光学玻璃［S］．北京：中国标准出版社，1987.

[5] 全国仪表功能材料标准化技术委员会．GB/T 7962.1～20—2010 无色光学玻璃测试方法［S］．北京：中国标准出版社，2010.

[6] ISO 12123：2010（E）光学和光子学光学玻璃毛坯规范［S］．国际标准化组织，2010.

[7] ISO 10110－4：1997 光学和光学仪器　光学组件和系统制图准备　光学材料的缺陷允差　不均匀性和条纹度［S］．国际标准化组织，1997.

[8] ISO 10110－2：1996 光学和光学仪器　光学组件和系统制图准备　光学材料的缺陷允差　应力双折射［S］．国际标准化组织，1996.

[9] JOGIS 11—2006 光学玻璃条纹度测试方法［S］．日本：日本玻璃工业协会，2006.

[10] ISO 10110－3：1996 光学和光学仪器　光学组件和系统制图准备　光学材料的缺陷允差　气泡和夹杂物［S］．国际标准化组织，1996.

[11] 全国光学和光子学标准化技术委员会．GB/T 12085.1—2010 光学和光学仪器环境试验方法　第二部分：低温、高温、湿热［S］．北京：中国标准出版社，2010.

[12] ISO 8424：1996 光学玻璃毛坯　在 25℃耐酸稳定性试验方法及分类［S］．国际标准化组织，2010 .

[13] ISO 10629：1996 光学玻璃毛坯　在 50℃耐碱稳定性试验方法及分类［S］．国际标准化组织，1996.

[14] ISO 9689：1990 光学玻璃毛坯　在 25℃耐磷酸稳定性试验方法及分类［S］．国际标准化组织，1990.

[15] ISO 12844：1999 光学玻璃毛坯　金刚石丸片研磨　测试方法和分类［S］．国际标准化组织，1999.

3 稀土无色光学玻璃的制备

稀土玻璃中应用范围最广、生产工序最复杂、制造技术难度最高的产品是光学玻璃。其主要生产流程包括玻璃配方研究、原料选择与配料、窑炉与铂器皿制作、选择熔化方式和工艺、成型技术、热处理退火技术、组件冷加工与压型技术、物化指标与玻璃质量检验等[1,2]。

3.1 原料与配料

配料是原料的准确称量和充分混合。配料质量对稀土光学玻璃光学常数和内在质量有决定性影响。实践证明配料质量由原料质量和称量操作、混料操作及其管理程度决定。本节以原料、称量、混料为顺序探讨配料质量问题、光学玻璃光学常数控制问题及着色问题。

3.1.1 原料

3.1.1.1 光学玻璃用原料的质量要求

原料是光学玻璃组成的引入形式。无色光学玻璃除应具有特定的光学性能和物化性能外，还应具有高度的透明度和特定光谱范围内特定的透过率。所以光学玻璃生产是一个独立而特殊的行业，对原料质量要求非常高，甚至苛刻。玻璃用原料质量由纯度、干度、颗粒度、有害杂质含量和均匀度决定。

A 原料纯度

原料的纯净程度为原料纯度，对玻璃光学常数、光吸收和透过率有决定性影响。

原料纯度高低是原料质量的重要标志。纯度高则其有害杂质含量就相对低，杂质含量越低玻璃透明度就越好。有些玻璃如 $SiO_2-B_2O_3-La_2O_3-TiO_2-Nb_2O_5-RO$ 等系列玻璃在可见光范围吸收多、工艺难度大、玻璃气氛不容易控制，可以提高 SiO_2、H_3BO_3、Nb_2O_5、La_2O_3、TiO_2 等主要原料纯度；部分 $B_2O_3-SiO_2-La_2O_3-RO$ 系列玻璃，在可见光范围吸收少、工艺难度小、玻璃气氛容易控制，可以适当降低原料纯度。

B 原料有害杂质

在可见光范围内有吸收带的物质，即铁（Fe）、钴（Co）、镍（Ni）、铜（Cu）、铬（Cr）、锰（Mn）、镨（Pr）、钕（Nd）、铈（Ce）等在可见光区域有吸收，引入玻璃将使玻璃着色。

稀土原料如 La_2O_3 容易引入 Pr、Ce、Nd、Er 着色物质，使用前应定量测试。

C 原料干度

原料干湿程度称为原料干度。常温条件下，原料都不同程度含有水分，所以原料使用前需进行原料水分测试。根据实际经验，玻璃用原料水分含量一般不超过 4%。

D 原料颗粒度

原料颗粒大小程度称为原料颗粒度。原料颗粒度和玻璃熔化效果及玻璃质量有直接关系。难熔原料颗粒度越小，则熔化进行的速度就越快，但难熔原料颗粒度不能太小，太小容易结块成团减少与助熔原料的接触面而降低熔化效果，易产生结石和条纹。实际经验是难熔原料（被熔物质）颗粒度在 380 ~ 48 μm（40 ~ 300 目）分布情况非常重要，炉前进行原料选用时一定要注意颗粒度分析报告。密度接近的原料颗粒度不能相差太大。

E 原料均匀度

原料均匀度是同批原料各部位纯度的一致程度。由原料生产工艺的稳定性、原料吸潮性、原料包装密封程度决定。原料不均匀会引起玻璃光学常数波动，造成玻璃质量下降甚至报废，所以原料使用前进行质量检测的样品应具有代表性，以保证测试数据的准确，原料保存应密封保存，以保证数据的一致。由于原料生产工艺易造成不均匀的原料有 PbO、TiO_2 等，对玻璃常数影响非常大，尤其是 LaF 类、ZLaF 等玻璃非常容易引起玻璃光学常数波动和内在质量下降。

3.1.1.2 光学玻璃用原料的选用

光学玻璃用原料的质量要求因玻璃基础配方的不同而不同，理论上说同一氧化物可以选用不同原料，如 BaO 可以选用 $BaCO_3$、$Ba(NO_3)_2$；K_2O 可以选用 K_2CO_3、KNO_3、K_2SiF_6；PbO 可以选用 PbO、Pb_3O_4、$Pb(NO_3)_2$；SiO_2 可以选用 SiO_2、K_2SiF_6、Na_2SiF_6。实际生产中，由于玻璃基础配方、熔炉结构、生产方式、原料熔化效果、原料吸潮性、原料生产难易度、原料加工难易度和原料价格等因素的不同，选用原料时要综合上述因素，既要保证玻璃质量，同时也要控制玻璃成本。

3.1.1.3 光学玻璃用原料管理、加工及水分测试

A 原料管理

原料应根据原料性质进行正确管理。所有原料都存在不同程度的吸潮性，特别是 $CaCO_3$、K_2CO_3、Na_2CO_3、$Ba(NO_3)_2$、$Sr(NO_3)_2$、KNO_3、H_3BO_3、La_2O_3 等原料。原料吸潮或 CO_2 会降低纯度，吸潮原料结块不易加工，影响光学常数和玻璃内在质量，所以原料应密封保存。原料保存过程包装袋不能有破损，破袋取样要及时恢复包装，未使用完的剩余原料要及时密封保存。具有氧化性的原料不能和具有还原性的原料存放在一起，如硝酸盐和磷粉不能存放在一起。

B 原料加工

配料前对颗粒度不符合要求的原料需进行加工，原料加工过程不能造成原料的二次污染。所谓二次污染是原料加工等过程人为引入了有害物质，降低了原料质量。原料加工使用的工具如筛网、榔头等不能是易腐蚀易着色的金属材料，可以是钠纶（高分子材料）、木材、大理石等。

加工好的原料要及时混合和密封保存，并测试水分含量。

C 原料水分测试

测试样品要有代表性。待测样品需保存在磨口瓶中。样品测试数据应是3个平行样的平均值。3个平行样的数据偏差小于0.4%为合格。

计算方法为：水分干度 =（烘干后样品质量/烘干前样品质量）×100%

3.1.1.4 光学玻璃用原料的危害及防护

原料危害是指原料对操作者、环境及设备（主要是电子秤和铂坩埚）的危害，一般分为：

（1）有害原料。如 SiO_2、K_2SiF_6、Na_2SiF_6 等对操作者的肺功能和皮肤影响非常大，使用时应注意劳保用品的穿戴。Na_2CO_3、K_2CO_3 等原料对称量工具影响非常大，应特别注意防尘。PbO、As_2O_3、Sb_2O_3 对铂坩埚危害非常大，应注意引入量和玻璃气氛的控制。实际经验是铅玻璃熔化气氛不能是还原气氛，且 PbO 含量大于15%不能在全铂坩埚直接熔化粉料，黏度小的玻璃不能引入较多的 As_2O_3、Sb_2O_3。

（2）有毒原料。如 PbO、Sb_2O_3 等对人体有毒性，应注意防毒保护。

（3）剧毒原料。As_2O_3 对人体毒性非常大（0.06～0.2g 可以使人急性中毒死亡），应注意严格按规定使用、管理和进行防毒保护。

3.1.2 称量

3.1.2.1 称量工具的维护和使用

称量工具应根据实际要求配置精度等级，按规定维护和使用。从理论上来说称量工具精度越高，系统误差越小，称量精度就越高。但称量工具精度越高对配料现场要求就越高，否则就会增加系统误差，降低称量精度。由于称量工具要有合理的使用条件，而配料现场的机械和声音振动、温度、粉尘和湿度等不合理条件都会降低称量精度，因此配料现场的实际条件限制了高精度称量工具的使用。建议用最小分度值为10g 和最小分度值为1g 的电子秤配合使用，保证各系列玻璃的称量精度。

称量工具的正确维护和使用能降低系统误差，保证称量精度，所以电子秤应严格按规定维护和使用。配料现场电子秤应静态称量，杜绝动态称量。配料现场的粉尘 $NaCO_3$、K_2CO_3、H_3BO_3 等对电子秤影响大，电子秤使用后应及时用毛刷和吸尘器进行粉尘清扫。

3.1.2.2 原料的称量

称量前要确认原料质量、批号和数量。为了使原料均匀混合，应根据各原料性能和数量大小以一定顺序进行称量。一般情况是难熔和易熔、大密度与小密度原料交替称量，不易黏附原料最先或最后称量，易黏附原料如 ZnO、$CaCO_3$ 和含量小的原料如澄清剂要在称量过程的中间称量，并分散在不易黏附原料中间。应按工艺顺序逐一称量、打印和检查。

3.1.3 配制料的混合

3.1.3.1 配制料混合均匀度

配制料混合均匀决定玻璃熔化效果，决定光学常数稳定情况，影响玻璃内在质量如条纹和结石。

配制料混合均匀度主要由混合时间决定，混合时间过短混合不均，混合时间过长配制料分层，所以配制料的混合时间必须准确。混合时间由配制料组分及其堆积密度、混料机的混料方式决定。同一组分的配制料采用不同方式的混料机混合，其混合时间应不相同。不同组分的配制料采用同一方式的混料机混合，其混料时间应不相同。

混合均匀度受配制料对混料机的填充体积影响，50% ~60% 的填充体积能够保证混合均匀度；混合均匀度还受混料机内部是否存在混合死角和漏料现象的影响。混料操作前应注意检查。

3.1.3.2 混料机简介

混料机按混料方式分为整体转动混料机如 V 型混料机和搅拌式混料机如 P 型混料机，这也是目前常用的混料机型。V 型混料机操作难度大，但混合均匀度高，一般用于混合常数容易波动的配制料，如 H－ZF、H－ZLaF 等系列玻璃；P 型混料机操作难度小，但混合均匀度不是很高，一般用于混合常数比较稳定的配制料，如 K 类等系列玻璃。V 型和 P 型混料机形状如图 3－1 和图 3－2 所示。

图 3－1　V 型混料机

图 3－2　P 型混料机

3.1.3.3　自动化配料简介

配料自动化是光学玻璃生产的必然发展趋势。配料自动化包括原料称量系统自动化和吊运系统自动化。称量系统自动化是原料判定、原料加减和原料称量的自动化，这不仅能减轻工人劳动强度，而且能提高称量准确度。

称量系统自动化可以最大限度避免称量的人为误差，是配料自动化的重要标志。吊运系统自动化是原料运转由自动装置自动完成，这样能够减轻工人劳动强度和配料现场的粉尘污染。

称量系统自动化和吊运系统自动化的结合可以实现全自动化配料。由于原料的吸潮性、腐蚀性及黏附性等原因，配料全自动化往往很困难，目前普遍采用称量系统半自动化和吊运系统半自动化配料方式。

3.1.4　稀土光学玻璃常用原料主要质量要求

稀土光学玻璃常用原料主要质量要求见表3－1[2]。

表3－1　稀土光学玻璃常用原料主要质量要求

名 称	分子式	密度/$g \cdot cm^{-3}$	纯度/%	杂质含量/%		
				Fe_2O_3	SO_4^{2-}	Cl^-
石英	SiO_2	2.26	99.80	0.0030	0.12	0.11
硼酸	H_3BO_3	1.50	99.50	0.0005	0.40	0.01
氢氧化铝	$Al(OH)_3$	2.42	99.00	0.0015	0.04	0.02
硝酸钡	$Ba(NO_3)_2$	3.20	99.60	0.0006	0.06	0.034
碳酸钡	$BaCO_3$		99.90	0.0006	0.033	100
碳酸钙	$CaCO_3$	2.71	98.50	0.0010		
碳酸钾	K_2CO_3	2.29	99.50	0.0005	0.50	0.06
硝酸钾	KNO_3	2.11	99.95	0.0005	0.007	0.006
硝酸锶	$Sr(NO_3)_2$		99.00	0.0005	0.05	0.003
碳酸镁	$MgCO_3$		90.00	0.0008	0.01	0.005
硝酸钠	$Na(NO_3)_2$		99.00	0.0015	0.0005	0.02
碳酸钠	Na_2CO_3	2.50	99.00	0.0015	0.045	0.60
碳酸锂	Li_2CO_3		99.20	0.0020	0.17	0.02
氧化锌	ZnO	5.6	99.50	0.0005	0.01	0.003
氧化钛	TiO_2	4.30	98.00	0.0006	0.20	
氧化锆	ZrO_2	5.89	99.95	0.0005		
氧化钽	Ta_2O_5		99.95	0.0003		

续表 3－1

名 称	分子式	密度/g·cm^{-3}	纯度/%	杂质含量/%		
				Fe_2O_3	SO_4^{2-}	Cl^-
氧化锑	Sb_2O_3		99.95	0.0010	0.04	0.05
钨酸	H_2WO_4		99.90	0.0010		
氧化铌	Nb_2O_5		99.95	0.0005		
氧化钇	Y_2O_3		99.95	0.0010		
氧化镧	La_2O_3		99.95	0.0003		

注：1. 其他着色元素杂质含量不大于0.0005%；

2. 难熔原料，如SiO_2、$Al(OH)_3$、ZrO_2应有粒度要求。

3.2 稀土光学玻璃熔炉结构与工序

由于稀土玻璃尤其是稀土光学玻璃具有严格的光学性能及内在质量要求，采用电熔或电助熔已成为国际光学玻璃生产工艺的主流[3,4]，其具有产品质量优、生产效率高、能源和原料消耗低等优点。目前，为了满足某些产品的特殊要求，在连续熔炼生产线上，通过工艺改进，实现单埚间歇式生产，使其集间歇和连续熔炼生产方式的优点于一体。光学玻璃的生产为适应市场小批量、多品种的需要，小型全铂池炉生产工艺是今后发展的一个方向。为了提高产品数据的一致性、稳定性，二次熔炼生产工艺在我国获得快速的发展。

3.2.1 稀土光学玻璃电熔基础知识

3.2.1.1 玻璃的导电性

玻璃的直接电熔就是利用高温下玻璃液中的低价阳离子导电的性质，使玻璃液本身发热，玻璃自身发热使表面的炉料加速熔化、澄清、均化。

玻璃在常温下一般是电绝缘材料，但是，随着温度的升高，玻璃的导电性迅速提高，特别是在转变温度 T_g 点以上，电导率快速上升，到熔融状态，玻璃变成良导体。例如：一般玻璃的电阻率，在常温下是 $1\times10^{11}\sim1\times10^{12}\Omega\cdot m$，而在熔融状态下降至 $1\times10^{-2}\sim3\times10^{-3}\Omega\cdot m$。

玻璃的电导率表示通过电流的能力，分为体积电导率和表面电导率两种，一般是指体积电导率。电导率与材料的截面积成正比，与其长度成反比，即

$$K = X\frac{S}{L}$$

式中，K 为电导率；X 为比电导率，S/m；L 为材料长度，m；S 为材料截面积，m^2。

3.2.1.2 影响玻璃体积电导率的因素

玻璃的电导率与玻璃的化学组成、玻璃的温度和热历史有关。与配方组成和温度，配方中碱金属离子浓度密切相关。Urnes 研究了二元碱金属玻璃在高温下的电导率，发现 Na－Si 玻璃电导率最大，K－Si 玻璃的电导率最小。对同一牌号的玻璃，碱金属氧化物的摩尔分数分别是 25%、30%、35% 进行测量，当用 Li_2O 部分代替 Na_2O、K_2O 时，其电导率明显下降。其原因是两种离子半径不同的碱离子共存引起混合效应，在电流传输中，碱离子通过硅酸盐的骨架空隙运动，小离子半径容易通过，而大离子被捕获或阻挡，导致电导率降低。电导率随温度的升高而增加。此外，电导率与玻璃骨架的成键能力和电场强度也密切相关。

3.2.1.3 关于玻璃的电导率理论分析

在凝固的玻璃中，硅氧骨架是不能移动的，几乎所有的氧化物玻璃的离子电导来源于一价阳离子，特别是 Na^+ 的迁移运动，为此以下将围绕 Na^+ 在玻璃中移动速度（扩散速度）进行讨论。

一价阳离子在玻璃中的移动能力，受下列各因素的制约：

（1）玻璃网络的断裂程度。断裂越多，阳离子越易移动。

（2）阳离子本身的大小。阳离子半径越小，越易移动。

（3）其他阳离子（R^{2+}、R^{3+} 和 R^{4+}）的影响。主要为抑制作用。

玻璃网络的断裂程度取决于碱金属氧化物 R_2O 和碱土金属氧化物 RO 的含量，随着 Na_2O 含量的增加，Na^+ 的扩散速度加快，这一效果必将导致玻璃的电导率上升，在多组分玻璃中，情况与此相似，即随着碱金属氧化物含量的增加，玻璃电导率上升。

一价阳离子的电导活化能随着离子半径的增加而增加，同时与键强有关，因此当含量相同时玻璃的电导率大小关系为：$Li_2O > Na_2O > K_2O$。

二价阳离子对一价阳离子的导电起压制作用，即：在二元玻璃 $RO-SiO_2$ 中，以 RO 置换 SiO_2，则电导率上升，但在三元玻璃 $R_2O-RO-SiO_2$ 中，以 RO 置换 SiO_2，则电导率下降，这就是抑制作用。这是因为二价阳离子填充在网络结构的空隙中，阻塞了 Na^+ 移动所需的通道：

$$Pb^{2+} > Ba^{2+} > Sr^{2+} > Ca^{2+} > Mg^{2+} > Zn^{2+} > Be^{2+}$$

←——— Na^+ 离子扩散速度降低

←——— 玻璃电阻率升高

———→ 玻璃电导率升高

R_2O_3 类氧化物对玻璃电导率的影响分两方面：一方面由于生成带负电的四面体 $[BO_4]^-$ 和 $[AlO_4]^-$ 对 Na^+ 起牵制作用；另一方面则由于参加网络结构，改变网络空隙大小。在外电场的作用下，当 Na^+ 已能挣脱 $[BO_4]^-$ 和 $[AlO_4]^-$

的束缚后，能否从一个空隙到另一个空隙连续运动，取决于空隙的大小。由于 B^{3+} 小于 Si^{4+}，$[BO_4]^-$ 小于 $[SiO_4]^0$，因此网络较为紧密，当 Na^+ 较难通过时，玻璃电导率降低。反之，由于 $[AlO_4]^-$ 大于 $[SiO_4]^0$，因此网络较为疏松，玻璃电导率上升。所以玻璃加入 Al_2O_3 能增加玻璃的电导率。

总体来说，玻璃的化学组成与电导率的关系，可以从阳离子半径大小和网络空隙大小得到解释。

熔融的玻璃液是以离子导电为特征，电极是以电子导电为特征，直流电会使电极表面产生沉积物和气泡，同时电流流动需要活化能，为此，玻璃电熔只能采用交流电，并由隔离变压器供电。

3.2.1.4 玻璃电熔技术

利用电能作为热源熔制玻璃是在 1920 年以后才在工业上推行的。电熔玻璃大致可以分为四种方式：利用电阻发热体间接加热、利用高频感应加热、利用电极通电直接加热和利用电弧加热熔制玻璃，因电极会污染玻璃，所以很早就不采用了。

间接电阻电熔炉是利用安装在玻璃溶液容器以外的专门加热组件所产生的热能来熔制玻璃。

高频感应加热的电熔炉是利用涡流加热，有的在熔制玻璃的容器内（通常为铂制或石墨制）感应产生涡流；或在盛装玻璃的容器内装入金属，感应产生涡流等。高频感应电熔炉适用于熔制某些光学玻璃和特种玻璃。如石英玻璃就常采用石墨坩埚来加热。

直接电阻电熔（即全电熔）炉的应用最广泛，它以玻璃液本身直接作为电阻来加热。这种熔炉主要应用在有充足电力供应的地区，用来熔制含高挥发成分的玻璃、极深色玻璃和某些高质量玻璃。电熔是在玻璃液的深处进行的，预先用适当的方法（用炭棒辐射加热）把玻璃加热，在熔融状态从电极通入电流，使玻璃内部产生热量，就能够连续熔融。这时玻璃的表面温度低于内部。给各组电极以不同的电压、电流，便能获得必要的温度分布。

采用全电熔来熔炼氟化物、磷酸盐、铅玻璃等是最合适的。初期熔化阶段是在配合料覆盖层（料毯）下面进行加热的。配合料组分中的挥发气体由下向上逸出时，碰到料毯进行凝结，而凝结的原料数量对配合料表面层的组合而言其值不变，所以通过流液洞的玻璃的组分与投入的配合料比较一致。因此全电熔的重要优越性之一就在于能极大地提高玻璃光学常数的均匀性和稳定性，对于组批要求高的产品，采用全电熔技术具有不可比拟的优点。

全电熔工艺的优点包括：热效率高，节约能源；排出有害气体少，利于环境保护；光学常数一致性好。但全电熔钼电极被广泛使用，产品的透过率指标较差；产品夹杂物特别是结石气泡质量的稳定性与电助熔炉比较要差。

3.2.1.5 玻璃电熔的电极材料选择与使用

电熔炉的发展与适用电极材料的开发密切相关，对电极材料的要求是：能承受1700℃的高温，并有足够的机械强度，在800℃时不会被氧化，具有与金属相当的电导率，耐急冷急热性好，不污染玻璃液，价格便宜等。但完全满足上述条件的材料难以找到，因此，不得不降低要求，根据现场技术和经济条件，选择不同的电极材料。

由于电极具有导电性，玻璃液又具有离子导电性，在电极与玻璃液之间将产生接触电阻。用金属材料作电极时，能被熔融的玻璃液所浸润，接触电阻就小些；石墨作为电极材料时，它不为玻璃液湿润，其接触电阻就比较高，这个条件决定了电极表面的电流密度，从而决定电极的负荷，电流密度的大小与所熔制玻璃化学组成有关。目前常用的电极材料为石墨、金属钼、二氧化锡、铂等，四种电极的比较见表3－2。

表3－2 石墨、金属钼、二氧化锡、铂电极的比较

性 能	电 极			
	金属钼	二氧化锡	石墨	铂
对玻璃氧化还原性	还原	中性	还原	
还原状态下稳定性	良好	不良	良好	不良
在高温空气下的消耗率	高	在1400℃以上时高	可燃尽	低
对玻璃的着色情况	除高价元素外良好	低	除多价元素之外良好	低
耐热冲击性能	良好	不良	非常良好	良好
水冷的必要性	有	无	有	无
操作所需费用	中等	高	低	高

铂电极是稀土光学玻璃生产主要使用的电极材料。虽然铂电极的性能优良，但是其价格过高，在熔化部使用很少。

电熔炉是利用玻璃高温导电，电流流过玻璃液自身加热，单位时间内，炉内所产生的电热效应，其热量 Q 与通过玻璃液中的电流 I 的平方成正比，与电极间玻璃的电阻成正比，根据焦耳－楞次定律可写成式（3－1）：

$$Q = I^2 Rt \tag{3-1}$$

式中，I 为通过玻璃液的电流；R 为电极间玻璃的电阻；t 为电流通过的时间。

电极的布置和功率分布不仅要考虑每层电极的电流密度是否均匀，还要防止局部过热，同时还要保持两层电极间的电流有效分开。虽然它们之间有玻璃相连，但是由于层与层之间调节相位和电场干涉效应可以达到电流分开的效果。

3.2.2 稀土光学玻璃连续熔炼

3.2.2.1 稀土光学玻璃连续熔炼的优点

光学玻璃的熔炼方法分为黏土坩埚法、铂坩埚法以及连续熔炼法三种，其优缺点见表3－3。

表3－3 光学玻璃熔炼方法的优缺点

指 标	光学玻璃的熔炼方法		
	黏土坩埚法	铂坩埚法	连续熔炼法
可熔炼的玻璃	传统的玻璃范围	n_d >1.6	硅酸盐、硼酸盐、磷酸盐
熔炼合格率/%	30～70	50～90	90
产量	中	小	大
品种	较优	优	优
大块制品	易	难	易
产品加工量	大	中	小
n_d 一致性	优	中	中
玻璃制品的成型	块、板	板	棒、条、块、型料

3.2.2.2 国内外熔炼技术发展状况

加热技术发展是玻璃连续熔炼的基础。1902年，沃尔克（Vorlker）利用电流通过配合料产生的热来熔化未熔化的玻璃，而获得一个基本专利，这一原理用于实际获得成功又经过20余年的时间。1905年，俄国的索维吉昂（Sauvegeon）获得了采用电熔的熔窑专利。1909～1920年，俄国列杰尔斯在研究10年以后，建造了一座实验性的熔炉，日产100kg，1925年又组建一座日产5～10t的池炉。1925年，瑞典的科尼利厄斯使用电熔炉生产琥珀色玻璃和绿色玻璃。1942年美国康宁（Corning）公司的Dtvoe建造了多对电极的横型光学玻璃连续熔炼池炉。第二次世界大战后由佩恩伯瑟（Penberthy）设计了钼电极系统并于1952年开始被广泛采用。1956年英国的格耳（Gell）和汉恩（Ham）又推出钼板电极。1964年开始使用二氧化锡电极。此后又发展了使用铂电极等熔化质量要求高的特种玻璃和光学玻璃。

日本光学玻璃工业起步较晚，20世纪60年代初期开始用连续熔炼生产带状产品，1965年小型铂连续熔炼投入使用，这比连熔技术早的美国晚15～20年，20世纪70年代日本各主要光学玻璃生产厂不断完善连续熔炼生产线，到70年代末光学玻璃实现“3D”工艺，即连续熔化、连续成型、连续退火。由于采用精密压型，使型料尺寸控制精度得到极大提高，这不仅减少产品的加工量，而且极大提高了光学玻璃的利用率。以工艺先进的HOYA为例，1961年其连续生产的产量占总产量的96%，成品率达到90%以上。

我国光学玻璃连续熔炼发展要更晚一些，1979年小型铂连熔池炉投入生产，1981年中型池炉开始试生产。成都光明光电公司于1984年从HOYA公司引进瓷铂连熔3D法生产工艺，瓷铂连熔工艺技术国产化改进也取得较快发展，20世纪90年代末，我国镧系玻璃生产吸收了国外先进生产工艺技术后，也取得了长足进步。随着国内光学玻璃池炉连续熔炼技术的持续深入研究与应用，许多院校相关专业设置逐渐增多，生产企业在关键技术和玻璃新牌号方面不断自主创新，稀土光学玻璃制造技术水平已经有了极大的提高。

3.2.2.3 光学玻璃瓷铂连续熔炼池炉构造

光学玻璃瓷铂连续熔炼池炉种类繁多，形状各异，这是因为光学玻璃品种多，其物理化学性质、光学性能、熔制工艺等差别大及不同炉型的产量和适宜生产的品种差异决定而形成的。

光学玻璃瓷铂连熔池炉有四种分类方法。

(1) 按池炉的生产能力可分为：

1) 大型池炉。日产量为2~5.5t。

2) 中型池炉。日产量为0.8~1.5t。

3) 小型池炉。日产量为0.2~0.5t。

(2) 按熔化池（MZ）加热方式可分为：

1) 火焰炉。采用天然气、煤气、重油等加热。

2) 电助熔炉。以玻璃直接通电加热为主，火焰加热为辅。

3) 全电熔炉。利用玻璃的导电特性直接通电加热。

(3) 按MZ顶区可分为：

1) 冷顶炉。MZ粉料上部空间不加热。

2) 热顶炉。MZ有炉顶且粉料上部空间需要加热。

(4) 按玻璃特性可分为：

1) 环保玻璃池炉。熔制的玻璃配方不含铅、砷、镉元素。

2) 非环保玻璃池炉。熔制的玻璃配方含铅、砷、镉元素。

3) 大块玻璃池炉。可以连续或间歇式生产大口径块状玻璃。

光学玻璃瓷铂连续熔炼池炉的特点有：

(1) 用耐火材料砌筑熔化池（有的包括澄清池）。

(2) 用铂制作升温、澄清、降温、均化及出料管。

(3) 熔化部绝大多数采用电助熔技术，以提高玻璃熔化速度，上部空间采用热顶方式维持上部空间温度。

(4) 由于光学玻璃需求是多品种，绝大部分连续熔炼池炉可以非常方便地更换品种。

（5）全电熔（冷顶炉）主要生产需求量大的单一品种，不换牌号。

常见的光学玻璃瓷铂连续熔炼池炉结构如图3-3所示。主要是根据熔化不同玻璃牌号的特性，对熔化、升温、澄清、降温和均化各部位进行规格与形状的调整。

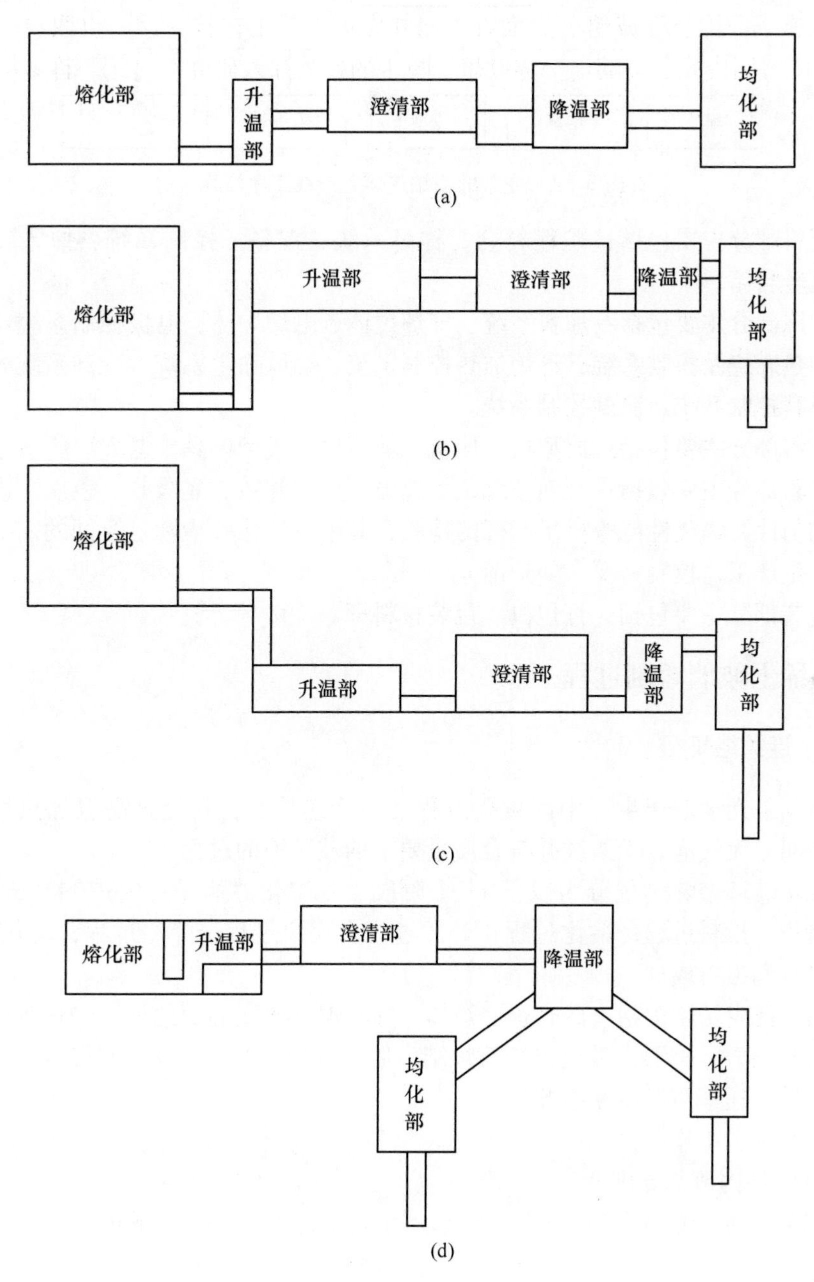

图3-3 瓷铂连续熔炼池炉结构示意图

3.2.2.4　完整的瓷铂连熔生产线

完整的瓷铂连熔生产线工序流程如图 3－4 所示。

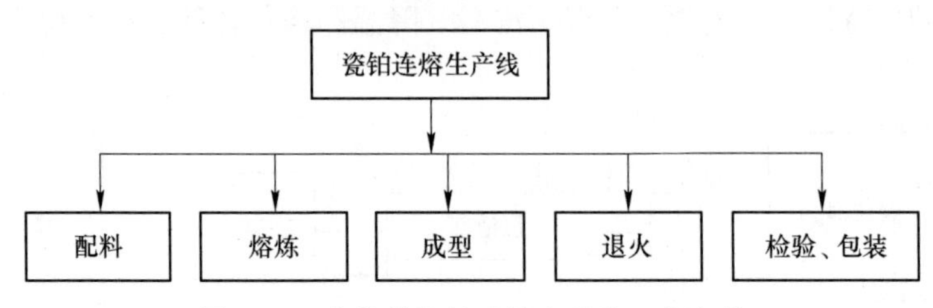

图 3－4　完整的瓷铂连熔生产线工序流程

配料部分主要包括：贮料料仓、称量系统、混料、控制系统、抽风除尘系统、运转料箱。

熔炼部分主要包括：加料系统、气炉炉体、电炉炉体、电极控制系统、空间辐射加热燃烧及控制系统、电炉加热控制系统、抽风除尘系统、冷却系统、搅拌装置及其控制系统、温度控制系统。

成型部分主要包括：成型机、压机、剪刀机、成型模具、退火炉。

检验部分主要包括：气泡、条纹、应力、光学常数、光吸收、色度、内透过率、均匀性、物化性能等质量指标的检验，其中有的检验指标是合同的需要，有的则是生产工艺控制需要，如炉前 n_d。

包装部分主要包括：打包机、包装材料等。

3.3　稀土玻璃熔制过程

3.3.1　连续熔炼

熔制是光学玻璃生产中的重要过程之一，它是配合料经过高温加热形成均匀、透明、无气泡、无条纹并符合质量要求的玻璃液的过程。

光学玻璃熔炼过程分为以下 11 个阶段[2]：熔化池烤炉；电炉铂器皿安装；电炉烤炉；投料过程；熔化过程；升温过程；澄清过程；降温过程；均化过程；降温过程和出料成型。

熔化池由锆刚玉耐火砖砌筑，炉体尺寸对温度改变的敏感性和炉体耐火材料的热膨胀性[5]，都要求玻璃窑炉筑炉结束后，从环境温度升到熔制温度的过程特别注意升温速率与温度互相配合。

烤炉准备工作有：

（1）炉内清洁处理。

（2）鼓泡器口部处理。用一条玻璃挡住鼓泡器口，防止微小玻璃碴堵塞鼓泡管。

（3）瓷铂连接部流液洞 Pt 保护处理。

（4）装填玻璃碴量控制在玻璃熔化后淹过电极。

（5）检查炉体紧固架、拉杆、膨胀缝、热电偶等是否符合要求。

（6）将炉顶烟道口及观察孔用黏土砖堵住。

MZ熔炉在烤炉过程升温要求非常苛刻，除了需要控制好耐火材料的热膨胀，保证整个炉体与紧固钢架之间间隙配合得当，还须特别注意耐火材料本身结构的晶态变化所产生的膨胀现象。为降低温度变化对耐火砖热冲击造成的损伤，大多采用热风烤炉方式。

热风烤炉原理为：利用热风，避免明火直接进入炉内。利用燃气在热风烤炉器的燃烧室中充分燃烧后产生的烟气与大量过剩的空气混合，形成的燃烧产物高速喷射进炉内，使炉体内各部砌体在微正压下受到燃烧产物的均匀加热。热风烤炉的主要设备有烤炉烧嘴、鼓风机、烤炉器及附属的控制器件和温度检测仪表等。

热风烤炉的优点包括：整个熔炉在充满热风条件下均匀升温，熔炉膨胀均匀；由于燃烧始终控制在强氧化气氛下，天然气燃烧充分，因此避免了熔炉中铂装置的腐蚀；用该方法可以节约时间40%左右，节约能源40%左右；可以延长熔炉使用寿命。

烤炉应注意的事项包括：

（1）应根据不同的炉体与砖材尺寸制定相应的烤炉工艺曲线。

（2）保证炉膛温度均匀，在600℃时用保温棉堵住流液洞。

（3）观察烤炉烧嘴燃烧情况及鼓风机运转情况，注意不要熄火；如果熄火，先将天然气关闭，取开堵住烟道口的黏土砖，鼓风机继续鼓风10min，等炉膛内天然气稀释后再点火；快速恢复熄火前温度，保温1h后按工艺规定的升温速率升温。

（4）烤炉过程中，记录人员必须及时、准确记录热电偶温度及天然气压力。

3.3.2 铂器皿安装与烤炉

3.3.2.1 铂器皿安装

在光学玻璃瓷铂连续熔炼操作中，铂器皿安装质量的优劣直接影响生产是否正常、器皿的寿命和产品质量，是生产操作中非常重要的部分。

（1）套筒的选择。铂套筒的尺寸与材质必须符合工艺要求；套筒的表面不能有裂纹，且不能有隐蔽性的裂纹。

（2）铂器皿安装前的检查、准备。搬运时要戴上干净的手套，以免汗渍等有害杂质接触铂，堆放时必须放在干净的牛皮纸上。铂器皿必须进行试水检查，确认没有泄漏现象，才能进行安装，对于可能影响条纹的焊接部位，必须检查焊缝内壁圆滑无凸起物。安装前将铂埚内外表面擦拭干净，套筒和铂器皿间的填充料必须进行磁选除铁，根据熔化池的液位线和将生产的牌号特点确定各器皿的液位线位置。

（3）铂器皿的安装。当所有的准备工作完成以后，就根据液位线位置摆放好器皿，然后开始进行铂焊接。

（4）铂器皿与套筒之间间隙填充。升温池全部采用空心球填料进行浇注，澄清池采用氧化铝粉填充，降温池、出料均化池下半部采用空心球填料进行浇注，上半部采用氧化铝粉填充，所有连接管采用氧化铝粉填充，确保器皿与套筒之间间隙填充致密，无空洞现象，否则会造成铂器皿被损坏。

（5）热电偶的焊接。由于铂器皿的焊接热电偶反映的是各部位的玻璃温度，是非常重要的控制参数，因此在焊接时确保焊接质量，安装时确保热偶丝在使用过程中处于自由态，不会因器皿铂的线性膨胀而受到拉力，如果热偶丝受到的拉力超过一定程度，热电偶将被拉断而断路。

（6）器皿膨胀问题的处理。在铂器皿维修中常见连管与池体连接部，池体侧面常常在铂伸长的形变力的作用下，向腔内凹进，凹进发生部位是该器皿最薄弱的环节，漏点、裂口在此处最为常见，凹进程度与铂过管的长度和安装方式有关。对长度长、膨胀量大的铂器皿需要高度重视，否则将给正常生产带来极大的隐患；在铂焊接中常采用下列措施解决这类问题：预留膨胀空间；采取热焊接。

（7）均化池及搅拌器安装。均化池安装必须测量器皿的垂直度和水平度，在搅拌器校准前先对搅拌机进行水平校正，校正时调整绝缘垫块高度通过水平器检测是否水平，在搅拌机水平后，才能调整搅拌器。有搅拌器工作的坩埚，必须进行搅拌器水平位置的调校，确保搅拌器在转动过程中保持垂直状态，搅拌器在工作前要进行两次位置校正，进行第一次搅拌器位置校正，要对其距底高度、前后左右进行校正，使搅拌器处于 WZ 池的中心，距底高度要预留出铂膨胀的距离，否则可能导致搅拌器与埚底粘连。

3.3.2.2 铂器皿加热用的 SiC 棒

A SiC 棒的特点

SiC 棒是选用优质 SiC 为主要原料，用特殊工艺方法制成的一种非金属高温组件。其主要特点有：

（1）发射波长 $\lambda = 0.65\mu m$，属于近红外发射，辐射率 $\sum \lambda = 0.87$。

（2）导电导热性能好，升温快，耗电少。

（3）化学稳定性好，不受腐蚀。

（4）具有良好的高温机械强度和冷热激变特性，不易断。

（5）在一定条件下，最高温度可达 1600℃，且变形小，安装方便。

B SiC 棒的化学特性

在 SiC 棒的冶炼中，1900～2000℃时体积小于 $0.5mm^3$ 的 $\alpha-SiC$ 产生结晶，立方体的 $\beta-SiC$ 在 2100℃左右向六方体晶体转相，在 2170～2400℃时 $\alpha-SiC$

再结晶（这也是SiC棒的烧结温度），在2400℃以上开始升华。在1350～1500℃之间SiC棒表面形成SiO_2保护膜，到1600℃时保护膜达到一定厚度，阻止SiC继续氧化，因此SiO_2保护膜具有很高的化学稳定性。其化学反应式如下：

$$SiC + 3/2O_2 \longrightarrow SiO_2 + CO \longrightarrow SiC + 2O_2 \longrightarrow SiO_2 + CO_2$$

当温度达到1627℃时，逐渐发生下列反应：

$$2SiO_2 + SiC \longrightarrow 3SiO + CO$$

使SiO_2保护膜逐渐受损，SiC的氧化作用加快，所以1627℃以下是SiO_2保护膜的安全存在温度，即SiC棒使用的最高温度。

C　SiC棒和介质气体的作用

SiC棒和水蒸气在1300～1400℃会产生氧化作用，因此新窑烘烤时，尽量用旧SiC棒。氢气（H_2）在1300℃以上高温时长期使用会使其机械强度降低。

$$SiC + 2H_2 \longrightarrow SiH_4 + C$$

氮（N_2）在1300℃以下对SiC棒有保护作用，在1300℃以上与SiC逐渐发生反应，生成Si_3N_4使SiC棒的阻值增加。

$$3SiC + 2N_2 \longrightarrow Si_3N_4 + 3C$$

SiC棒接触Si、Na、B等会发生反应而“发胖”损坏，操作避免玻璃液与SiC棒接触。因此SiC棒的使用寿命和温度高低及炉内气氛有密切的关系。

D　SiC棒的电气特性

SiC棒导电性较强，属于高温半导体。其电阻温度系数不同于金属导体，具有较大的比电阻。电阻随温度的升高而变化，从室温至800℃，电阻温度系数呈负值，800℃以上为正值。由于其电阻温度系数的特殊性，低温阶段升温时，要注意电流的变化，避免瞬间电流负荷过载而炸裂。同样由于其电阻温度系数的特殊性，在800℃以下，检测阻值无使用价值，生产厂家是在1200℃±50℃，用伏安法测定阻值。

E　SiC棒使用注意事项

SiC棒使用注意事项有：

（1）为了使每支SiC棒都处于理想工作状态，安装前测定整批SiC棒的电阻值，将其分类，电阻值相近的放在一组。

（2）通电后用钳流表逐一测定电流，同组SiC棒电压相等，电流值差异不得超过10%，否则应更换。

（3）SiC棒接触Si、Na、B等会发生反应而“发胖”损坏，操作中应避免玻璃液与SiC棒接触。

电炉烤炉铂金部分升温操作注意事项包括：

（1）在温度升到150℃、400℃、700℃、900℃、1100℃、1200℃时分别检查炉子情况及SiC棒通电情况，及时更换工作不正常的SiC棒，确保每一根SiC

棒通电正常，升温前注意先紧固各电极连接件，保证各部分均匀升温。

（2）在温度升到保温温度时，检查各气氛热电偶位置，确保瓷管顶端与铂套筒 10 ~ 12mm 的距离，检查备用热电偶无接触副炉现象。

（3）在升温过程中每 2h 要检查搅拌器是否有粘埚现象，在各部位升温到保温点时，用高温计测定各部位温度，与显示仪表比较，升温过程中注意各区电流限量，不得超过。

3.3.3 配合料投入与均化

3.3.3.1 配合料投入

光学玻璃池炉配合料的投入是重要的工艺环节之一，加料方式影响到熔化速度、熔化区温度、液面状态和液面高度的稳定性，从而影响产品质量。配合料的投入方式以薄层加料最科学。

配合料薄层加料时，表面料层通过烧嘴辐射和对流获得热量，下层粉料通过玻璃液热传导取得热量，配合料中各组分容易保持均匀分布，使硅酸盐形成和玻璃形成速度增加。同时由于料层薄，有利于气体排除，也缩短 MZ 澄清时间。同时薄层加料，减少未熔化的配合料颗粒流入深层玻璃液的几率。表面形成的玻璃液比其临近和下面的玻璃液温度低，这样可以减少或消灭向池壁的表面流。这对减少 MZ 池墙的侵蚀，保证玻璃液质量和提高 MZ 的生产能力，延长使用寿命极为有利。

配合料和碎玻璃在未进行预混合，同时按比例投料时，工艺规定先在加料斗内装填粉料，再将碎玻璃装填在料斗内粉料上面，这是为了保证加入 MZ 后，使配合料像在碎玻璃垫子上熔化一样。处于粉料下面的碎玻璃先沉入玻璃液中熔化，而配合料则处在玻璃液上面，经受火焰辐射，逐渐熔化。这种工艺方法，可增加配合料表面的受热面积。强化玻璃的熔融过程，使未熔化的配合料颗粒，不会沉入玻璃液中，消除玻璃出现料结石现象，从而保证玻璃质量。

为了减少液位波动，炉顶温度波动，自动加料是加料方式工艺发展的方向，将加料机与液位测量控制形成闭环控制系统，更有利于提高液位、炉顶温度的控制精度，提高玻璃质量。加料机有多种形式，常见的有螺旋加料机、垄式加料机、裹入式加料机、辊动式加料机、旋转摇摆式加料机等。

原始的手动加料方式，遵循“三定原则”即定时、定量、定点加料：

（1）定时。固定加料时间间隔。

（2）定量。每次投入的配合料及碎玻璃质量固定。

（3）定点。即倒料位置必须固定，且倒料方向顺序为左右交替，做到薄层加料。

3.3.3.2 熔化池玻璃的初熔

配合料经高温加热变成透明的玻璃液，达到通电温度时一般分为两个阶段，即硅酸盐形成阶段和玻璃生成阶段，同时在熔化池玻璃液达到通电温度时，电极通电。为了提高玻璃质量，工艺应对初熔玻璃液采取鼓泡、搅拌等均化措施。

在玻璃形成过程中，由于配合料各组分的分解和挥发等会析出大量气体。这些气体直至玻璃形成过程完毕后，一小部分还没有从玻璃中完全逸出，它们以气泡形式残留在玻璃中。同时某些组分分解温度高，分解气体延缓，配合料中气体带入等，都会在玻璃中形成气泡。此外，在 MZ 玻璃形成后，玻璃液中还带有与主体化学组成不同的条纹、结石和其他不均匀体。为在 MZ 内获得均匀较好的玻璃液，就必须创造条件大幅度减少玻璃液中的气泡和不均匀体。这就是熔化部的澄清与均化的过程。这两个过程在 MZ 中几乎同时进行，虽然它们在本质上有区别，但相互关系却非常密切，它们是玻璃熔制过程最复杂和最重要的两个过程。

熔化部玻璃液的均化能力直接影响炉体熔化率，同时与产品质量息息相关，为了提高熔化部的均化能力，常见方法有在 MZ 增加搅拌、池底增加鼓泡器、利用电助熔玻璃液在熔化部内的对流等方式加强玻璃液的均化能力。机械搅拌由于在熔化部，维护性能差，故障率高，容易导致产品着色等逐渐被淘汰。现代玻璃池炉熔化率大大提高，虽然在提高熔化温度的情况下，配合料的熔化速度相应加快了，但是出料量增大时，使部分未熔化、澄清的玻璃液容易混入流液洞进入升温部。这就破坏了熔化池内玻璃液正常对流，减弱了玻璃液的热循环，从而限制热交换，缩短了玻璃在熔化部内的停留时间，使玻璃的化学均匀性和温度均匀性变差。解决上述问题最简单、经济而有效的方法，就是采用鼓泡器。这是一种先进可靠的熔制工艺。

3.3.3.3 鼓泡器[2]

A 鼓泡器原理

鼓泡器原理如图 3-5 所示。

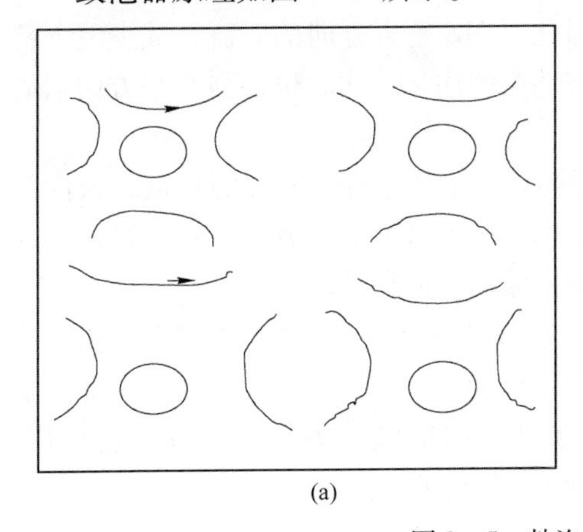

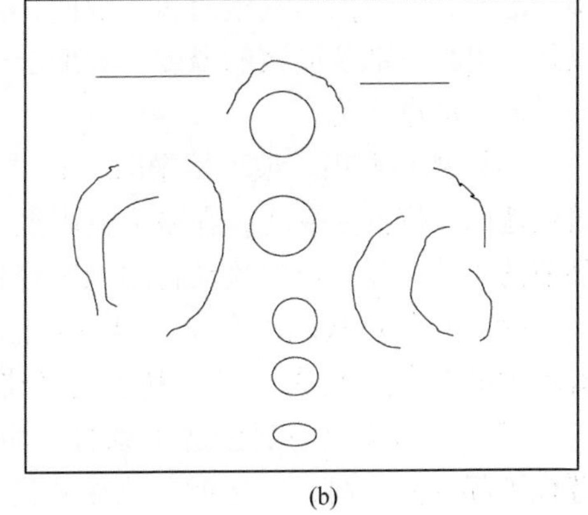

(a) (b)

图 3-5 鼓泡器原理示意图

(a) 增强玻璃液翻腾与循环；(b) 促进气泡由小变大

鼓泡技术就是通过鼓泡管向玻璃内鼓入具有一定压力的气体，在玻璃液内形成气泡，从而引起玻璃液循环、气体扩散和某些化学现象，加快玻璃液的澄清。鼓泡技术一般采用的气源是压缩空气、氧气和氮气。

为了加强玻璃液的均化效果和澄清效果，采用池底鼓泡是十分有效的办法，从熔化部底层鼓入一定压力、一定流量的压缩空气，气体在高温玻璃内膨胀成气泡，逐渐上升扩大，通过液面逸出，可带走玻璃液中的小气泡，使玻璃得到初步澄清。同时气泡上升运动翻动着玻璃，加速了玻璃液垂直方向的循环流动，改善玻璃的对流，加热较深处的玻璃液，清除玻璃液不流动的死角，加强了热交换，并且阻挡了未熔化好的配合料流入升温池，从而加速了熔化均化过程。鼓泡工艺具有自由选择气体、鼓泡位置、鼓泡时间和鼓泡持续时间等优点。

B　鼓泡器的作用

（1）向正在熔化的玻璃液中鼓入气体，可促进玻璃液的澄清和均化。玻璃液中气泡内的压力=气泡上升的液柱压力+炉膛压力+玻璃液的表面张力。由于玻璃表面张力引起的压力，在细小的气泡中很大，而稍大的气泡中则极小，可以忽略不计。因此溶解在玻璃中的气体，常常扩散到较大的气泡中，使之增大。应用鼓泡器向玻璃液中鼓入压缩空气，它与溶解在玻璃液内的气体组成不同，使每种气体的分压相应减小，因而促进玻璃液内的气体源源不断向新形成的气泡中扩散，使玻璃液中原来呈过饱和状态的气体，通过扩散不断进入气泡，使之不断增大，增大浮力，有利于气泡的逸出，加快了澄清。

（2）鼓入的气泡变大，气泡的表面积越大，扩散面积也增加，可以加快扩散过程。鼓入气泡在上升过程中，带动了鼓泡器附近的深层玻璃，这部分玻璃液在向上运动过程中，温度升高，溶解其中的气体，由于压力小，平衡被破坏，会析出大量气体，形成较多小气泡，同时也增加了气泡之间的碰撞几率，促使许多小气泡聚合成较大的气泡而逸出液面，强化了 MZ 垂直方向的对流，减少上下部温差，提高下部玻璃液的温度，有助于玻璃液的均化。同时也加强水平方向前后的对流，促进均化。

（3）挡料作用。玻璃熔融时，在“热点”附近有两个相似的环流，鼓泡使熔化池的环流发生变化，在鼓泡器附近，由于鼓入气泡的上升，带动下部深层玻璃液的流动，该环流的流动将阻挡配合料向流动方向移动。

（4）可提高玻璃着色度。鼓泡还能加强氧化反应，特别以氧作为介质时使玻璃中的 Fe^{2+} 转化成 Fe^{3+}，利于提高玻璃的着色度。

（5）为减少澄清剂创造了条件。由于鼓入的空气（氧气）起到氧化作用，替代了部分澄清剂、氧化剂（比如硝酸盐），有利于脱色。

实践证明，鼓泡的最佳条件是在一定空气消耗量和一定压力情况下获得的。当空气压力和流量过大时，起泡呈射流状态，玻璃液中除了大气泡外，还会出现小气泡。若压力过低，流量过小，则鼓泡作业不稳定，容易发生泡径减小，甚至泡径为零的现象。

C 鼓泡量的影响

(1) 鼓泡量过大，增大对耐火材料的侵蚀，增大玻璃易挥发组分的挥发量，如B、F、K等，影响玻璃光学常数，特别是在生产含F^-的玻璃时，鼓泡量必须恒定才能增加数据稳定性。对于H－ZF类玻璃，鼓泡量一般在10L/h（标准状态），这是因为鼓泡量对产品在熔化池内玻璃液均化起到十分重要的作用，利于提高产品的条纹等级。对于大黏度的K类玻璃，如果鼓泡量过大，可能将生料卷入玻璃液中形成原料结石。

(2) 鼓泡量太小，将影响玻璃的均化效果。在生产熟料中，鼓泡量偏小或鼓泡时间不够，将严重影响本埚产品n_d的一致性。

D 鼓泡器间距的确定原则

池底鼓泡管分布的最佳距离应该使气流之间互不干扰，池内所有的玻璃也都能参加均化，并在池内不形成死角。

3.3.3.4 升温过程

将熔化池初熔好的玻璃在升温池中加热，降低玻璃的黏度，为玻璃澄清创造条件。为了提高升温效率，升温部的结构以管状最优。

3.3.3.5 澄清过程

澄清的目的在于进一步将升温部流入的玻璃提高温度，为氧澄清剂发挥作用创造条件，使玻璃内的气泡变大，同时降低黏度，缩短玻璃中气泡到液面的行程，消除气泡。

3.3.3.6 降温过程

玻璃液从最高的澄清温度按一定要求降到适宜搅拌均化黏度对应的玻璃温度的过程称为降温过程。降温过程主要完成的功能为：调整玻璃黏度，使之适合均化。保持高温澄清除泡的效果，防止产生新气泡。吸收澄清玻璃中小气泡。降温过程应避免玻璃被二次升温，否则可能出现二次气泡。

光学玻璃瓷铂连熔常采用管道降温结构，这不仅使降温效果优良，而且节约铂、节约能源。

3.3.3.7 均化过程

消除条纹的过程，称为光学玻璃的均化过程，均化过程主要在出料池内进行。

玻璃液在初熔过程由于玻璃的对流和鼓泡器的作用，对粗大的条纹进行初步均化。玻璃液接着经升温池，再经过澄清池内多孔隔板，条纹再次被分割，最后流入出料均化池中，经搅拌条纹得到消除。

光学玻璃瓷铂连续熔炼常用的搅拌器根据形状可分为：框型、盘片型、双叶桨型、螺带型、曲拐型等；根据材料可分为：铂铑、强化铂、钼包铂、陶瓷、陶瓷喷涂铂等类型。

搅拌器的形状、玻璃液黏度、搅拌转速、光学常数的稳定性、搅拌叶片与池壁的间隙、搅拌器距埚底的距离、搅拌池加热空间温场的均匀性等对条纹都有影响。搅拌器的转速是根据牌号、黏度参数制定的，搅拌器与埚壁间隙、与埚底的距离也是根据玻璃的搅拌黏度来制定的。

在光学玻璃生产过程中，一般采用一级搅拌即可，但对光学均匀性要求特别高的产品采用两级搅拌。

3.3.4　光学玻璃熔制过程中主要的质量缺陷

玻璃体内由于存在各种夹杂物，引起的玻璃均匀性破坏，称为玻璃缺陷。生产中出现的质量缺陷无论是气泡、析晶、条纹或存在的各种结石（料结石、耐火材料结石、Pt 闪点、挥发物结石）都可看做是由杂质或多相组成的容积部分。除了上述质量缺陷外，光学玻璃还有 n_d 一致性、着色度、内透过率的质量指标要求，当这些指标不能满足要求就是质量缺陷。本节主要从气泡、结石、条纹、色度、数据一致性等方面讨论质量缺陷产生的原因及解决措施。

3.3.4.1　气泡

气泡是光学玻璃中肉眼可以观察到的气体形态，是光学玻璃的主要缺陷之一，它不仅影响成像质量，而且还影响玻璃的机械加工性能。

气泡是熔融温度下以气体夹杂物的形状而存在的名称，与玻璃相比较，气泡属于另一种物态，是玻璃的多相。气泡的化学组成是多样的，常含有 O_2、N_2、CO、CO_2、SO_2、NO_x 和水蒸气等。其中 N_2 一般是以物理溶解状态存在于玻璃中，其他气体大部分以化学结合状态存在。CO_2、SO_3 与玻璃中的一价或二价金属氧化物结合成为碳酸盐和硫酸盐存在于玻璃中。O_2 与玻璃中某些变价元素（Sb、As）等结合成高价氧化物。水蒸气要存在于硼硅酸盐玻璃中，除形成 $B(OH)_3$ 在低温挥发外，H_2O 还与硼酸盐化学结合而残留在玻璃中。除 N_2 外其他几种气体在玻璃中的含量与配方组成有关。SiO_2 含量越高，一价或二价金属氧化物含量越少时，这些化学结合状态的气体就越少。

A　气泡澄清机理

配合料在熔化过程中，经过一系列的化学反应和易挥发组分的挥发，各组分释放出大量的气体。在配合料液相形成之前释放的气体可以经过松散的配合料层排出，配合料堆的表面积越大，该气体在炉内气氛中的分压越小，气体越容易排出。澄清的目的是消除存在的气泡，排除玻璃液中的气体，使玻璃均匀。

所谓澄清的过程就是清除玻璃中可见气泡的过程，首先气泡中的气体，炉气中的气体与玻璃中溶解的化学结合的气体三者之间建立平衡，其次是使小气泡浮出玻璃液表面除掉。

玻璃液面上部空间的气体与玻璃液中气体的平衡建立过程如图 3－6 所示。当空间的某种气体的分压大于玻璃液中同种气体的分压时，空间的这种气体就会向玻璃液中扩散，溶入玻璃液中，并使玻璃液中含这种气体的气泡直径增大，直到这种气体在空间的分压与玻璃中分压相等时，这种平衡才建立起来。反之，当空间的某种气体的分压小于玻璃液中同种气体的分压时，则扩散方向相反。玻璃液上部空间气体的分压决定气体扩散方向，为了便于排出从玻璃液分离出来的气体，要求玻璃液上部空间的气体组成必须稳定、压力保持微正压。

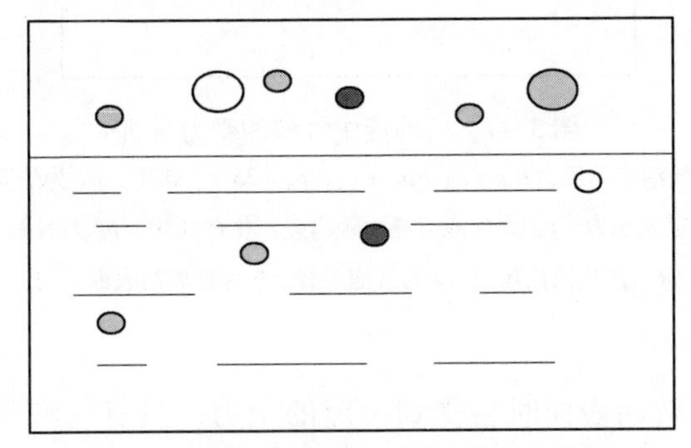

图 3－6 玻璃液面上部空间的气体与玻璃液中气体的平衡建立过程示意图

如果溶解在玻璃液中的气体的分压大于气泡内同种气体的分压，则溶解的气体就向气泡扩散（气泡就从玻璃中吸取气体），玻璃液中溶解气体饱和度越大（分压越大），而玻璃中气泡的分压越低，气泡的增长速度越快。反之，如气泡内某种气体的分压大于该气体在玻璃液中溶解的气体分压，则气泡内的气体将向溶解气体扩散，使气泡直径变小，甚至完全消失。气泡中含气体的种类越多，则每种气体的分压越小，从而吸收玻璃中溶解气体的能力就越强，从而增加了气泡的成长速度。

从澄清过程，可以看出气泡的消除方式有以下两种：

（1）使气泡体积增大加速上升，克服表面张力后破裂消失。

（2）小气泡中气体组分溶解于玻璃液中，被玻璃液吸收。玻璃液中气泡的受力分析如图 3－7 所示。

一般玻璃的表面张力约为 0.3N/m。这样直径为 1μm 的气泡由表面张力产生的内压力为 1.2MPa，外面的气泡中气体要扩散到这样小的气泡中是非常困难的。而直径为 1mm 的气泡由表面张力产生的内压力为 0.0012MPa，外面的气泡中气体要扩散到这个气泡中需要克服的压力大幅度减小。

玻璃液中气泡的上升速度可用哈达马尔德（Hadamard）式表示：$v = r^2(\rho_1 - \rho_2)/(3\eta)$，从公式可以看出气泡的上升速度与气泡半径平方成正比，与玻璃液黏

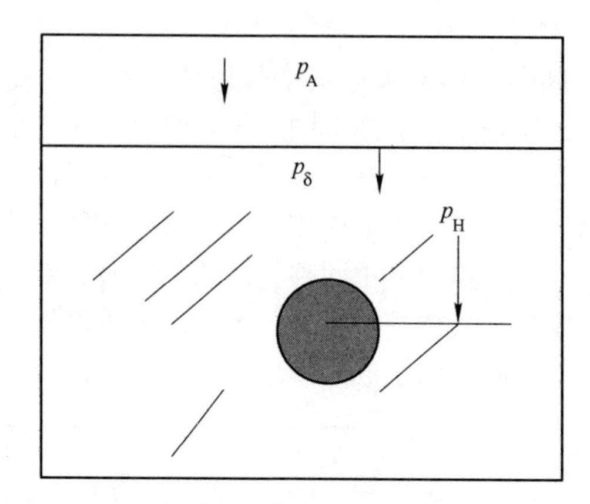

图 3－7　玻璃液中气泡的受力分析

（气泡中的压力：$p = p_A + p_H + p_\delta$，$p_\delta = 2\delta/r$。式中，p_A 为炉膛空间压力；p_H 为气泡与液面距离差产生的压力；p_δ 为表面张力产生的内压力；r 为气泡半径；δ 为玻璃的表面张力）

度 η 成反比。

气泡上升穿透玻璃表面时会受到一定的阻力，只有气泡升力大于表面张力时，气泡才会破裂。气泡高出玻璃液面时，气泡上表面包裹的玻璃膜受到液面上空间环境气氛的影响，会承受与气泡在其他位置不同的表面张力。由于气液交界面上，玻璃液表面温度与气氛温度对气泡的表面张力产生影响，当气泡玻璃膜的温度大于环境温度时，气泡表面处于散热状态，阻止气泡破裂。反之气泡则容易破裂，气体被排除。

B　化学澄清

化学澄清就是在配方中添加少量能析出气体的化工原料作为澄清剂。环保光学玻璃生产常用澄清剂有 Sb_2O_3，非环保玻璃使用 As_2O_3，在陶瓷单坩埚生产光学玻璃中使用其他澄清剂有 NaCl、CeO_2、Na_3AlF_6 等，民用玻璃常用 Na_2SO_4 作澄清剂。

澄清剂一般在高温下分解或挥发。大多数澄清剂通过化学反应能生产熔于玻璃液的气体，在玻璃中呈过饱和状态，这样就增加气体的分压，增强向玻璃液中其他气泡扩散的能力。这样会增加气泡直径，提高气泡的浮力。澄清过程中，气泡中澄清气体的含量是随澄清剂的含量增加或者温度的升高而增大的。

Nemec 用直接摄影的方法观察到钠钙硅玻璃液中以 $As_2O_3 + NaNO_3$、Na_2SO_4 或 NaCl 等作澄清剂时，玻璃液中的大气泡或小气泡都会长大，当温度降低时气泡都会缩小。用跟踪分析澄清过程的方法证明可知，气泡的长大是澄清气体扩散进入气泡的结果，而气泡收缩则是澄清气体从气泡中向外扩散被玻璃液吸收的结果。

玻璃在澄清过程中气泡内 O_2、CO_2、N_2 的含量与澄清温度的关系如图 3-8 所示。部分气体在玻璃中的扩散速度与溶解度见表 3-4。

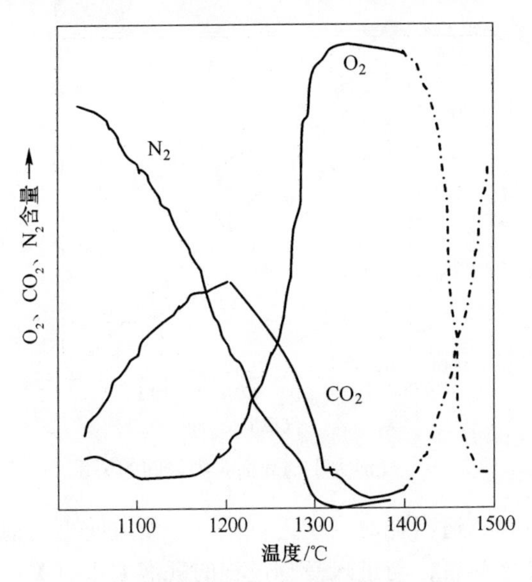

图 3-8 玻璃在澄清过程中气泡内 O_2、CO_2、N_2 的含量与澄清温度的关系

表 3-4 部分气体在玻璃中的扩散速度与溶解度

气体种类	溶解度（1400℃）/$cm^3 \cdot g^{-1}$	扩散速度（1400℃）/$cm \cdot s^{-1}$
H_2O	1	3×10^{-6}
O_2	0.20	$(1 \sim 3) \times 10^{-6}$
CO_2	0.0012	5×10^{-6}
N_2	0.0005 ~ 0.0008	

从表 3-4 中可以看出，与 H_2O 和 CO_2 相比，N_2 在玻璃中的溶解度很小，扩散流较小可以忽略不计。无论是总的气泡中含 N_2 气泡的数量，还是气泡中 N_2 含量，在澄清气体中都将很快减少。N_2 由于溶解度小只能通过气泡的上升排出，因此澄清剂不仅可以去除玻璃液中存在的气体，还可以去除溶解的气体。

澄清不足的判断依据为：在可溶解的气泡消失后，残留气泡中的澄清气体被吸收，CO_2 也被溶解一部分，而 N_2 的含量就很高。玻璃中许多小气泡中 N_2 的含量很高时，显然是澄清不足造成的。

澄清效果良好时，残留的微小气泡中很少或几乎不含 N_2，仅含有较多的 CO_2 和微量的 H_2O。温度降低时 CO_2 的溶解度增大，静置时这些残余气泡也会消失。生产中，澄清以后将玻璃液温度降低和继续保持澄清温度相比，玻璃中气泡的总体积和气泡数量都会减少得多一些，澄清接近完成时降低玻璃温度非常重要。气泡大小与表面张力之间的关系图如图 3 -9 所示。

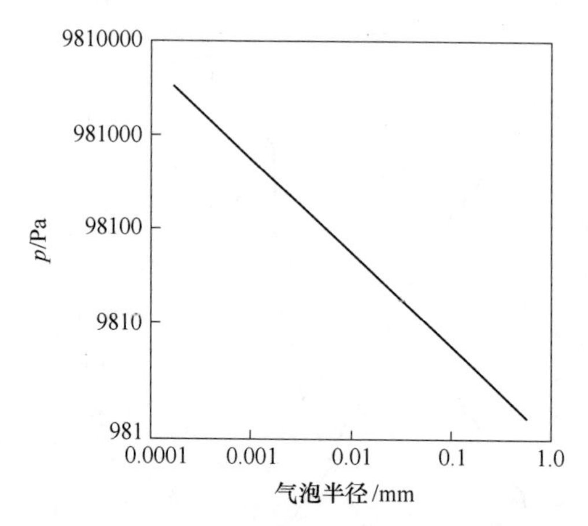

图 3 -9 气泡大小与表面张力之间的关系

根据表面张力原理，适当地对温度进行调节，便可使小气泡在玻璃中被吸收而消失。其效果的显著与否，与进入冷却过程的气泡大小有关。在玻璃的降温过程中，由于气体温度降低，根据气体定律，在气体压力保持不变的情况下，气泡必定变小。又由于玻璃表面张力的原因，气泡内压力因半径减小而增加，式(3 -2)表示气泡内压力与澄清和降温过程之间的关系，为了简化起见，设表面张力保持不变，则降温后的压力为：

$$p_2 = p_1 \times (T_1/T_2)^{-0.5} \tag{3-2}$$

式中，p_1 为降温前气泡的压力；T_1 为降温前的温度；p_2 为降温后气泡的压力；T_2 为降温后的温度。

降温时，玻璃液里的气体饱和压力低于气泡内气体的压力，就有利于气泡内的气体扩散到玻璃液中去。由于放出了气体，气泡的半径又减小了，玻璃液的表面张力使气泡的内压力进一步增高，直到最后气泡被玻璃液全部吸收。

C 氧澄清

氧澄清使用的澄清剂为变价氧化物，比如氧化砷、氧化锑、氧化铈等，由于光学玻璃的环保化要求，以氧化砷作澄清剂的牌号越来越少，变价氧化物澄清作用是通过氧的溶解度发生作用的，随着温度的升高氧的溶解度减少，温度降低则溶解度增大。低温吸氧，高温放氧是变价氧化物作澄清剂的原因。如在配合料中加入硝酸盐和三氧化二锑做澄清剂时，从低温加热到 800℃时 KNO_3 或 $NaNO_3$ 逐渐分解放出氧气，即

$$2KNO_3 \longrightarrow 2KNO_2 + O_2\uparrow$$

同时三氧化二锑开始与放出的氧气反应生成五氧化二锑，在熔化阶段大多数

的锑是以 Sb_2O_5 存在，到了升温和澄清区间，当玻璃液温度升高后，Sb_2O_5 又分解为 Sb_2O_3 并释放 O_2，促使玻璃液中的 O_2 扩散到已经存在的气泡中，利于澄清。Sb_2O_5 的生成反应式为：

$$Sb_2O_3 + O_2 \longrightarrow Sb_2O_5$$

另一种观点是 Sb_2O_3 不直接与 O_2 结合，而是按 $5Sb_2O_3 \rightarrow 4Sb + 3Sb_2O_5$ 发生歧化，形成的 Sb 再与 O_2 发生反应生成 Sb_2O_5。

氧化砷的澄清作用与氧化锑类似。五价砷转化为三价砷的温度比锑要高，因此在生产高温玻璃时，使用氧化砷作澄清剂的效果更好。

有研究表明，单独使用硝酸盐类的氧化物或单独使用变价氧化物不加硝酸盐都不能对澄清有较大帮助。硝酸盐自身熔化后只能将部分碳酸钠溶解，加速 CO^{2-} 的析出及硅酸盐的形成。这时硝酸盐起助熔作用，而不是澄清剂的作用。只有将硝酸盐与变价氧化物相结合，才对改善澄清效果有决定性作用。实际生产中硝酸盐的用量约为砷和锑引入用量的 4 ~ 8 倍。

变价氧化物的含量在 0.5% 以内时，氧的溶解度随含量的增加增幅很大。但是澄清气体需在一定的时间内从玻璃液中排出，如果澄清剂过量将导致气体量太多，不能在澄清的时间内排出，这将会加大产生二次气泡的几率。同时因为生产光学玻璃都会使用铂器皿和电极，这要求在保证澄清的前提下尽可能减少澄清剂的用量，以减少产品出 Pt 闪点。

D　物理澄清

气泡的上浮速度由 Stokes 公式决定：$v = 2r^2 g(\rho_{melt} - \rho_{gas})/(9\eta)$，由此可知，利用物理的方法促进化学澄清的效果，包括以下几种：

（1）降低玻璃的黏度 η。在工艺调整过程中，人们总是根据需要与可能设法将温度提高，这样既可加大澄清气体的分压，使气泡长大，又可降低玻璃的黏度以提高气泡的上升速度，使气泡尽快从玻璃中排出。

（2）提高玻璃液的重力加速度。随着 g 值的增加，玻璃液与气泡的分离速度得到提高，离心脱泡技术就是利用这个原理。

（3）缩短玻璃液中气泡到液面的距离（薄层澄清）。把玻璃槽变浅，控制坯料的对流，由于只向一个方向前进，就可以保证所有的气泡都向上方移动，缩短玻璃脱泡的必要时间。

（4）降低流量。使玻璃液在液面温度最高的澄清区得到更长的加热时间，同时增加了气泡在澄清区的除泡时间。

（5）真空或减压澄清。玻璃熔液上的压力降低后，气泡的内压也降低，气泡体积随之膨胀，促进玻璃液中存在的气体也从界面放出（脱气）。在一定程度上降低压力，气泡的膨胀在波意耳 - 查理定律的期待值以上膨胀，其上浮速度加快，到达玻璃液表面并破裂。根据气泡膨胀（R 效果）促进脱泡，压力 $p \times$ 体积

V=一定物理定律上的逸出，玻璃液中的气体流入减压区后，也有促进体积膨胀的效果。脱泡现象在气泡的内表面也可以发生。玻璃液中溶解的气体在助溶剂的作用下，可以更好地发挥作用。要使气泡直径减到1/10，从物理定律出发，必须达到0.001气压程度的“真空”，但有溶存气体的效果下，减压到10132.5～30397.5Pa(0.1～0.3atm) 的程度就足够的情况很多。

（6）声波、超声波处理。通过声波、超声波将能量传到玻璃液分子范围使其产生剧烈搅动，从而加速玻璃液中气体的扩散，促进气泡核的形成，微小的气泡合为一体，体积膨胀并上浮。向玻璃液中传送声波的机械装置的材料、构造等，还只是停留在实验室的规模开发。

（7）加压操作。向玻璃熔液加压，利用这个方法，使气泡收缩，直至消除。10μm以下的微小气泡在表面张力的作用下，气泡内压急速增大，玻璃液对气泡内气体的吸收加速。这个方法在降温区实施。

E 气泡产生的原因

按气泡产生的来源进行分类有助于寻找气泡产生的原因。第一类为澄清气泡（也称一次气泡），是在初熔及澄清之后残留在玻璃中的气泡。第二类为再生气泡（也称二次气泡），是玻璃液中大部分已不存在气泡后，在某一时间又从玻璃中析出所分解气体而形成的气泡，第三类是夹杂的气态、液态或固态异物，为空气、工作气泡、污染气泡等。在生产中产生气泡的原因很多，情况很复杂。通常是在熔化过程的不同阶段取样，首先判断气泡在何处产生，再通过分析采取相应措施消除气泡。

a 澄清气泡

化学澄清不足或受不利的玻璃液流作用而形成的气泡一般均匀分布在玻璃中，其特点是有许多小气泡。当玻璃澄清良好时，剩余气泡中澄清气体（O_2）含量较多，而CO_2、H_2O为少量，N_2几乎没有。如果澄清不良，在降温阶段澄清气体被吸收后，剩余的不会消失的气泡主要是N_2，澄清效果越差，玻璃中小气泡中N_2含量越高。

b 二次气泡

配合料气体在熔化池排出大部分，在澄清阶段又排出部分，但是溶解在玻璃液中的气体是不能完全排出的。玻璃液中溶解气体再次析出的是溶解气体，其浓度与当时由温度、分压或玻璃组成所决定的平衡浓度值有一定差别。玻璃液中溶解的过饱和气体浓度与应达到平衡浓度值相差越大，二次析出气泡的概率越大。二次气泡产生的重要条件是化学溶解气体的析出速度很大，能使物理溶解的气体迅速增加，而通过扩散不能缓和。二次气泡来自物理的（热的作用——倒升温，搅拌器的机械作用）电、化学等因素。

二次气泡产生的物理原因有：

（1）如重沸现象，改变气体在玻璃液中的溶解度而造成气泡二次析出。

（2）当搅拌器上存在裂纹或者搅拌表面粗糙时，虽然不会造成浓度差，但其可以促使气泡形成（泡核形成）。搅拌速度降低气泡会减少，速度增加气泡就增加。

二次气泡产生的电的原因为：当出料管与壳体短路时，玻璃料柱表面会立即形成细小的气泡。

c 杂质产生的气泡

除了澄清气泡和溶解气体形成的气泡外，由固态、液态、气态进入玻璃液中常常会产生气泡杂质：

（1）挥发物进入玻璃液中形成气泡。在生产中，产品出现挥发物结石时经常发现，结石附近伴随气泡出现。

（2）AZS 耐火材料结石在玻璃中出现时，也常伴随气泡出现。

（3）搅拌器漏气时玻璃中也会出现气泡。

d 气泡的判定原则

在实际生产中，没有手段可以检测到气泡内气体的成分的条件下，可以用出料池停止搅拌的方法和澄清池后段取样，判断气泡类型。具体方法如下：

（1）停止搅拌判断：

1）出料池搅拌器停止 1h 后，检查气泡的变化。

2）停搅后玻璃内气泡与停搅前比较无变化，为一次气泡。

3）停搅后玻璃内气泡与停搅前比较，气泡数量有减少，但减少幅度不大时，为一次气泡和二次气泡同时存在。

4）停搅后玻璃内气泡与停搅前比较，气泡数量大幅度减少或者没有气泡时，原来的气泡为喷气泡（二次气泡）。

5）停搅后玻璃内气泡与停搅前比较，气泡位置只在料柱表面出现时，为管气泡（二次气泡）。

（2）RZ 取样。用洁净的取样棒（$\phi = 20\text{mm}$ 的不锈钢）在澄清池的后段取样，观察样品中气泡：只有小气泡（$\phi < 0.05\text{mm}$），则此类气泡为死气泡；大、中、小的气泡都有时，气泡为一次气泡。

e 不同类型气泡的工艺解决措施

（1）死气泡。死气泡是由于流入澄清部位的玻璃溶存气体量不足所致，可采取的工艺措施有：

1）降低熔化部温度，对于使用天然气辐射加热的，降低空间温度更为有效。

2）增加流量。

（2）一次气泡。一次气泡是由于澄清不足所致。可采取的工艺措施有：

1）提高澄清部位的玻璃液温度。

2）提高熔化部玻璃液温度。

3）减少流量。

（3）澄清后流入出料池玻璃液里溶存气体量过多。在物理（二次加热、粗糙表面等因素）作用下而形成的气泡称为二次气泡，可采取的工艺措施有：

1）减少溶存气体，提高熔化部温度。

2）降低澄清以后各部位的玻璃液温度。

3）调整搅拌器，使其处于中心位置，降低转速。

4）检查搅拌器是否存在缺陷。

（4）管气泡。主要是出料管局部温度过高。可采取的工艺措施有：

1）检查是否存在短路现象。

2）调整出料管的电流。

3）更换直径更大一点的出料管。

3.3.4.2 结石（固体异物）

结石是玻璃体内最危险的缺陷，它不仅破坏玻璃的光学均匀性，而且降低制品的使用价值。结石与周围玻璃的膨胀系数相差很大，产生局部应力也就很大，这将大大降低玻璃的机械强度和热稳定性。

不同结石的化学组成和矿物组成也不相同。根据产生的原因，可将结石分成以下几种：原料结石；耐火材料结石、挥发物结石、铂结石、析晶结石和 SnO_2 电极结石。

A 原料结石

配合料中没有熔化的组分颗粒，也就是未完全熔化的物料残留物。在大多数情况下，配合料结石是石英颗粒。

结石中的石英颗粒常呈白色颗粒状，其边缘由于逐渐熔化而变圆。同时由于玻璃熔体的作用，石英颗粒表面常有槽沟。又由于结石运动因素，在结石的边界拖出两条粗筋（俗称原料尾巴）。石英结石常常发生在引入的石英微粉小于 48μm（300 目）的比例越高，石英在混合时越难混合均匀，因粒度细易成团，熔化困难，出现结石的几率增加。原料结石除了石英外，氧化铝结石在玻璃生产中也常遇见。

原料结石的工艺解决措施有：

（1）升高熔化池玻璃液温度。

（2）检查原料粒度是否异常，异常的立即更换。

B 挥发物结石

玻璃组分中的挥发成分在熔制过程中挥发到池壁、炉门口、烟道口、观察口等有停留空间的地方，由于烟道抽力，部分粒度小的难熔物如 SiO_2、Al_2O_3 等在上述各处停留，积累到一定程度，如果没有及时清理将落入或流入熔炉内。进入炉内挥发物中主要是难熔物，其表面在熔化池内虽然可以被熔掉部分，但仍有部分不能熔化，而随作业流进入成型区形成结石。

挥发物结石的特点为：结石体积较大，一般为零点几毫米到几毫米，在显微镜下结石四周有明显的伴熔线，打侧光为白色的“冰糖结构”，但结合比较疏松。

工艺解决措施有：

(1) 及时清理堆积挥发物。

(2) 加料时采用炉内压力自动减压。

(3) 更换牌号熔化池升温挥发物使其熔掉。

(4) 烟道抽风管道口堆积物定期清理。

(5) 更换牌号时，对液位计及其口部、搅拌杆上的挥发物及人工测液位口残留的冷玻璃及时清理。

C 铂结石

在光学玻璃生产中，为了提高产品质量，铂材料被广泛使用，生产中铂污染的现象普遍存在。通常将玻璃中的铂结石分为三类：脱落铂、铂酸盐晶体和熔化铂。

a 脱落铂

脱落铂外观不规则，表面不平滑。使用偏光显微镜观察，在反射光下，表面具有很高的折射率，呈白色，有金属光泽；在透射光下，结石不透光，外形主要呈珊瑚状、树枝状；大的结石在自然光下呈灰黑色。采用电子探针检验证明结石为铂颗粒。

脱落铂产生原因为：器皿的三相交界面附近的腐蚀，液位波动，铂原料晶粒长大结构疏松，高温状态下接触空气的表面铂的挥发进入玻璃液中等都可能导致玻璃中出现此类结石。

工艺解决措施有：

(1) 降低高温部位（澄清）的温度。

(2) 改变液位线位置。

(3) 停止出料，提高液位，降低高温部位的玻璃黏度保温数小时后清洗铂器皿。

b 铂酸盐晶体

铂酸盐晶体因为呈针状和片状，所以对光散射有明显的方向性。在观察时改变光源方向或转动玻璃可见结石具有明显散光现象。每千克有数颗到数千颗；结石大小为 0.001 ~ 0.2mm。用光学显微镜在反射光下观察的结石形状如图 3 - 10 所示。

CZ、RZ 铂器皿在高温下氧化挥发，气态的 PtO_2 落入玻璃液中被还原或离解成金属铂，在搅拌器和玻璃的对流作用下，悬浮于玻璃中，高温状态溶解于玻璃中，在降温阶段如果温度不适宜会大幅度降低其溶解度，导致产品出现大量的铂酸盐晶体析出。

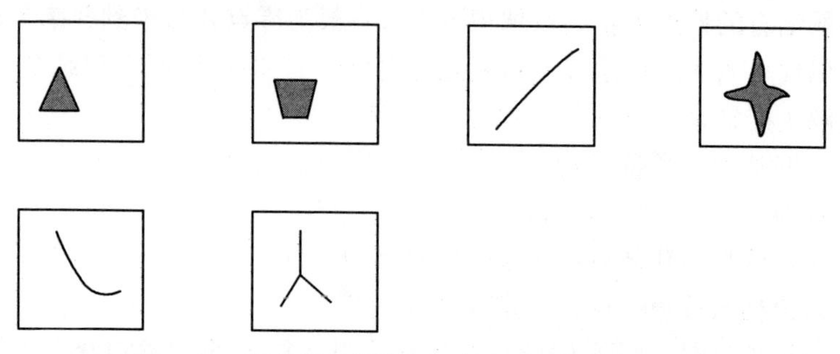

图 3-10 用光学显微镜在反射光下观察的结石形状

工艺解决措施有：

(1) 降低澄清区温度，提高降温区、搅拌池的温度，增加溶解度。

(2) 提高流量。

(3) 在保证气泡良好的条件下，减少氧澄清剂 Sb_2O_3 的用量。

(4) 最大限度的减少铂装置暴露在空气中的面积。

c 熔化铂

熔化铂具有典型的几何形状，容易与气泡混淆。熔化铂在显微镜下呈类气泡状和水滴状，界面清晰，无过渡伴熔区，不打侧光表现为黑色，打侧光有强金属光泽。单位质量熔化铂数量在几个到几十个，其大小为 0.05 ~ 0.3mm，熔化铂的示意图如图 3-11 所示。

图 3-11 熔化铂的示意图

熔化铂产生的原因有：

(1) 鼓泡器与平台短路，使 MEL 的 SnO_2 电极电流从鼓泡器的铂流过，鼓泡器作为铂电极进行工作，电极反应使铂被消耗进入玻璃中形成水滴状结石。

(2) 对瓷铂连熔生产线龙头 Pt 与炉架短路时也可能出现与鼓泡器短路一样的结石。

工艺解决措施为做好绝缘保护。

3.3.4.3 条纹

条纹是玻璃主体内存在的异类玻璃夹杂物中的一种，它属于一种比较普遍的玻璃不均匀性方面的缺陷，在化学组成和物理性质上（折射率、密度、黏度、表面张力、膨胀系数、机械强度、颜色）与玻璃主体都不同。条纹分为成型条纹、挥发条纹、数据条纹、析晶条纹和异物条纹。

A 物料的挥发与粉尘产生的条纹

物料的挥发是指玻璃组分由于分解（化学性质和热性质的分解）而从配合料和玻璃液中逸出。但至今未发现物料从配合料中挥发，而从玻璃液中挥发却有大量的报道。

玻璃液在比较低的温度（900℃）时就有挥发物逸出。造成挥发的主要因素有：温度、黏度、扩散速度、分解压和蒸气压、气流速度和炉窑气氛的化学组成（分压）、玻璃液的组成和对流等情况。

碱金属氧化物含量小的玻璃液比含量大的玻璃液的碱挥发低，挥发率之间的差别比碱金属氧化物含量的差别大得多。压力越低挥发越大。静止的玻璃熔体由于挥发形成浓度差异，如搅拌器的搅动导致表层熔体与下层熔体混合将出现条纹。表层除了钠含量降低外，钙和硅都有所降低，对于挥发严重的富含氟和铅的玻璃，合理制定搅拌池液位对消除挥发条纹显得更为重要。

含硼组分的挥发随温度的升高而增大，但也有资料表明出现了相反的情况。含硼组分的挥发随时间的延长而降低。如果玻璃组成中 B_2O_3 的含量不变，增加碱含量时挥发会增加。如果玻璃组成中碱含量不变而增加 B_2O_3 含量时挥发会增加。但组成中不含碱时，B_2O_3 的挥发会增加更多。不含 B_2O_3 时，碱的挥发率比较小。当 $B_2O_3/(B_2O_3+Na_2O)=0.4$ 时，挥发量最小。这些挥发都可能产生条纹。

钾铅硅玻璃液在1400℃保持100h的处理后，PbO将通过扩散及表面挥发，使玻璃液的折射率发生显著改变。而由于在玻璃中形成浓度梯度，在玻璃液的对流下可能产生条纹。PbO的挥发与碱类似，是一种与温度有关的表面反应和浓度有关的扩散过程。PbO的含量增加时，玻璃液的挥发率也增加。

含氟玻璃在熔制过程中对耐火材料侵蚀比较严重，在液面处于敞开的状态下，氟化物大量挥发会造成局部的不均匀现象，从而导致表面张力差别而产生对流，形成特殊的条纹。减少玻璃液的自由表面对减少表面挥发和消除挥发条纹非常有利。减少玻璃液停留时间也有利于减少挥发，增加数据稳定性，改善条纹质量。在生产富含氟化物的玻璃时有这样的发现：在数据稳定的条件下，流量大时的条纹优于流量小时的条纹。

即使玻璃液的结构已非常均匀，但表面与内部的组成总存在差别。由于玻璃组成从表面不同程度的蒸发而在表面层形成“另一种”玻璃，如将表面的玻璃混入主体玻璃中就会出现大量条纹。

B 数据条纹

数据条纹包括以下几种：

（1）初熔阶段熔炉内混合原料不均匀条纹。熔炉内的原料混合均匀是保证后面的出料池能够消除条纹的前提条件，当熔化部内玻璃液混合均匀度超出均化能力时，产品必然出现条纹。条纹特点为：长期出现细小密集的短条纹。解决措施为：增加鼓泡量，增加熔炉电流，使熔炉内玻璃充分混合。投料要均匀，尽量使料均匀铺在表面，料斗的回旋方向要左右交替进行。使用合格的玻璃碴且比例保持稳定，使用玻璃碴前要测定玻璃碴的光学常数，以便和粉料配合使用。

（2）配料造成的条纹。由于配料人员或设备的问题，造成原料的称量误差导致数据波动，或期间原料的批次有更换。重铅玻璃易出现。条纹特点为：条纹突然变坏，与条纹变坏对应的时间数据突然波动 30 ~ 40 个单位以上，持续一天左右。解决措施为：杜绝配料过程中的错误，一旦发现光学常数异常，马上停止使用有问题的原料，使用批次大且稳定的原料。采用小埚配料，注意配料的误差，避免粉料运输过程中振动和存放时间过长造成的分层。

（3）炉前校正带来数据波动导致的条纹。在光学玻璃瓷铂连熔生产过程中，炉前 n_d 校正时常发生，如在生产 H - ZF 类玻璃生产过程需要粗退火产品转向精密退火产品时，必须进行炉前补偿校正，校正前后 n_d 相差数百个单位，实践证明产品条纹将突然变坏，且持续 6 ~ 10h 左右。这类条纹是可预见的，在生产过程较好的解决方法是尽可能减少炉前校正。

C 成型条纹

均匀液体的某一局部加热时，出现密度较大的与较小的部分。其对透射光有折射作用，受升力作用而运动，产生阴影图像，即条纹。因此在介质中使用加热就可出现条纹，不需改变其化学组成也可改变介质的折射率。只要局部温差存在，就可看见条纹。在玻璃熔体中也能出现这种情况。任一玻璃熔体都有将自己的结构冻结起来的能力。只要将上述的温差保持到冻结点的温度以下，这种材料就可能将这种温差冻结起来使材料结构和物理性质发生改变，导致玻璃产品出现条纹。

特里布诺（Tribuno）认为，在均匀的玻璃中出现一定形状的条纹层是由于一种“力学与热结合的原因”。按照其说法，玻璃熔体在一定的温度梯度内流动就会出现条纹。因为处在不同黏度 - 温度段落的流动单元的变形程度存在差别而形成条纹层（或由于冷却速度不同造成不同的比容），这就是产生成型条纹的理论基础。

在条纹仪上观察时，如果发现玻璃如图 3 - 12 所示分布，只是中间出现半椭圆形条纹，或在边部有线状条纹，别处没有条纹，且调试成型工艺条件条纹有变化时可以认为是成型条纹。

工艺解决措施为：调整玻璃料柱长度、玻璃料柱距挡块的距离、模具温度、成型空间温度分布，使玻璃在模具内表面的运动速度一致，不出现阻滞区。

D 异物造成的条纹

在光学玻璃的制造过程中，未熔化物、耐火材料、铂焊接突起的不光滑表面、铂管内异物等都可能使玻璃出现条纹。这类条纹的特点是：条纹在端面的位置固定，只是黏度变化时其浓度也有一点变化。解决这类条纹的关键是要判定异物可能的位置。这是比较困难的，不论单口或双口成型，只能多次通过有针对性调整，验证条纹是否按预期的变化而变化，最后判定异物最可能的位置。

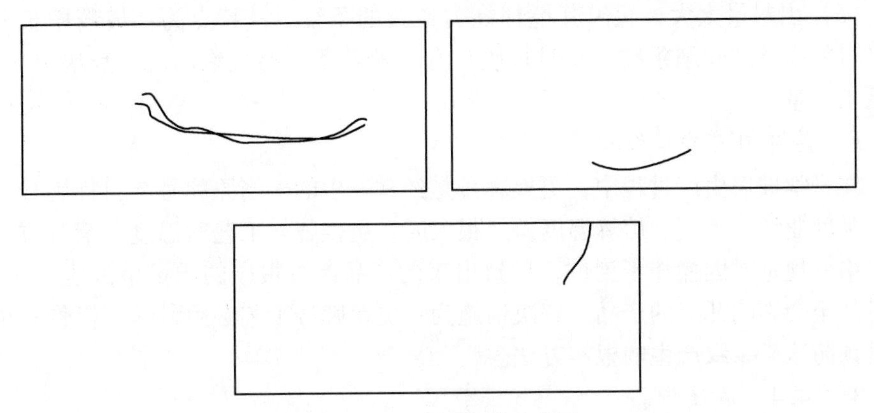

图 3－12 成型条纹示意图

异物产生原因有以下几点：

（1）中小修因焊接在 WZ 底部流下的铂。

（2）铂焊口毛刺（F 管与 WZ 焊缝及 F 管段与段之间焊缝）。

（3）铂拉管时，由于芯棒表面异物嵌入管壁。

解决措施为：在器皿焊接过程对焊缝进行仔细检查，排除影响玻璃条纹出料池以下的管路内异物。如果排除管内壁光滑无异物，应考虑出料池内存在异物，特别是池底存在异物，该异物除焊接时可能落入的铂金外，还可能是密度大的耐火材料沉积在 WZ 底部。对于底部异物可采取下列措施：

（1）提高 WZ 的焊接温度 20～30℃。

（2）将搅拌器降到距底 5mm 的位置。

（3）用手旋转，确认搅拌器没接触到 WZ 铂器皿。

（4）根据该牌号的黏度曲线确定合理的转速，并在该速度下保持 60min。

（5）将焊接温度、搅拌位置、转速恢复。

如果采取以上措施后，条纹仍得不到改善，该异物与 WZ 结合非常牢固，靠增加搅拌器对 WZ 底玻璃的吸力无法使异物脱落，唯一的办法是打开检查。

E 搅拌条纹

搅拌条纹主要包括以下几种：

（1）搅拌间隙过大造成未充分搅拌的玻璃直接流入出料管的条纹。其特点为：玻璃四周有木纹状条纹，条纹报废，调试搅拌器条纹有变化。解决措施为：多次调试搅拌器位置，调整搅拌器和出料池埚壁之间的间隙；减少搅拌器和出料池埚底之间的间隙；将搅拌器向出现条纹的方向移动；增加搅拌转速。

（2）出料池严重变形造成某些部位形成死角，造成条纹。其特点为：在玻璃的某个部位出现恒定的粗、细条纹，调试搅拌器的作用不明显。解决措施为：停炉对出料池整形，或者更换黏度很小的牌号。

（3）出料量太大，超出其搅拌能力造成的条纹。其特点为：玻璃中长期存在平行的粗条纹和细条纹，有时报废，有时随着条纹有气泡出现。解决措施为：降低出料量。

F　黏度造成的条纹

在光学玻璃生产过程中，更换牌号是经常发生的，当原牌号与目标牌号的温度－黏度曲线、密度、熔炼温度差异很大时，更换牌号工艺对温度、清洗排放都有严格的规定，因操作不到位，导致出来的产品条纹报废的质量事故也不少见，有时甚至会影响几天的产品。解决措施为：更换牌号工艺必须科学，操作必须到位是预防这类条纹产生的根本方法。

3.3.4.4　玻璃析晶

由于稀土氧化物离子半径较大，电场强度大，有较高的配位数。在硼氧四面体中，配位要求也较高，导致在结构中近程有序范围增加，容易产生局部聚集，使玻璃易分相或析晶。因此，研制稀土光学玻璃组分的主旨在于在保证稀土添加量及其光学性能的基础上，合理配置其他组分，降低稀土在玻璃中的析晶趋势，用较为简易的工艺获得各项指标合理的稀土光学玻璃产品。

A　玻璃组分

玻璃的组分对玻璃的析晶起重要作用，它是引起玻璃析晶的内因。从相平衡观点出发，一般玻璃系统成分越简单，则在熔体冷却至液相线温度时，化合物各组成部分相互碰撞排列成一定晶格的几率越大，这种玻璃也越容易析晶。同理，相应于相图中一定化合物组成的玻璃也容易析晶。当玻璃成分位于相图中的相界线上，特别是在低共熔点上时，因系统要析出两种以上晶体，在初期形成晶核结构时相互产生干扰，从而降低玻璃的析晶倾向，难以析晶。因此从降低熔制温度和防止析晶的角度出发，玻璃成分应当选择在相界线上或共熔点附近。

B　玻璃的结构因素

在硅酸盐玻璃中，网络的连接程度对玻璃的析晶有重要作用。一般网络外体含量越低，连接程度越大，在熔体冷却过程中越不易调整成为有规则的排列，即越不易析晶。反之，网络断裂越多（即非桥氧越多）玻璃越易析晶。

C　分相的作用

分相为均匀液相提供界面，为晶相的成核提供条件，是析晶的有利因素。另外，分相使均匀的玻璃液分成两种互不相溶（或部分溶解）的液相，由于两者折射率因光散射而形成乳浊或失透。

D 工艺因素

原料成分的变动、配合料称重差错、混合不匀或碎玻璃成分不合适以及熔制工艺不合理等，都可能由于玻璃成分的波动而发生析晶。

E 析晶造成的缺陷

a 析晶结石

玻璃体的析晶结石是由于玻璃在一定温度范围内，本身的析晶所造成的。这种析晶作用在生产实际中也称为“失透”。析晶结石的尺寸通常在0.01mm到几毫米之间，形状和色泽常是多样的，但具有一定的几何形状为其基本特征。析晶结石的分布有单独分布，但大部分是聚集成脉状、斑点、带条分布等。

析晶结石产生原因为：当玻璃液在析晶区内停留时间过长，玻璃中化学组成不均匀部分，是促使玻璃体产生析晶的重要因素。在生产H-ZF类含TiO_2量高的产品时，在条料玻璃的上表面常出现析晶颗粒。

析晶结石工艺解决措施有：

(1) 为了防止析晶，首先要设计合理的玻璃化学组成，使玻璃尽可能减少析晶倾向，并保证在冷却和成型条件下对析晶有足够稳定性。

(2) 改进F管，提高玻璃温度。

(3) 增大流量，减少玻璃液在易析晶段的停留时间。

b 析晶条纹

含钛量高的环保和镧系玻璃经常会出现析晶条纹。玻璃的条纹是一根或数根粗细不等的线状，大多数情况是从表面沿入，位置相对固定。调试搅拌器无效果，改变出料管的温度有变化，这种条纹就是由于管口或管内析晶造成的。解决措施有：

(1) 从配方解决，减少析出晶相的成分，调整玻璃成分使之更接近于共熔点区，使玻璃更稳定。

(2) 改进出料管，减少焊缝，管径缩小，电极改薄使其在生产时发红为宜。

(3) 按封管→升温→保温→冲管→排出析晶，管口附着物用氢氧焰加温清理即可。

(4) 更换直径较小的出料管，提高流量。

稀土光学玻璃生产中对析晶应采取的措施有以下几点：

(1) 不改变玻璃使用性能的条件下，增加组分，以降低析晶温度。在选定基础组成中添加Al_2O_3、B_2O_3、MgO等，结果表明，引入ZrO_2、B_2O_3等可改善和抑制析晶倾向。

(2) 提高成型速度，使制品尽快通过析晶区。

(3) 出料管采用适当管径，增大温度梯度。

(4) 在能达到相当光学常数的情况下，优先选择钛含量较小的配方。

（5）配方中难熔物如 SiO_2、ZrO_2 等含量不宜太高，熔解炉料应充分。

（6）控制玻璃的酸碱性。对环保玻璃而言，玻璃碱性越强，越促使［FeO_6］转化为［FeO_4］，有利于玻璃析晶性能的改善。

3.3.4.5　生产过程光学玻璃产品着色度、内透过率的改善

玻璃着色是原料质量引起的，但工艺配方也是重要的影响因素。实际生产中经常遇到使用相同的原料，玻璃颜色和色度不同，但通过调整工艺配方改变玻璃液气氛（脱色）避免了着色离子着色。所以提高原料质量可以解决玻璃着色问题，调整工艺配方也可以改善着色问题。例如：单坩埚生产 H－LaK7 玻璃，同埚玻璃上下位置因为气氛不同造成色差，表现为坩埚下部即先漏料成型的玻璃颜色深，光吸收系数为 0.013，色度为 385nm；坩埚上部即后漏料成型的玻璃颜色浅，光吸收系数为 0.006，着色度为 380nm。通过调整工艺配方（原料质量不变），整埚玻璃颜色无色差，着色度为 368nm。炉前遇到玻璃着色时要分清着色原因，工艺配方不能解决的着色问题需要提高原料质量；工艺配方能够解决的着色问题不必提高原料质量增加玻璃成本。以下是实际生产中常见的玻璃着色问题及解决方法：

（1）原料杂质控制。严格控制化工原料中的杂质，提高原料纯度是改进产品着色度和内透过率的主要途径。

（2）切断配料过程引入杂质的途径。由于化工原料的生产过程可能引入杂质（比如螺钉、螺帽、轴承钢丸等），部分易吸潮的化工原料如果处理不及时，可能对贮料桶造成腐蚀而引入杂质，配料运转箱清扫不彻底等环节都要高度重视。

（3）回炉玻璃碴加工过程、熟料制备过程要严格控制杂质引入。

（4）加料过程凡是与配合料接触的料箱、加料斗、铲等工装器具随时检查，发现隐患及时处理。

（5）检查炉体是否穿火，或穿火部位的紧固架是否被烧蚀流入玻璃中，烟尘口部、观察孔是否干净，如果存在倒流或不干净，立即处理。

（6）玻璃中 Pt^{4+}、Pt 粒子影响产品的透过率，CZ、RZ 部分的温度在保证气泡质量的前提下尽可能采用低温工艺。

（7）有 MF 管的池炉，在保证不析晶和液位满足工艺要求的前提下，合理设计管径，将 MF 管各区的温度控制在较低温度下，实践证明对改进产品色度有益。

（8）增加流量，减少玻璃在各部位的停留时间，对改进色度有利。

（9）鼓泡气使用的气体必须保证足够的清洁度，否则可能由此引入杂质，影响产品着色度指标。

（10）对着色玻璃首先应分析是什么杂质引起着色或透过率降低，然后根据

具体情况采取措施。如改进配方，采用化学脱色剂（硝酸盐、氧澄清剂 Sb_2O_3、CeO_2）。或如在生产某产品时产品色度指标超标，经分析是配方中 $CaCO_3$ 引入了 Mn^{3+} 所致，为此在配方中引入 Sb_2O_3 后产品的色度指标得到改善，其原理为：

$$Sb_2O_3 + 2Mn_2O_3 \longrightarrow 4MnO + Sb_2O_5$$

3.3.5 光学常数控制

光学常数是影响玻璃质量的重要指标之一。光学玻璃生产 n_d 波动不仅造成产品数据报废、组批困难，还可能导致条纹波动甚至报废。随着光电产品发展，设计者对 n_d 一致性要求有时可能达到生产极限，比如 TV 棱镜要求每件产品的 $\Delta n_d < 5 \times 10^{-5}$；透射组件使用大块玻璃，组件折射率最大偏差量为 $\pm 2 \times 10^{-6}$，这给生产过程 n_d 质量控制提出更高的要求，可以说几乎所有原料、工艺、操作上的波动都会使玻璃的组成发生变化从而导致玻璃光学常数的波动，因此玻璃的光学常数及其影响因素是复杂多样的。

光学玻璃光学常数控制有动态和静态两种方法，连熔生产方式为动态控制，间隙生产方式为静态控制。光学常数静态控制影响因素少，准确性和及时性难度小。光学常数动态控制由于炉前样不完全具有代表性，易造成数据控制不准确；牵引炉炸切样准确但滞后 20h 左右，易造成数据控制不及时。动态控制的准确性和及时性难度大，需要合理的基础配方、最佳的工艺、规范化的操作来保证；需要技术人员认真统计、分析，判断数据偏差方向、大小，采取正确的配方调整方法。

3.3.5.1 光学常数出现偏差的原因

影响光学常数偏差的原因几乎涵盖基础配方、配料、熔炼工艺、熔炉状况、样品加工测试等光学玻璃生产全过程。由于数据偏差原因很多，不容易准确判断，需要统计分析数据发现变化规律，研究数据判断偏差原因。

A 基础配方

玻璃的最佳质量是配方、工艺、操作的最佳结合。

炉前数据稳定、配方调整容易的配方表现为：条纹气泡稳定，工艺调整对炉前数据影响很小，数据调整容易，如 $B_2O_3 - SiO_2 - RO - ZnO - TiO_2$ 系列玻璃。

炉前数据不稳定，调整又困难的配方表现为：工艺调整对炉前数据影响很大，炉前数据容易波动，条纹气泡不稳定，数据调整很困难，如 $SiO_2 - B_2O_3 - F - R_2O$ 系列玻璃。

B 配料

配料是光学玻璃生产的第一个重要工序，原料质量、称量准确度、配制料混合均匀度，对配料质量影响非常大。

（1）由原料引起的。当引入氧化物的化合物改变时，如引入 BaO 由 $BaCO_3$

改为 $Ba(NO_3)_2$，引入 ZnO 由直接用 ZnO 改为 $Zn(NO_3)_2$ 等，引起挥发量的变化，导致 n_d 波动。不仅如此，即使同一种原料，生产厂家不同，由于原料采购、生产工艺的不同、控制方法的差异，也会出现更换批号时光学常数的异常波动。当然，即使是同一厂家的同一批原料也会因输送、储存上的差异造成常数变化。有时即便是分析报告一样的原材料，可能会由于粒度及分布的不同，在熔化时引起分料飞扬程度的差异，也会出现常数的异常波动；分析报告一样的原材料，由于存放时间不同，原料吸潮不同，引入的有效氧化物发生变化也会出现常数的异常波动。由原料变化引起常数的波动，大于熔炼过程中引起的波动，所以对原材料的跟踪、检验和准确测试是十分必要的。另外，为避免该问题的出现，要保持配方和原料的稳定。

（2）配料造成的。配料操作人员的失误以及整个配料系统的故障造成的配料差错是不可避免的。要做到的是如何合理设置将这种错误的影响降低到最小，首先是确定合适的单次配料质量，单次质量太小会将系统误差放大，太大如果发生单次称量差错则引入的差错值过大。另外最好针对不同原料配备不同精度的秤。同时，在称量时应由两人共同完成，一个操作一个复核，这样可以尽可能减小差错的发生。当然对于整个配料系统而言，定期的维护保养和适时的校验也是十分必要的，通过精心操作可以让配料系统的系统误差维持在设计要求的范围内。

（3）由配合料的分离、分层引起的。称好的原料必须经过充分的混合以达到均匀化的要求，同时在配合料的运送和存放的过程中以及加料阶段，也会由于原料的粒度、密度的不同出现分离、分层以及表面的氧化、潮解的现象。设定合理的混料时间，以保证达到理想的混合均匀度。因此配合料在整个过程中要避免振动和长时间的储存。也可以合理安排称量顺序，提高配合料的混合程度，同时每埚料单独包装也可以减少上述问题的出现。

（4）由玻璃碴引起的。玻璃碴应按 n_d 值进行存放，使用时玻璃碴的常数应与配合料的常数相匹配，引入量也应保持一个恒定值，否则因为玻璃碴常数值的偏差造成产品 n_d 值异常波动。同时玻璃碴也可称为熟料，其熔化所需的热能小于配合料，如果引入量不恒定会引起配合料挥发上的波动造成常数异常。

C 工艺

工艺制定前要研究配方、炉况和相关参数，制定相对合理的工艺。合理的工艺不仅能保证质量，而且要弥补配方的缺陷和熔炉寿命。

（1）工艺设定不合理。制定的工艺指标，包括出料量、碎玻璃的加入比例、鼓泡量、炉膛内气氛、炉压等不合理，使得生产处于不受控或者是临界状态，只要操作略有变化，n_d 便会急剧的变化。通常这种 n_d 变动主要发生在熔化池内，因此解决的办法就是合理制定工艺。

（2）工艺变更。当熔化池的工艺大幅度变化时，n_d 将发生变动。由设定变更造成波动的原因有：由气体燃烧量和压力变化造成的粉料飞散量的变化；因出料量变化造成的停留时间变化，从而导致挥发量的改变；由温度变化造成的挥发量的变化；以及鼓泡量的变化造成液流变化引起的玻璃停留时间的改变等。解决上述问题的方法就是加强过程监控避免工艺的剧烈波动，当然也可以通过增加控制点和提高设备上控制能力来解决。

（3）工艺的调整都会引起数据偏差。具体表现为：

1）温度调整引起的数据偏差。稀土玻璃光学属于硼酸盐系统，在生产时，如果加料温度偏高，玻璃表面会形成一层未熔物而引起数据偏差。

2）产量调整引起的数据偏差。

3）玻璃碴引入引起的数据偏差。组分的二次挥发和熔化效果的改变会出现数据偏差。

4）生产方式发生改变引起的数据偏差。全铂单坩埚生产转为瓷铂炉生产由于熔化温度、熔化时间、挥发量的不同数据会发生偏差，瓷铂炉耐火材料被侵蚀后 Al_2O_3、ZrO_2 进入玻璃液会引起数据偏差。所以同牌号的玻璃，特别是黏度很小的玻璃采用池铂炉生产和全铂单坩埚生产时数据偏差很大，有的 n_d 达 200×10^{-5}。

5）牌号更换引起的数据偏差。瓷铂炉换牌号前和换牌号后的玻璃数据相差大，全排没有填充加料池的玻璃碴，补偿组分不能完全补偿，三种情况都会造成数据偏差。

6）炉前样。由于炉前样是数据控制的最早依据，而炉前样取样的位置、深浅、加料池熔化情况、鼓泡程度、气泡量、黏度等因素影响使炉前样不完全具有代表性，造成配方调整失误引起偏差。

（4）装置异常。主要是因为与熔化相关的装置异常变化引起的。包括：由鼓泡器发生变化造成的混合效果的变化；由于加料量不固定，在某一位置集中加料等原因造成炉内玻璃液温度分布变化；由于通电电流分布变化，即电极间电流差异较大且不恒定等造成的电力线覆盖变化；由于烧嘴或流量计异状造成的气体燃烧量、炉内气氛的变化等。解决办法就是通过定期和不定期的检查，确保设备的正常运行，例如：鼓泡进水时，要检查是否是压缩空气油水分离不足引入，如果是则应及时进行压缩空气排水；另外也可能由于鼓泡器冷却部分裂口导致冷却水流入压缩空气中引起，这时只有关闭鼓泡器冷却水，同时加大堵头冷却来间接冷却，如果仍不能达到冷却效果会造成鼓泡器变形，此时，只能更换新的鼓泡器。发生加料问题时，如果是人工加料，必须注意将原料尽可能的铺散开且每次加料量力求一致；若是自动加料则检查程序和设备，使其达到工艺要求。如果电极电流分布不均匀，则是由于电极本身的质量和所处位置不同导致的电极被腐蚀不同，解决时一般采用将电流大的电极冷却风加大，反之则将冷却风减小，这样可以减小电极电流差异。

由供应异常引起的也就是使用的冷却水、高低压空气、燃烧气体、电力等供给方面出现异常现象。唯一的办法是尽可能地避免异常现象的发生，因为在生产中出现上述异常现象，即便是短时间的，其影响也是非常巨大的。

3.3.5.2 光学常数 n_d 的控制

如前所述，引起 n_d 波动的原因是多种多样的，只有排除这些干扰因素才能抑制波动。然而，对于连续熔炼而言，一旦发生常数异常，如果不采取炉前校正的话，从发现原因到采取相应对策再到恢复正常，需要很长的时间，造成很大的浪费。

A 确定 β 值和控制值

不同配方组成有不同的退火增值系数即 β 值，在退火范围内数据增值遵循一定的规律，所以生产前需要退火实验确定 β 值。通过 β 值确定炉前 n_d 控制值、炸切控制值、250℃/h 和 25℃/h 退火 n_d 和 $n_F - n_C$ 控制值。各控制值的确定能够提高控制的及时性和准确性，特别是 β 值小、$n_F - n_C$ 有退火增值的玻璃。

β 值的确定方式为：通过在熔化池取样，经过快速退火炉进行定速退火（一般为 250℃/h），再由 V－棱镜测试出当前的玻璃数据。退火公式为：

$$\Delta n_d = \beta \lg(v_1/v_2) \tag{3-3}$$

式中，Δn_d 为最终退火后 n_d 的增值；β 为退火常数；v_1 为快速退火的退火速度（一般为 250℃/h）；v_2 为最终产品的退火速度。

β 值对每个牌号玻璃来说基本是个固定值，可以通过实验计算出来，根据这个经验公式，对最终产品 n_d 预测的准确性能达到 20×10^{-5}。

光学常数炉前校正可以较好解决数据控制及时性问题。炉前校正方法有单一原料校正、配制校正料和玻璃碴校正。单坩埚生产方式的炉前校正一般在澄清两个小时后进行。

B n_d 的炉前校正

将搅拌均匀的玻璃取样测试，根据测试结果确定是否校正和校正范围。连熔方式的炉前校正是根据炉前样的 250℃/h 退火数据确定是否校正和校正范围的。

校正范围为：$\Delta n_d = n_{d实测} - n_{d控制}$，$\Delta n_d > 0$，炉前数据偏高，需要往低校正，反之往高校正。

炉前校正的方法主要有两种，即玻璃碴粉料和粉料校正。

a 玻璃碴校正光学常数

玻璃碴校正光学常数是最常使用的方法，它是通过加入适量的相同系统不同常数的玻璃使熔化池内的玻璃常数达到要求的方法。在采用这种方法时，一定要尽可能地选择与炉内玻璃组成原料相同、常数相差大的牌号。同时校正玻璃和被校正玻璃的密度差不能过大，当然有些系列玻璃（比如 ZF 类）的密度差异本来就比较大，校正时可以通过延长鼓泡时间和加大鼓泡量的方法来弥补由密度引起的偏差。

用玻璃碴校正光学常数时可以用经验公式（3－4）进行计算：

$$X = \frac{\Delta n_d \times W}{n_d - n_i} \tag{3-4}$$

式中，X 为校正 n_d 应加入的玻璃碴质量，kg；Δn_d 为炉前光学常数和控制值的差值；W 为坩埚中玻璃液的质量，kg；n_i 为应加入的玻璃碴的折射率。

Δn_d 设定的原则是：将炉内玻璃校正到中心值 $\pm(10 \sim 20) \times 10^{-5}$。加入校正玻璃时，要将玻璃打成小块，并可以配合少量的配合料加入，加完后应将鼓泡量加大，半小时后重新取样测试，根据实测情况如果 n_d 达到要求则恢复正常生产，否则需要再次校正。

b　粉料校正光学常数

当无法找到合适校正的玻璃碴，或需要加入大量的玻璃碴时采用粉料校正的方法，对于某些常数位于领域图边缘的牌号也采用这种方法。粉料校正也有单一的原料校正和用补偿料校正两种。

原料校正一般可以将某一种主要的原料（其 n_d 与被校正玻璃差值大），根据玻璃碴校正同样的公式计算出需要加入原料的量，然后将原料直接加入，加入时为了促进校正料的熔化可以混入部分正常料一同加入。这种方法由于原料本身与被校正玻璃间的相互作用要较玻璃碴稍差，因此需要充分混合的时间要长一些，需要 45min 或者更长的时间再取样确认校正效果。

配补偿料的方法与日常配方调整相似，这种炉前校正的方法效果较好，但是需要重新计算料方和配制补偿料，需要较多的时间和人力。

单一原料校正光学常数时可以用经验公式（3－5）进行计算：

$$X = \frac{\Delta n_d \times W}{n_i \times 100} \tag{3-5}$$

式中，X 为校正 n_d 应加入的氧化物质量，kg；Δn_d 为炉前光学常数和控制值的差值；W 为坩埚中玻璃液的质量，kg；n_i 为加入 1% 氧化物后 n_d 的变化值。

单一原料校正要注意：对铂腐蚀大、原料密度和玻璃密度相差较大、玻璃组成中没有的原料和易挥发的原料不能作为校正料。

配制校正料校正光学常数时可以用经验公式（3－6）进行计算：

$$X = \frac{\Delta n_d \times W}{n_i \times W'} \tag{3-6}$$

式中，X 为校正 n_d 应加入的氧化物的质量分数，%；Δn_d 为炉前光学常数和控制值的差值；W 为坩埚中玻璃液的质量，kg；n_i 为加入 1% 氧化物后 n_d 的变化值；

W'为校正料的理论玻璃质量。

用原配方通过小范围的配方调整配制的校正料和玻璃组分的性能接近，校正效果好，可以弥补单一原料和玻璃碴校正的不足。

3.3.5.3　生产期间光学玻璃配方微调整的基本方法

A　确定调整的组分

通过理论计算，一个配方可以调整数据的组分很多，但配方调整必须考虑组分调整后玻璃熔化情况、n_d、反应速度、物化性能的变化情况。由于玻璃组成不同，熔化工艺不同，玻璃生产方式不同，理论计算的变化值和实际变化值不能够完全一致，但可以通过计算 ±1% 氧化物光学玻璃光学常数的变化值来确定光学常数调整方向，再结合各实际数据进行准确调整。一般来说数据偏差情况不同，调整的组分应不相同。

B　配方调整方法

配方调整方法有：

（1）正常生产期间的配方调整。此期间控制的目标是 n_d、$n_F - n_C$ 数据在控制范围内波动。要认识到配方调整的理由不是数据偏差，而是引起数据偏差的工艺变化。配方的稳定保证了数据的稳定，数据的稳定保证了条纹的稳定。

（2）换牌号期间的配方调整。数据控制的目标是在规定换牌号时间内满足合同要求，最大限度缩短换牌号时间。根据换牌号前后配方的差别，换牌号方式有补偿、全排、既全排又补偿三种方法。三种方法都需根据前后玻璃数据相差情况调整配方配制校正料，将 n_d、$n_F - n_C$ 调整到控制中心值。校正料的质量尽量小，使加料池留一定空间以备再次校正。

（3）换规格期间的配方调整。数据控制的目标是将换规格的报废损失降到最低。换规格时，由于退火速率不同数据增值大小不同，需要进行配方调整。β 值大的配方调整幅度大，有的玻璃需要调整 n_d 200×10^{-5}左右，所以换规格容易造成数据和条纹的报废。β 值小的配方调整幅度小，数据只需要调整 n_d 100×10^{-5}左右。

3.3.5.4　光学常数炉前校正对玻璃质量和性能的影响

由于校正容易引起玻璃质量下降或报废，需采取措施尽量减轻或避免炉前校正对玻璃质量的影响。

（1）对玻璃气泡的影响。因为校正延长了工艺时间，玻璃液气体溶解度被破坏而影响玻璃气泡，特别是单坩埚生产低黏度镧系玻璃。炉前校正需调整工艺温度和澄清时间以避免气泡报废。

（2）对玻璃条纹的影响。炉前校正后局部 n_d 突然变化形成条纹，连熔池炉特别严重。可以采取封管、分步校正等措施避免条纹报废。一般来说连熔池炉在生产正常期间不宜用单一原料和玻璃碴进行炉前校正。

（3）对玻璃着色度的影响。炉前应选用对玻璃色度影响较小的校正料进行炉前校正。有些玻璃因校正调整工艺温度和时间使色度变差，需要注意工艺的合理性。

（4）对玻璃色散的影响。由于炉前校正的依据是 n_d，对部分玻璃校正对 n_F-n_C 有影响。所以无论采取哪种校正方法，应考虑炉前校正 n_d 的同时 n_F-n_C 的变化大小，以避免 n_F-n_C 报废。

3.3.6 光学玻璃更换牌号方法

光学玻璃常见的更换牌号方法有全排法与补偿法。光学玻璃生产品种上百个，为了便于更换牌号，在炉体结构设计时，这一点必须充分考虑，否则，不仅导致更换牌号困难，而且更换后的调试期长，废品率高。易于更换牌号的炉体结构具备以下特点：

（1）熔化池的玻璃液可以排放干净。

（2）熔化池里玻璃液排放量可控。

（3）铂器皿里的玻璃可以排放干净。

3.3.6.1 全排法

全排法就是从熔化池的排泄口排出全部玻璃，然后加入其他玻璃牌号的玻璃碴和粉料进行更换玻璃种类的方法。全排法，从原理上讲，在更换前后的玻璃的混合方面，有不受制约的优点，但也有以下的缺点：

（1）由于把室温下的玻璃碴投入高温的熔炉里，对熔化池的耐火材料和电极的冲击大，容易产生结石，电极发生裂纹等，因而缩短熔化池的寿命。

（2）排泄玻璃量多，工作量大。

（3）更换及更换后的稳定需要很长时间。

（4）玻璃及能源的损耗多。

（5）玻璃全排后，到加完玻璃碴这段时间，电极不能通电加热，熔化玻璃碴需要较长时间。而且在通电过程中，如果操作不当，电极和 AZS 砖会被损坏。

（6）当生产熔炼温度低的火石玻璃时，在 AZS 砖的晶相转变点附近更换牌号，会加剧 AZS 的损坏。

因为有这些缺点，所以最好尽量减少通过全排法进行玻璃牌号交换的次数。对于全排法，通电过程特别重要，必须注意以下几点：

（1）玻璃的电阻率要在约 $100\Omega\cdot cm$ 以下。

（2）玻璃的电阻率要小于 AZS 砖的电阻率。

（3）要缓慢增加电流，同时打开电极周围的冷却风。

（4）玻璃必须淹没电极后，才能通电。

3.3.6.2 补偿法

上一个牌号的玻璃粉料投入结束后，继续成型。熔化池内的玻璃减少到目标残留体积后，闸断瓷铂连接管，再向熔化池投入补偿料，通过鼓泡混合，获得下一个牌号的玻璃液，这就是补偿法更换玻璃牌号的方法。

在补偿法操作过程中，需要注意以下几点：

（1）熔化池的容积由于玻璃的侵蚀变大，残留量也由最初的理论量逐渐增加，在计算补偿粉料配方时须注意。

（2）补偿粉料中 SiO_2 增加时，玻璃的溶解性变化。

（3）玻璃配方中碱的成分变化，阻抗系数变化很大时，对玻璃通电能力影响较大。

补偿粉料计算的基本思路，是对照目标成分，用熔炉内残留的玻璃补充不足的成分。基于这种思路，按下列步骤进行实际的计算：

（1）以补偿后的玻璃成分，计算在熔化池标准液位上的各成分的所需质量（氧化物质量）。

（2）计算残留于熔化池内的玻璃中的各成分的质量（氧化物质量）。

（3）每种成分分别求出氧化物质量。

（4）乘上氧化物和粉料的系数，求出粉料的质量。

计算时，虽然玻璃的密度使用常温下的值和玻璃高温状态下的值有所差别，但是 n_d 补偿后的精度还是很高。

玻璃牌号更换前后的玻璃均匀混合，在补偿法上受到制约。在实际操作上，考虑到操作温度、铂清洗的难度以及对玻璃质量的影响等方面，有如下制约：

（1）两种牌号玻璃熔化、澄清温度差在150℃以内。

（2）两种牌号玻璃密度差在1.0以内。

（3）两种牌号玻璃 n_d 差在0.06以内。

（4）补偿后不能引入新的成分，不能由非环保玻璃直接换成环保玻璃。

当然超过此限制的玻璃牌号更换，不是不可能的，但这势必延长牌号更换后玻璃质量达到正常的时间。

3.4 铂单坩埚熔炼

3.4.1 铂单坩埚发展过程

我国从20世纪50年代末开始用铂单坩埚研制镧系玻璃的熔炼，60年代初开始用铂单坩埚熔炼光学玻璃，但牌号熔炼有限。随着光学玻璃工业的发展，铂单坩埚熔炼的品种也逐渐增加。八九十年代，对一些高端玻璃开始用铂单坩埚生产熟料，再二次熔炼进行生产。

铂单坩埚的容积从几百毫升，逐渐发展到3L、5L、38L、50L、65L、100L，并且由铂单坩埚熔炼发展到瓷铂连熔和全铂连熔。

铂单坩埚的用料也在逐步改进。开始采用含铑（Rh）的合金材料，但容易使玻璃着色，后采用纯铂，但硬度较低，在生产过程中器皿易变形，现在大部分采用铂合金。铂合金强度高，耐腐蚀性强，生产的玻璃“闪点”少，还可以减少铂的用量。

国外无色光学玻璃在1768年由瑞士人采用黏土棒搅拌的方法制得。法国1827年建立柏拉图光学玻璃厂，开始大规模生产光学玻璃。英国于1848年开始试制光学玻璃，美国1913年开始试制生产光学玻璃。日本是光学玻璃工业发展较快的国家，其光学玻璃的熔炼达到了相当高的水平，其质量好、品种齐全。日本的铂单坩埚熔炼最大的容量是150L，坩埚壁厚度为2mm，铂的纯度为99.99%。近年来大量采用铂合金加工单坩埚。日本光学玻璃厂共同的特点是人员少，设备精度和自动化程度高，产量高。其中以小原和HOYA最为著名。

3.4.2 铂单坩埚生产特点

光学玻璃工业发展很快，新产品层出不穷。一些新品种（如H－LaK、H－ZLaF类）的组分对黏土坩埚或其他耐火材料的侵蚀非常严重，采用铂单坩埚熔炼，才能获得优质产品。铂单坩埚生产具有生产周期短、换牌号灵活、适合小批量多品种生产的特点。

铂单坩埚生产与连熔工艺相比，其相同点有：光学玻璃熔制过程相同，都要经历化工原料熔化过程、升温澄清过程、降温过程、均化过程和出料过程。不同点为：光学玻璃的整个熔制过程虽然相同，但连熔池炉的每个过程是在不同的功能部位实现的，而铂单坩埚熔炼所有过程均在同一坩埚里实现的。即连熔是在同一时间内的不同空间进行的，单坩埚连熔是在不同时间内的同一空间进行的。

铂单坩埚熔炼的优点包括：由于铂单坩埚耐玻璃液侵蚀，不与耐火材料接触，减少杂质引入，在同一埚内不同时间完成熔化、澄清、均化等过程，熔制玻璃均匀性好，光吸收、着色度、内透均比较好。铂坩埚熔炼更换牌号灵活，能满足小批量、多品种生产要求。有利于新品开发和新品试制。其缺点为：铂单坩埚熔炼综合良品率低，工艺连续性和稳定性较差，埚与埚之间的数据差较大，热能利用率低，产品批量小。

3.4.3 铂单坩埚炉构造及工装

铂单坩埚炉子由炉体、加热器、铂坩埚及其套筒、底盘等组成。

利用电加热的窑炉称为电炉，电炉的优点为：不用燃料、助燃空气，不产生废气；电炉气氛洁净，可以制造各种需要的气氛；温度控制准确度高，操作简单方便；能容易获得高温环境；环保、占用空间小。

电炉的不足为：附属设备比较复杂，投资大；发热组件硅钼棒、硅碳棒等较贵且需要经常更换。

按加热方式电炉可分为间接式电炉和直接式电炉；按电加热作用电炉又可分为电阻炉、感应炉等。目前多数采用硅钼棒或硅碳棒为发热体的间接式加热，但铂出料管大多采用铂电极进行直接加热。

间接式硅碳（钼）棒电炉结构比较简单，炉膛一般呈圆形，炉拱上方有长方形孔眼，便于安装U形硅碳（钼）棒。炉膛中间安放铂坩埚，铂坩埚外面有黏土坩埚套筒保护，下面安装于放在托架上的底盘上。铂搅拌器由炉拱中间孔口放入。硅碳（钼）棒安装形式，大都为U形垂直于炉膛内，也有采用直棒型硅碳棒水平安装的。

电炉发热体——硅碳（钼）棒两端粗，中间细，硅碳（钼）棒和电源线的连接很方便，用常用的不锈钢夹子就可以。

电炉主要部位采用的耐火材料包括：

（1）炉顶。一般采用耐火度比较高，荷重软化温度比较高的硅砖筑成。炉角砖为带孔的专用砖。

（2）炉墙。炉膛内墙采用高铝砖，外墙采用一般黏土砖和硅酸铝纤维砖。

（3）炉底。采用黏土坩埚底加工而成，且凿成沟洞，以利排渣，如图3－13所示。

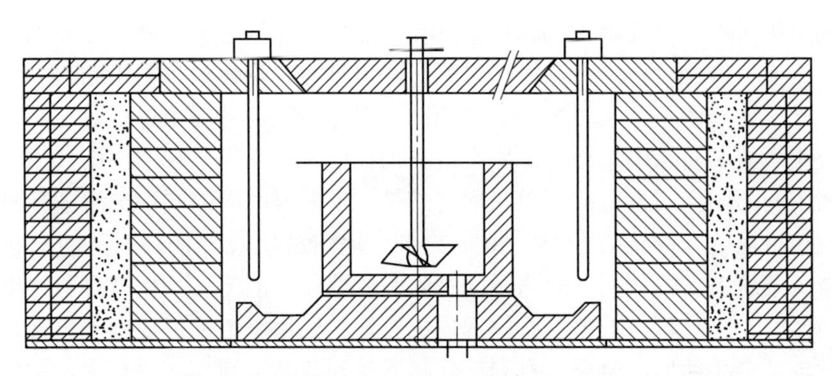

图3－13　炉体砖材示意图

目前电炉大部分采用的发热组件为硅碳棒或硅钼棒。

硅碳棒具有良好的化学稳定性，不与硫酸、盐酸发生反应，但碱、碱土金属及硼化物在高温下对其有腐蚀作用，水蒸气对其有强烈的氧化作用。硅碳棒质地硬而脆，具有良好的冷热急变性能，高温下不易变形，其使用温度可达1500℃左右。

硅碳棒的规格尺寸表示方法为$\phi d/L/n$。ϕ为直径，d为发热部直径大小，L为总长度，n为冷端长度。如$\phi 18/950/350$，表示发热部直径$d=18$mm，总长度$L=950$mm，冷端长度$n=350$mm的硅碳棒，如图3－14所示。

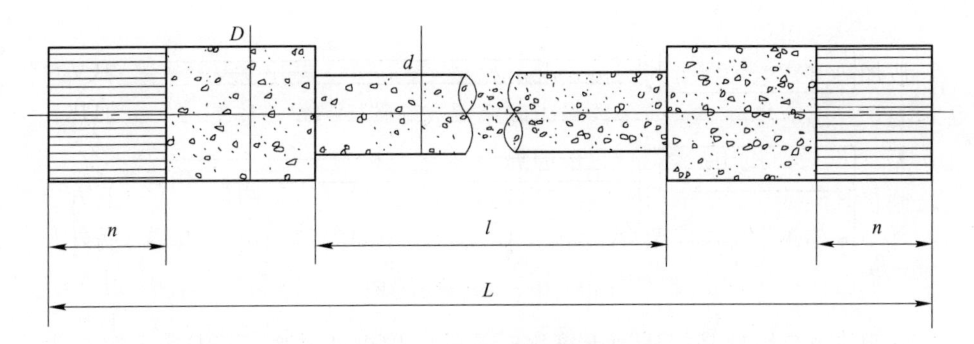

图 3－14 硅碳棒示意图

硅碳棒在炉内的安装方法有多种，主要根据炉内温度分布的需要而定，一般是布置在炉膛四周。硅碳棒的接法有三角形接法（△接法）和星形接法（Y接法）。如三角形接法（△接法），共有 24 根硅碳棒，采用的是八串三组，如图 3－15所示。

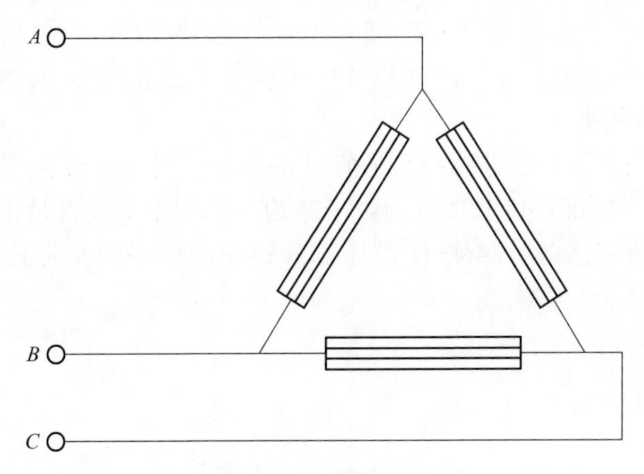

图 3－15 硅碳棒连接方式

硅钼棒发热组件用直径为 6mm 或 9mm，弯成“U”字形，其相应的冷端部分直径为 13mm 或 18mm，最高温度可达到 1700℃。组件在一定温度之内是非常稳定的。其具有独特的抗氧化能力，一旦在操作过程中保护层被损坏，其将会自动重新密封。由于此发热组件类似金属陶瓷材料，在室温时既硬又脆，因此冲击强度较低，抗弯和抗拉强度比较好，在温度高于 1350℃时会变软，并有延展性，冷却后再恢复脆性。

其尺寸表示方法为：$L_1 \times L_2 \times \phi \times D$，其中，$L_1$ 为冷端长度，L_2 为热端长度，ϕ 为热端直径，D 为冷端间距。例如 $500 \times 600 \times 9 \times 60$，即表示冷端长度为 500mm，热端长度为 600mm，热端直径为 9mm，间距为 60mm，如图 3－16 所示。

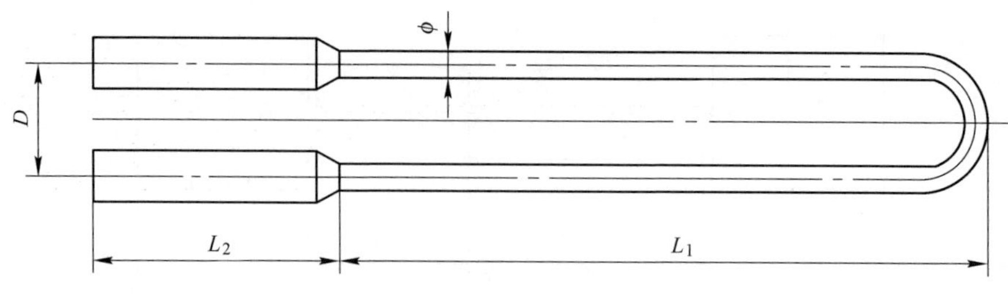

图 3-16　硅钼棒示意图

硅钼棒发热组件是能适用于氧化气氛的电炉组件材料，其温度上限最大为1650℃，不能使组件温度超过1700℃，通常的使用温度为1500℃以下。不应在400~700℃温度范围内使用，因为在此条件下将发生低温氧化，致使组件毁坏。

硅钼棒发热组件炉内安装方法有：

（1）吊挂装置。U形硅钼棒从炉顶悬吊安装使用是最理想的。应避免过热以及与炉体相碰，在安装时采取预防措施后，在使用过程中就不会被损坏。发热端与连接端的交界处锥体扩展到大约25~30mm，连接冷端（包括轧头）至少应露出炉顶外面75mm，组件在炉内间隙宽度不应小于二孔间距 D，安装采用塞砖，连接冷端卡上专用夹头。

（2）水平装置。U形硅钼棒也适宜水平装置，对于连续操作且最高工作温度达到1550℃，顶部高度又要低的炉子来说，选用水平装置是比较理想的。硅钼棒电炉采取吊装法时，24 根硅钼棒每 8 根串联成一组星形连接，接法如图3-17所示。

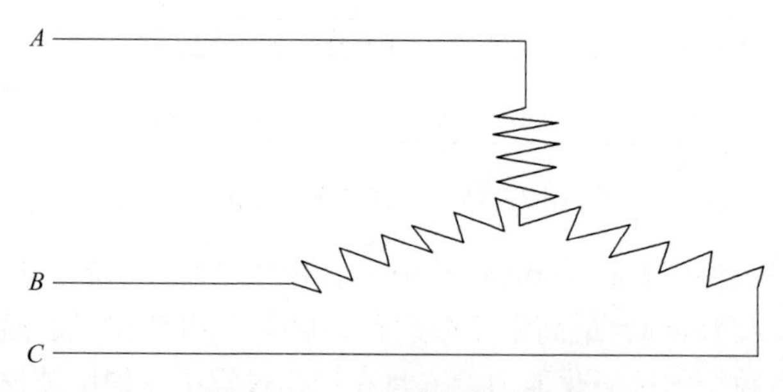

图 3-17　硅钼棒连接示意图

目前，铂坩埚搅拌器的形状结构不断改进。一般生产条料用搅拌器，生产熟料用鼓泡器。其作用是让埚中玻璃液不断翻转，不断均化，消除条纹并使得各部分玻璃的 n_d 基本一致。鼓泡器用一根铂管子做成，结构简单，搅拌器如图3-18所示。

铂单坩埚炉为全电炉结构，采用内置发热体间接电加热方式加热。电能作为铂单坩埚炉的能源，具有温度控制精度高，炉内气氛和现场环境清洁等优点。铂

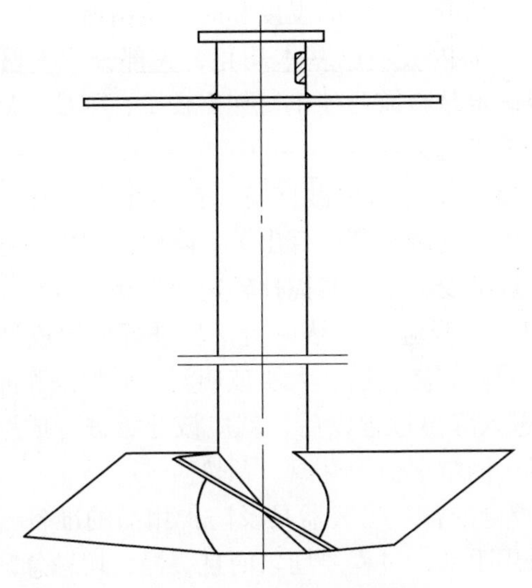

图3－18　铂搅拌器示意图

单坩埚炉对电能的要求有以下几点：

（1）电压为380V/50Hz三相交流电。

（2）容量方面每台铂单坩埚炉正常生产时用电量与坩埚炉的大小有关，一般为几十千瓦。

（3）供电要稳定。

3.4.4　铂单坩埚炉生产

3.4.4.1　铂单坩埚炉条料生产

目前，铂单坩埚炉主要用于生产黏度较小的高档镧系玻璃和部分环保玻璃。这些玻璃的共同特点就是玻璃高温黏度小，对耐火材料腐蚀性极强，易于澄清和均化，玻璃料性短，易析晶，成型难度大，容易产生成型条纹。

铂单坩埚炉熔制光学玻璃条料生产大致过程包括：原料熔化过程、均化过程、澄清过程、降温过程和出炉成型过程。

（1）原料熔化过程。熔化工艺温度选择很重要，温度过低或过高都会影响产品质量。加生料前要先加相同牌号的玻璃碴作为填管料，待填管料熔化后再加生料。每次加生料要控制好量，化透后再加满。化透指料堆消失，炉顶达到工艺加料温度的状态，目前熔炼大部分玻璃均采用此法。此法存在不科学之处，即操作人员判断存在差异，会导致加料时间长短不一致，其结果就存在差异，质量稳定性差。

（2）均化过程和澄清过程。原料熔化后进入均化、澄清过程。一般铂单坩埚炉生产的玻璃高温黏度较小，在最后一次加料后过一段时间均化过程和澄清过程同时进行。均化过程和澄清过程的温度和时间均由所生产产品的工艺决定。均化、澄清一段时间后，埚内玻璃已基本均化，大部分气泡已消除，即可取炉前样，根据测试报告以确定是否需要校正。如需校正，则校正后应根据所加校正料的种类和用量适当调整工艺。

（3）降温过程。降温是为出炉做准备，在均化、澄清过程结束后进行。降温的主要目的是将玻璃黏度调整到适合出炉。降温过程中不停搅拌，随着降温过程的进行，玻璃黏度逐渐变大，此时搅拌转速要作相应调整。

（4）出炉成型过程。降温过程结束后，就进行出炉成型。条料成型方法与连熔池炉成型基本相同。有浇注法、大块玻璃漏注成型法和漏料成型法。

1）成型准备。进入降温过程以后，就应该开始进行成型准备，包括：模具安装、调试，成型机、网带牵引炉升温、预热。

2）氢、氧气及焊枪准备、工装器具及防护用品的准备、铂出料管升温及通管。铂出料管升温采用手动，过程要均匀而且缓慢，切忌急升急降。

3）成型及调整。玻璃漏出，玻璃液填充满成型模具前端堵头和挡块之间的区域后，开启牵引炉网带运转，牵引钩带动固化玻璃进入网带牵引炉。当玻璃前端进入牵引炉口时就应立即开搅，同时调整出料管温度至出料温度并设到自动保温，同时要根据生产规格调整牵引速度、漏料管温度等。

熟料生产没有成型过程，按工艺进行放料、冷却、炸料、称重和装箱。

3.4.4.2 铂单坩埚炉熟料生产

随着技术的进步，光学组件已逐步向小型化和轻量化发展，镧系玻璃需求量大大增加。此类玻璃的二次熔炼技术迅速产生并发展。二次熔炼需要大量的熟料作为原料，通过改造，铂单坩埚炉现已广泛用于各种牌号的镧系玻璃熟料生产。

铂单坩埚炉熟料生产与条料生产相比，工艺过程简单些，大致可分为：原料熔化过程、均化过程和出料过程。前两个过程与生产条料大致相同。

均化过程结束后即可出料。在熟料生产中，出料是一个非常重要的环节。出料前准备工作要充分。包括：

（1）冷却小车、斜槽的清洁，氢、氧气及焊枪，冷却水的检查，工装器具及防护用品准备。

（2）铂出料管升温及通管。铂出料管在加料结束后就要开始升温。均化达到工艺要求后即可通管。通管用氢氧焰加热出料管管口，直到玻璃流出。

（3）出料。玻璃漏出后应立即打开斜槽上部的过滤水，同时将出料管仪表开关从“自动”打到“手动”保温。出料中移动冷却小车，让玻璃液均匀覆盖在表面，同时根据要求及冷却小车内玻璃的冷却情况，调整料槽纯净水流量并确定是否需要向冷却小车内玻璃的表面泼过滤水进行强制冷却。

(4) 取样。玻璃漏出后根据工艺要求取 n_d 样。

熟料生产中的操作注意事项包括工艺操作注意事项和安全操作注意事项。

(1) 工艺操作注意事项主要包括:

1) 按时检查工艺执行情况。

2) 操作者应随时检查设备运转情况。

3) 对作业指导书上规定的不同工艺温度，操作者必须用光学高温计校验炉内温度。

4) 出炉前的准备工作一定要到位。

5) 制订应急预案，如遇突然停电、停水、停气或其他紧急情况，按应急预案处理。

(2) 安全操作注意事项主要包括:

1) 工作时应穿戴好劳保用品。

2) 操作者不得随意操作无关的开关、按钮和阀门。

3) 换硅钼棒时，应将电压降低到零位，戴上防护用具将硅钼棒孔砖拿出，并从炉底将断在炉内的硅钼棒钩出，及时换上新的硅钼棒。

4) 设备和仪器的操作应严格按照操作规程执行。

5) 安全生产、文明生产，严禁违章操作，保持现场卫生。

3.5 光学玻璃组件成型

为了提高光学玻璃组件生产效率并减少加工过程中的料费，对玻璃条料或块料一般均采用二次成型工艺，先将玻璃成型为原件坯料，然后再进行研磨与抛光。

光学玻璃二次压型（RP）是指利用光学玻璃材料在高温时形状的可塑性，通过特定模具将已经成型的材料经再次备料后压制成特定形状毛坯的工艺过程。

3.5.1 二次压型

国内压型企业与日资企业在工艺流程上最大的不同有如下两点:

(1) 国内企业中小口径产品普遍采用干切割备料，而日资企业则采用压方板成型后多刀切割的方式进行备料。多刀切割后料块形状规则、料形好，有利于入模和提高压型的良品率，减少折叠等不良现象的发生。多刀切割有利于提高切割的效率。但是由于需经过加工的工序较多，相对生产周期比较长，并且多刀切割的锯口耗材较大，材料利用率比较低。

(2) 国内企业中“重量分选”是安排在震动磨之后，而日资企业的“重量分选”则是安排在震动磨之前。“重量分选”安排在震动磨之前是很科学的，这样可以将所备出的料块充分利用，通过分出料块重量的档次并分别进行加工，由加工过程来调整重量，使所有料块重量全部符合产品规定的要求，并且可以通过加工而缩小公差带，使产品的厚度公差得到改善，因此，日资企业中的震动磨叫“重量调整”，简称“重调”。

3.5.2 压型产品的备料

备料就是将材料玻璃通过一定的工艺过程加工成产品压型所要求的料块。常见的备料方式有：干切割备料、电炸备料、砍刀备料、热备料、切割备料等。目前各企业常用的备料方式主要是：干切割备料、电炸备料和切割备料，而热备料和砍刀备料方式几乎被淘汰。

3.5.2.1 干切割备料

这是目前国内所有二次压型企业普遍采用的备料方式。它是利用玻璃与高速旋转的圆形钢板接触，由于摩擦使玻璃局部产生高温，靠热应力把玻璃切断的方式。

干切割备料的优点包括：

(1) 无锯口损失，玻璃材料利用率高。

(2) 下料精度高，对小产品切割质量可以精确到0.1g。

(3) 可以制作小质量的料块，最小质量可达0.2g。

(4) 料块表面规则、整齐，易于入模压型。

(5) 生产效率较高。

与其他的备料方式相比，此种方式是较好的备料方式，但也存在不足：

(1) 不适用于大口径压型件的备料，如：材料厚度超过40mm，此种备料方式则难以切断，而材料厚度在20mm以内时备料效果最好。

(2) 材料玻璃必须应力好，否则切割时将会无规则炸裂。

(3) 此种方式要求材料必须规则整齐，具有一个平整的表面。

3.5.2.2 电炸备料

电炸备料是指将材料玻璃放在电阻丝上，由电阻丝加热导致玻璃中的局部应力增大，再在玻璃两端点水使其断裂的一种备料方式。目前此种备料仅适用于大口径产品的备料。这种备料方式有着明显的优点：

(1) 无锯口损失，玻璃材料利用率高。

(2) 根据质量正确计算出材料的长、宽、高以后，可以直接画线进行炸料，生产效率较高。

其不足的方面主要是：

(1) 备料精度低，只适用于干切割不能切割的大口径产品。

(2) 材料玻璃必须应力好，否则电阻丝加热后将会无规则炸裂。

3.5.2.3 切割备料

切割备料是目前二次压型中日资企业较为常用的小件备料方式。它是将规整的材料或先压型成方板后的材料在专用切割机上进行多刀切割的备料工艺过程。

这种备料方式的优点主要是:

(1) 下料精度高,对小产品切割质量可以精确到0.1g。

(2) 可以制作小质量的料块,最小质量可达1.0g以内。

(3) 料块表面规则、整齐,比干切割料块的外观更好,易于入模压型。

其不足的方面主要是:

(1) 由于多刀切割,锯口多、耗材大。

(2) 因为没有薄型材料,所以切割备料往往要先压型成方板后,再进行切割,产品的加工周期比较长。

(3) 该备料方式对材料的厚薄差要求较高,材料的厚薄差直接影响着所切割料块的质量范围。

3.5.2.4 砍刀备料

砍刀备料是指利用玻璃材料的脆性,使用合金砍刀在玻璃表面进行敲打,使其局部应力过大而断裂的一种备料方式。该备料方式目前只适用于辅助备料方式。

早在20世纪60~80年代,由于熔炼和成型工艺的限制,对古典法成型的光学玻璃由于找不到平整的基准面,砍刀备料方式为大口径型料产品的主要备料方式,此种备料方式备出的产品质量公差较大,形状不规则,玻璃修磨量大,不易提高玻璃材料的利用率。目前该备料方式已经基本淘汰,只能用砍刀辅助电阻丝电炸而进行大口径产品的备料。砍刀的材料有:CrMn、CrW5、YG8等硬质合金,其中YG8硬质合金做的砍刀硬度大,使用效果较好。

3.5.2.5 热备料

热备料是指将玻璃材料备成一定质量的料块后,经过热压成型,徐冷后敲打成小料块的备料方式。热压的模具一般是多孔的,每个孔的孔径一致,孔与孔之间的连接较浅,易于断裂。

目前,由于此种备料方式加工周期长、材料利用率低,基本被淘汰。

3.5.3 产品图

3.5.3.1 产品图面的确认

二次压型产品的图面一般由客户提供。在客户提供图面和订单后,为保证产品质量,企业应根据自己的设备和工艺特点对图面上的规格、公差、倒角以及质量指标进行审核,与客户协商后调整达成一致后确认。

一般产品的直径公差根据压型设备的脱模方式不同而有差异,对自动压机或者翻转式脱模的工艺，直径公差的保证能力较强，而对用脱模铲钩出的产品直径公差相对大一些。

3.5.3.2　产品质量的确定

在计算产品质量时，所考虑的状态是理想状态时产品的质量，由于压型产品经过高温后降温会有收缩，因此在确定质量时一般应对理论质量采取“下限上提，上限下降”，这样处理后的质量对产品规格才会有保障。

3.5.3.3　材料的确定

产品图面上的材料有些采用国外玻璃牌号，应根据产品的 n_d 和 v_d 确定材质。而退火时，随着 n_d 值的变化 v_d 值也会发生变化，所以在投料前一般应按变化的规律对材质进行确认后再投料。

3.5.4　切割工艺

干切割设备比较简单，即在电机（转速可以达到2700～3600r/min）轴上固定一个钢板，钢板材料为普通碳素钢，钢板的厚度一般为1.2～1.8mm，钢板直径一般为270～360mm。要求钢板表面平整，固定后横向不摆动。

为了保证压型产品质量，切割后的料块最好为正方体或者长方体，具体应根据产品形状和料块压型时的入模方式确定。

小口径产品一般采用将玻璃料块放在瓷盒上凹坑内加热后，用夹子夹住瓷盒倒入模具的方式入模或者以汽缸推动瓷盒翻转倾倒入模，因此要求料块尽可能为正方体，这样便于入模。而大口径产品则是通过拍型后将料块用拍型铲送入模具内的方式入模，因此要求料块尽可能为高度低于长和宽的长方体，长和宽的对角线长度应不大于模具直径为佳。异型件的料块根据模具压型方向容易入模而确定。

在切割之前，操作人员应进行试切，试切若干块以后，马上检测料形和质量是否符合压型要求，若不符合则进行调整。

一般切割的方式主要有以下两种：

（1）先开条，再逐一进行切割。

（2）将一块材料先称重，根据质量计算可以切出多少件，然后采用对分的方式切割。切割时应选择表面平整的面作为基准面进行切割，否则效果会比较差。

切割中一般采用“三点法切割”，即先中间，后顶部，再底部。先使玻璃的中部接触刀片，然后马上移动到上面，在与刀片接触时玻璃应倾斜大约30°，当出现裂纹时接触点再慢慢移动到下面，这时稍微均匀用力就能切断，使切出的料块整齐。

在切割前，切割操作人员应先进行体积估算，具体方法为：

（1）把单件备料质量先换算成体积。

$$V = W/\rho \tag{3-7}$$

式中，V 为备料件的体积；W 为备料件的质量；ρ 为玻璃密度，g/cm^3。

（2）进行线性体积的计算。

计算线性尺寸：

$$h = V/(ab) \tag{3-8}$$

式中，h 为备料件的厚度；a 为备料件的长度；b 为备料件的宽度。

当备料件要求呈立方体形状时，则可用式（3-7）和式（3-9）计算划线尺寸。

$$L = \frac{1}{3}V \tag{3-9}$$

式中，L 为备料件立方体边长；V 为备料件的体积。

最后，在切割过程中，使用新的切断钢板或者钢板状态不良时还应该对其进行调整，需要用砂轮在切断板的两侧对切断板进行打磨，大体磨出一个 25°角的刃口，刃的尖角还要轻轻磨去。一般，切 K 类玻璃时刃口要钝一些；切 F 类玻璃时刃口要尖一些；切镧系玻璃时刃口要圆一些。

3.5.5 震动磨工艺

震动磨是机械磨修的一种常用方式（也称滚磨）。它的设备主要有：立式光饰机、卧式光饰机和旋转光饰机。

立式光饰机的工作原理是：靠安装在震动轴两端的偏心块在转动时产生的离心力作用，使容器在一定振幅范围内摆动，这样，使得玻璃和磨料在容器中除自身翻动外，还围绕器壁做圆周运动，在复合运动的过程中，玻璃和磨料之间相互研磨，从而达到表面磨修的目的。

卧式光饰机和旋转光饰机的工作原理主要是：依靠玻璃和磨料的自身重量在设备旋转的过程中，不断翻转，相互研磨，从而达到表面磨修的目的。

震动磨使用的细磨料一般采用金刚砂或者回收的砂轮碎屑；粗磨料一般采用废砂轮块、鹅卵石或者金刚砂。加入磨料的作用主要是研磨，其次是缓和玻璃块间的相互冲击，装入的玻璃与砂轮块的配比一般为 3∶1，此外，还可以加入适量的金刚砂或回收砂。

震动磨的操作方法为：

（1）震动磨装料之前，首先应把机台内的玻璃清理干净，不允许有一件遗留产品。

（2）准备装罐的玻璃，首先检查箱内是否有流转卡以及流转卡上的标识是否清楚、完整，如有疑问，待确认后再装，避免装罐后造成混料。

（3）大小产品搭配装罐时，首先应了解两种牌号的密度是否接近，其次大小产品的体积、质量之比大于2.5倍以上，才能组合装罐。

（4）装罐过程要求有：

1）装入机台的玻璃应及时填写原始记录，并将原始卡片放在指定地点，填上震动磨的机台号，避免卡片放混而无法识别产品的批次。

2）在装罐时，废砂轮不允许有锋利的尖角，以免碰伤玻璃，因此只能加已经倒角后的砂轮或者金刚砂。

3）入罐的玻璃随时要添加水，保证玻璃和磨料能正常翻动，使整个罐子的料块和砂轮表面出现粥状的悬浮液。

（5）质量的抽检方法为：

1）随时检查研磨质量，严防磨小报废。

2）当玻璃棱角已倒完时，可追加一部分未倒角的砂轮来增加玻璃表面的粗糙度，提高工作效率，缩短打磨时间，但是出料前两小时绝不能加未倒角的砂轮和新砂。以防将玻璃表面打成麻点。

3）出料时不能停机，应用水龙头的水把玻璃表面的砂浆冲洗干净后，才能装进周转箱内，并立即把原始卡片压在最上层的产品下，确保每箱产品有正确的标识。

4）罐子内的胶皮磨损后要及时更换，以免小玻璃藏进漏洞里造成混批。

3.5.6 修磨工艺

手工修磨是在台式砂轮机上借助冷却水磨去毛块玻璃棱角和表面疵病并达到料块要求的工艺过程。

常用的砂轮有金刚石磨轮和碳化硅砂轮。修磨的工艺要求有：

（1）操作人员领料时要看清每箱料块的标识，并且核对标识上的埚号（批次号）、牌号、零件号、质量，清楚后才能领料。

（2）在进行修磨之前，首先要清理机器，把机台内遗留的玻璃清理干净后，才能进行修磨。

（3）开机后把冷却水固定在玻璃和砂轮的接触部位。

（4）磨玻璃时，必须先试磨3～5块，及时称重检查，掌握磨料质量，做到心中有数，防止磨小报废。特别是经过震动磨后的产品，应从疵病严重的部位开始边磨边检查。

（5）磨料时，一定要精力集中，小件用一只手，大件用两只手握紧玻璃，适当均匀地用力，左右移动。

（6）磨好的料块必须用水冲洗干净，填好半成品流转卡，将质量不符合要求的料块进行重新返工，然后再次检验。

3.5.7 备料过程中的质量管理

在备料过程中，最重要的质量管理内容是防止产品混批次，由于备料是整个加工过程的开始，因此每道工序必须确保从材料发出直至收回的产品每一个埚号决不能混，不能在任一过程中有所疏忽。

由于备料是为压型准备材料，因此，对所准备材料的料形也是十分重要的，如果料形不好，将直接影响到压型的良品率，更严重的情况是材料不能入模。

3.5.8 二次压型

3.5.8.1 压型设备

二次压型的设备通常由软化炉、徐冷炉和压机组成，压机分0.5t、1.5t和3t三种。

在国内二次压型企业中多数使用将料块软化拍型后放入压机模具内成型的方式，而在日资企业中普遍使用全自动压机或者半自动压机。全自动压机即自动入模、自动压型、自动脱模的方式；半自动压机的入模、压型和脱模均是由操作人员进行操作，但是产品不用再拍型。一般全自动压机有多头的，如：十八个头、十个头等，它可以同时压制若干件，因此效率相当高。

3.5.8.2 模具

无论是采用全自动压机、半自动压机，还是周边拍型的压机，如果要压出好的产品，模具是相当重要的工装。即没有好的模具，就没有好的产品。

模具材料的好坏决定了模具的耐用性，而模具设计和制作的好坏决定了产品的外观质量。模具材料一般根据订单的大小，使用3Cr2W8V45钢或者球墨铸铁材料制作。

3.5.8.3 压型中常见疵病的分析

A 折叠

折叠是在压型的过程中压入了玻璃块的外表面而造成的一种缺陷，其本质是极其细微的气泡层，根据其形成的原因可分成五种。

（1）由于备料表面不良而造成的折叠。在备料中，玻璃表面过于凹凸不平，在修磨过程中又没有除去，则在压型过程中造成折叠，这种折叠一般很浅，而面积较大。如金刚石锯片切割后的粗糙表面易形成此类折叠。因此，要注意料块的表面质量才能避免此类折叠的产生。

（2）由于料块裂纹而造成的折叠。在备好的料块中如果有裂纹深入到玻璃块内部去，则在压型时造成折叠。此类折叠一般应考虑：

1）在料块流转过程中加强隔离和防护，轻拿轻放，避免料块之间的碰撞。

2）加强对切割料块质量的监督检查，不符合要求的料块不流转。

3）由于拍型而造成的折叠。

（3）在拍型过程中把玻璃块的一处表面与另一处表面叠在一起，压型后自然就形成了折叠。这种折叠所占面积和深度一般较大，造成的原因是因为备料的形状不好，料形过长、有尖角等，或者是拍型人员操作不当、玻璃粘拍型板等造成。解决的办法应考虑：

1）料块在备料时一定要经过计算，备出符合入模要求的料。

2）压型中严禁备出尖角等不符合工艺要求的料块。

3）压型的操作人员注意操作，防止操作不当造成的折叠。

（4）由于玻璃摆放不当而造成的折叠。当把玻璃块有缺损的一面摆在下面接触耐火材料，在玻璃软化而盖住缺损部位时即形成折叠。解决的办法是：

1）备料时尽量不要缺损。

2）对已经出现的有缺损的料要教会压型人员正确的摆料方法。

（5）往模具中放入玻璃时造成的折叠。当已经软化好了的玻璃块面积过大或者某个方向过长，往模具中摆放时因尺寸大于模具尺寸而折回，压型时造成折叠。这种折叠占的面积一般较大，也很深。解决的办法是：

1）从备料的料形开始关注，避免备出不适宜压型的特别的料块。

2）从瓷盒孔的大小和深度上采取措施，以达到玻璃不折回，又软化可以入模的效果。

3）对可以拍型的炉子可以通过正确的拍型解决。

B 飞边

飞边是在压型件边缘的突出物，如果不除去，在运输过程中极易造成破边破角等缺陷，以致使整个零件报废。飞边产生的原因有：

（1）压型时压力过大。压型时如果压力过大，则会把已经软化的玻璃强烈地向模具四周挤压，从模套与上模或模套与下模的间隙中挤出，造成飞边。因此，压型时要合理使用压机的压力。

（2）玻璃过分软化。由于被压型的玻璃过于软化，玻璃的流动性能好，在压型时易于从模具间隙处冲出而形成飞边。因此，玻璃不宜过于软化。

（3）模具的间隙过大。由于设计、制造不合理，或者是模具磨损后导致模具间隙过大，玻璃就会从间隙处挤出而形成飞边。

（4）玻璃未放在模具的正中。压型时如果经软化的玻璃没有放在模具的正中，则在玻璃靠边部的一方往往出现飞边。因此，玻璃入模时应居中。

C 变形

变形是指压型件在脱模后产生的形状的改变，变形一般指弯曲，即球面曲率半径的改变，脱模时用力不当造成椭圆度的改变或者定型时间不够造成的缩颈等。具体原因如下：

(1) 玻璃过分软化。由于玻璃的过分软化，玻璃在脱模之后还有较大的可塑性，由于自重或是由于冷却收缩的原因而产生变形。解决的办法是：正确调整软化炉的温度，使玻璃块达到适当的软化程度。

(2) 定型时间过短。压型时由于上模下压时在模套内停留的时间过短，压型件还来不及完全固化就已经脱模，脱模后由于自重而产生变形。解决的办法是：适当增加定型时间，使上模下压和玻璃在模具内停留的时间增加。

(3) 脱模后产品摆放不当。压型件脱模后，虽然表面已经固化，但是内部还处在可塑状态，如摆放支撑物形状与压型件形状不相适应，则压型件将因为自重而变形。因此脱模后的压型件应摆放在形状相适应的支撑物上，定型后效果较佳。如放在曲率半径与压型件相适应的耐火材料上或者形状适宜的脱模勺上。

D　未压满

未压满是指在压型过程中玻璃没有充满全部的压型空间而造成的局部短缺。造成这种疵病的原因是：

(1) 玻璃未摆放在模具的正中，而且偏离中心较多，造成一边飞边，一边未压满。

(2) 玻璃软化不够，流动性差。

(3) 压机压力过小。

(4) 产品厚度太薄。

E　厚薄差

厚薄差指压型件一边厚，一边薄，呈不均匀对称。造成这种疵病的原因是：

(1) 玻璃未放在模具正中，玻璃靠近模具的地方厚，远离模具的地方薄。

(2) 模具未放平。

(3) 模芯不垂直于工作面。

F　表面裂纹

表面裂纹是压型中常见的一种疵病，表现为压型件在灯光下检查时表面有光亮。造成这种疵病的原因是：

(1) 模具温度过低。

(2) 玻璃温度低，软化得不够。

(3) 脱模后的玻璃没有放在预热的耐火材料或者铁板上。

G　表面夹杂物

表面夹杂物是指在压型过程中玻璃表面进入了异物。造成这种疵病的原因是：

(1) 耐火材料脱落，在软化炉中玻璃放在耐火材料的瓷盒上进行预热，瓷盒使用时间久会有剥离物，如果没有及时清除，则有可能在玻璃软化后进入玻璃中。解决的办法是：及时清除瓷盒上的剥离物，如果瓷盒剥离物太多，可以考虑更换新的。

（2）飞边脱落，当压型完成后脱模时，飞边落入模具内，如果没有及时清除，再次压型时飞边将被压入玻璃表面。解决的办法是：保持模具内的清洁。

H 破损

在压型件脱模后所有工序的加工、检验过程以及搬运途中，如果防护不当，都会造成玻璃破损，其表现通常为破边、破角。因此，必须确保有合理的流程，足够的隔离和防护措施，操作时轻拿轻放，才能减少或者防止破损。

3.5.8.4 二次压型过程中的质量管理

二次压型过程中的质量管理包括：

（1）批次管理。对压型过程中产品的批次管理以及返工品的批次管理是压型过程质量管理的重点。

（2）了解压型件的主要不良现象，并寻找不良现象产生的原因，制定纠正措施。

3.5.9 退火

二次压型产品的退火工艺时间较短，一般为2~5天。根据型料产品的大小、应力要求以及 n_d、v_d 的来料数据和产品要求设定退火工艺，大的产品退火时间也可达到10天左右。

退火工艺分升温、保温和降温三个阶段进行。小型料件的退火只要升温和降温阶段，确保产品不炸裂即可。

退火过程中的质量控制包括：

（1）批次管理。退火是二次压型件质量形成中一个很重要的工序，由于其高温操作的特殊性，要求产品的批次一定要清楚，所以对产品的标识要求、区域界限的要求较高。

（2）作业指导书（工艺曲线）。工艺曲线的依据是来料数据和产品要求。

（3）设备、人员和工艺的管理。由于退火属于特殊工序，对特殊工序的设备、人员和工艺都应该按特殊工序的确认、再确认进行管理。

3.5.10 二次压型产品的质量检验

二次压型产品的质量检验包括：

（1）几何尺寸的检查。根据产品图要求，对各项有公差要求的尺寸进行检查。

（2）透镜毛坯的检查。用游标卡尺检查直径，厚度表测中心厚度。如果产品图上有矢高要求的，应用矢高表进行测量。双凹产品还要用一个精度为0.01mm的厚度表进行测量。透镜毛坯曲率半径用产品相应的R样板检查其曲率半径，用塞规测量其中心和边缘的透光间隙。对棱镜毛坯用的游标卡尺测量棱镜的长、宽、高等主要尺寸。

(3) 压型毛坯外观疵病的检查。根据产品图要求，用肉眼在100W的灯光下进行毛坯的变形、形状不完整、厚薄差、破边、破角、表面杂质等的全数检验。

(4) 压型毛坯内在质量的检查。根据产品图要求用肉眼在100W的灯光下进行毛坯的折叠、气泡、结石等的全数检验。毛坯玻璃气泡类别（含结石）和级别的检查为：根据产品图中的技术要求对内在质量进行全数检验，发现气泡时应与气泡样品进行对照，把不合格与合格品按区域进行分开放置。

3.6 光学玻璃的热处理

3.6.1 概述

熔炼后或经过热压后成型的型料毛坯玻璃，都需要经过一定的热处理后，才能成为符合仪器镜头的玻璃，或仪器上能使用的玻璃。

玻璃制品在生产过程中，经受激烈的、不均匀的温度变化时，将产生热应力，这种热应力能降低制品的强度和热稳定性。高温成型或加工的制品，若不经过退火令其自然冷却，很可能在成型后的冷却、存放以及机械加工的过程中自行破裂。

光学玻璃制品自高温自然冷却时，其内部的结构变化是不均匀的，因此，除了热应力外，还会造成玻璃光学性质上的不均匀。

退火，就是消除或减小玻璃中的热应力至允许值的热处理过程。由于光学玻璃和某些特种玻璃对退火的要求十分严格，其需要通过退火，使玻璃结构均匀，光学常数达到一定要求，这种退火称为精密退火。

3.6.2 光学玻璃的精密退火

3.6.2.1 玻璃转变温度区域及退火温度区域

玻璃由高温逐渐冷却时通过一过渡区域，在此区域内玻璃从典型的液体状态，由于黏度逐渐增加而逐渐具有固态物体的各项性质（如弹性、脆性等）这一区域称为转变温度区域。为了了解方便，用以下通用符号来表示玻璃转变温度区域的上下界限：T_g 通称为转变温度；T_S 通称为弛垂温度。

光学玻璃在某一温度区间会逐渐由固态转变成可塑态。其转变温度是指玻璃试样从室温升至弛垂温度 T_S，其低温区域和高温区域伸长直线部分延长相交的交点所对应的温度。弛垂温度 T_S 是指玻璃试样在升温过程中停止膨胀时的温度。

在 T_g 和 T_S 温度范围内，玻璃的各项性质都出现明显连续的反常变化，如玻璃的膨胀，比热容、导热系数和力学性能的变化等。

在 T_g 以下一个相当大的范围内，玻璃内部的结构组团相互间仍具有一定的永久位移的能力，可以消除以往所产生的内应力或内部结构的不均匀性，但由于玻璃黏度极大，故可同时在相当长的时间内保持其外部形状，不致有可以测得的变形，这一区域的黏度范围为10^{12}～$10^{16.5}$Pa·s，其温度间距一般称为退火温度范围，低于这一温度范围，玻璃结构实际上可认为已被“固定”，即不随加热及冷却途径而变。一般取这一温度为退火下限温度。

黏度为10^{12}Pa·s时的温度为玻璃的最高退火温度，在此温度下经过3min能消除应力95%，一般相当于退火点的温度，也称为退火上限温度。退火下限温度是指在此温度下经过3min只能消除应力的5%。

玻璃的各项性质除决定化学组成外，还和玻璃的“热历史”有密切关系，所谓“热历史”是指玻璃从高温液态冷却，通过转变温度区域和退火区域所经的途径，并代表玻璃在到达室温时被固定下来的一定的结构状态。

玻璃在热处理过程中对各项性质产生影响，其中折射率是光学玻璃的主要性质之一，热历史对玻璃折射率影响可分为两个方面。

A　退火区域内的保持温度和玻璃折射率的关系

图3－19所示为退火区域内的保持温度和玻璃折射率的关系：在一定的温度范围内，保温温度对n_d的增值有影响，保温温度越低，n_d增值越大，不同的玻璃n_d增值受保温温度的影响不同，即ab的斜率不同，就目前而言，环保ZF类的玻璃n_d增值受保温温度的影响较大，其他品种的玻璃正在实验中，对于n_d增值较大的玻璃，快速退火的工艺应该考虑实际精退火的工艺，特别是实际退火的保温温度，最好是用样品模拟某一实际退火的退火工艺，求出快速退火后的n_d值和模拟退火后的n_d值的Δn_d，这有助于提高精退火的质量。如果降温速度很慢则不然。所以选择保温温度还要考虑降温速度。

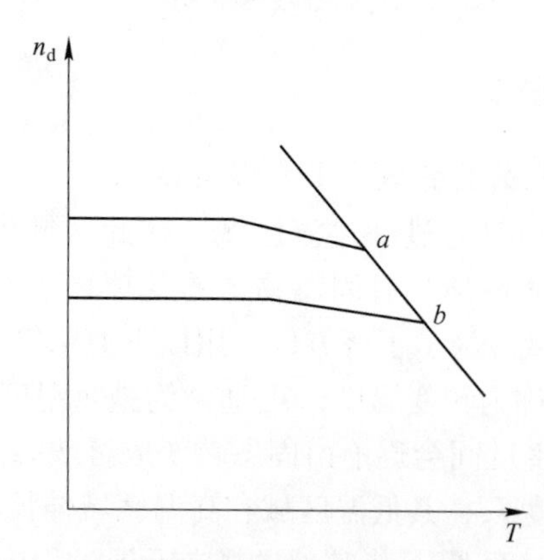

图3－19　退火区域内的保持温度和玻璃折射率的关系

退火区域内的保持温度和玻璃折射率的关系具体包括以下几点：

（1）不同的降温速率对n_d的影响。从同一点出发，用不同的两个冷却速度如h_1、h_2，则得到两个在室温下不同的折射率，冷却速度快的，则测得的折射率低，反之折射率高。

（2）当退火温度较高、退火速度较慢时，有以下关系存在，即偏离温度 θ_a 及结构固定温度 θ_b 随降温速度 h 的增加而向高温移动，其关系为：

$$\theta_a = \theta_a^0 + \frac{1}{K}\lg h \quad (3-10)$$

$$\theta_b = \theta_b^0 + \frac{1}{K}\lg h$$

式中，θ_a^0，θ_b^0 分别表示以 1℃/h 速度降温时的偏离温度及结构固定温度。

（3）降温速度 h 和降至室温时得到的折射率满足式（3－11）。

$$n_{d1} = n_{d2} + \beta\lg\left(\frac{h_1}{h_2}\right) \quad (3-11)$$

式中，n_{d1}为降温速度 h_1 降至室温时对应的折射率；n_{d2}为降温速度 h_2 降至室温时对应的折射率。

式（3－11）表明，在一定条件下，θ_a、θ_b 及 n_d 均只与降温速度 h 有关，而与退火范围内保持温度无关。条件就是保温温度要高于 θ_a、θ_b，否则结论不成立。如精密退火时，最后所得的折射率与理论计算值相差较大的原因之一就是保温温度低于 θ_a、θ_b。H－F，H－ZF，镧系玻璃保温温度对折射率的影响比较明显。

β 随玻璃品种而异，一般由实验求得，其方法如下：将要测定 β 的同一块玻璃加工成 8 个 10mm×10mm×5mm 大小相同的小样，将其中 4 个放置于小型退火炉中，在 T_S 有效保温 3h，再以 25℃/h 降温，降至 T_S－150℃，在室温时测得 n_{d1}；再将余下的 4 个放置于同一小型退火炉中，在 T_g－10℃有效保温 12h，再以 2.5℃/h 降温，降至 T_g－130℃，在室温时测得 n_{d2}：$\beta = (n_{d2} - n_{d1}) \times 10^5$。

B 在退火温度范围内保持时间和玻璃折射率的关系

将组成相同的同一牌号玻璃保持在退火温度范围内某一温度 θ，当保持足够长的时间，玻璃的折射率总会回归到玻璃的平衡态，即会得到相同或接近的折射率，但折射率的变化趋势、变化速率和维持温度、玻璃本身所处的结构状态以及玻璃远离平衡状态的程度有关。

由此可见，为了提高光学玻璃的退火质量，必须掌握精密退火时热历史对玻璃折射率影响的复杂关系，同时要经过实验求得有关常数。

3.6.2.2 光学玻璃退火要求

精密退火是光学玻璃生产的主要工艺过程之一。

对一般玻璃制品来说，为了消除加工过程（吹制、压型等）中产生的较大的永久应力，通常在成型后必须使玻璃制品在某一温度范围内进行均匀和缓慢的冷却。制品尺寸越大，冷却速率则越小。这一操作过程称为退火。对于光学玻璃来说，一方面由于光学零件尺寸较大，更重要的一方面是光学零件要有高度的光学均匀性，因此对退火过程的要求要比一般玻璃制品的退火严格得多，故需要精密退火。

随着近代光学技术的发展，对光学玻璃的退火质量提出越来越严格的要求。如 PL 分光棱镜的折射要求为 1.61855 ~ 1.61885，按 $\Delta n_d \leqslant 5 \times 10^{-5}$进行分批处理供货。特别是对于某些特殊用途的光学玻璃如大型天文望远镜所用的反射镜玻璃毛坯，要求直径在 1m 以上，厚度大于 0.4m，其内应力小于 5nm/cm，光学均匀性 $\Delta n_d \leqslant 5 \times 10^{-6}$。在空气动力学研究中所使用的干涉仪平板需要的高度光学均匀性光学玻璃，其光程差在 1/4 波长以内。所有这些产品，除了要求较高的熔制工艺外，没有严格和完善的退火工艺以及满足工艺要求的退火炉结构、控制系统，是难以达到以上要求的。所以，对于玻璃退火过程较系统的理论研究，大都以光学玻璃作为主要对象。

3.6.2.3 光学玻璃精密退火的目的

光学玻璃精密退火的目的有以下三点：

(1) 减少或消除玻璃中永久内应力。

(2) 调节玻璃的折射率，使之满足光学零件的需要。

(3) 消除一块玻璃各部分的光学不均匀性（应力均匀性和折射率均匀性）。

A 利用退火消除玻璃中的永久应力

玻璃中的应力，一般可分为三类：热应力、结构应力和机械应力。

玻璃因化学组成不均匀导致结构上不均匀而产生的应力，称为结构应力，它属于永久应力。不同的化学组成，其热膨胀系数也有差异，在温度到达常温后，由于不同膨胀系数的相邻部分收缩不同，使玻璃存在了应力。这种由于玻璃固有结构所造成的应力，显然是不能消除的。如玻璃中存在结石、条纹和节瘤，就会在这些缺陷的内部及其周围的玻璃体中引起应力。其界面上，应力值最大。此外，某些硼硅酸盐类型的玻璃中，如微孔玻璃，由于分相所产生的内部结构的微不均匀性，在退火时往往产生微小体积内的内应力，这种内应力同样可在偏光下观察到，一般称为二类内应力。这种二类内应力对产品的机械强度及热稳定性没有影响。

机械应力是指外力在玻璃中引起的应力。外力除去时，机械应力也随之消失。某些玻璃制品在生产过程中，若对其施加过大的机械力，就会使制品破裂。如模型歪扭，开模时所造成的制品撕裂，切割时用力过猛使制品破裂等。

玻璃中由于存在温度差而产生的应力称为热应力。按其存在的特点，分为暂时应力和永久应力。

a 暂时应力

在温度低于应变点时处于弹性变形温度范围（脆性状态）的玻璃，经受不均匀的温度变化时所产生的热应力，随温度梯度的存在而存在，随温度梯度的消失而消失，这种应力称为暂时应力。

玻璃块在加热或冷却过程中，由于其导热系数较小，在其表面及内层产生一定的温度梯度，此温度梯度的大小，与玻璃的温度传导系数、玻璃的形状和厚度以及加热或冷却的速度有关，由于温度不同引起密度的不同，因而在内外层间产生一定的应力，应力的大小除决定于温度梯度外还决定于玻璃的膨胀系数。当加热或冷却玻璃，在不太高的温度下（玻璃的退火下限温度以下）进行时，温度均衡后，其温度差所产生的内应力就随之消失。这就是为什么应力测试要求要把待测样品放在恒温室内恒温至少 24h 的原因，即减小暂时应力带来的误差。

b 永久应力

当玻璃温度梯度消失时（表面及内部温度都等于常温）残留的热应力，称为永久应力，也称内应力。

当玻璃加热到退火温度区域时，由于玻璃内部分子的塑性退让而消除了温度梯度所产生的暂时应力，并使玻璃在冷却通过这一区域时，能保持一定的温度梯度而没有内应力，在退火区域以下，由于冷却速度较快，则因温度梯度产生暂时应力，温度降至室温时，当玻璃内温度达到均衡时，暂时应力会随之消失，但高温时塑性退让的效果便表现为不可消失的残余内应力。

永久应力的大小取决于在退火区域内被塑性退让的程度，而塑性退让的程度又取决于温度梯度的大小，温度梯度的大小取决于退火区域内降温速度、玻璃的性质（温度传导系数、黏度）、玻璃的大小、形状等因素。

永久应力沿玻璃厚度方向分布，其表面为压缩应力，以负号表示；中心为张应力，以正号表示。

玻璃中的内应力使玻璃在光学上成各向异性体，这将影响玻璃的光学性能，玻璃中的应力同双折射成正比，即同光程差成正比。目前，检测玻璃应力的大小就是利用这一现象通过检测玻璃的单位厚度上的光程差来判断的，其单位为 nm/cm。

一般对于小型零件或毛坯，为了简化工厂的测试检验工作，往往用应力双折射的大小来控制玻璃的退火质量，一般光学玻璃成品要求退火后的光程差在 2 ~ 20nm/cm 以内。供压型用的毛坯玻璃消除应力是以使毛坯玻璃在切割时不炸裂为目的，一般控制应力在 80nm/cm 以内。这类玻璃的退火称为粗退火。如果连熔池炉的牵引炉足够长，粗退火一般在牵引炉完成，不需要再次进行粗退火。

由于高铅玻璃、颜色玻璃、不透明玻璃内应力产生的光程差不能使用一般精度的偏光仪器进行检验，因此，这类玻璃在退火时，要在炉内放置与此类玻璃有接近退火温度和膨胀系数的常规玻璃同时退火，并以此玻璃的应力来判断退火质量。

粗磨玻璃表面的裂纹可使观察所得的内应力数值偏大，这可用细磨或抛光将表面除去后再测试，这对应力要求高的大尺寸玻璃来说非常重要。

B 消除永久应力的计算

用于制造光学零件的玻璃，消除永久应力的主要目的是：

（1）过大的内应力会使玻璃在加工过程或使用过程中炸裂，或影响光学零件表面的精密加工。

（2）由于残余应力的影响，玻璃在温度较高的条件下，长期使用后会产生缓慢的非弹性变形，使光学零件的曲率半径变化而影响成像质量。

（3）对于偏光仪器（如偏光显微镜等），光学零件中应力所产生的双折射将影响这些仪器的工作精度。

利用退火消除内应力，包括两个过程：

（1）将玻璃加热至退火区域保持一定时间以消除内部残余应力。

（2）在退火区域内使玻璃恒速降温以控制冷却时用于塑性退让而重新产生的内应力。

恒温保持时玻璃内应力的消失过程：根据马克斯威尔（Maxwell）的理论，应力在塑性物体中递减的过程，一般可用式（3－12）表示。

$$\mathrm{d}p/\mathrm{d}t = -Mp \tag{3-12}$$

式中，p 为应力；M 为一比例常数，与物体的黏度有关。

阿丹姆斯（Adams）及威廉逊（Williamson）通过实验得出玻璃在退火温度下保温时，应力消除的速度符合式（3－13）。

$$\mathrm{d}\sigma/\mathrm{d}t = -A\sigma^2 \tag{3-13}$$

积分得：

$$1/\sigma = 1/\sigma_0 + At$$

式中，σ_0、σ 为开始保温时及经过时间 t 后玻璃的内应力；A 为退火常数，与玻璃的组成及应力消除的温度有关。

如以双折射 δ_n（单位为 nm/cm）表示应力，即 $\delta_\mathrm{n} = B\sigma$，$\delta_{\mathrm{n}0} = B\sigma_0$，则变为：

$$1/\delta_\mathrm{n} = 1/\delta_{\mathrm{n}0} + A't \tag{3-14}$$

式中，$A' = A/B$，为退火常数，随玻璃的组成及温度而变化；B 为应力光学常数。

退火常数 A' 随保温温度 T 的升高而以指数递增，即

$$A' = 10^{M_1T - M_2} \tag{3-15}$$

式中，M_1、M_2 为应力退火常数，其值取决于玻璃的组成。

不同的硅酸盐玻璃的 M_1 相差不大，约在 0.033 ± 0.005 范围内，M_2 和 B 相差较大。知道 M_1、M_2、B 和保温温度，根据玻璃退火前后的应力，就可以求出保温时间。但是由于目前光学玻璃的生产方式变成 3D 连熔方式，规格大部分是 $360\mathrm{mm} \times 60/120\mathrm{mm} \times (15 \sim 50)\mathrm{mm}$，退火装炉方式是重叠摆放，保温时间是根据保温温度、玻璃的规格与种类、退火炉的填装量及合同允许的最大应力、折射率平衡所需时间而定，经验性很强。

在退火区域冷却时的内应力控制，即玻璃在退火温度保持至残余内应力消失后，如以恒速降温，则降至退火下限温度后，再以任意速度降至室温时，应力的大小与退火区域内降温速度、玻璃的规格及性质有关。对于一般规格的玻璃，边部应力要求小于 15nm/cm 即可，降温速度除了考虑应力，还要考虑折射率的调整范围，这在上文已讲。下面主要讲大块及圆盘光学玻璃的边缘应力及其计算。

对于大块及圆盘光学玻璃而言，降温时除了产生垂直于平面的法向应力外，还由于沿直径方向存在温度差 $\Delta\theta_{0R}$，使玻璃产生残余径向应力和残余切线应力。这个应力合成的结果，使边缘部分应力比按公式计算所得值 $26ha^2$ 大很多。

对于一般玻璃而言，冷却后玻璃残余内应力所产生的光程差为：

$$\delta_{n_R}=3.6B\Delta\theta_{0R} \tag{3-16}$$

式中，B 为应力光学常数。

对于 K9 玻璃：

$$\delta_{n_R}=10\Delta\theta_{0R} \qquad (B=2.85)$$

如降温时边部温度低于中心温度，则每 1℃ 温差所引起的边缘应力为 10nm/cm，并与圆盘直径无关。对沿平面方向温度梯度相同的退火炉来说，圆盘直径越大，$\Delta\theta_{0R}$也越大，所产生的边缘应力也越严重。

实际上玻璃除了以上应力外，厚度方向还存在温差所产生的应力 $\delta_a=-26ha^2$，这两个应力在边缘部分表面都是负值（压应力），应相互加强，故轴向最后的应力由式（3-17）表示。

$$\delta_{n_R}=3.6B\Delta\theta_{0R}+26ha^2$$

$$\Delta\theta_{0R}=(\delta_{n_R}-26ha^2)/(3.6B) \tag{3-17}$$

假设 $B=2.85$，则 $\Delta\theta_{0R}\leqslant\delta_{n_R}/10$。如要求退火后的边缘应力小于 5nm/cm，则中心与边缘温差为 $\Delta\theta_{0R}\leqslant0.5$℃。

由此可见，对于直径较大的玻璃毛坯，这一要求较难达到，这时必须采用特殊结构的精密退火炉和温度控制系统，还要有特殊的装炉要求。

C 利用退火消除光学不均匀性的计算

未经退火的光学玻璃的光学不均匀性，在退火温度范围内保持一定的时间后，即因各部分均达到一致的平衡态而消失，故与应力消失的过程相似，一般可用应力消失计算公式计算。

但当光学玻璃不均匀性在保温阶段消失后，在退火范围内的降温过程中，由于玻璃各部分的热历史不同导致结构不同而重新产生，出现第一类及第二类光学不均匀性。为了控制它们的均匀性，必须选择适当的装炉方式和保温温度以及降温速度。

第一类型光学不均匀性的主要来源是在由保持温度转入开始退火降温时，炉子边缘部分（或一块玻璃的接近炉子外壁部分）较中央部分（或一块玻璃接近炉子中央部分）的降温速度快，如前者以 h_R 表示，后者以 h_0 表示，则在开始降温时 $h_0 \to 0$，$h_R \gg h_0$。

经过一定时间 t 后 h_0 逐渐接近 h_R，时间 t 的长短与退火炉内玻璃装填空间的半径（如对一块玻璃来说，则应以该玻璃平面上最大温度差两点间距离），炉内的有效导温系数有关，玻璃间留有间隙或充以其他导热介质时，有效导热系数比玻璃满载时大，退火炉内玻璃装填空间的半径（如对一块玻璃来说，则应以该玻璃平面上最大温度差两点间距离）小，炉内的有效导温系数大，时间 t 相对较短。

降温时炉中心部分 θ_0 滞后于 θ_R，其温度差 $\Delta\theta_{0R}$ 随时间增加而增加，至一定时间后达到一恒值。时间 t 的长短与退火炉内玻璃装填空间的半径（如对一块玻璃来说，则应以该玻璃平面上最大温度差两点间距离），炉内的有效导温系数以及降温速度有关，具体关系很复杂，在有效导温系数相同，降温速度相同下，退火炉直径越大，$\Delta\theta_{0R}$ 越大。

由于 $\Delta\theta_{0R}$、h_0、h_R 存在，中心部分和边缘部分则存在折射率差 Δn。对一块玻璃的光学不均匀性而言，要求 $\Delta n \leqslant 10^{-6}$。

故如果玻璃的 $\beta = 100 \times 10^{-5}$，则根据：$\Delta n = \beta \lg\left(\dfrac{h_0}{h_2}\right) \leqslant 10^{-6}$，则 $h_0/h_R \geqslant 0.996$。

如果玻璃退火炉内玻璃装填空间半径 $R_C > 30$cm，降温速度是1℃/h，由于导热不良，需在60h以后方能满足以上 $h_0/h_R \geqslant 0.996$ 的要求，而此时 $\Delta\theta_{0R} = 10$℃，中心部位温度 θ_0 已经下降40～50℃之间，即占整个退火范围的1/3，使第一类光学不均匀性超过标准。如果降温速度为0.1℃/h，也需在60h以后方能满足以上 $h_0/h_R \geqslant 0.996$ 的要求，而此时 $\Delta\theta_{0R} = 1.5$℃，中心部位温度 θ_0 只下降4～5℃之间，还没有到达偏离温度，第一类光学不均匀性容易满足。

第二类光学不均匀性主要由内应力产生。与玻璃的尺寸大小和降温速度成正比，与玻璃的导温系数成反比，在同样条件下，重火石玻璃所形成的应力较冕牌玻璃大约一倍。

第二类光学不均匀性主要由边缘部分切线方向应力所产生，此应力为压应力，故边缘部分的轴向折射率 $(n_y)_R$ 较中心部分的轴向折射率 $(n_y)_0$ 大，即：

$$(\Delta n)^{\mathrm{II}} = (n_y)_R - (n_y)_0 > 0$$

退火后的光学不均匀性为第一类及第二类光学不均匀性之和，即：

$$\Delta n = (\Delta n)^{\mathrm{I}} + (\Delta n)^{\mathrm{II}}$$

这两项所产生的总效应，随着玻璃在退火炉内放置位置的不同而不同，如玻璃放于炉子中心 $R = 1/2R_C$，则由中心至边缘产生均匀和对称的总折射率梯度。如果玻璃偏心放置，则 $R = R_C$ 玻璃远离炉心轴部位的第一类不均匀性增加产生不对称的总光学不均匀性，故当大块玻璃与小块玻璃在同一炉内退火时，由于大块玻璃产生的第二类不均匀性较大，应将其放于炉类中心轴上，以减小退火总的光学不均匀性。

若玻璃从高于 T_g 温度的某一温度 T_1 冷却时，在不同的冷却过程中性质上必然会有所差异。如果将玻璃在最高退火温度附近保温相当长时间后，玻璃各部分的结构将趋于均一，其折射率也将趋于均一而达到平衡值。然后，以适当缓慢的速度冷却，使其以最小的温差降至最低退火温度，这样就可以得到折射率较为均一的玻璃。

3.6.2.4 光学玻璃精密退火规程的制定

关于光学玻璃精密退火最合理的规程，在近数十年来各国科学家进行了不断的研究，并提出了不同的见解。

这些退火规程按形式来说，主要有以下几类：

（1）阿丹姆斯和威廉逊（1920 年）所提出的低温保持，退火阶段以指数率增加降温速率直至冷却阶段为止的“下弯式”退火规程。

（2）布兰特（1951 年）所提出的先在高温保持一小段时间至平衡后降温到较低温度再保持一较长时间，最后直线降温的两段保持退火规程，威因特尔（1943 年）也曾提出多阶段保持和降温的退火规程，但都未得到工业上的普遍应用。

（3）德国肖特光学玻璃工厂所采用的提高退火温度，开始快速降温，然后逐渐减慢的“上弯式”退火规程。

王大珩根据不同的见解，曾在实验室条件下对尺寸为 100mm × 100mm × 50mm 的 K9 玻璃进行精密退火实验，在保持温度阶段样品各部分的最大温度差为 10℃，退火范围的降温速率平均为 1 ~ 2℃/h 下，保持温度及退火降温的总时间均为 70h 左右。所采用的退火规程包括：

（1）直线退火规程。

（2）阶段式退火规程。

（3）“上弯式”退火规程。

（4）“下弯式”退火规程。

将不同规程退火所得试样用干涉仪进行测定，其光学均匀性及内应力的测定结果比较发现，阶梯式退火规程对炉内温度分布的不均匀最为敏感，所得退火质量最差。由于所取的退火温度范围为 100℃ 左右，而在实际对玻璃热历史影响较显著的临界温度 40℃ 以内，（1）、（3）、（4）三类规程均接近于速率相当的直线降温，故其结果相差不大，其中“下弯式”退火规程对内应力的消除较好。

从 20 世纪 50 年代以后，直线降温退火规程的优越性已逐渐为各国所公认，并在光学玻璃生产中得到较普遍采用。

直线退火规程的主要优越性是：

（1）使炉内各部位温度分布的不均匀性对玻璃热历史的影响减至最小，从而保证退火后玻璃的光学均匀性。

（2）直线退火规程比其他任何类型退火规程都简单，故较易进行自动过程控制，简化工艺过程。利用直线退火可使规程标准化，不同品种的玻璃只要退火温度相同，即可采用某一标准规程而在同一炉内进行退火。

（3）利用直线退火可准确地计算退火后的折射率值，有利于玻璃光学常数的生产控制。

（4）直线退火所需的时间，即使从消除内应力的观点出发进行比较计算，也比利用其他形式退火规程少。

因此，以下仅讨论根据光学玻璃光学均匀性的要求制定直线退火规程的方法。

（1）退火温度 T_{max}。该温度决定于玻璃降温时折射率偏离平衡曲线的温度 T_a。T_a 与降温速度有关，降温速度越快，降温时折射率偏离平衡曲线的温度 T_a 越高，T_{max} 必须高于 T_a，使退火后玻璃各部分得到相同的热历史，但同时不能太高以免玻璃粘连。

偏离温度 T_a 决定于降温速度，即

$$T_a = T_b + 1/K\lg h \tag{3-18}$$

式中，T_b 为 $h=1$℃/h 时的偏离温度，一般在转变温度 T_g 以下 20℃。

对于直线退火规程，如玻璃的退火温度 T_{max} 在 T_a 以上且退火速度不过大，则玻璃退火后的折射率与保温温度无关，即仅决定于退火速率 h，如将退火炉内温度差考虑在内，则为保证退火炉内各部位的玻璃温度高于 T_a，采取 T_g 温度作为 $h=1$℃/h 的退火温度，对其他退火速率，则由式（3-19）求 T_{max}。

$$T_{max} = T_g + 1/K\lg h \tag{3-19}$$

由此可见，降温速度越快，则需相应地提高退火温度。对于目前一般小规格条料，对退火后均匀性要求不是很高时，为了避免粘连，一般 $T_{max}=(T_g-20℃)\pm 10℃$，T_g-20℃为降温速度 2℃/h 时的退火温度，这对 H-F、H-ZF、H-La 系等 β 值较大的玻璃尤其重要。高温退火时注意玻璃之间垫纸板。

（2）时间 t。时间决定于使炉内各部分及玻璃内外层温度接近均衡所需要时间 t_1 和使玻璃的折射率与保持温度的平衡折射率 Δn_d 达到所要求数值需要的时间 t_2 之和。

$$t_1 = 0.21a^2 \tag{3-20}$$

式中，a 为退火炉装填空间的有效高度的一半或者有效宽度的一半，cm；t_1 为保持恒温至内外温度均匀达要求所需时间，h。

$$t_2 = 1.65 \times 10^3 / A_2 \tag{3-21}$$

$$\lg A_2 = K(T_{max} - T_g) + 2.7 \tag{3-22}$$

$$t = t_1 + t_2 \tag{3-23}$$

对于一般条料玻璃，根据退火炉的大小及填装量，一般保温时间为25～40h。

（3）退火速度 h。退火速度根据需要调整的 Δn_d 和玻璃的应力要求进行计算，即

$$n_{d2} = n_{d1} + \beta \lg h_1 / h_2 \tag{3-24}$$

式中，h_1 为 n_{d1}对应的退火速度；h_2 为实现 n_{d2}对应的退火速度。

（4）应力的计算。

$$\delta = 3.6 B \Delta\theta_{0R} + 26 a^2 h \tag{3-25}$$

式中，B 为应力光学系数；a 为理论上玻璃的半厚度，小条料玻璃则因玻璃装炉方式的不同而不同；h 为降温速度；$\Delta\theta_{0R}$ 为边部和中心的温差，为了减小 $\Delta\theta_{0R}$，装炉时应留缝隙。

（5）退火下限温度 T_{min}。退火下限温度应低于结构固定温度。否则，当玻璃在高于结构固定温度由恒速降温转入快速冷却时将由于各部分结构转变温度不同而使热历史不同，影响其光学均匀性以及折射率的增值。退火下限温度一般为退火温度之下80～120℃。

（6）加热及快降速度 h_3 及 h_4。h_3 及 h_4 决定于玻璃所能容忍的最大应力，即必须使在加热或冷却过程中玻璃内部因温度差产生的暂时内应力小于玻璃的极限抗张强度，使玻璃不因此而破裂。一般条料光学玻璃采用以下加热及冷却速度。加热速度 h_3：15～20℃/h；快降速度 h_4：5～10℃/h。

图3－20所示为获得相同永久应力的不同退火工艺。

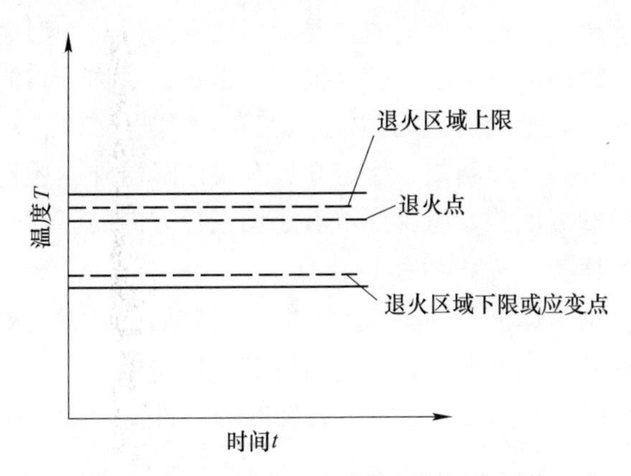

图3－20　相同永久应力的不同退火工艺

由于热辐射与温度 T^4 成正比，温度越低，热辐射越小，保温性能较好的退火炉在低温阶段降温速率很慢，为了缩短退火周期，采取提高开炉门温度的措

施，强制降温，对于常规玻璃，开炉门的温度已提高到180℃，可以节约2天时间。

3.6.2.5 精密退火炉

A 对精密退火设备的要求

为达到光学玻璃精密退火的各项要求，光学玻璃精密退火炉应具备以下特性，这些特性取决于精密退火炉的结构及温度控制系统。

(1) 退火炉内温度分布的均匀性。由上文讨论可知，光学玻璃的第一类光学不均匀性主要是由于炉内不同位置玻璃的热历史不同而产生的，若在退火温度保持期间或通过退火温度区域的降温阶段，退火炉内存在着较大的温度偏差，则实际退火条件将远远偏离原定退火条件，使第一类光学不均匀性增加。因此，对退火炉内各部位的温度应要求一致。根据玻璃毛坯尺寸的大小以及对光学均匀性的要求，允许退火炉内各部位存在温度差。如一般条料玻璃，退火炉内温度差应小于10℃，而要求较高的玻璃如显色玻璃、TV棱镜和大块玻璃，退火炉内的温度差应小于5℃。

(2) 退火炉温度控制的高度稳定性及降温的直线性。退火炉内温度在保温阶段及降温阶段必须加以精确控制，其波动应尽量小，以使炉内的玻璃达到均一的平衡态，严格的直线降温可部分消除由于炉温分布不均匀而使各部分玻璃中所产生的不同热历史。由于直线降温的偏差，将增加光学玻璃的光学不均匀性，并使退火后玻璃的光学常数与原计算值不一致。

(3) 炉内温度分布的对称性和中心与边缘部分的温度差的减小。如在降温过程中沿直径方向存在温度差，降温后的玻璃将产生残余径向应力及残余切线应力，使边缘部分的应力增大而出现边缘效应。大块玻璃毛坯边缘应力的大小及其分布的对称性是衡量玻璃退火质量的主要指标之一。这对大型玻璃的光学加工质量以及长期使用后镜面面形的稳定都有很大的影响，对称分布的应力及由此引起的镜面变形比较容易能在光学加工中加以修正。因此，对于大块玻璃毛坯退火炉，除了要求炉温分布必须均匀、稳定并具有线性降温外，还特别要求需降低炉内沿毛坯直径方向的温度差，以及要求沿毛坯直径方向的温度分布为对称的。

B 光学玻璃精密退火炉的结构特点

为满足上述对精密退火炉的要求，一般采用自动控制温度电热炉。为达到炉内温度均匀及适应光学玻璃多品种生产的特点，炉内填充容积不需太大，一般不超过4m^3。为了使炉内的温度分布具有高度的均匀性，对于精密退火炉，在结构上采取以下措施。

(1) 强制通风。利用强制通风使空气气流通过装填空间，以增加炉内空气对流速度，以便达到温度均匀的目的。借助电动机驱动的风扇，可使退火炉内产生定向的空气流动。这种通风形式的退火炉，其温度均匀性在很大程度上取决于炉内填充物的结构及分布。玻璃放置的紧密程度以及玻璃之间的间隙分布、通风道的形式等都影响炉内温度分布的均匀性。如玻璃放置过密或通风道曲折，则温度差将大大增加甚至失去通风的作用。根据经验，采用强制通风后，一般可使炉内温度差达到 ±(3～5)℃，在不用强制通风时，温度差为 ±10℃。

（2）金属环套的使用。金属有较大的热容，加上密度大，所以单位体积金属材料热容量远大于其他材料。金属材料还具有良好的热传导性能，因此，可在精密退火炉中大量使用金属环套和金属圆盘。这些金属环套和圆盘可同时作为装填玻璃的容器。由于金属材料具有高的热传导性，所以可使沿圆周方面及平面方向的温度差减小。并且金属材料的热容量大，使外界的温度变化对于填充玻璃空间的影响变小。

（3）分区加热。各种精密退火炉均采用电加热，发热体用镍铬电热丝或镍铬电热带。炉内的温度分布取决于发热体的配置。为使炉内温度分布均匀，除了炉体尺寸较小或对退火质量要求较低时所采用的炉子之外，大部分精密退火炉都采用分区加热的方法。这样可将退火炉分成几个独立部分分别加热，一般分成底部、侧壁及顶部。对直径较大的退火炉，侧壁又进一步分成 3 个或 4 个区域，而每一个区域配置有自己的发热体及测温组件，分别进行加热和控制本区的温度。

（4）炉内保温夹层的使用。精密退火炉中的玻璃，在退火温度保温结束和开始降温之后，玻璃逐渐向外散热，而使本身的温度降低。散热可以沿着侧面或沿着顶部进行。大块玻璃退火时，为降低边缘应力，希望沿直径方向的温度差减小。为达到此目的，希望热散失能沿着轴向方向进行。大型玻璃退火炉往往采用多层金属套圈，套圈中间留以间隙，用保温材料填充，加强径向的保温效果，使热量主要从顶部和底部散失，采用这种保温夹层能提高大型光学玻璃的退火质量。

C 光学玻璃精密退火炉

光学玻璃精密退火炉有不同的形式，但基本工作原理是相似的，现以以前工业上常用的三种精密退火炉为例。

图 3－21 所示为强制通风式精密退火炉。毛坯玻璃放置在若干层带孔的铸铁盘上，毛坯间必须留出一定的空隙，整个炉子为圆柱形，加热体安置于炉子侧壁，并与玻璃装填空间之间有一层铸铁圆筒隔开，避免直接的热辐射。使伸入炉顶部中心以 900～1400r/min 的高速旋转的镍铬钢制轴流式风扇所扇动的热空气由上而下按箭头所指方向流过玻璃毛坯。然后又由下而上通过侧壁加热体。风扇用固定于炉墙外的电动机带动，保温层紧密砌铸在铁板制成的圆筒内，圆罩型顶盖可用吊车吊起移开以装卸玻璃毛坯。顶盖及底座间隙在退火期间必须用黏土密封以免漏气。

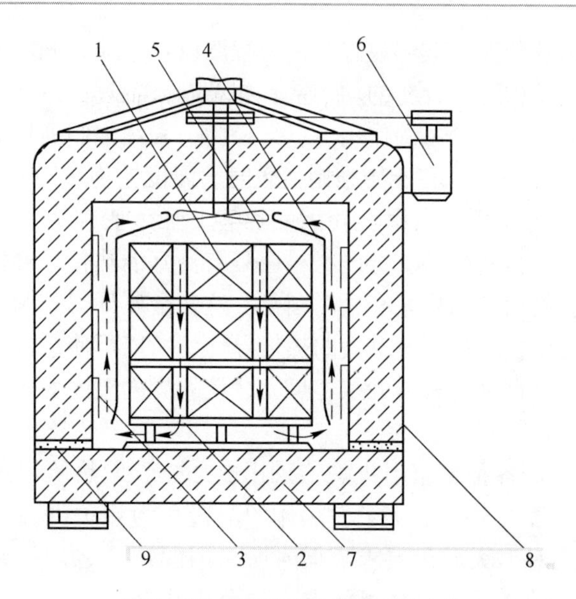

图 3－21 强制通风式精密退火炉

1—玻璃毛坯；2—铸铁带孔盒；3—加热体；4—铁板圆筒；
5—风扇；6—电动机；7—保温层；8—外壳；9—黏土密封

图 3－22 所示为一般惰性精密退火炉。玻璃毛坯分上下两层放置于铸铁圆圈中，铸铁圈分内外两层，每层厚 40mm，中间所留空隙用石英砂加以填充。玻璃毛坯的底部及顶部也加两层厚的铸铁盘，但中间不加绝热材料。这种结构保证了炉内装填空间水平方向的温度均匀。

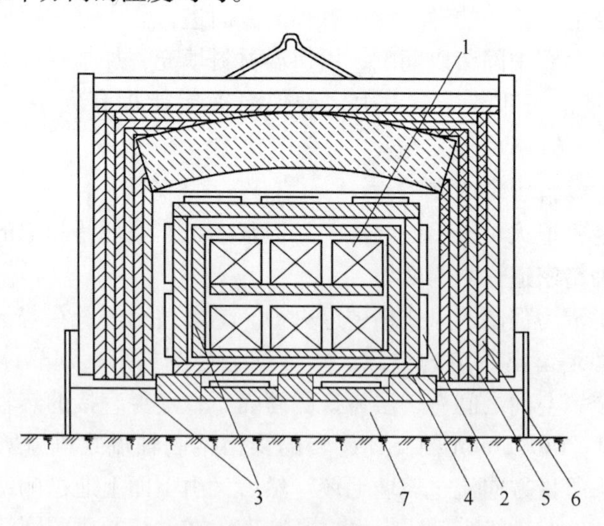

图 3－22 惰性精密退火炉

1—玻璃毛坯；2—铸铁外套；3—石英砂；4—铸铁底盘；
5—薄铝箔；6—硅藻土粉；7—加热体

图3-23所示为一大型毛坯的精密退火炉。每次仅退火一块玻璃。此外，由于炉子直径较大，按圆周将加热体分成若干组进行分别控制。

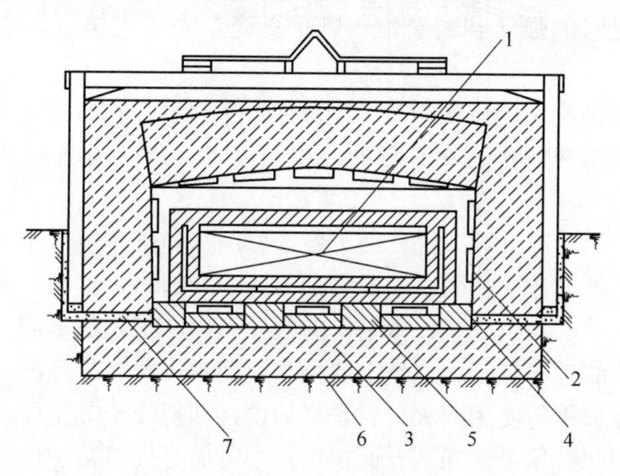

图3-23 大型玻璃毛坯精密退火炉
1—玻璃毛坯；2—加热体；3—硅藻土底座；4—铸铁盘；
5—耐火砖承台；6—地面；7—石英砂

目前，图3-21和图3-22所示的精密退火炉基本被淘汰。将强制通风式精密退火炉改良后，变成立方体型，风扇设在炉子的后侧，炉体前面有两扇门，可以直接打开，玻璃毛坯放在退火架上，由铲车铲进和铲出，降低了劳动强度。

3.6.2.6 技术要求及退火工艺过程

技术要求：精密退火、分相、显色后的玻璃保证完整、不变形、边角完好、不混批次。

退火工艺过程为：装炉→退火过程、分相、显色（升温→保温→降温）→出炉。

3.7 光学玻璃窑炉用耐火材料

3.7.1 概述

光学玻璃窑炉用耐火材料主要包括熔铸耐火材料、烧结耐火材料、不定形耐火材料和隔热耐火材料等四大类[5~7]。

光学玻璃窑炉用耐火材料主要用作光学玻璃窑炉的高温炉体结构、高温保护套筒和部件等，应能承受在其中的各种物理化学变化及机械作用。因此，它必须具备以下基本要求：

（1）具有足够的不软化、不熔融温度。

（2）有足够的荷重软化温度。

（3）高温体积稳定性好。

（4）有一定的热稳定性。

（5）对液态、气态、固态物质有较高的抗侵蚀能力。

（6）要有足够的强度和耐磨性，以承受高温高速火焰、烟尘、玻璃碴的冲刷等。

（7）为了保证窑炉的砌筑质量，制品的外形尺寸应符合规定要求。

（8）电辅助加热炉中，在正常的使用温度下，耐火材料必须具有很高的电阻率。

对于整座光学玻璃窑炉来说，由于各部位用途和工作环境不同，对构成其主体的耐火材料要求也各不相同，需要多种不同功能的耐火材料。而不同种类的耐火材料也由于化学矿物组成、显微结构的差异和生产工艺的不同，表现出不同的基本特性。窑炉的效率在很大程度上取决于所用耐火材料的品种与质量。

因此，合理选用与使用耐火材料是窑炉设计和操作十分重要的内容。要做到合理选用与使用，必须要熟知两方面情况：一方面是砌筑窑炉所用各种耐火材料的特性和适用场合，另一方面是窑炉各部位耐火材料的使用条件和损毁机理。根据耐火材料所处的作业环境和使用过程的损毁机理，选择最适宜的耐火材料品种，充分发挥耐火材料不同品种所具有的特性，对提高炉龄、保证玻璃质量、提高熔化率和降低能耗具有十分重要的意义。

3.7.2　耐火材料的定义、分类和性质

3.7.2.1　耐火材料的定义

耐火材料是指耐火度不低于1580℃，能在一定程度上抵抗温度急变作用和炉渣的侵蚀作用，并能在高温下承受一定荷重的无机非金属材料固体。

3.7.2.2　耐火材料的分类

根据耐火度，耐火材料可分为普通耐火制品（1580～1770℃）、高级耐火制品（1770～2000℃）和特级耐火制品（2000℃以上）。

按照形状和尺寸，耐火材料可分为标准型砖、异型砖、特异型砖、大异型砖以及实验室和工业用坩埚、皿、管等特殊制品。

按制造工艺方法可分为泥浆浇注制品、可塑成型制品、半干压型制品、由粉状非可塑泥料捣固成型制品、由熔融料浇注制品以及由岩石锯成的制品。

耐火材料按化学矿物组成分类见表3－5。

表3－5　耐火材料的化学矿物组成分类

分　类	类　别	主要化学成分	主要矿物成分
硅质制品	硅砖	SiO_2	鳞石英、方石英
	石英玻璃	SiO_2	石英玻璃

续表 3-5

分 类	类 别	主要化学成分	主要矿物成分
镁质制品	镁砖（方镁石砖）	MgO	方镁石
	镁铝砖	MgO、Al_2O_3	方镁石、镁铝尖晶石
	镁铬砖	MgO、Cr_2O_3	方镁石、铬尖晶石
	镁橄榄石砖	MgO、SiO_2	镁橄榄石、方镁石
	镁硅砖	MgO、SiO_2	方镁石、镁橄榄石
	镁钙砖	MgO、CaO	方镁石、硅酸二钙
	镁白云石砖	MgO、CaO	方镁石、氧化钙
	镁碳砖	MgO、C	方镁石、无定形碳（或石墨）
硅酸铝质制品	半硅砖	Al_2O_3、SiO_2	莫来石、方石英
	黏土砖	Al_2O_3、SiO_2	莫来石、方石英
	高铝砖	Al_2O_3、SiO_2	莫来石、刚玉
白云石质制品	白云石砖	CaO、MgO	氧化钙、方镁石
铬质制品	铬砖	Cr_2O_3、FeO	铬铁矿
	铬镁砖	Cr_2O_3、MgO	铬尖晶石、方镁石
碳质制品	炭砖	C	无定形碳（石墨）
	石墨制品	C	石墨
	碳化硅制品	SiC	碳化硅
锆质制品	锆英石砖	ZrO_2、SiO_2	锆英石
特殊制品	纯氧化物制品	Al_2O_3、ZrO_2	刚玉、高温型 ZrO_2
		CaO、MgO	氧化钙、方镁石
	碳化物、氮化物、硅化物、硼化物、金属陶瓷等		

耐火材料按外观分类，见表 3-6。

表 3-6 耐火材料的外观分类

分 类	种 类
耐火砖（具有一定形状）	烧成砖、不烧砖、电熔砖、耐火隔热砖
不定形耐火材料	浇注料、可塑料、捣打料、喷射料、投射料、耐火泥

3.7.2.3 耐火材料的性质

A 耐火材料的化学和矿物组成

化学组成即化学成分，它是耐火制品的最基本特征之一。化学组成可分为主成分和副成分。主成分是指基本成分。副成分又按有意添加以提高制品某方面性能的成分，或是无意或不得已带入的无益或有害成分，分别称为添加成分和杂质成分。

矿物组成一般分为主晶相和基质相两大类。主晶相是指构成制品结构的主体且熔点较高的晶相。基质是耐火材料制品的主晶相之间填充的结晶矿物或玻璃相，其数量不大，但成分结构复杂，作用明显，往往对制品的某些性质有着决定性的影响，而制品在使用时也常常首先从基质部分开始损坏。

B 耐火材料的结构性能

耐火材料是由固相（包括结晶相和玻璃相）和气孔两部分构成的非均质体，其中各种形状和大小的气孔与固相之间的宏观关系构成耐火材料的宏观组织结构。制品的宏观组织结构特征，是影响其高温使用性质的主要因素：

（1）显气孔率，是指开口气孔的体积占耐火制品总体积的百分率。

（2）体积密度，是指包括全部气孔在内的单位体积制品的质量，以 kg/m^3 为单位。

（3）吸水率，是指开口气孔所吸收的水的质量与其干燥材料的质量的比值。

C 耐火材料的热学性能和导电性

（1）热膨胀性。指耐火制品在加热过程中体积或长度的变化。表示方法有线膨胀率和线膨胀系数，也可以用体积膨胀率和体积膨胀系数表示。常用耐火制品平均线膨胀系数见表 3－7。

表 3－7 常用耐火制品平均线膨胀系数

名 称	平均线膨胀系数（20～1000℃）/$℃^{-1}$
黏土砖	$(4.5 \sim 6.0) \times 10^{-6}$
莫来石砖	$(5.5 \sim 5.8) \times 10^{-6}$
刚玉莫来石砖	$(7.0 \sim 7.5) \times 10^{-6}$
刚玉砖	$(8.0 \sim 8.5) \times 10^{-6}$
半硅砖	$(7.0 \sim 7.9) \times 10^{-6}$
硅砖	$(11.5 \sim 13.0) \times 10^{-6}$

（2）热导率。在单位温度梯度条件下通过材料单位面积的热流速率被定义为耐火材料的热导率。在实际生产中，一般的热工设备需考虑热量通过耐火材料后的损失量，需要计算隔热耐火材料的保温效果，有些隔焰加热炉如焦炉等，还需要耐火材料的隔墙具有较高的热导率，因此在热工设计中耐火材料的热导率是重点考虑的指标之一。

（3）比热容。耐火材料比热容的定义是常压下加热 1kg 样品使之升温 1℃所需的热量。耐火材料的热容指标在设计和控制炉体的升温、冷却，特别是蓄热能力计算中，具有重要意义。

（4）导电性。耐火材料（除碳质和石墨制品外）在常温下是电的不良导体。随着温度升高，电阻减小导电性增强。在1000℃以上时提高得特别显著，如加热至熔融状态时，则会呈现出很大的导电能力。因此，在电辅助加热炉中，耐火材料必须具有很高的电阻率。

D 耐火材料的力学性能

耐火材料的力学性能指耐火制品在多种条件下的强度等力学指标，该指标表征制品抵抗因外力作用而产生的各种应力形变而不被破坏的能力。

（1）常温耐压强度。指在室温下，耐火制品试样单位面积上所能承受而不被破坏时的极限载荷，单位为 MPa。常见耐火制品的常温耐压强度范围如图3－24所示。

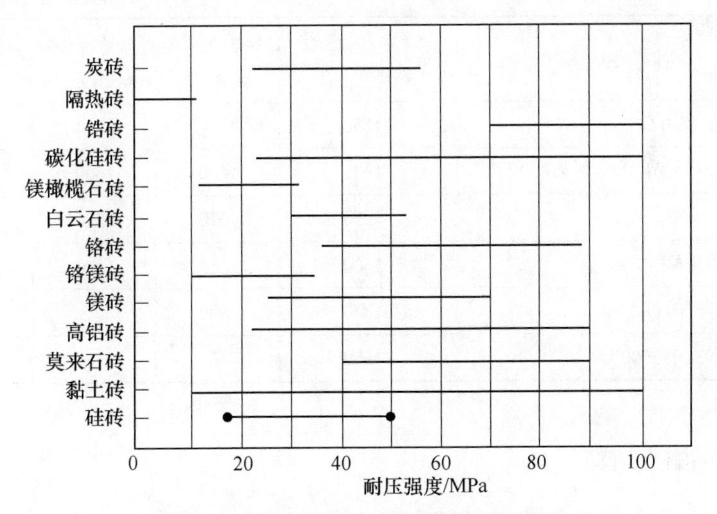

图3－24 常见耐火制品的常温耐压强度

（2）高温耐压强度。指耐火制品试样在指定的高温条件下，规定尺寸的立方体试样单位面积上所能承受而不被破坏的极限载荷。

（3）常温抗折强度。是指在室温下，规定尺寸的长方体试样在三点弯曲装置上受弯时所能承受的最大应力。

（4）高温抗折强度。是指在规定的高温下，规定尺寸的长方体试样在三点弯曲装置上受弯时所能承受的最大应力。

（5）高温蠕变性。指制品在恒定的高温下受应力作用随着时间的变化而发生的等温形变。

E 耐火材料的使用性能

耐火材料的使用性能指耐火材料在高温下使用时所具有的性能：

（1）耐火度。在无荷重时抵抗高温作用而不熔化的性能指标。与熔点不同，不能把耐火度作为耐火材料的使用温度。

（2）热稳定性。即抗热震性和耐崩裂性。抗热震性是制品抵抗温度急变而不开裂的能力，耐崩裂性是指抵抗发生碎断或破裂以致崩离的性能。

（3）高温体积稳定性（重烧线变化）。在高温下长期使用时，其外形体积保持不发生变化（收缩或膨胀）的性能。

（4）抗渣性。在高温下抵抗熔渣侵蚀作用而不被破坏的能力。

（5）高温荷重软化温度。表示耐火材料对高温和荷重同时作用的抵抗能力，也表示耐火材料呈现明塑性变形的软化范围。荷重软化温度的测定一般是加压0.2MPa，从试样膨胀的最高点压缩至其原始高度的0.6%为软化开始温度，4%为软化变形温度，40%为变形温度。常见的几种耐火制品的变形温度见表3－8。

表3－8　几种耐火制品0.2MPa荷重下不同变形量的温度

种　类	0.6%开始变形温度 T_H/℃	4%变形温度/℃	40%变形温度 T_K/℃	$T_K - T_H$
硅砖（耐火度1730℃）	1650		1670	20
一级黏土砖（40% Al_2O_3，耐火度1730℃）	1400	1470	1600	200
三级黏土砖	1250	1320	1500	250
莫来石砖（70% Al_2O_3）	1600	1660	1800	200
刚玉砖（90% Al_2O_3）	1870	1900		
镁砖（耐火度高于2000℃）	1550		1580	30

3.7.3　电熔耐火材料

电熔耐火材料是保证光学玻璃窑炉正常运转最重要的耐火材料。当前光学玻璃窑炉的高熔化率、长炉龄和低燃耗，主要是由于使用了这种耐火材料才得以实现。电熔耐火材料是把经过精选和预处理的混合料投入电炉，用石墨电极使其熔融，经过一定时间后以液态铸入模中，通过固化而获得的陶瓷结合材料。熔融温度由于耐火材料种类不同而在2000℃左右。由于砖材尺寸大，质量一般都在200kg以上，如果冷却速度过快就会产生龟裂。因此，要经过保温退火，这一般要用几天至十几天的时间。退火冷却后，用金刚石工具对砖材进行冷加工，使其尺寸、外观质量、表面精度、质量等达到使用要求。光学玻璃窑炉用电熔耐火材料主要有以下几类材料。

3.7.3.1　电熔锆刚玉制品

电熔锆刚玉砖是目前电熔耐火材料中用量最大的品种，抗玻璃侵蚀能力强，对不同组成的玻璃都能适应。化学组成在 $ZrO_2-Al_2O_3-SiO_2$ 三元系统中刚玉与斜锆石的共晶区，主要矿物相为刚玉、斜锆石和玻璃相。

产品按其氧化锆含量分为三个牌号，见表 3-9。随着二氧化锆含量的提高，斜锆石矿物相的含量增加，提高了抗玻璃侵蚀能力及高温荷重软化性能。

表 3-9 产品按氧化锆含量分类

ZrO_2 含量/%	中国	北京西普	淄博旭硝子	日本旭硝子	日本东芝	法国	美国
33	AZS-33	ER1681	ZA-33	ZB1681	CS-3	ER1681	S-3
36	AZS-36	ER1685	ZA-36	ZB1691	CS-4	ER1685	S-4
41	AZS-41	ER1711	ZA-41	ZB1711	CS-5	ER1711	S-5

产品按浇铸方法分为四种类型，见表 3-10 和图 3-25。

表 3-10 产品按浇铸方法分类

浇铸方法	中国	北京西普	淄博旭硝子	特点及用途
普通浇铸	PT	RN	RC	通常的浇注方法，制品的缩孔位于铸口的下部，多用于熔化池的上部结构等侵蚀不严重的部位
倾斜浇铸	QX	RO	TC	采用倾斜浇铸方法，制品的缩孔偏置于下端部，主要用作池壁砖
准无缩孔浇铸	ZWS	RR	ENC	类似于无缩孔浇铸，基本上切除了所铸造砖缩孔部分，主要用作池壁砖
无缩孔浇铸	WS	RT	VF	切除了铸造砖缩孔部分的无缩孔制品，主要用于流液洞、窑坎、池壁拐角、铺面等侵蚀严重的部位

铸孔是电熔锆刚玉的一大祸害。使用一般浇注砖时铸孔会占整个砖的 1/3～1/2。为了减少或除去铸孔，常采用将铸孔切去的无缩孔浇注砖，提高砖的致密性，增强抗侵蚀能力。

产品按其生产工艺方法分成氧化法（Y）和还原法（H）。

在氧化气氛中，砖中主要杂质为 Fe^{3+}、Ti^{4+}，玻璃相渗出温度高（不低于 1400℃）；在还原气氛中，砖中主要杂质为 Fe^{2+}、Ti^{3+}，玻璃相黏度较小，析出温度较低（不低于 1080℃），砖容易被侵蚀，在玻璃中产生结石、条纹和气泡。

氧化法电熔锆刚玉产品是采用优质提纯原料，使用特制的电弧炉，经过长弧

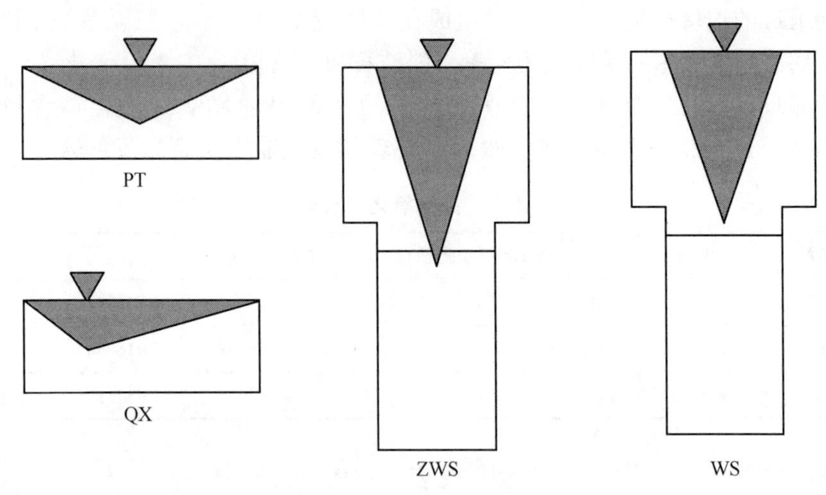

图 3 – 25　产品浇铸方法

熔融和氧化处理的熔铸工艺制成。这种电熔铸工艺几乎没有来自电极的碳污染。由于采用这种熔铸工艺和使用高纯原料，氧化法电熔锆刚玉产品具有特殊的、高的抗玻璃液侵蚀性能，并且对玻璃液的污染也极小。

AZS – 41 是最高档的氧化法电熔锆刚玉砖，其具有最高的抗玻璃液侵蚀性能和杰出的对玻璃液的低污染性。适用于玻璃熔窑中对耐侵蚀性能要求特别高的部位，如全电熔窑、流液洞、窑坎、鼓泡砖、加料口拐角砖等。AZS – 36 是标准的氧化法电熔锆刚玉砖，它具有特别的高抵抗玻璃液侵蚀性能和低污染性，且在这两方面的性能是均衡的。适用于玻璃熔窑中与玻璃液直接接触的部位，如熔化池池壁砖、铺面砖、加料口等。AZS – 33 制品在防止污染玻璃液方面特别优越，它在玻璃中造成结石、气泡及基体玻璃相析出的趋向很小。适用于熔化池的上部结构、工作池的池壁砖和铺面砖、料道等。

3.7.3.2　电熔刚玉砖

电熔刚玉砖是采用高纯度的氧化铝原料，在电弧炉中经 2000℃以上的高温熔融、铸造而制成的氧化铝系列电熔铸砖。由于采用高纯原料，杂质少，几乎不含有基质玻璃相，因而具有优良的对玻璃液的低污染性能。

电熔刚玉砖主要有两种型号 RA – M 和 RA – H，RA – M 主晶相为 α-刚玉和 β-刚玉，RA – H 主晶相为 β-刚玉。

RA – M 是由各约 50% 的 α – 氧化铝和 β – 氧化铝构成，两者结晶的交错构成了非常致密的组织结构，耐强碱性优良。在高温 1350℃以下的温度范围里，其抵抗熔融玻璃的侵蚀性能可与 AZS 相匹敌。因几乎不含有 Fe_2O_3、TiO_2 等不纯物，基质玻璃相极少，具有与熔融玻璃接触时极少发生气泡等异物，从而不污染熔融玻璃的优异特性。因此，最适宜用于高档玻璃熔窑工作池的池壁和铺面、料道、通道等。

RA－H是由100%的β－氧化铝构成，抗剥落性强，尤其是对强碱蒸气显示出极高的耐侵蚀性，且几乎不含有玻璃相，对熔融玻璃不污染。用于玻璃原料飞散现象少的上部构造砖能充分发挥其优异性能。

电熔刚玉砖的牌号见表3－11。

表3－11 电熔刚玉砖的牌号

成 分	中国牌号	法国牌号	淄博旭硝子	日本东芝	美国金刚石
α－Al_2O_3 和 β－Al_2O_3	RA－M	JARGAL－M	ZM－G	M	M
β－Al_2O_3	RA－H	JARGAL－H	ZM－U	H	H

电熔刚玉砖的晶相组成见表3－12。

表3－12 电熔刚玉砖的晶相组成 (%)

晶相组成	中国西普		淄博旭硝子	
	JARGAL－M	JARGAL－H	ZM－G	ZM－U
α－刚玉	45	2	44	0
β－刚玉	53	97.5	55	99
玻璃相	2	<0.5	1	<1

3.7.3.3 电熔莫来石及锆莫来石制品

早期电熔砖的化学成分在 Al_2O_3－SiO_2 二元系统中 $3Al_2O_3 \cdot 2SiO_2$ 莫来石组成附近。为改善莫来石砖的性能，有些产品中引入了少量二氧化锆。主要矿物相为莫来石和玻璃相。由于其抗玻璃液侵蚀能力弱，目前已很少使用，被电熔锆刚玉所取代。

3.7.3.4 电熔高锆制品

电熔高锆砖是氧化锆含量非常高的耐火材料（一般大于90%），只有无缩孔浇铸方法，一般对每一砖面都进行机械研磨。该产品目前在中国还没有进行生产，且价格昂贵。国外有法国西普（Saint－Gobain SEFPRO）的ER1195，日本旭硝子公司（Asahi Glass Ceramics Co.，Ltd.）的ZB－X系列高锆产品。

这类砖由于含有90%左右的单斜氧化锆和少量的玻璃相，体积密度高，结构均匀致密，具有极强的抗侵蚀能力，产生气泡、结石、条纹的倾向很小。因此，这类砖常常用于微晶玻璃、硼硅玻璃、电视玻璃、高铝硅玻璃、乳白氟玻璃和其他特种玻璃的侵蚀或磨损非常强烈的各种区域，提高抗侵蚀能力，降低气泡、结石、条纹，提高玻璃质量。ZB－X9540在高温下电阻率高，可用于高温电熔炉。

3.7.4 烧结耐火材料

烧结耐火材料是光学玻璃窑炉中大量使用的重要的配套耐火材料，其品种繁多，性能各异，是近年来国内外比较活跃的一个领域。光学玻璃窑炉通常使用的有：硅砖、高铝砖、黏土砖以及锆英石质、锆刚玉质、莫来石质等特种耐火材料。这类材料总的发展趋势是不断研制开发新的品种，改进工艺和装备，提高现有产品的性能和质量，改进现有产品的外形结构，使之更能适应窑炉各部位的使用要求。

3.7.4.1 硅铝系耐火材料

光学玻璃熔制中常用的烧结耐火材料，大多数是属于 $Al_2O_3-SiO_2$ 二元系统的范围，该系统通称为硅铝系耐火材料，硅铝系耐火材料主要有硅质、硅酸铝质、刚玉质三大类。以 Al_2O_3 和 SiO_2 的不同含量而决定其制造工艺及其使用性能。

A 硅质耐火材料

SiO_2 含量在93%以上的耐火材料称为硅质耐火材料，典型产品是硅砖。硅砖是以硅石为原料，以石灰乳、铁鳞、纸浆废液等为结合剂和矿化剂，在高温下烧成的酸性耐火材料。砖体中含有石英、方石英和磷石英三种石英晶体，这些晶体在不同温度下发生一系列晶型转变，高于870℃时体积效应大的横向同级晶型转变的可逆性不显著，变化速度慢且在砖体中发生变化的可能性也小。主要表现在600℃以下属于纵向同类的晶型转变较多，引起的体积变化也较大，见表3－13，所以硅砖的热稳定性差。

表3－13 SiO_2 的晶型转变温度和体积效应

结晶状态转化	转变温度/℃	体积效应/%
γ－鳞石英→β－鳞石英	117	+0.28
β－鳞石英→α－鳞石英	163	+0.2
β－方石英→α－方石英	180～270	+2.8
β－石英→α－石英	573	+0.82
α－石英→α－鳞石英	870	+16.0
α－石英→α－方石英	1250	+17.4
α－鳞石英→α－方石英	1470	+4.7
α－鳞石英→液相	1670	—
α－方石英→液相	1713	约+0.1

硅砖属于酸性材料，有良好的抗酸性熔渣侵蚀的能力，荷重开始软化温度高，接近其耐火度（硅砖耐火度在1620℃以上），这是硅砖的最大优点。此外，

其高温体积膨胀小，有良好的导热性，所以这种砖一般用来砌筑光学玻璃熔炉的炉顶、炉墙和炉底。例如，用于黏土单坩埚炉的炉墙和炉顶。但是这种砖在使用中将出现残余膨胀。

B 黏土制品

黏土质制品的 Al_2O_3 含量为 30% ~48%，主要矿物相为莫来石（25% ~50%）、玻璃相（25% ~60%）、方石英及石英（最高可达 30%）。采用（Al_2O_3 + TiO_2）≥30% 的黏土作原料，以熟料作瘠化料，软质黏土作结合剂，半干法或可塑法成型，烧成温度为 1300 ~1400℃。这种砖呈弱酸性，能抵抗酸性渣的侵蚀作用而且热稳定性极好。其应用范围很广，多用作炉底、燃烧室、烟道、烟囱和炉门的材料。在高温下黏土砖有残性收缩现象。

C 高铝制品

高铝质制品的 Al_2O_3 含量大于 48%，矿物组成为刚玉、莫来石和玻璃相，其含量取决于 Al_2O_3 与 SiO_2 的含量的比值以及杂质的种类和数量。呈弱酸性或近似中性，可分为三类：Ⅰ等：Al_2O_3 含量大于 75%；Ⅱ等：Al_2O_3 含量为 65% ~75%；Ⅲ等：Al_2O_3 含量为 48% ~65%。

也可以根据其矿物组成进行分类，可分为：高岭石砖（Al_2O_3 含量为 50% 左右）、硅线石砖（Al_2O_3 含量为 62% 左右）、莫来石砖（Al_2O_3 含量为 72% 左右）、莫来石 - 刚玉砖（Al_2O_3 含量大于 75%）、刚玉 - 莫来石砖（Al_2O_3 含量为 85% 左右）和刚玉砖（Al_2O_3 含量在 90% 以上）六类。

随着制品中 Al_2O_3 含量的增加，莫来石和刚玉成分的含量也增加，玻璃相相应减少，制品的耐火性能随之提高。

当制品中 Al_2O_3 含量小于 72% 时，制品中唯一高温稳定相是莫来石，随 Al_2O_3 增加而增多。对于 Al_2O_3 含量大于 72% 的高铝制品，高温稳定晶相是莫来石和刚玉。随着 Al_2O_3 含量增多，刚玉量增多，莫来石量减少，相应地提高了制品的高温性能。

由于莫来石相的膨胀系数比刚玉相的膨胀系数小，因此，随着 Al_2O_3 含量增多，刚玉量增多，莫来石量减少，制品的热稳定性相应降低。

高铝砖由于含 Al_2O_3 量大，烧成莫来石后结晶，其耐火度及荷重软化温度比黏土砖高，热稳定性和抗渣性好，既能抗酸又能抗碱。高铝砖具备黏土砖和硅砖的优良性，因此除可以代替以上两种砖使用外，重点用来砌筑炉顶，烧嘴等炉体的高温部分。

D 硅线石制品

硅线石是一种优良的天然无水硅酸铝质的高铝原料。与蓝晶石、红柱石是同质异相矿物，其化学分子式为 $Al_2O_3 \cdot SiO_2$ 或 Al_2SiO_5，理论组成是 Al_2O_3 62.93%，SiO_2 37.07%。

通常称为硅线石耐火材料的是将硅线石原矿在隧道窑内煅烧到1500℃左右，使其体积变化达到稳定状态。熟料经粉碎后供作瘠料使用。在这种熟料中加入适量的可塑黏土配成坯料，可用来制砖。坯体经干燥后在隧道窑内于1700℃下烧成，制成莫来石质耐火材料。

用硅线石原料制造硅线石耐火材料，由于其本身的 SiO_2 及 Al_2O_3 分布均匀，故成品砖的结构均一，并且十分接近平衡状态，因此其物理指标比较好。如果用黏土熟料与刚玉混合制造，虽然其化学组成相近，但由于两种原料反应较慢，形成的玻璃相比较多，因此制品的物理指标可能稍差。

硅线石耐火材料由于荷重软化温度高，具有良好的热稳定性、耐磨性和抗渣性，故适用于钢铁、化工、玻璃、陶瓷等工业部门的工业窑炉的各部位，如烟道、燃烧室、炉门、炉柱、炉墙、炉底、炉盖以及盛钢桶内衬、滑板等。

E 刚玉莫来石制品

刚玉莫来石制品属于高铝砖一类。该产品由于含有大量的莫来石相和部分刚玉相而具有良好的热稳定性、耐磨性和抗渣性，荷重软化温度高，耐高温，适用于高温窑具、铂保护套筒及高温炉窑结构材料。

F 刚玉砖

刚玉砖是指 Al_2O_3 含量不小于90%，以刚玉为主要矿物相的耐火材料。用烧结 Al_2O_3 或电熔刚玉作原料，或 Al_2O_3 与 SiO_2 含量比高的矾土熟料与烧结氧化铝配合，采用烧结法制成。也可用磷酸或其他化学结合剂制成不烧刚玉砖。其对各种炉渣的侵蚀抵抗能力远比其他硅酸铝质制品强，是一种用途广泛的优质高级耐火材料。一般用来搁置各种电热组件的架板和用于耐火度要求高、强度要求大的地方。

3.7.4.2 锆英石砖

锆英石砖属于酸性耐火材料，主要用于低碱或无碱玻璃池炉。

锆英石的化学组成是 $ZrO_2 \cdot SiO_2$。其理论组成是 ZrO_2 67.2%，SiO_2 32.8%，锆英石熔点为2550℃。按照制造工艺不同可以分为下列三种：

（1）标准锆英石耐火材料。由锆英砂及其微粉在高压成型后烧结而成。

（2）锆英石骨料型耐火材料。用锆英石粉预烧成为大颗粒骨料，加入锆英石砂及微粉，经高压成型后烧结。

（3）致密锆英石耐火材料。用特殊方法成型后，气孔率近似于零的烧结耐火材料。

锆英石耐火材料强度高、耐火度高、热膨胀率和热传导系数低。锆英石砖在1650℃以下电绝缘性能极好。甚至比 α－刚玉电熔铸砖还要好，因此可用作电极砖。

锆英石砖是硅砖的强化型。其抗 R_2O 的侵蚀性比硅砖强，膨胀曲线是直线型，没有异常变化，因此其抗热冲击性在600℃以下时比硅砖好。在与玻璃液接触部位用其代替锆刚玉电熔砖。在熔化池上部则可以代替β－刚玉电熔铸砖。在所有使用硅砖的部位都可以使用锆英石砖。

玻璃熔窑用致密锆英石砖的理化指标分为高致密型ZS－G和致密型ZS－Z两种牌号。高致密、低气孔率的致密锆英石砖是适用于熔制玻璃纤维用玻璃池窑熔池内衬的特殊品种，一般采用全粉料、浇注成型、高温烧成的制造方法。

3.7.5 不定形耐火材料

不定形耐火材料也称散状耐火材料，是由一定级配的耐火骨料和粉状物料与结合剂、外加剂混合而成，不经过成型和烧成工序而直接使用的耐火材料。

根据工艺特性可分为：浇注料、可塑料、捣打料、喷射料、投射料、耐火泥、耐火涂料。

散状耐火材料是粉状的，使用前需加水与其他液体调和。按照其用途主要可以分为如下几种：

（1）结合耐火砖泥缝用的耐火泥浆。

（2）提高耐火材料抗侵蚀性及气密性的耐火涂料。

（3）用于形状复杂部位和热修用的耐火混凝土及耐火可塑料。

这些材料按其硬化机理可分为水硬性、气硬性和热硬性三种。水硬性材料硬化靠水泥的水化作用，气硬性的硬化是在脱水干燥后由于物理或化学作用造成的。

3.7.5.1 耐火泥浆

耐火泥浆是耐火泥加入适当液体制成的浆状混合物，是黏结耐火材料砌体的材料。其作用是：在干燥后使砌体有一定的强度，在高温下使砌体连结成整体，防止砖缝之间跑火漏气。

耐火泥浆的化学成分应与黏结的耐火材料基本相同。耐火泥浆中不能含有在高温下会与所黏结的耐火材料产生接触反应造成损坏的物质。表3－14列出了各种耐火材料之间的相互反应关系。

表3－14 各种耐火材料相互反应开始温度 （℃）

名 称	硅砖	黏土砖	高铝砖	刚玉砖	锆刚玉砖	锆英石砖
硅砖	—	1300	1300	1300	1400	—
黏土砖	1300	—	1400	1400	1300	—
高铝砖	1300	1400	—	—	—	—
刚玉砖	1300	1400	—	—	—	—
锆刚玉砖	1400	1300	—	—	—	—
锆英石砖	—	—	—	—	—	—

常用的耐火泥浆有：硅质耐火泥浆、黏土质耐火泥浆、高铝质耐火泥浆、刚玉质耐火泥浆、镁质耐火泥浆和锆刚玉质耐火泥浆。

3.7.5.2 耐火涂料

耐火涂料是在砌体完工后涂刷于表面的一层耐火物。主要作用是防止耐火砖砌体漏气，并提高砌体抗高温气流的侵蚀性。

耐火涂料的化学组成应与被涂的耐火材料基本相似。其化学组成应保证在高温下能与耐火材料烧结。在侵蚀剂作用下能生成高黏度保护层。因此其成分中含有的低熔点氧化物比耐火材料中稍多。

3.7.5.3 耐火可塑料

耐火可塑料有高铝质和锆英石质等。本节主要介绍锆英石质磷酸结合耐火可塑料。这是一种酸性耐火材料，主要用于池炉上部结构，既可在冷修时使用，也可热修使用。

磷酸锆英石质耐火可塑料使用温度可达1650～1700℃。其抗压强度随温度升高逐渐增加。1350℃时可达$500kg/cm^2$。其线膨胀系数较低，在100～600℃时为$44\times10^{-7}℃^{-1}$。

这种耐火可塑料可以预制。预制后的制品保存相当长的时间其性能也不会变坏。而且在400℃以下其干燥和加水湿润的过程是可逆的。因此制成品在干燥后如形状不合适可加水湿润并重新成型。

同耐火砖比较，不定形耐火材料具有工艺简单（省去烧成工序），节约能源，成本低廉，便于机械化施工等特点。因此，近年来不定形耐火材料得到快速发展，不仅可用普通不定形耐火材料，还可用轻质不定形耐火材料，并向加纤维的方向发展。

3.7.5.4 隔热耐火材料

隔热耐火材料是指气孔率高（一般40%～85%）、体积密度低（一般低于$1.5g/cm^3$）、热导率低（一般低于1.0W/(m·K)）的耐火材料，也称轻质耐火材料。它包括隔热耐火制品、耐火纤维和耐火纤维制品。

隔热耐火材料用作窑炉的隔热材料，可减少窑炉散热损失，节省能源，减轻窑炉质量。与烧结耐火材料相比，其机械强度、耐磨损性和抗侵蚀性较差。

隔热耐火制品包括氧化铝空心球砖、氧化锆空心球砖、氧化铝隔热砖、高铝质隔热砖、莫来石质隔热砖、黏土质隔热砖、硅藻土隔热砖、硅质隔热砖、膨胀蛭石制品、膨胀珍珠岩制品、漂珠砖、硅钙板、硅质绝热板和镁质绝热板。

（1）莫来石质隔热砖。莫来石质隔热砖是以莫来石为主要原料制成的隔热耐火制品。高温莫来石质隔热砖是由国外引进，国内最新型的节能耐火材料，具有耐高温、强度高、导热系数小、节能效率显著等特点。适用于冶金热风炉、加热炉、陶瓷辊道窑、电瓷抽屉窑、光学玻璃熔炼炉及各种电炉电窑等的内衬，直接接触火焰。

（2）高荷软氧化铝空心球制品。氧化铝空心球制品是以工业氧化铝为原料，在电弧炉内熔化为液体，用压缩空气吹成空心的球体，再以空心球为骨料，加胶结剂制成坯体，经高温 1700～1800℃烧结而成的空心球制品。它主要用作1800℃以下的高温工业窑炉内衬和高温热工设备的保温隔热层等。该产品使用温度高，最高可达1800℃。体积密度一般为1.0～1.5g/cm^3，荷重软化温度、耐压强度高，重烧线变化率小（1600℃下，3h，为-0.1%），热导率低，与其他轻质耐火材料相比，在高温下具有较好的化学稳定性和抗侵蚀性。

（3）黏土质隔热砖。黏土质隔热砖用作隔热层和不受高温熔融物料和侵蚀性气体作用的窑炉内衬。

（4）高铝质隔热砖。高铝质隔热砖也用作隔热层和不受高温熔融物料和侵蚀性气体作用的窑炉内衬。

3.7.5.5 耐火纤维

所谓耐火纤维，通常是指使用在1000～1100℃以上的纤维材料，而石棉、矿棉等早已作为建筑材料使用，从广义上讲，其也应视为耐火纤维，但多用在600℃以下。

耐火纤维是一种以矿石、氧化物以及其他无机化合物为原料，经过熔融喷吹、甩丝、胶体固化等方法制成纤维状的新型耐火材料。耐火纤维因具有纤维和耐火的双重特性，可加工成各种带、线、绳、毯、毡、纸、板、砖及各种异型制品等。耐火纤维制品还具有耐高温、耐腐蚀、抗氧化、热导率小的性能，是光学玻璃窑炉隔热保温高效节能的重要材料。

耐火纤维按微观结构可分为非晶质和多晶质两类，非晶质耐火纤维为Al_2O_3含量在45%～60%的硅酸铝系纤维，由高温溶液在纤维化过程中骤冷制得，呈非晶质的玻璃态结构。用天然原料（高岭土或耐火黏土）制成的纤维称为普通硅酸铝耐火纤维；用纯氧化铝和氧化硅作原料制成的纤维称为高纯硅酸铝耐火纤维；加入约5%氧化铬的称为含铬硅酸铝纤维；Al_2O_3含量为60%左右的称为高铝纤维。多晶质耐火纤维主要是Al_2O_3含量在70%左右的莫来石质纤维、Al_2O_3含量在95%左右的氧化铝纤维和氧化锆纤维。这类纤维是微晶结构，晶粒尺寸在几十毫米的居多。多晶质耐火纤维的制造方法有胶体法和先驱体法。

耐火纤维的特性包括以下几点：

（1）耐高温。最高使用温度在1260～2500℃，甚至更高，而一般的玻璃棉、石棉、渣棉等，最高使用温度仅为580～830℃。

（2）低热导率。在高温区的热导率很低，100℃时，耐火纤维的热导率仅为耐火砖的1/5～1/10，为普通黏土砖的1/10～1/20。经统计，若在加热炉、退火炉以及其他一些工业窑炉上，用耐火纤维代替耐火砖等作炉衬，质量可降低

80%以上，厚度可减少50%以上。

(3) 化学稳定性好。除强碱、氟、磷酸盐外，几乎不受化学药品的侵蚀。

(4) 抗热震性好。无论是纤维材料或者是制品，均有耐火砖无法比拟的良好抗热震性。

(5) 热容低。节省燃料，炉温升温快，对间歇性操作的炉子尤为显著，为耐火砖墙的1/72，为轻质黏土砖的1/42。

(6) 柔软、易加工。用耐火纤维制品筑炉效果好、施工方便，降低了劳动强度，提高了效率。

3.7.6 光学玻璃窑炉用耐火材料的损坏形式

耐火材料在窑炉中使用时，由于受高温、火焰、料粉、液流等作用会遭到严重的破坏，大大影响窑炉的使用寿命。从烤窑起，耐火材料在窑炉中的使用即已开始。如操作不当，一开始就会使耐火材料受到很大的，甚至是很严重的损坏，其损坏形式包括以下几种：

(1) 化学侵蚀。当炉衬材料与玻璃液接触，或在气液相的作用下，窑内料粉、火焰气体粉尘的飞散等的作用下，受化学侵蚀严重。高温下不同筑炉材料之间会相互反应而损坏。例如，1600～1650℃之间，黏土砖和硅砖会起严重反应，高铝砖和硅砖会起中等反应，电熔锆刚玉砖与硅砖会起剧烈反应，严重共熔。

(2) 高温烧熔。在高温长时间作用下耐火材料会被烧熔（又称烧流）而损坏。窑内某部位局部过热或所砌耐火材料的耐火度不够，耐火材料就会被烧熔。烧熔严重程度视温度和耐火材料的性质而定。熔化池炉顶、胸墙、烟道、升温池和澄清池等部位是易被烧熔的部位。

(3) 变形。在高温长时间作用下耐火材料会软化变形而损坏。由于耐火度合格，但荷重软化温度偏低，则长期使用时耐火材料也会软化变形，影响整个砌体的稳固性和使用寿命。

(4) 开裂。开裂主要发生在烤炉阶段。烤炉时，在耐火砖内部出现一定的温差，导致产生相应的机械应力。如升温速度过快超过了耐火材料允许的极限强度时，将出现裂纹，甚至裂成碎块。电熔和高度烧结的极致密的耐火材料最易开裂。除温差产生应力外，耐火材料中的各矿物相晶型转化所造成的膨胀或收缩也会产生应力。升温过快时，晶型变化快，体积变化过剧，产生应力过大，使耐火材料开裂。因而在烤炉时必须按事先制订的烤炉曲线升温。烤炉后，耐火材料长期处在高温作用下，在该作业温度下的耐火材料机械强度比在室温下要低得多。如果作用于耐火材料的机械负荷偏大，则耐火材料会产生非弹性变形而导致破坏。在窑炉中常见的机械负荷有：压力——在炉墙、炉顶和其他大多数部分；张力——在坩埚和铂保护套筒壁上；横弯曲力——在挂钩砖处；纵弯曲力——在炉顶，有时在炉壁上（砌体很高时）。

（5）机械冲刷。机械冲刷主要是玻璃液流的强烈冲刷。玻璃液沿着耐火材料流动时好似一把刀在磨砖头，把耐火材料磨出一条条沟槽，这是机械冲刷。主要冲刷部位在玻璃液面线处、加料口处和流液洞处。当液面线波动大及液流速度变化（如受温度波动、鼓泡量变大影响）时机械冲刷加剧。

3.7.7 光学玻璃窑炉用耐火材料的选择

3.7.7.1 电炉部位

电炉部位包括炉顶砖、炉墙砖、炉底砖、铂保护套筒、过桥管和垫砖等。这个区域内炉顶砖损毁主要是挥发物侵蚀和高温变形，炉墙砖损毁主要是高温变形和高温烧熔，炉底砖损毁主要是玻璃液化学侵蚀和机械冲刷，铂保护套筒、过桥管和垫砖损毁主要是玻璃液化学侵蚀、机械冲刷、高温变形和开裂。

在选用耐火材料的时候，要充分考虑各种影响因素，同时也要抓住重点，解决主要问题，同时满足各种不同要求的耐火材料是无法做到的。例如升温池和澄清池套筒，由于这两部位温度高，要求耐火材料的使用温度高，热稳定性好，不易开裂，荷重软化温度高，不易变形，抗玻璃液和挥发气氛侵蚀的能力强。

电炉部位一般选用的耐火材料有刚玉莫来石制品、高铝制品、高荷软氧化铝空心球制品、莫来石质隔热制品、硅线石质耐火材料、黏土质制品及电熔锆刚玉制品等。

3.7.7.2 延长耐火材料使用寿命的措施

延长耐火材料的使用寿命，也就是延长窑炉的炉龄，可以提高窑炉的周期熔化率，减少窑炉的非生产时间和修炉费用，因而增加产值和效益。延长耐火材料的使用寿命包括耐火材料的生产和使用两个方面。

A 耐火材料的生产

耐火材料的质量和等级直接决定耐火材料的使用寿命，优质高档的耐火材料能明显延长其使用寿命。要生产优质高档的耐火制品，必须采取以下措施：

（1）提高原料的纯度。用高纯原料，或进行精选，减少杂质含量。

（2）精细配料。按所需晶相进行科学配料，在可能条件下，尽量减少玻璃相，或采用复相改性，同时注意掺入外加剂。

（3）提高成型压力。优化配合料颗粒级配比，得到高致密制品。

（4）提高烧成温度。使坯体充分烧结，达到较好的物理性能和矿物相组成。

B 耐火材料的使用

整个窑炉工程的所有环节都影响耐火材料的使用寿命。

a 设计环节

按照热工原理和设计原则进行精心、合理的结构设计和选材，其中要注意以下几个方面：

(1) 根据不同玻璃的工艺要求和不同使用部位合理选择耐火材料和设计耐火材料结构。

(2) 在电辅助加热窑炉中，耐火材料必须具有很高的电阻率。

(3) 避开或减轻火焰的冲刷。如胸墙要设法避开喷出火焰的冲刷，炉体上孔洞要防止溢出火焰的冲刷。

(4) 适当降低火焰空间热强度，减小炉顶内表面的温度。

(5) 减轻玻璃液的机械磨损，如尽量减少水平砖缝。

(6) 避免局部过热。在烟气行程中不要出现涡流、死角以致发生局部过热，烧损炉体。

b 筑炉施工环节

遵守施工工艺要求和砌筑要求，保证施工质量。要注意以下几个方面：

(1) 仔细选砖，缺棱缺角、有裂纹的砖材尽量不用。

(2) 根据窑炉工艺要求采取合理的砖材加工工艺，确保与火焰或玻璃液接触的砖表面光滑平整，砌筑时砖缝较小。

(3) 敲紧砌体时避免损伤砖材。

(4) 要把电熔砖缺陷最少、最致密的面朝向玻璃液。

c 点火烤炉环节

严格按照烤炉升温曲线和加料计划，安全、快速地投产，其中要注意以下几个方面：

(1) 几个关键温度区段需要谨慎升温，防止砌体变形、砖块开裂或脱落。

(2) 在基本保证砌体能自由膨胀的条件下及时调整拉条，避免砌体变形或钢结构变形。

(3) 温度在900～1200℃时，锆刚玉砖升温要特别小心，防止升温太快。

(4) 尽可能采用热风烤炉技术。

d 生产运行环节

应执行操作规程和岗位责任制。其中尤须注意以下几点：

(1) 严格维持窑炉正常的作业制度（也称热工制度）。如温度制度、压力制度、液面制度、气氛制度等，不得超出允许的波动范围。

(2) 经常检查侵蚀损坏情况、堵塞情况和渗漏情况。尤其是薄弱部位，如加料口、流液洞、液面处池壁、烟道等处，及时发现问题。

(3) 加强维护保养。窑体易损处，如液面处池壁、流液洞、垂直砖缝等处需吹风冷却。热工仪表也要维护保养，定期校验，使测得数据准确可靠。

(4) 研究窑炉各部位的热修方法，争取多数部位都能热修。这样，一有损坏，及时修补，始终保持正常的运行状态。

最后必须指出，延长耐火材料的使用寿命，不仅仅是热工人员的职责，也是工艺、设备、仪表人员，甚至是管理人员应负的责任。各部门人员应该做到密切配合，齐心协力，才能确保窑炉长寿。

3.7.7.3 稀土光学玻璃窑炉用耐火材料的选择原则

在选用耐火材料时会遇到两个主要问题，即采用什么种类和等级的耐火材料来砌筑窑炉的各个部位。这些材料的来源是否有保证，价格是否便宜。具体有以下几个方面：

(1) 具有合适的使用性能，如耐火度、化学稳定性、热稳定性、体积稳定性、荷重软化温度和机械强度等。

(2) 尽可能不污染玻璃液，不影响玻璃质量。

(3) 长的使用寿命。

(4) 砌筑在一起的不同材质的耐火材料之间在高温下无接触反应。

(5) 尽可能减少用料量和散热损失，节能降耗。

(6) 易损部位选用优质材料，其他部位使用一般材料，做到“合理配套，炉龄同步”。

3.8 光学玻璃冷加工

3.8.1 概述

冷加工主要使用机床和手工方法对玻璃进行加工。涉及的工序有下料（切割）加工、平面粗磨、平面精磨、平面抛光、滚磨外圆、手修加工、倒角加工、黏胶（上盘、下盘和清洗）、冷加工检验工序[8]。

冷加工产品的质量指标包括以下两点：

(1) 外观形状。其外观尺寸主要有长度、宽度、厚度、角度、平面度、平行度、垂直度等。

(2) 表面质量。主要包括：粗磨件的划痕和粗糙度；光件的表面疵病、面形精度（光圈）等。

3.8.2 下料（切割）加工

第一道工序对玻璃毛坯（条料或压型件）的切割归为下料（或称开料），其后所进行的切割归为切割加工部分。

3.8.2.1 下料（切割）原理

下料（又称开料、锯料、切割等）是通过金刚石锯片高速旋转并切入被切割的玻璃，利用锯片上的金刚石微粒所产生的切削作用去除锯缝部分的玻璃，从而把整块玻璃料割裂并切开的过程。

常用的机床有 Q8040、Q8020 玻璃切割机，M7120、M7125 型平面磨床等。经过对该机床主轴的改装后（在原来主轴上加装一个接长的法兰盘轴或换掉原来的主轴而做成整体式的长轴）就可以装夹一个或多个金刚石圆形锯片。

利用铁片锯切机即在轴的一端有一个厚为 1mm 左右的圆铁片以 10m/s 的速度旋转，锯片有一部分浸没在其下方盛有磨料和水的混合物的盘子里，依靠锯片在旋转过程中带起来的磨料对玻璃进行切割。这种方式适用于生产量不大的场合。

3.8.2.2　常用工装夹具及装夹方法

作为下料工序的工装主要是针对条料的下料（开料），即把材料先切割为工艺所要求的形状和尺寸，为后道工序作准备。一般有侧面定位挡铁和端面定位挡板（胶木）、压紧靠铁、工作台垫板（一般为玻璃板或胶木）和角度夹具（包括可调式的）。精度低的开料可以使用木制的夹具（尤其是大型的玻璃），切割装夹如图 3－26 所示。

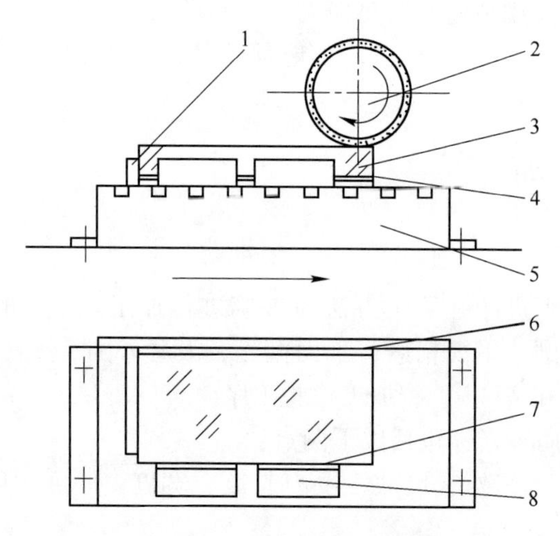

图 3－26　切割装夹示意图

1—端面定位挡板（胶木）；2—切割锯片；3—工件（玻璃）；
4—胶皮或玻璃垫板；5—永磁铁工作台；6—侧面定位挡铁（有胶皮）；
7—胶皮；8—压紧靠铁

作为后道工序切割用的夹具精度一般情况下比下料的夹具精度要求要高。同时，后道工序的切割夹具形式也比较多，根据工件的形状、尺寸和精度来设计。可以根据情况采用机械（如压板、木楔）、切割所产生的切削力对工件压紧或气动压紧等方式。图 3－27 所示为用专用夹具切割八方，图 3－28 所示为可调式夹具装夹切割玻璃工件的斜面。

图3－27　用专用夹具切割八方

图3－28　可调式夹具装夹切割玻璃工件的斜面

3.8.2.3　刀具和辅料选用

开料切割使用的是金刚石锯片。其结合剂为青铜，粒度80～100，浓度为100%。

开料切割使用的辅料主要是冷却液。有三乙醇胺加水，其比例约为1∶100，也可以使用铣磨冷却液。试用的美国米拉克龙公司的冷却液效果也较好。

3.8.2.4　加工步骤

下料加工的一般步骤是：

（1）领料、消化工艺。

（2）准备工装夹具，安装锯片。

（3）把玻璃装在工作台的夹具上，先进行试切、测量，对照工艺要求，自检合格后交检验员进行首件检验，符合要求后才能开始加工。

（4）把玻璃取下后检查，符合要求后即可把玻璃从夹具上取下来。

3.8.2.5　检查方法

检查方法包括：

（1）对尺寸的检查，可以使用游标卡尺，精度要求低的开料可以用钢板尺（一般精度要求为1mm以上时）。

（2）对角度有要求时，用角度尺测量。

（3）当对剖时，其尺寸要除掉接缝错位的误差。

（4）崩边小于工艺要求。

3.8.2.6　注意事项及有关说明

（1）在开料尺寸余量较多时，可以不考虑崩边的影响，切割时吃刀尽量大一些。如果尺寸余量较小时，则吃刀时应使第一刀小一些（一般在2～3mm）。

（2）为了不使崩边出现在料的边部（切割出口处），应该采用对剖或不切穿的方式，使被切的玻璃仍有1～2mm玻璃相连，然后用手掰开为两件。

（3）压紧时不能用靠铁直接压玻璃工件，要使用胶皮垫在夹紧靠铁与玻璃之间。在压紧玻璃工件时，不能使劲敲打，否则容易使玻璃表面出现炸点和炸纹

（又称“指甲印”）。

3.8.3 平面粗磨

3.8.3.1 平面粗磨的原理与设备

用散粒磨料或结合磨料加工玻璃表面后，其表面不平度 H_{cp} 在 10～20μm 的称为粗磨（相当于用散粒磨料 W28 后）。粗磨的目的主要是成型，使零件具有一定的几何形状，为后道工序作准备。粗磨时根据生产量的大小、技术要求、加工条件和设备的情况，分别使用散粒磨料手工或用结合磨料（如金刚石磨轮）进行加工。

用于曲率半径在 50mm 以上的凸凹透镜及 450mm 直径以下的平面镜的精磨、抛光，传动采用平动法（古典法）原理，可以方便地修正光圈，加工出面形精度很高的透镜。

3.8.3.2 常用工装夹具

（1）定位挡铁如图 3－29 所示。

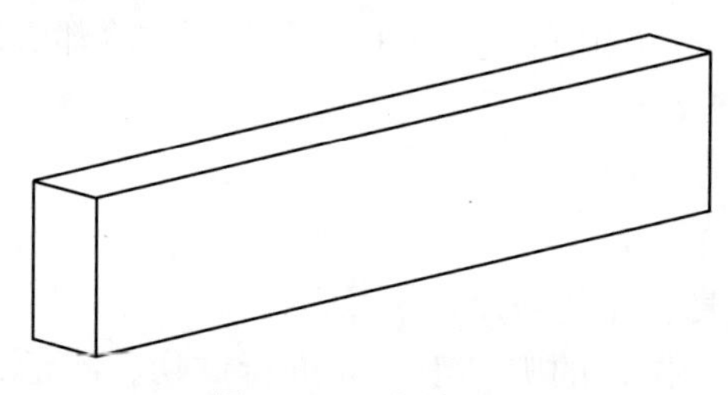

图 3－29 定位挡铁

（2）角度夹具（包括可调角度的），如图 3－30 所示。

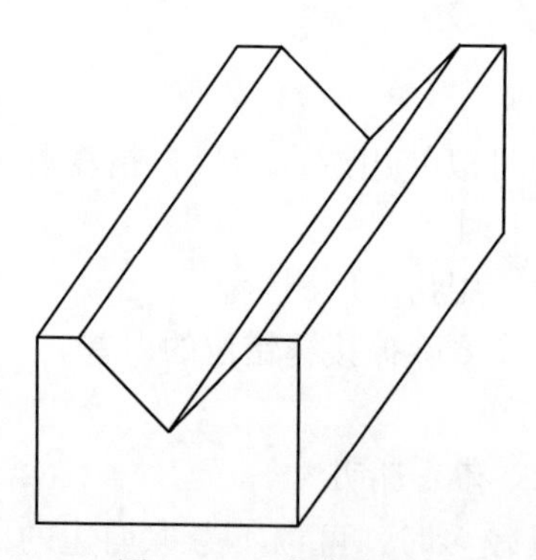

图 3－30 角度夹具

（3）夹紧靠铁。此类靠铁主要用于在磁力工作台上利用磁力对它的吸住力对玻璃夹紧。其形状可以是长方体，也可以是三角形体等。

（4）L 形直角夹具。如图 3－31 所示，L 形直角夹具用于磨四方条时的两个直角面（也可以磨第三个面或更多）。加工时将玻璃黏结在夹具的内直角面 D、

E 上。先由第一个夹具定位面 A 定位磨第一个面，磨好后再翻转夹具 90°，由第二个夹具定位面 C 定位直接磨第二个直角面。玻璃的两个直角面的垂直度完全由夹具的垂直精度保证，可以减少玻璃表面不平对定位的影响。在 L 形夹具的两个直角面交界处可以有第三个定位面 B，用于翻转后磨第三个面。

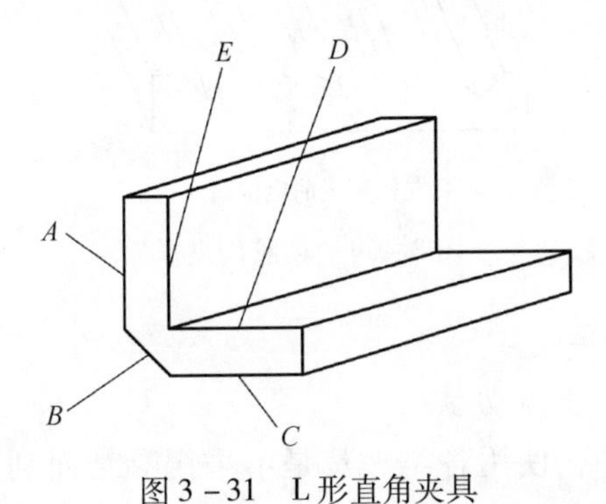

图 3－31 L 形直角夹具

（5）垫片。形状为长方体，厚约 2mm。此种垫片用于靠磨时垫在玻璃下磨第一个端面，以便消除接触工作台的端面的不平对定位的影响。为了减少直接将玻璃压在垫片上造成玻璃崩边，可以在玻璃和垫片之间垫上一块薄的胶皮，垫片在磨端面装夹时的方式如图 3－32 所示。

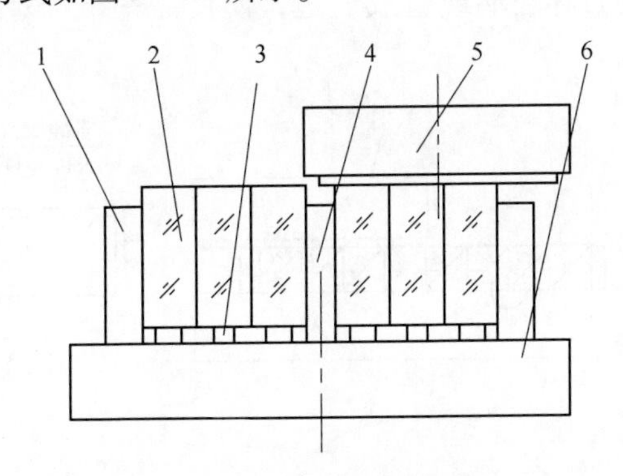

图 3－32 垫片在磨端面装夹时的方式

1—夹紧靠铁；2—玻璃工件；3—垫片；4—定位挡铁；
5—磨轮；6—磨床工作台

（6）粘胶用垫板。如图 3－33 所示，此类垫板主要用于使用粘胶方法将玻璃粘在垫板表面上，一般玻璃的粘接面为平面。垫板形状为两大面相互平行的长方体或扇形体（与机床圆形工作台一致的四块），增加工件同时增加数量。

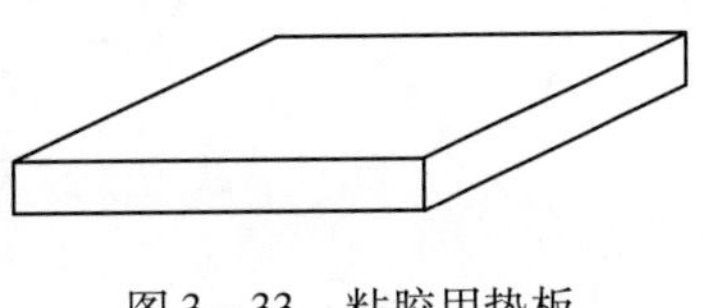
图 3－33 粘胶用垫板

（7）粘胶用夹模。如图 3－34 所示，此类夹模主要用于使用粘胶方法将玻璃粘在夹模槽内（一般玻璃粘接面不是平面，而是角度面等）。

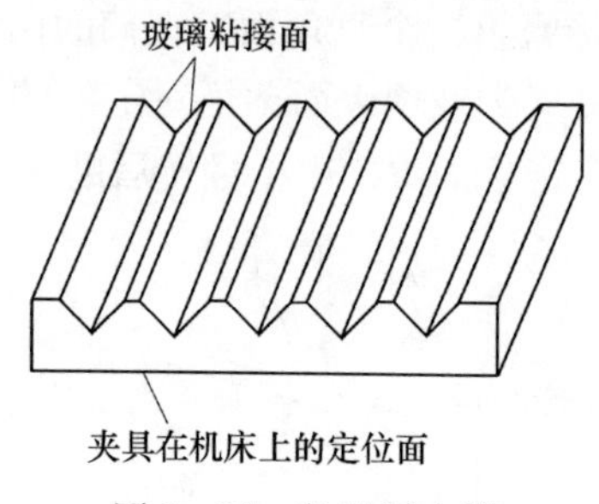

图 3-34 粘胶用夹模

3.8.3.3 装夹方法

A 靠模（硬靠）装夹方式

在靠模装夹方法中，使用各类夹具是不采用黏结而利用工作台磁力吸紧夹具，通过磨削力将工件夹紧的方法。

这种方法的优点是减少了黏结工序和下盘、清洗工序，可以拼装角度面，减少了夹具的数量和制造工时，降低了成本。但是，这种方法对定位面的要求比较高。如果前道工序的制造精度不合要求，玻璃工件就会在夹具的定位面出现间隙，产生松动，容易打坏玻璃或造成崩边，使良品率下降。靠模（硬靠）装夹方式如图 3-35 所示。

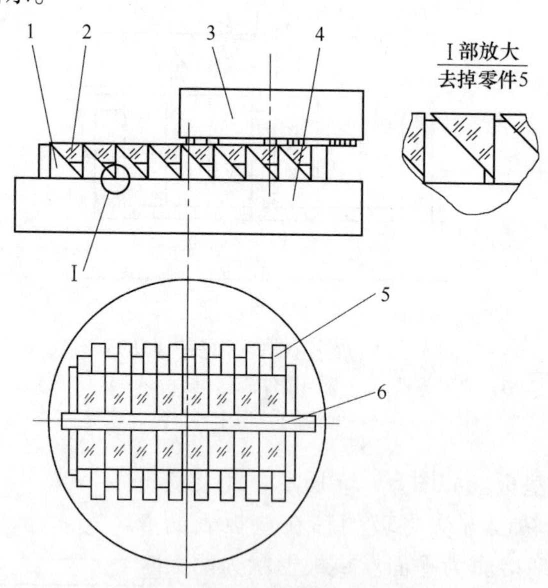

图 3-35 靠模（硬靠）装夹方式

1—三角形靠体；2—玻璃工件；3—磨轮；4—磨床工作台；
5—三角形夹紧铁；6—定位挡铁

B 黏结装夹方式

使用黏结方式对玻璃进行定位固定，使玻璃在机床上具有一定的位置，对玻璃表面进行加工。这种方法对玻璃固定比较牢固，对上道工序的精度要求可以低一些，良品率较高。缺点是工序较长，需要的工装较多，还要增加上盘、下盘和清洗工序。

C 机械夹紧方式

使用螺钉、压板等对玻璃工件夹紧（要在玻璃表面垫上胶皮或胶木）。

3.8.3.4 磨料和磨具选用

粗磨使用散粒磨料（有天然和人造两大类）和磨具（即结合磨料，将磨料用结合剂黏结在一起，具有一定形状的磨削工具。光学加工上常用的磨具有平行砂轮、金刚石筒形砂轮、金刚石磨片等）两种。

在单件玻璃加工中常使用散粒磨料，而在批量加工中常使用结合磨料（磨具）。W50 以下磨料新旧标号对照见表 3－15。

表 3－15 W50 以下磨料新旧标号对照

新标号	旧标号（1）	旧标号（2）	旧标号（3）
W50	280	280	280
W40	M40	302	320
W28	M28	302 1/2	400
W20	M20	303	500
W14	M14	303 1/2	600
W10	M10	304	800
W7	M7	305	1000
W5	M5	306	1200
W3.5		307	1500

粗磨所用的散粒磨料颗粒尺寸上限约为 60。但是在加工时从 60 到 W28 之间的所有编号并不是要依次使用，而是可以隔开几个编号，仅选用其中的几个号的磨料。

选用原则一是迅速磨去多余的玻璃量，二是得到符合规定要求的毛面。当余量较大时，可选用较粗的磨料，当余量较小时，可以选用较细的磨料，以便磨去前道粗磨留下的毛面。一般粗磨用 2～3 个不同编号的磨料即可。其中，粗磨料中间隔开的号数可以多些，而接近完工时隔开的号数要少些。特别是粗磨完工的最后一道磨料 W40 或 W28 是不能漏掉的。否则会使下面的精（细）磨耗费大量的工时，甚至使产品报废。

使用结合磨料（如金刚石砂轮）加工的特点是具有较高的生产率并可以降

低劳动强度。在加工球面时，还可以省去大量的球面模具。但是，结合磨料的加工机床要比散粒磨料所使用的机床要复杂得多，维修保养的工作量较大。现在主要是使用结合磨料粗磨产品。散粒磨料主要用在单件（如旋光性、特性样品和冷加工的手修返工件）生产。

3.8.3.5 一般加工步骤

（1）领料、消化工艺，选择并安装合适粒度、硬度、结合剂的磨轮。

（2）准备工装夹具。将定位挡铁放在工作台上并用直角尺对其进行测量和调整，直到满足垂直度要求。图3－36所示为在M7480磨床上安装定位挡铁。

图3－36 在M7480磨床上安装定位挡铁

（3）把玻璃工件装在工作台的夹具上并夹紧，先进行试磨、测量，自检合格后交检验员进行首件检验，符合要求后才能开始加工。

（4）把数块玻璃取下后检查，符合要求后即可把玻璃从夹具上都取下来送交检验。

3.8.3.6 检查方法

（1）对长度尺寸的检查可以使用游标卡尺（精度要求在0.05mm以上的工件）、千分尺（精度要求在0.05mm以内）、百分表（精度在0.05mm以内，成批加工）做相对测量。

（2）对角度（垂直度）的检查对单件加工的产品用角尺（对直角）、万能角度尺测量。对成批加工或角度精度在20′以内的测量采用百分表作相对测量。

（3）对两个平面有平行度（差）要求的玻璃，可近似地使用千分尺测其数个位置的厚度（厚度大于2mm），如果玻璃尺寸较大，则使用专用测厚百分表测量。但是，如果玻璃有形状误差或比较薄，则使用“平台＋百分表”装置进行测量。

（4）对平面度有要求时，可以按精度要求分别使用三钉（爪）式千分表，使用“刀口尺＋塞尺”、“平台＋百分表”装置做相对测量。

3.8.3.7 实例

A 在 PM500 铣磨机上磨端面

如图 3－37 所示，在 PM500 铣磨机上磨端面，在工作台中部吸上定位挡铁，四周用夹紧靠铁靠紧，再加上木楔楔紧。磨第一个面时，工作台上要垫条形小垫铁，以防止不平的表面破坏定位。磨第二个面时可不垫条形小垫铁。

图 3－37 在 PM500 铣磨机上磨端面

B 在 M7480 磨床上磨方形玻璃的侧面

如图 3－38 所示，在 M7480 磨床上磨方形玻璃的侧面，在两个大面磨好后，粗磨侧面时，为了防止破坏定位，磨第一个面时要垫条形小垫铁。

图 3－38 在 M7480 磨床上磨方形玻璃的侧面

3.8.3.8 注意事项及有关说明

（1）在进行粗磨前，要对机床进行日常保养，开车试运转，确认机床无异常后才能开始加工。

（2）磨轮的粒度和结合剂选择要适当，否则磨削效率和表面质量达不到要求。

（3）磨削中心表面若出现“鼓包”（磨轮直径偏小）和“过心”（磨轮直径偏大），应该修改磨轮的直径。一般使金刚石磨轮外径略“过心”0.5mm以内为好，但是不要“鼓包”。

（4）冷却液必须浇注充分，尤其是内部冷却液的浇注更为重要。浇注位置应在磨轮的切削部位。

（5）在发生表面磨“糊”时，应检查是否有磨轮变钝、进刀量过大、粒度太细及冷却液自锐作用不够、冷却液喷注不充分和位置不合适的问题。如果发生磨轮变钝，则可以采取用碳化硅砂轮对磨轮修磨的办法来解决。

（6）在装夹时要特别仔细和认真，对定位挡铁的安装一定要用角尺测量，对垂直度、平行差要求高的工件要对产品试磨后才能整盘加工。夹紧时不能使劲地敲打工件，而必须在夹紧面上垫一层橡胶皮，用木榔头轻轻敲打夹紧靠铁。

（7）在加工精度较高的玻璃表面时，要对正在加工的玻璃尺寸小心测量，谨慎进刀，避免成盘报废。

3.8.4　手修

3.8.4.1　手修原理

手修是采用手工方法或在单轴机上加入金刚砂对玻璃进行进一步加工，以便对粗磨完工后的表面疵病和形状误差进行修整并达到要求的过程。在机床加工不能解决时，常用来做粗磨的后道辅助工序。

（1）使用手工直接修磨。在玻璃尺寸较大，需要对表面的平面度进行修整时，常使用玻璃板作为研磨用的工具，添加散粒磨料对工件加工。图3－39所示为手修玻璃大面。

图3－39　手修玻璃大面

（2）使用单轴机进行加工。对尺寸不太大的玻璃可以在单轴机上修整表面的平面度误差和划痕。图3－40所示为在单轴机上手修玻璃大面。

图3-40 在单轴机上手修玻璃大面

3.8.4.2 常用工具

常用工具主要有研磨用的玻璃板。在玻璃板上要加工出方格形的槽子，以便容留磨料和玻璃屑。

3.8.4.3 辅料选用

一般在粗磨后所用的修磨辅料主要是根据工件的质量要求而定。一般有120、240、280、W40、W20、W14几种。

3.8.4.4 加工步骤

一般加工步骤有：

（1）修磨时，先了解图纸或工艺要求。

（2）对玻璃表面用刀口尺进行平面度测量，用肉眼观察表面疵病位置。

（3）上单轴机或手工研磨，一边加工一边测量和用肉眼检查。

（4）自检合格后送交检验。

3.8.4.5 检查方法

检查方法有：

（1）用眼睛检查表面疵病（如划痕、大麻点、崩边、未磨到等）。

（2）用游标卡尺、千分尺、专用检具检查尺寸。

（3）用角尺、万能角度尺、专用检具对角度进行检查。

（4）对平面度用刀口尺和塞尺、三爪式专用检具测量。

3.8.5 精磨（细磨）

3.8.5.1 平面精磨原理

用散粒磨料研磨后的表面粗糙度 H_{cp} 小于6.3μm的研磨称为精磨（细磨）。精磨的目的是使工件获得接近完工的几何形状和改善表面粗糙度，为抛光做好面形准备。实际工作中，由于精磨面形不好而造成抛光困难的事例很多。因此，必须在精磨面形和光洁度上予以保证，才能使抛光工序顺利进行。

3.8.5.2 常用工装夹具及装夹方法

（1）在 PJM320 平面精磨抛光机上，常将镜盘在上，精磨盘在下，镜盘上的玻璃工件用四周的胶木板、夹模黏结等方式将玻璃定位于中部。精磨盘上粘有精磨圆（丸）片。

（2）在环抛机上用专用夹具装夹玻璃或将玻璃黏结在铝盘上。对有的玻璃工件使用分离器。

（3）在 TLCD－800、TLCD－1000 平面精磨抛光机上面的摆臂上有一个压力盘作为镜盘，玻璃利用阻尼胶皮的吸附作用将玻璃吸紧在压力盘上。在下面是精磨盘，在盘上加工了方格形的内槽，槽子的作用是容纳玻璃屑、磨料及冷却液。

根据工件的形状、尺寸、厚度和批量可以有不同的装夹方式。

3.8.5.3 磨料选用

精磨（细磨）粒度一般第一道砂为 W40，最后一道磨料粒度一般为 W14。某些可采用 W10 或更细的磨料，如 W7。

（1）散粒磨料。一般在手工精磨或机器有循环泵时使用。

（2）结合磨料。在平模上黏结有若干数量的经过压制、烧结制成的小型圆片状磨片，其混有金刚石微粉和结合剂。

3.8.5.4 加工步骤

一般加工步骤为：

（1）加工前要认真消化图纸和工艺要求。

（2）检查机床、附件、夹具、平模盘和镜盘完好情况。

（3）装夹工件开始精磨，一边磨一边进行面形、光洁度检查并修整。

（4）送检验员检查，合格后流转到抛光工序。

3.8.5.5 平面精磨一般加工方法

（1）用散粒磨料精磨平面要求得到的表面是低光圈，以便于抛光工序由外向里逐步抛至镜盘中心，因此平模允许中间比边部略微凸一些。

（2）为了利于磨料到达平模中心和便于磨下来的玻璃屑排出，可以对平模表面开一些相互垂直的槽，槽深与槽宽约为 3mm，切割间距成 15～20mm 的方块。

（3）修改平模是用刮削和对磨的方法（要求及时修模，如果相差太大可以先用车床精车或平面磨床磨一次。注意用芯轴装夹，以保证基准一致）。平模对磨时应该有三个互相更换着磨，将中间凸的放在上面，凹的放在下面。同时上盘中心偏离下盘中心一段距离。如果两个都是凸或凹的盘，则使上盘中心摆动时通过下盘中心。若两块都凸时，则摆动速度可以快些。

（4）精磨时要清除粗粒度的磨料，否则容易划伤已精磨的表面。

（5）精磨完成后的表面，在掠射光下观察，应该是基本一致并微微有些发亮。如果表面（特别是边部和角部）出现发暗或粗糙，说明没有磨到。原因可能是粗磨面形掉角、精磨时间不够以及摆臂的摆幅不够大。

3.8.5.6 球面精磨一般方法

用散粒磨料精磨球面时，首先用一套不同粒度磨料、不同半径所需要的球面模具。如果球模的半径不合适，可以用刮刀、砂轮块刮削或将凹凸模对磨进行修整。修整时，先从最后一道砂的模具修起。为了从镜盘表面均匀磨去一层玻璃并考虑到镜盘边缘的砂眼总是略粗于中心，因此，精（细）磨完工后的光圈应该是低光圈，这样有利于抛光工作的进行。低光圈的数量根据最后一道砂的粒度、表面半径、镜盘直径及玻璃牌号等情况而定。最后一道砂的球模修改过程中，用废玻璃试磨后看光圈来决定。有经验的工人不必将玻璃抛光，只需向玻璃表面哈气后，将它与样板合在一起，根据表面接触情况基本上可决定是否合适。也可以用矢高测量器进行相对测量。测量时，用一块标准的样板对零，然后再用矢高测量器测量球模半径的大小。

确定低光圈范围一般是：对于表面精度要求较高的球面，最后一道砂磨完后的光圈应比抛光完工低 1 ~4 道圈（镜盘表面半径和镜盘直径较大时，光圈应低得少些）；对于表面精度要求较低的球面，精磨完工后光圈比抛光完工低 2 ~7 道圈。

用凹凸对磨的方法修改球模时，如果球模半径偏大，则将凸球模放在下面，凹球模放在上面，并使上盘（凹模）中心多磨削，下盘（凸模）边缘多磨削，这样使球面半径逐渐变小；当球模半径偏小时，情况正好相反。如果是用刮刀或砂轮块刮削修改，凹模半径偏大时中间部分多刮，凸模半径偏大时边缘部分多刮，刮削量应从中间向外或从边缘向内逐渐减少，以保持球面平滑过渡。

最后一道砂的球模修好后，再根据其修改上一道砂的球模，决定上道砂球模半径的依据，同样是磨料的粒度、表面半径、镜盘直径、玻璃牌号等情况。检验其半径的方法是用废玻璃试磨后，用下道砂的球模来看“擦贴度”（或称摩擦度），即表面接触情况。根据经验，从边缘算起研磨镜盘直径的 1/4，而半径较小的为镜盘直径的 1/6 左右。

如果球面修改符合要求，那么，无论凹面或凸面，精磨时一开始都应该边缘先磨到，逐渐向中心扩展。为了控制工件厚度和得到较细的毛面，当逐渐扩展到中心点（封顶）后，就可以换砂和换研磨盘了。若再继续磨下去不仅会使工件磨薄，还会出现镜盘边缘毛面变粗的现象，因为这时镜盘与磨盘之间已变得很松了。

球面在精磨抛光机上精磨时，无论镜盘或磨盘一般都是将凹的放在上面，凸的放在下面。当凸镜盘光圈太高而镜盘半径不是很大时，也可以将凸镜盘反过来放在上面，凹球模在下面，使凸镜盘中心多磨些。但这时镜盘后面要接一个把，使从顶针孔到球面的距离大于 $2R$，这样才能左右摆得稳。当凸镜盘半径较小时，也常将凸镜盘放在上面，凹球模放在下面。

3.8.5.7 固着磨料精磨

固着磨料精磨（又称高速精磨）的优点是效率高，表面粗糙度小，适用于批量生产。精磨丸片尺寸见表 3－16，精磨片参数见表 3－17。

表 3－16 精磨丸片尺寸 (mm)

型号	尺 寸						
ϕ	4	6	8	10	12	15	18
H	3	3	5	5	5	5	5
T	3	3	3	3	3	3	3

注：根据用户要求可以特殊定做。

表 3－17 精磨片参数

名 称	磨 料	粒 度	浓度/%	结合剂	备 注
精磨片	JR	W40，W28	100～50	Q	粗精磨用
		W20，W14	75～50		粗、精精磨用
		W14，W10	50～35		精精磨用
超精磨片	JR	W10，W7，W5	50～25	S	超精磨用

3.8.5.8 平面磨盘

精磨丸片直径为 15～18mm，也有用 ϕ8mm 的（如铅玻璃精磨盘）。平面磨盘直径 $D=(1.1\sim1.25)\times$镜盘直径，对于平面磨盘，其精磨丸片的数量为：

$$N=\lambda D^2/d^2 \tag{3-26}$$

式中，D 为磨盘直径；d 为精磨丸片直径；λ 为覆盖比。

使用金刚石丸片胶（双组分改性环氧胶黏剂）对精磨片进行黏结，精磨片可以用黏结胶直接粘在基模上。黏结前用丙酮或汽油将模具表面清洗干净。按甲：乙＝3：1（体积比）将两种组分的胶均匀混合后对模具和丸片进行黏结。拆胶时可将模具放在电炉上烘到 100℃左右取下丸片，并去除胶层。

固化后的精磨盘，其曲率半径还需用散粒磨料和相应的修正模具对其进行修整。修整过程中使用矢高测量器对修整表面进行测量，用样板检查试磨的零件曲率半径是否符合要求。

3.8.5.9 冷却液

目前一般使用环保、对人无刺激的精磨液。其具有冷却、安全、低泡沫、高效的特点。也有较多使用三乙醇胺来达到增加金刚石磨轮磨削效率和自锐作用，但是容易造成工人皮肤过敏，对机床有腐蚀作用。

3.8.5.10 检查方法

检验精磨镜盘表面质量可以在白炽灯下照明、用4~6倍的放大镜检查。检验球面半径用向玻璃球面哈气的办法，根据经验观察样板与球面的接触情况是否符合要求。检验平面镜盘的平度时，需要用刀口尺放在玻璃加工平面上通过眼睛看透过的光线来判断间隙的大小，或者采用将刀口尺压在塞尺上，抽动塞尺，如果塞尺被抽出时有一定的摩擦力即可知道此时的间隙（平面度）值（通过塞尺上的读数可知）。第三种办法是用三爪矢高测量器，即用专门制作的三点支架，在其上安装一个千分表，3个爪架下面有3个支钉。使用时将三爪矢高测量器放在一个标准的平板上面使千分表对零，以此为准来测量平面的平面度大小。也可以用样板检查，对着样板哈气，将样板放在玻璃平面上，用光线掠过镜盘，可以看到光圈影像，以此判断精磨的面形大致情况。

3.8.5.11 用散粒磨料精磨常见疵病的产生原因及克服办法

用散粒磨料精磨常见疵病的产生原因及克服办法见表3-18。

表3-18 精磨常见疵病的产生原因及克服办法

疵病	产生原因	克服办法
划痕	磨料中混有超出规定的大颗粒	对购入的磨料应复检或试用，超标者不能发放
	磨料悬浮液太稠或太稀	磨料悬浮液应浓淡适当，用毛刷添加后，应在模具表面形成一薄层磨料
	模具表面嵌有大颗粒磨料或坚硬异物	新加工的模具或用粗磨料对研过的模具，应用细磨料对研或用废玻璃研磨后使用
	工作环境不干净	做好工作环境的清洁工作
粗砂眼	细磨时间不够	玻璃磨去的量不少于工艺规定的余量
	砂号选择不当	两道磨料之间相隔的磨料号不要太多（一般1~2个号）
	上道砂磨后的面形不合适	每道磨料都应从镜盘边缘磨起
塌角	磨料添加不均匀	添磨料时应用毛刷均匀刷开
	磨料堆积在镜盘边缘	模具表面开槽
面形不合要求	模具表面形状不合要求	修改模具到光圈符合要求
	模具和镜盘的相对位置、速度不当	调节摆幅和转速

3.8.5.12 注意事项及有关说明

（1）精磨的表面质量与粒度有较大的关系，表面粗糙度随着金刚石粒度的增大而增大。

（2）从第一道砂到最后一道砂并不是依次将所有相邻粒度号的磨料都要用一遍，而是可以跳过使用。如磨过 W40 后，可以直接磨 W20。这主要依据是否能够较快地去除上道砂留下的粗糙表面和破坏层，从而得到均匀的细毛面。

（3）更换磨料粒度时，要把镜盘和机器工作台、料盆、循环管道清洗干净。

（4）为了防止产生划痕和磨不均匀，磨料添加时要均匀散开，不要成团添加，不要加入或掉入硬质的物质，磨料悬浮液不应太稠或太稀。

（5）加工过程中要经常检查，发现平面度和半径相差较大时，要及时修改模具表面。对 TLCD －800、TLCD－1000 型平面精磨抛光机用精磨丸片粘成的修磨盘进行。环抛机的磨盘修磨时，使用一个修正盘进行。为了保持磨盘的面形正确，在镜盘旁边加上一个修磨用的盘和镜盘一起在磨盘上精磨。

（6）发现精磨出现异常的划痕、磨不动或损耗快时要及时向厂家反映。

3.8.6　抛光

3.8.6.1　平面抛光原理

光学零件的抛光是获得光学表面的主要工序。其原理有机械、化学和流变三种学说，这三种学说都有实践效果的依据。一般的抛光过程是将抛光剂（粉）加在抛光模和玻璃表面之间，通过二者相对的、复杂的运动，使零件逐渐被抛光成具有一定面形（形状）精度和表面质量的光学表面。玻璃表面经过精磨后，形成了高低起伏的毛面，抛光就是要消除高低起伏的毛面和表面裂痕，使玻璃对光线有良好的透过能力。

抛光过程有以沥青、松香为主体作抛光胶，也有使用固着磨料（聚氨酯抛光片）在平面摆动式精磨抛光机上进行的，这时机床的主轴转速和镜盘表面所受的压力都较低。在弧线摆动式抛光机上进行抛光时主轴和镜盘所受到的压力都较高。由于压力和速度的不同，所用的抛光胶也就不同。

3.8.6.2　稀土抛光粉

玻璃的机械研磨是使用磨料在磨盘压力和对玻璃表面做相对运动下，将玻璃的不平处磨去，但玻璃表面变毛。粗颗粒磨料，研磨速度快，毛面较粗糙，故常用多级磨料。用抛光盘加入抛光液，对玻璃表面做相对运动，得到光滑表面的玻璃，此即为抛光。

抛光粉是抛光工艺中使用很多的辅料，其作用是通过它在抛光膜和被抛光零件之间的吸附和磨削，提高被加工表面的粗糙度。常用的有氧化铈抛光粉、氧化铁抛光粉（红粉）和氧化锆抛光粉等，它们都是经过精密加工的高纯度微粉。

对抛光粉的基本要求有：

（1）微粉粒度均匀一致，并在允许的范围之内。

（2）有较高的纯度，不含机械杂质。

（3）有良好的分散性和吸附性，以保证加工过程的均匀和高效。

（4）粉末颗粒有一定的晶格形态，破碎时形成锐利的尖角，以提高抛光效率。

（5）有合适的硬度和密度，和水有很好的浸润性和悬浮性，因为抛光粉需要与水混合。

常用抛光粉有氧化铈抛光粉、氧化铁抛光粉（红粉）和氧化锆抛光粉，其基本性能见表3－19。

表3－19　常用抛光粉基本性能

性能	抛光粉		
	三氧化二铁（Fe_2O_3）	氧化铈（CeO_2）	氧化锆（ZrO_2）
外观	深红色，褐红色	白色，黄色	白色，黄色，棕色
密度/g·cm^{-3}	5.1～5.3	7～7.3	5.7～6.2
莫氏硬度	5～7	6～8	5.5～6.5
颗粒外形	近似球面，边缘有絮状物	多边形边缘清晰	—
颗粒大小/μm	0.2～1.0	0.5～4	0.25～0.7
晶系	斜方晶系	立方晶系	单斜晶系
点阵结构	刚玉点阵	萤石点阵	—
熔点/℃	1560～1570	2600	2700～2715

氧化铈抛光粉与氧化铁抛光粉相比较，氧化铈的硬度高，颗粒较大，呈多边形，此外，由于氧化铈的熔点高、密度大、晶体点阵的能量大，同时立方晶系物质比斜方晶系物质对玻璃的擦刮力大，因此氧化铈的抛光能力强。一般，氧化铈的抛光效率比氧化铁大一倍以上。因此，目前生产上大多数使用氧化铈抛光粉。由于氧化铁颗粒较小，外形呈球形，硬度较低，因此，对表面粗糙度要求高的零件，氧化铁的抛光效果好。就抛光能力而言，氧化铈抛光粉最强，氧化锆抛光粉次之、氧化铁抛光粉最弱。

氧化铈抛光粉主要分为三大类别：第一类为高铈抛光粉，CeO_2 含量大于95%，通常呈白色，俗称白粉；第二类为中铈抛光粉，CeO_2 含量为80%～85%，通常呈白色或浅黄色；第三类为低铈抛光粉，CeO_2 含量为40%～50%，通常呈黄色或黄红色，俗称黄粉。

我国市场上三类氧化铈抛光粉的具体性能见表3－20。表中CEROX系列抛光粉是日本的产品，Regipol系列抛光粉是英国的产品，其他是国内企业产品。

表 3-20 氧化铈抛光粉性能

级别	牌 号	CeO_2 含量/%	平均粒度/μm	密度/$g \cdot cm^{-3}$	pH 值	应用范围
高铈抛光粉	Regipol 1100	>99.9	0.5～0.9	7.0～7.5	6.5±1	传统抛光软玻璃零件
	Regipol 1200	>99.9	0.6～1.2	7.0～7.5	6.5±1	高速、高压抛光硬质玻璃球面零件
	PP-2	99.95	1～5			传统抛光
	PF-4	≥99.95	4.5～6.5			硬材料传统球面抛光
	JP-2	≥99.9	0.05～0.10			传统抛光硅、锗晶体
	PW-5D	>99.9	14～18		6.5～6.8	传统抛光
中铈抛光粉	CEROX 1663	>70	1～2	1.7	8.5	中等以上精度零件
	739	80～85	0.4～1.3	6.0～7.1		普通光学透镜、棱镜
	797	≥55	0.5～1.5	5.5～6.4		普通光学零件
	PD02	≥75	1～2.5			平面高抛
低铈抛光粉	SY 系列	50～55	0.5～2.1			液晶光学零件
	817	465		5.8～6.4		
	877	48	0.5～2.0	6.5～7.0		
	H-500	50				
	LOC300	55	2.0～2.5	1.52	7～8	中高等精度零件
	LOC100	55	1.5～1.7	1.7～2.2	7	中等以上精度，尤其是硬质材料

3.8.6.3 评价抛光粉的指标

（1）颗粒大小和结构。颗粒大小决定了被抛光零件的表面粗糙度和抛光效率。颗粒大小一般用过筛目数或平均颗粒大小来表示，过筛目数反映了最大颗粒的大小，而平均颗粒大小决定了抛光粉颗粒大小的整体水平。颗粒结构是团聚体颗粒还是单晶颗粒决定了抛光粉的耐磨性。团聚体颗粒在抛光过程中会破碎，从而导致耐磨性下降，而单晶颗粒具有良好的耐磨性。

（2）硬度。颗粒硬度大的抛光粉具有较强的抛光能力，因此具有较好的抛光效率。在抛光液中加入适当的助磨剂也可以提高抛光能力。

（3）悬浮性。高速抛光要求抛光液具有良好的悬浮性，抛光粉的颗粒形状和大小对悬浮性有明显的影响，近似球面、边缘有絮状物的抛光粉和颗粒的悬浮性较好。提高悬浮性也可以通过在抛光液中加入悬浮剂来实现。

（4）颜色。颜色与抛光粉制造时的焙烧温度和原料成分有关，焙烧温度高，抛光粉中氧化铈含量高，抛光粉呈白色；反之，抛光粉呈黄、棕、红色。

3.8.6.4 常用工装夹具及装夹方法

图 3－41 所示为环形抛光模，它是将抛光模中间“挖”掉了一块。其基体材料用的是 HT200 铸铁，表面粗糙度 R_a 小于 5μm。

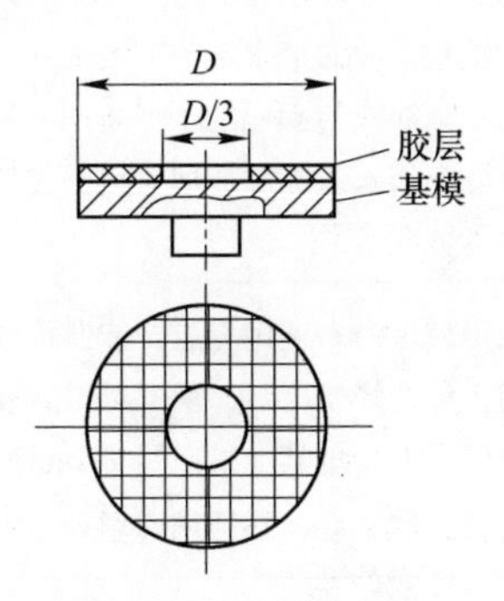

图 3－41 环形抛光模

球面和平面抛光模表面开槽的情形如图 3－42 所示。

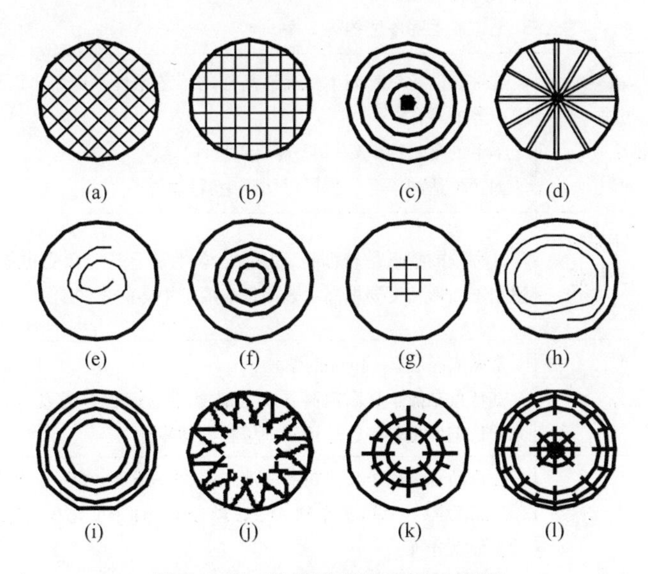

图 3－42 抛光模表面开槽的情形

（a）用于大镜盘；（b）改大镜盘低光圈；（c）用于中、小镜盘；
（d）～（g）改镜盘低光圈用，（h）～（j）改镜盘高光圈用；
（k）中腰低改高；（l）中腰高改低

3.8.6.5　辅料选用

辅料选用见表3－21。

表3－21　辅料选用

序号	辅　料	特　点
1	抛光粉	常用的玻璃抛光粉为氧化铈（CeO_2），手修零件、对板或样板时常用氧化铁（Fe_2O_3）； 抛光粉常加水制成悬浮液使用； 常用氧化铈悬浮液和加水量的比例为1∶5； 氧化铁悬浮液的加水量到密度1.1g/cm^{3}左右； 抛光粉悬浮液的pH值为5～6； 悬浮液中加入某些添加剂有提高抛光效率、改善表面质量和避免产生油斑（水印）的作用
2	沥青、松香、抛光胶	是用得最多的一种抛光胶，能获得较理想的面形及表面疵病等级； 添加少量的蜂蜡（约1%）对提高表面疵病等级有一定的好处； 还可以添加少量其他物质（如碳酸钙$CaCO_3$、羊毛等）来提高抛光效率； 抛光胶经熬制后，必须用两层纱布夹一层棉花过滤方可使用
3	毛毡或毛毡呢料	主要用于低精度零件的抛光或其他精度零件的粗抛； 其特点是抛光效率高，表面疵病也可达到较高的等级（Ⅰ级甚至0级），但面形精度较低； 毛毡或毛呢厚度约为2～4mm
4	沥青、松香、羊毛混合胶	这种胶的特点是能承受高速高压的工艺条件，适用于面形和表面疵病要求中等的零件； 羊毛的含量约1%～5%（以质量计）； 如无合适的羊毛，也可以用碎毛料代替
5	香豆酮－茚树脂（又称固马龙树脂）混合胶	这种胶的特点是较沥青、松香、羊毛混合胶能承受更高的速度和压力，适用于面形精度要求高、表面疵病要求中等的零件
6	聚氨酯	常做成厚度2～3mm的薄片； 其特点是能承受高速高压的工艺条件（较固马龙或羊毛混合胶要高），光圈稳定性也较好，适用于中等精度的零件
7	沥青、松香、塑料粉混合胶	在以沥青、松香为主的抛光胶中，加入3%～6%（以质量计）的PNA（聚乙烯醇）－124型塑料粉后，抛光模的面形变化小，适用于制作高精度的平面抛光模； 要注意的是加塑料粉时，抛光胶温度不宜过高，以60～80℃间为宜； 过高的温度会烧焦塑料粉； 塑料粉应多次加入，每次宜少不宜多，边加边搅拌，充分搅拌均匀即可倒入已预热（70℃左右）的抛光模基底上待用

3.8.6.6 加工步骤

一般加工步骤包括：

（1）加工前要认真了解图纸和工艺。

（2）检查机床、附件、夹具、抛光盘和镜盘完好情况。

（3）装夹工件开始抛光，一边抛一边进行面形、光洁度检查并修整。

（4）送检验员检查。

3.8.6.7 检查方法

A 光圈的检查

光圈的检查方法有两种，一种是用样板对光圈进行检查，检查时用样板与零件表面接触，看其上形成的光环（光圈）来检查；另一种是使用干涉仪。

B 表面粗糙度（表面疵病）的检查

检验镜盘的表面粗糙度可以利用一个类似显微镜照明用的聚光灯作光源，灯的口径根据需要可比显微镜灯做得大些。观察时应避免直接看聚光灯灯丝，利用灯丝较明亮的特点看附近被它照亮的地方。玻璃表面个别残留的抛光粉，可用小木棍卷上脱脂棉，沾上无水酒精边擦边看，以确定是抛光粉还是砂眼（在现场也可以用干净的手臂面擦看）。零件下盘后，表面粗糙度的检验，可用白炽灯作光源，在透射光下按规定要求，用一定倍率的放大镜检查。有些划痕需要一定方向才能发现。因此，检查时可将零件转动或晃动几下。为了操作方便，可将放大镜用一支杆支起来，这样可以用卷有脱脂棉的小木棍沾酒精和乙醚的混合液，边擦边看。

检查有些零件时，有的印迹在灯下不容易看到，要求对表面的印迹（水印）在自然光下检查。这时，可以在自然光下用手反复转动零件来检查。

3.8.6.8 光圈的修改

根据光圈的实际高低情况，表3－22按镜盘相对于抛光模的不同位置给出了一般修改光圈的要领。

表3－22 光圈修正方法

加工方式	图 示	表面特征	调 整 方 法
镜盘在上	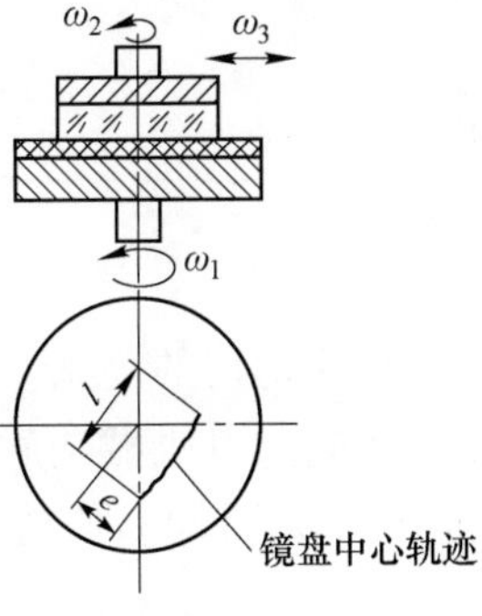 ω_2 ω_3 ω_1 l e 镜盘中心轨迹	光圈高	（1）抛光模边缘多开槽； （2）摆动时，镜盘中心对抛光模中心有一位移量 e； （3）增大摆幅 l； （4）降低主轴转速 ω_1，提高摆速 ω_3

续表 3-22

加工方式	图　示	表面特征	调 整 方 法
镜盘在下	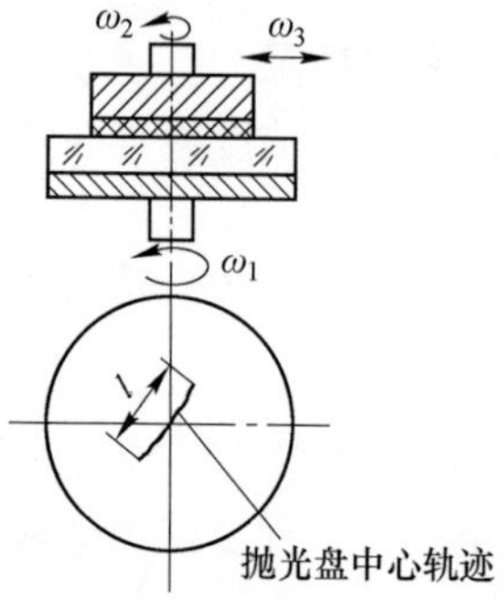 ω_2 ω_3 ω_1 l 抛光盘中心轨迹	光圈高	(1) 抛光模边缘多开槽; (2) 摆动时, 抛光模中心通过镜盘中心; (3) 减小摆幅 l; (4) 降低主轴转速 ω_1, 提高摆速 ω_3
镜盘在上	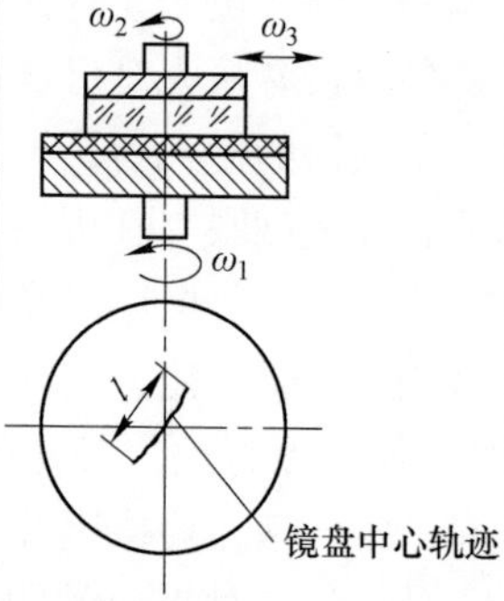 ω_2 ω_3 ω_1 l 镜盘中心轨迹	光圈低	(1) 抛光模中间多开槽; (2) 摆动时镜盘中心通过抛光模中心; (3) 减小摆幅 l; (4) 提高主轴转速 ω_1, 降低摆速 ω_3
镜盘在下	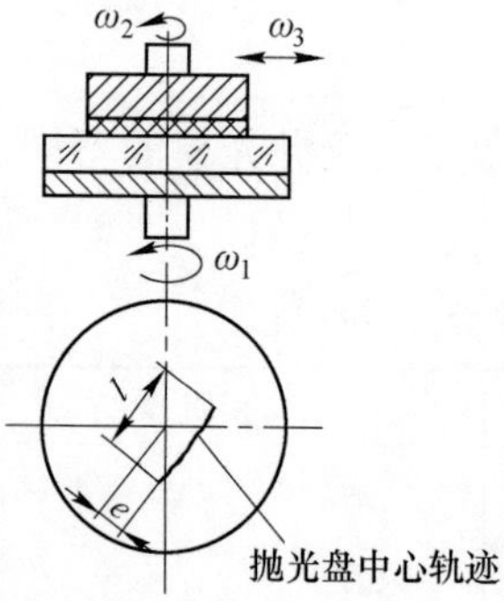 ω_2 ω_3 ω_1 l e 抛光盘中心轨迹	光圈低	(1) 抛光模中间多开槽; (2) 摆动时抛光模中心对镜盘中心有一位移量 e; (3) 增大摆幅 l; (4) 提高主轴转速 ω_1, 降低摆速 ω_3

3.8.6.9　影响表面粗糙度的因素

抛光过程中, 镜盘表面粗糙度与抛光粉质量有着密切的关系。由于抛光粉内混有机械杂质、抛光粉硬度不合适、抛光胶太硬或混有机械杂质、抛光模与镜盘表面吻合不好及室内温度太低使抛光胶变硬等原因均易使镜盘表面产生划痕。

另外，机床及用具不清洁或空气中有灰砂，将会严重影响表面粗糙度。

镜盘边缘有砂眼，一种是因为精磨后高光圈，当中间已抛亮时，边缘尚有砂眼。另外，当零件“走动”时，也会引起边缘有砂眼。镜盘中间有砂眼一种是因为精磨后光圈低得太多，边缘已抛亮而中间尚未抛到，零件“走动”也有可能造成镜盘中间有砂眼。零件表面有粗砂眼则往往是精磨不充分造成的。

抛光过程中有时会在零件表面上产生油斑（水印）似的东西，这与玻璃化学稳定性、抛光模的吻合情况有关，可以在抛光粉悬浮液中加少量的硫酸锌加以消除（约每升6g）。

在用样板检验零件表面光圈时，如果没有将样板和零件表面擦干净，也容易使零件表面受到损伤。

为了提高表面光洁度，镜盘将下盘前，常常不再添抛光粉悬浮液，而是添一段时间清水。为了检验时擦拭方便，下盘时要抛到抛光盘几乎没有水分时，将抛光盘（或镜盘）沿着镜盘（或抛光盘）表面拉下来。这时玻璃表面上比较清洁，不再用脱脂布擦拭，就可以看光圈或表面粗糙度。

3.8.6.10 常见疵病原因及克服方法

常见疵病原因及克服方法见表3-23。

表3-23 常见疵病原因及克服方法

疵病类型	原 因	克服办法
划痕	（1）抛光粉粒度不均匀或混有大颗粒机械杂质； （2）工房环境不清洁； （3）抛光胶或毛毡、聚氨酯等不洁净； （4）擦布不干净； （5）操作者从外部带入灰尘； （6）精磨后清洗不彻底； （7）检查光圈时未擦净而样板又滑动； （8）精磨遗留划痕未抛掉； （9）抛光胶太硬； （10）抛光模与镜盘吻合不好； （11）抛光模使用时间太久，表面起硬壳； （12）抛光模边缘有干硬堆积物； （13）下盘时擦伤； （14）保护漆不干净	（1）选用粒度均匀的抛光粉； （2）搞好环境清洁工作； （3）仔细过滤并保管好抛光胶，选用洁净毛毡、聚氨酯； （4）擦布应洗净并放入盒内； （5）穿戴好工作服和帽子； （6）精磨后要洗净镜盘表面； （7）样板要擦净，勿在工件上滑动； （8）精磨完工一定要仔细检查； （9）选用合适的抛光胶； （10）修刮或重新压抛光模； （11）刮去硬壳层，重新抛光模； （12）及时除去抛光模边缘堆积物； （13）下盘前，涂好保护漆； （14）清洗液应保持干净，而且不要使劲硬擦；选用清洁的保护漆

续表 3－23

疵病类型	原　因	克服办法
麻点	（1）抛光时间不够； （2）精磨时间不充分； （3）精磨面粗细不均匀，尤其是边缘与中间差别太大； （4）有粗划痕抛断后的痕迹； （5）方形或长方形零件精磨后塌角； （6）零件“走动”（常发生于弹性胶法）； （7）精磨面形误差太大，尤其是偏高，易形成边缘抛光不充分	（1）应有足够的抛光时间； （2）精磨时应将上道磨料的粗砂眼全部磨去； （3）每一道磨料精磨时，均应从边缘先磨起； （4）抛光过程中发现划痕后，应先标出方位后再抛； （5）用开槽平模精磨，并注意所添的砂要均匀地撒开； （6）选用适当黏度的黏结胶，控制工房的温度梯度，使其勿太大，镜盘勿骤冷骤热，黏结胶厚度应符合计算要求； （7）精磨后，面形应控制在规定的范围内，以避免高光圈
印迹	（1）抛光模与镜盘吻合不好，出现油斑痕迹； （2）玻璃化学稳定性不好； （3）水珠、唾沫星、抛光液等未及时擦除	（1）选用合适黏度的抛光胶，修刮抛光模，使之与镜盘吻合； （2）抛光中产生的印迹，可用适当的添加剂，对完工后的印迹用可靠的保护漆去除
光圈变形	（1）黏结力不合适； （2）光圈未稳定即下盘	（1）光圈变形主要发生在较薄的零件或不规则的零件，故此类零件上盘前应充分考虑各部位受力情况，采用适当的上盘办法； （2）应按零件大小，给予一定的光圈稳定时间

3.8.7 倒角（边）加工

3.8.7.1 倒角加工方法

倒角加工有两种加工对象：一种是保护性倒角，这类角度面要求相对要低一些；另一种是结构性倒角，图纸上有比较严格的要求。加工倒角的方法有倒角（边）机和平面磨床两种。

使用倒角机时，依靠前、后定位挡铁定位，使玻璃棱边在两个定位挡铁之间靠紧，手从上部加上压力，使用手工方式加工出倒角。

由于挡铁与金刚石磨盘平面的位置是固定的，则可以直接倒出边（角）的宽度和角度，如图 3－43 所示。

用平面磨床对玻璃倒角加工时，使用夹具装夹玻璃工件并对边（角）加工，

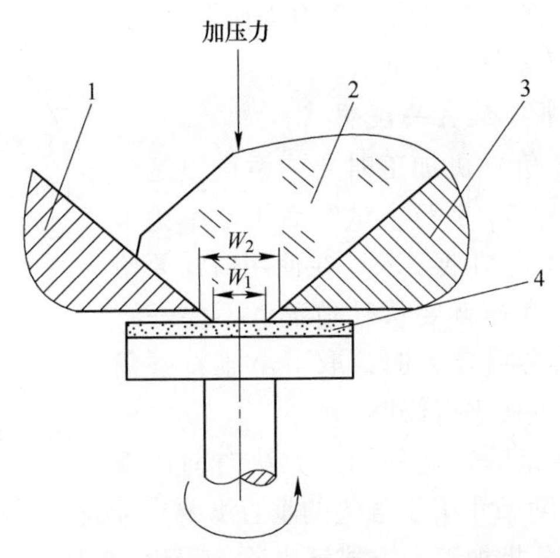

图 3-43 倒角（边）机加工原理图

1—前定位挡铁；2—玻璃；3—后定位挡铁；4—金刚石磨盘

如图 3-44 所示。此法有较高的加工效率和质量，可以使用倒边夹具装夹，减轻了工人的劳动强度。尤其对手工方式加工有难度的较大尺寸玻璃的边（角）加工更有优势。

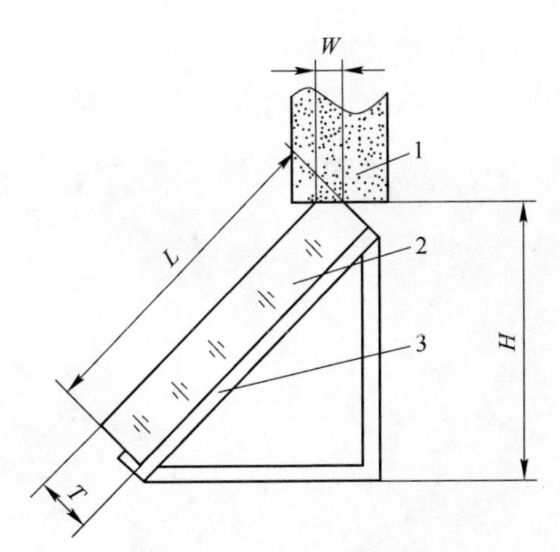

图 3-44 磨床倒边原理图

1—金刚石砂轮；2—玻璃（工件）；3—夹具

用手工方式在单轴机上倒角或使用金刚石锉刀、砂轮块、油石等对要求不高的工件倒边。

3.8.7.2 检查方法

（1）用游标卡尺检查。由于卡尺不能直接卡住被测边，只能用肉眼“瞄”。这种办法检查精度较低。

（2）用倍率镜检查。使用倍率镜检查比较直观，精度可达0.1以内，如图3－45所示。

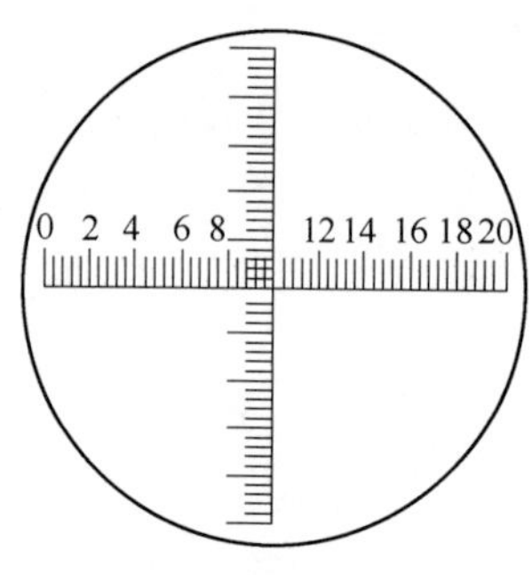

图3－45　用倍率镜检查倒边宽度的情形

3.8.7.3　注意事项及有关说明

（1）使用倒边（角）机加工时要注意调整定位挡铁的开口尺寸 W_2 与 W_1 平行，试磨后用倍率镜检查倒边宽度 W_1 是否符合图纸要求。在使用时，要使金刚石轮盘得到均匀磨损就要移动玻璃，不要一直在一个位置上磨。当磨损较大时，取下金刚石磨盘在单轴机上用磨料对盘面进行修磨。

（2）使用平面磨床倒边这种加工方法对前道工序的长度尺寸 L 和厚度尺寸 T 及各边的垂直度要求较高，否则磨出来的边宽不一致。可以采取按尺寸分批加工的方式解决这一问题。

（3）使用倍率镜检查宽度尺寸时，眼睛要尽量对准中间的刻度，这样可以减少斜视带来的视觉误差。

3.8.8　滚磨外圆

3.8.8.1　手工滚圆

（1）滚圆前零件先用松香蜡胶成条。

（2）在平模上磨成四方、八方、十六方，然后滚圆，如图3－46所示。

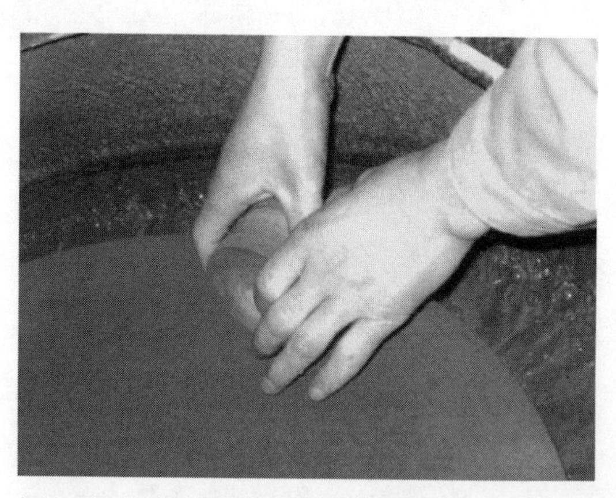
图3－46　手工滚圆

（3）为了提高圆度，当滚圆余量在0.4～0.6mm时，进行转胶。其方法是在圆柱面上划一直线，经加热后使工件相互错开一个角度，放到90°槽中挤正。冷却后再滚圆到规定尺寸。

（4）为了提高圆度和圆柱度，最后留下0.1～0.2mm余量时，在V形槽或半圆槽中用木板加入磨料搓动。

3.8.8.2 在外圆磨床上滚圆

在外圆磨床上磨外圆前，玻璃的两个大面要先进行粗磨，根据玻璃大小和质量决定是否先对玻璃进行黏结，如果加工时工件能够通过尾座顶稳并能够承受磨削力的话，可以不黏结。否则，要先进行黏结后再磨，如图 3－47 所示。

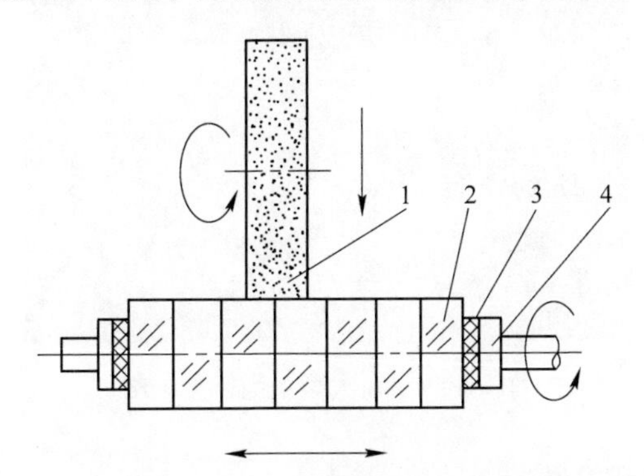

图 3－47 在外圆磨床上磨外圆

1—砂轮；2—工件；3—毛毡；4—接头

3.8.8.3 在滚圆机上滚圆

在滚圆机上滚圆装夹方法和外圆磨床类似，如图 3－48 所示。

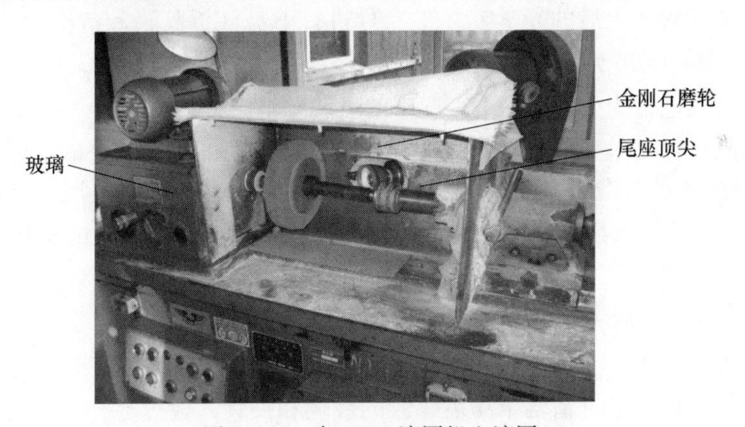

图 3－48 在 Q818 滚圆机上滚圆

3.8.8.4 在无心磨床上加工外圆

在无心磨床上加工外圆主要用于加工直径小于 7mm 的工件。工件的进给速度由导轮与砂轮轴线之间的夹角决定（一般为 1°～6°）。

3.8.8.5 在大型滚圆机上滚圆

这种机床可以加工 ϕ250mm 以上的外圆并可以粗磨大面。加工时要选好合适直径的夹具体，在对玻璃两个大面粗磨并切去多余的边角后再对外圆划线。装夹时玻璃之间要垫上毛毡，以上压盘来对划线，使其居中，压紧上压盘，开始磨削，如图3－49所示。

图3－49　在大型滚圆机上滚圆

3.8.9　上盘、下盘和清洗

3.8.9.1　原理

利用黏结制品的黏合特性将光学零（工）件按一定的排列方式黏结在模具上，组成通称的镜盘。其黏结过程称为上盘（或称黏胶、上胶、胶盘）。利用有机溶剂的特性对加工后的光学零（工）件进行下盘（拆胶）和清洗。

3.8.9.2　常用加热电器及黏结材料

常用加热电器为ML－2－4等型号的可调温电热板、电炉。

黏结胶可以是单一或多种物品的混合物。常用的配制黏结胶的物品有：蜂蜡（黄蜡）、石蜡（白蜡）、松香、沥青、虫胶（假漆、漆片、洋干漆、紫草茸等）、石膏、水泥、香豆酮－茚树脂（又称固马龙树脂）、松香改性酚醛树脂、环氧树脂。

3.8.9.3　上盘、下盘和清洗的一般方法和步骤

A　准备工作

穿戴好劳保用品，清洁干净需黏胶的玻璃和夹具，检查上一工序交来的玻璃是否符合要求。

B　熬胶

熬胶的步骤为：

（1）白蜡与松香按约7∶3的比例配合放在铝锅中。不同季节气温，可适当地调整白蜡与松香的比例，夏季气温较高可多加一些松香，冬季气温较低可少加一点松香，但白蜡与松香的比例不超过（6～8）∶（4～2）。

（2）把铝锅放在电炉上，打开电炉电源加热，待白蜡与松香充分熔化，用长铁瓢搅拌混合均匀，胶（黄蜡）便配好。

(3) 将熬好的胶倒在瓷盘中自然冷却，凝固的胶（黄蜡）从瓷盘中取出切成块或条备用。

C 上盘（胶）

上盘的方法有以下几种：

(1) 松香蜂蜡（或白蜡）上盘。将黏结面铲、刮、擦拭干净的玻璃和夹具放在调温电热板上慢慢加热。调整电热板温控旋钮，慢慢加热，保持电热板及上面的玻璃、夹具在适当的温度范围。温度太低黏胶（黄蜡）不能完全熔化，黏结不牢，磨、切加工中易脱胶而损坏玻璃。温度太高，玻璃会炸裂。将备好的胶（黄蜡）块或条在已加热的夹具或玻璃的黏结面上直接涂抹。用胶一定要适量、均匀。将玻璃与夹具或玻璃与玻璃的黏结面合上，用戴手套的手稍稍用力加压，并来回移动几下，挤出黏结面中多余的胶（黄蜡）、空气以及杂质。如需定位的玻璃，必须按要求摆平、放正、靠齐。上好胶的玻璃和夹具平放在工作台或小木架上自然冷却。

图 3－50 所示为一种松香蜂蜡上盘方式，这种方法常用于粗磨过程以及对光圈、平行度要求不高的精磨、抛光零件的上盘。图 3－51 所示为另一种松香蜂蜡上盘方式，这种方法常用于要求平行度和平面度较高的零件，先将黏结模擦净，然后放上擦净的工件，再将黏结胶（粉末状）洒在零件缝隙处，加热黏结模，使黏结胶熔化后从零件的边缘渗入。

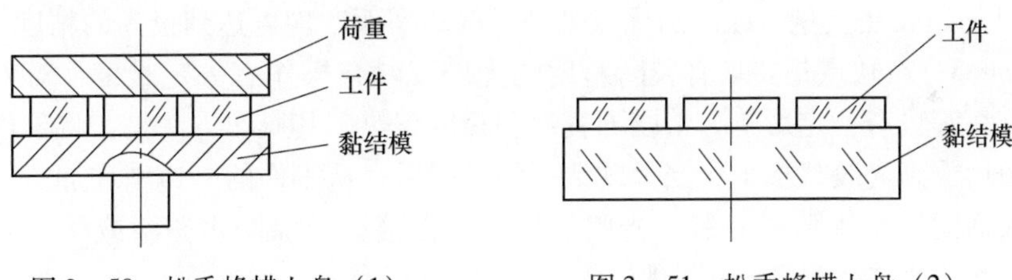

图 3－50 松香蜂蜡上盘（1）　　图 3－51 松香蜂蜡上盘（2）

(2) 点胶上盘法。此法的优点是可获得较好的面形（$N \approx 0.5$）和平行度（$\theta \approx 30''$）。缺点是承受不起高速高压的加工条件，怕震动，易“走动”。其黏结胶有软、硬两种。软胶即一般抛光胶，硬胶即火漆，软点胶黏结如图 3－52 所示。硬点胶（火漆）黏结如图 3－53 所示。

(3) 浮胶上盘法（俗称假光胶）。此法的特点是工件和黏结平板都不加温，工件还可达到较高的平行度和面形精度（$N \leqslant 0.5$，$\theta \leqslant 10''$），缺点是承受不起高速高压的加工条件。其操作方法是：先将黏结平板擦净，再放上擦净的零件，然后将融化的黏结胶滴入零件间的空隙处，冷却后，刮净零件加工表面上的胶。黏结胶的配比一般是松香与蜂蜡之比为 4∶1～8∶1。浮胶黏结如图 3－54 所示。

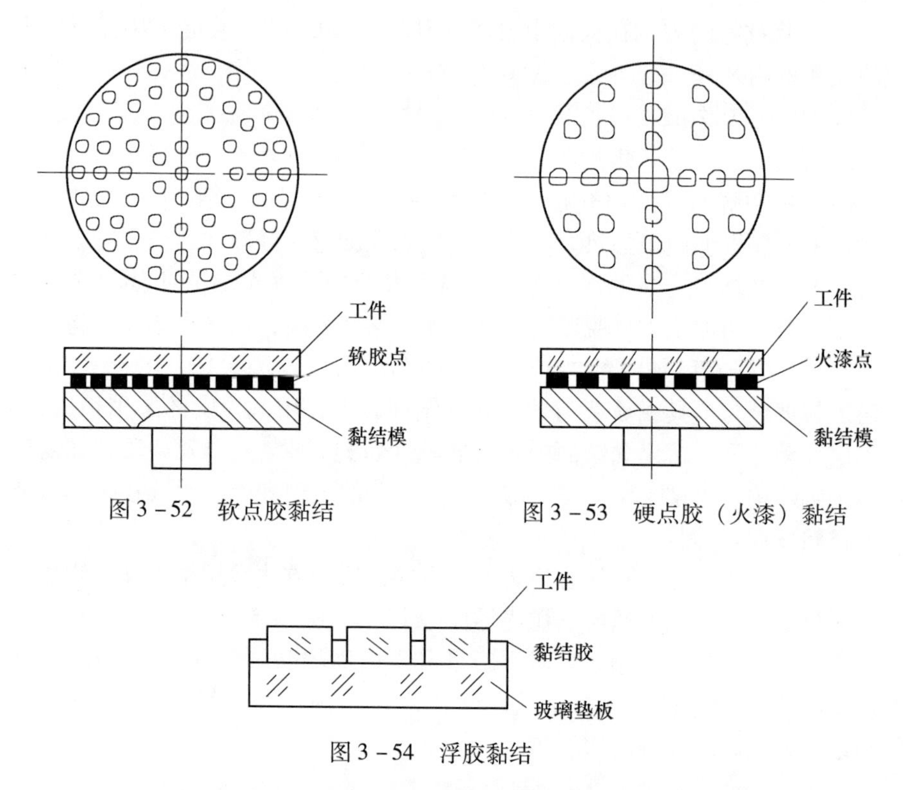

图 3－52　软点胶黏结

图 3－53　硬点胶（火漆）黏结

图 3－54　浮胶黏结

（4）光胶法上盘。此法的优点是平行度和平面度均可达到很高的精度（$N<0.5$，$\theta<5''$）。缺点是要求有较高精度的光胶工具，操作有一定难度，对光胶面表面疵病等级有一定影响，怕剧烈震动和骤冷骤热。其操作方法是：将零件光胶面擦净后放到光胶垫板上，当呈现清晰的光圈后，从零件的一边稍许加压，以排出光胶面间的空气形成光胶。光胶好后，应在接缝处涂防水磁漆或松香丙酮溶液，以防止水渗入光胶面。光胶上盘如图 3－55 所示。

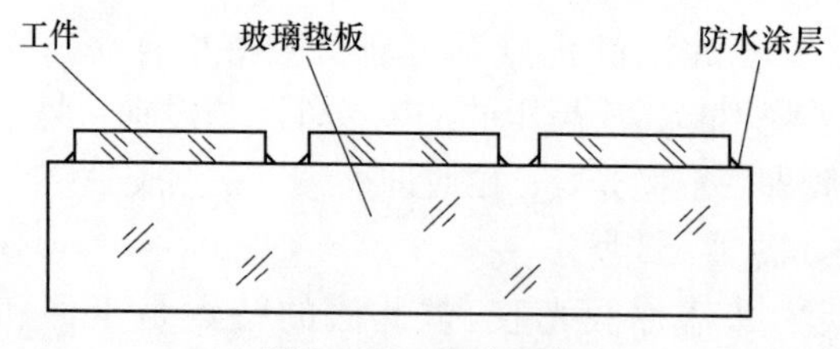

图 3－55　光胶上盘

（5）弹性法上盘。此法的优点是黏结模简单，通用性大。缺点是不能承受高速高压工艺条件，效率较低。弹性胶法的胶层（火漆）厚度最薄处约为工件直径的 1/10～2/10。

（6）刚性法上盘。此法的优点是上盘过程简单，粗磨可以成盘加工，能承受较高的速度和压力。缺点是黏结模专用性强，加工模具的精度和成本较高。

（7）夹模上盘法。此法的优点是上盘简单。缺点是只适用于中、低精度的零件，对形状复杂的零件也有一定的局限性。粗磨过程中的上盘有三种，一是压紧法，将棱镜毛坯放入夹模槽内，用螺钉压紧即可。二是使用靠体硬靠法，它是利用产生的切削力将工件压紧在工作台或夹具上进行加工的。优点是减少黏结时间和模具制造成本，装夹方便，在生产中得到广泛应用。但是，其对上道工序的尺寸和角度精度有一定要求，否则可能要产生工件移位和微量的松动，造成玻璃崩边，良品率下降。对有些工件的装夹较费时，如磨棱镜的端面等。三是用黏结法。将专用夹模加热后，在黏结模内涂上黏结胶，放上已预热的棱镜毛坯即可。为了解决靠体硬靠法的不足也采取黏结的办法。

（8）精磨抛光过程中的上盘。一种办法是首先将零件加热后在黏结面上粘上火漆条，待其冷却后按夹模槽位置在贴置平模上排列好，四周放上厚约2mm的限位条，将夹模加热到火漆能熔化的温度后准确地放到排好的零件上，待其徐徐下落到限位条，自然冷却即可。另一种办法是将工件装在夹具中，不使用黏结方法。如平面工件和精度一般的透镜单件加工等。

（9）石膏模上盘法。此法用于精磨抛光过程时的优点是棱镜可以为任意形状，其缺点是角度精度不高，对抛光面需要有较好的保护措施，否则易被腐蚀。

（10）靠体上盘法。其优点是：

1）加工精度高。

2）对已抛光面不易腐蚀。

3）不需单件手工修整角度。

4）有些工件胶上靠体后，只需翻胶靠体就可连续加工2～3个面，这对第一和第二光学平行差要求高的棱镜尤其适用。

D 下盘（下胶）

下盘的方法有以下几种：

（1）加热法下盘。用松香、蜂蜡（或石蜡）混合胶黏剂的镜片，常用加热法下盘。加热过程中要防止冷风直接吹向零件或接触冷的物体，避免炸裂。对用光敏胶胶合的零件在需要返修时，拆胶很困难，此时可以将玻璃零件放在玻璃粗退火炉中随炉退火，出炉后胶合在一起的玻璃就很容易分开了。

（2）冷冻法下盘。平面镜的浮胶法、透镜和棱镜的弹性胶法可以使用此法在低温冷冻后拆下零件。

（3）局部加热法。对光胶零件，用酒精灯加热零件局部，使之脱开即可下盘。

（4）敲击法下盘。用木槌轻击的方法下盘。

E 清洗

a 手工清洗

手工清洗的优点是简便易行，缺点是效率较低。常用的清洗剂（有机溶剂）有：无水乙醇、乙醚、溶剂汽油等。除了一般有机溶剂外，粗磨零件也可以用碱溶液清洗。

粗磨、切割加工的黏胶玻璃和夹具在电热板上适当加热至胶（黄蜡）刚好熔化，立即取下玻璃。不宜长时间或高温加热。下胶的玻璃放在盛有碱水（浓度5% ~10%）的瓷盆中加热浸泡，也可在电炉上稍稍煮一下（约50 ~60℃），让胶（黄蜡）溶解在碱溶液中。已在碱水中脱胶（黄蜡）的玻璃，应趁热在加热的清水中再次清洗余胶（黄蜡）。如果数量少或薄、小的玻璃应用汽油浸泡、清洗。对化学稳定性差的玻璃应尽量缩短浸泡时间。

用弹性法上盘抛光后的玻璃可以用冷冻法进行冷冻后敲击下盘，用酒精或汽油浸泡后用擦布擦拭干净。玻璃用碱水或汽油清洗后须用干净擦布擦拭干净。

b 超声波清洗

超声波清洗具有生产效率高、清洗洁净的优点。在大批量和小型零件的清洗上得到较多运用。

3.8.9.4 检查方法

（1）用肉眼检查胶层是否均匀，黏结是否紧密、牢固，玻璃黏结面应无大片花白现象。

（2）需定位的玻璃，应按工艺要求摆平、放正、靠齐，定位准确。

（3）检查清洗后的玻璃是否干净，有无余胶和油污。

3.8.10 冷加工检验

3.8.10.1 常用量具

常用量具有：游标卡尺（示值0.02）；带表式游标卡尺（示值0.02）；电子数显式游标卡尺（示值0.01）；千分尺（示值0.01）；万能角度尺（示值2′）；角尺；百分表（示值0.01）；千分表（示值0.001）；0级标准平板。图3－56所示为使用电子数显式游标卡尺测量尺寸。

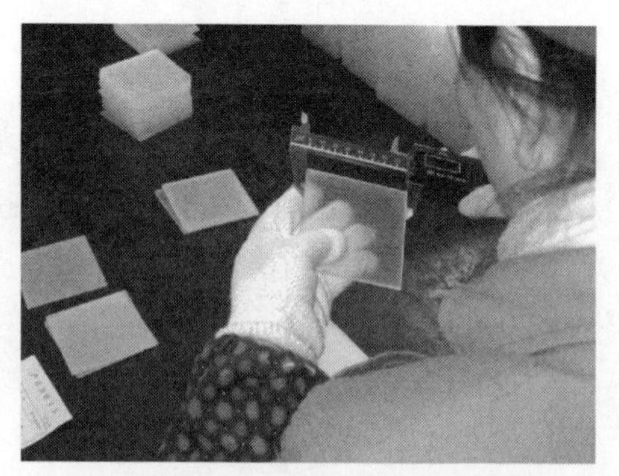

图3－56 使用电子数显式游标卡尺测量尺寸

3.8.10.2 常用专用检具及使用方法

“平板－千分表”组合式检具是批量加工时常用的专用检验器具，其具有测量准确和快速的优点。其测量原理是采用相对测量法，即在测量前，先用标准的量块作基准，对千分表对“零位”，然后以此对工件进行相对基准值偏差的测量，以量块值加上偏差值（正或副值），从而得到工件的实际测量值。

3.8.10.3 尺寸、平行度的测量方法

图3－57所示为平板－千分表组合式检具测量尺寸、平行度。尺寸、平行度的测量方法为：

（1）擦净平板上的灰尘和油迹。

（2）装上千分表（或百分表）。

（3）将量块按所需尺寸组合后，放在千分表与平板之间，调好千分表的“零位”。

（4）提起测杆，放入工件进行测量。

（5）测薄形工件侧面尺寸时，在平板上固定一个直角靠铁，使薄形工件与平板保持垂直。

（6）移动工件测量其平行度或平面度。

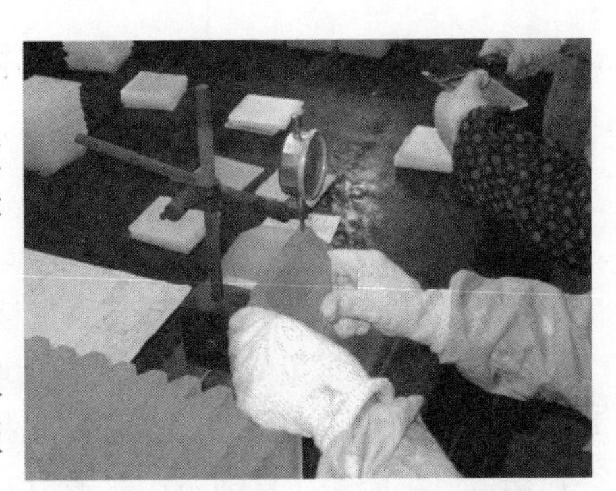

图3－57 平板－千分表组合式检具测量尺寸、平行度

3.8.10.4 角度、垂直度的测量

用角尺、万能角度尺测直角或垂直度。

专用检具测量原理包括：

（1）垂直度的相对测量原理。如图3－58所示，以一个标准的直角量块作为“对零”的基准。表头距平台表面的距离是L，实际的表面某一点距离标准的表头对零点为h，零件的实际表面与基准垂直面允许夹角误差为α。则允许的误差线性值为：

$$h = L \times \tan\alpha \tag{3-27}$$

先用深度尺（或游标卡尺的深度测尺）测出百分表表头距平台表面的距离L（可能有一点误差），再根据图纸上的垂直度（角度）极限偏差利用式（3－27）计算允许的误差线性值。

（2）角度的相对测量原理。如图3－59所示，以一个标准的角度量块作为“对零”的基准。表头距挡块尖点（线）A的距离是L，实际的表面某一点距离标准的表头对零点为H，零件的实际表面与基准垂直面允许夹角误差为β。则允许的误差线性值为：

$$H = L \times \tan\beta \tag{3-28}$$

先用游标卡尺测出表头与挡块尖点A的距离L，再根据图纸上的角度极限偏差利用式（3－28）计算允许的误差线性值。

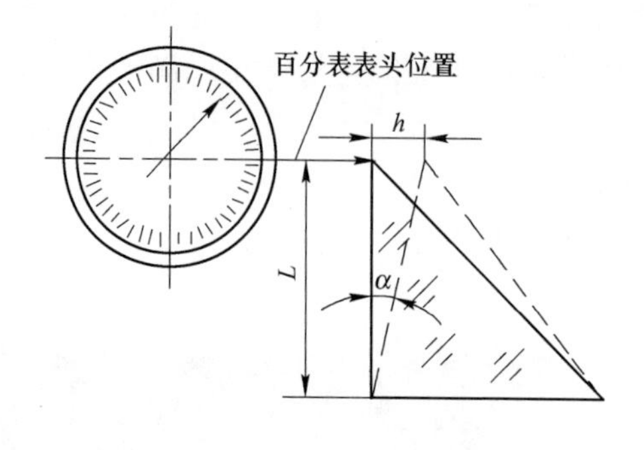

图3－58　垂直度的相对测量

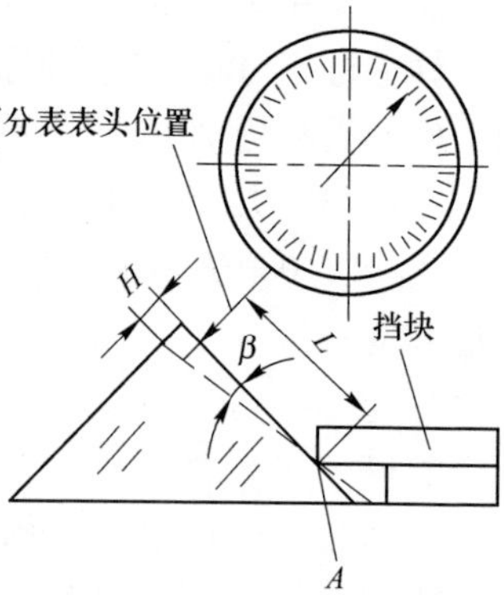

图3－59　角度的相对测量

图3－60所示为用专用检具测量棱镜角度、垂直度，具体操作步骤为：

（1）用标准直角量块（或角度量块）将千分表位置对“零位”。

（2）将工件放在平板面上双手轻推到千分表的表头处，移动工件测几个点，得到偏差值。需要注意的是：双手用力要均匀，不得单手用力，用力点接近平板（不能将玻璃推得绕直角交点旋转），否则容易使工件产生翘起而影响测量准确性。

图3－60　用专用检具测量棱镜角度、垂直度

3.8.10.5　平面度的测量

A　三爪式测量检具

三爪式测量检具如图3－61所示。该检具使用标准平板（或平晶）作为对零的基准，对平面零件的平面度进行测量。

B　矢高测量器

矢高测量器（俗称“圈口”）如图3－62所示。该检具利用标准的平板（或平晶）作为对零的基准。对平面零件的平面度（或球面度）进行测量。同时，它可以用球面样板对零，以基体的外圆和内径对球面的凹球面或凸球面进行矢高测量。其中，基体外圆 *A*、内径 *B* 和平面 *C* 必须有较高的精度和较低的粗糙度，*A*、*B* 处不得倒角（只需清除毛刺即可）。

3.8.10.6　注意事项及有关说明

（1）测量时提百分表头的力量不要太大，以免“零位”跑动。

（2）测量过程中应按一定的间隔时间对“零位”校准，最好用千分尺再抽检一下，避免意外因素造成错检。

（3）要严格坚持复检制度，避免产生成批检验质量事故。

（4）检验过程一定要做好标识和记录。

光圈、粗糙度（表面疵病）的检验可参见 3.8.6 节。

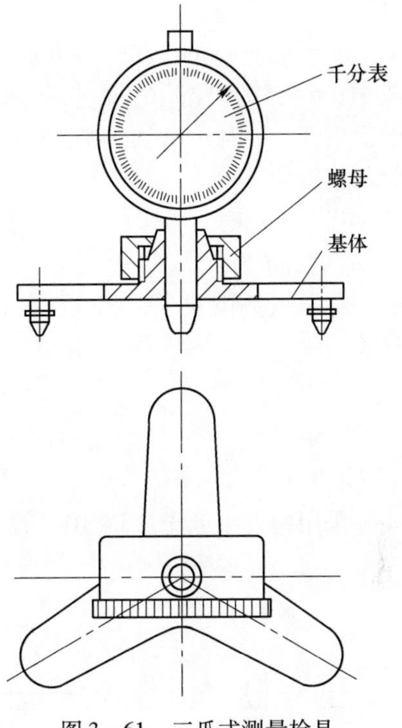

图 3－61　三爪式测量检具

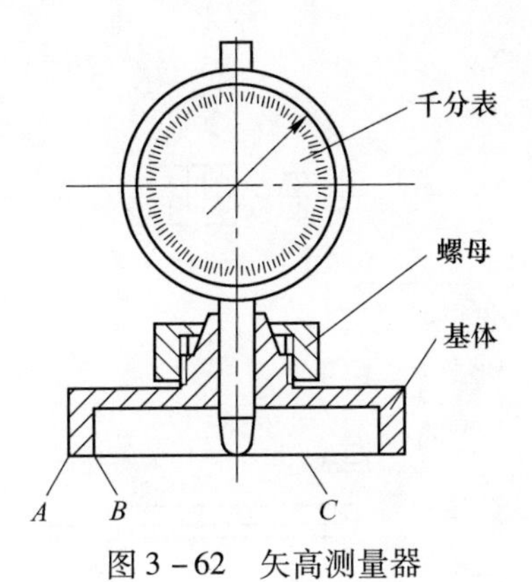

图 3－62　矢高测量器

3.9　光学玻璃测试方法

3.9.1　折射率和色散系数测试方法

3.9.1.1　原理[9]

测试采用的是比较测量法，如图 3－63 所示。当单色平行光束垂直入射到 V 棱镜后，经 V 棱镜和被测样品的多次折射，出射光线发生偏折。根据折射定律即可导出如下公式：

$$n = \left(n_0^2 + \sin q \sqrt{n_0^2 - \sin^2 q}\right)^{\frac{1}{2}} \quad (3-29)$$

式中，n 为计算样品的折射率；n_0 为 V 棱镜的折射率；q 为光束从 V 棱镜最后一面出射时的偏折角。

当 $n = n_0$ 时，$q = 0$；$n > n_0$ 时，q 为正值；$n < n_0$ 时，q 为负值。

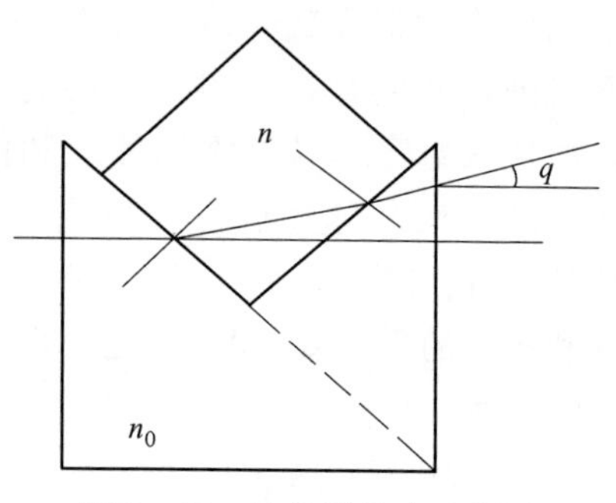

图 3-63 比较测量法示意图

色散系数由式（3-30）或式（3-31）计算：

$$v_d = (n_d - 1)/(n_F - n_C) \quad (3-30)$$

$$v_e = (n_e - 1)/(n_{F'} - n_{C'}) \quad (3-31)$$

3.9.1.2 仪器

采用精度不低于 $\pm 3 \times 10^{-5}$ 的 V 棱镜折光仪，其光学系统如图 3-64 所示。

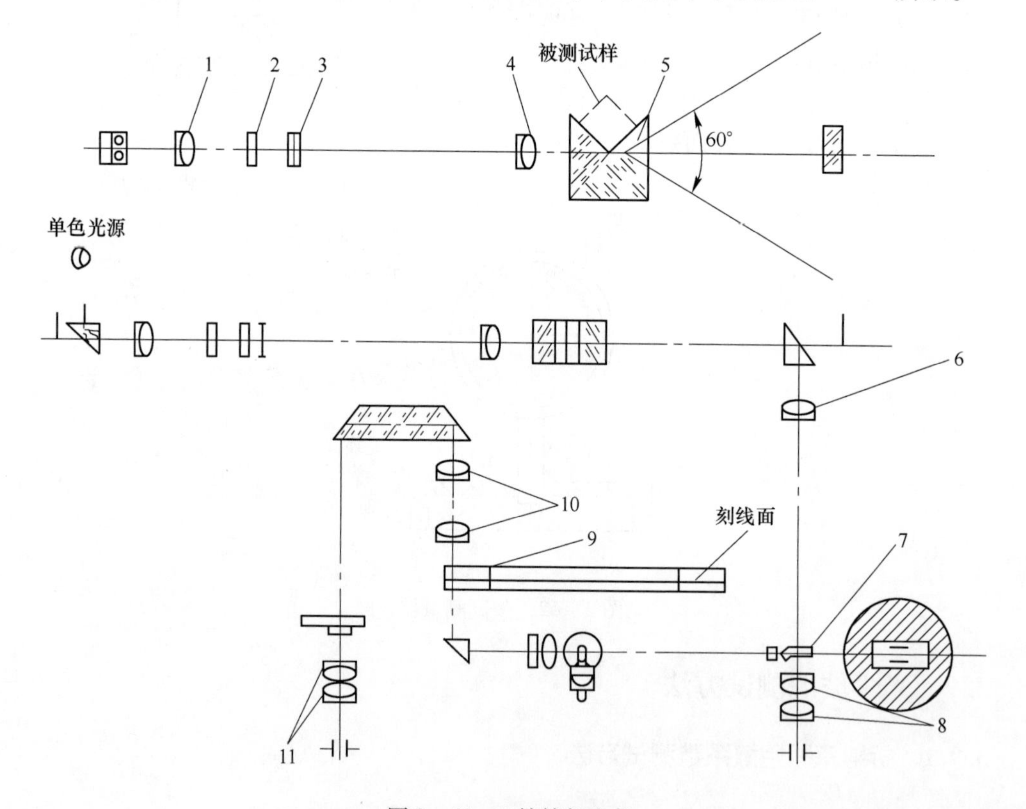

图 3-64 V 棱镜折光仪

1—聚光镜；2—滤光片；3—分划板；4—平行光管物镜；5—V 棱镜；6—望远镜物镜；7—分划板；8—目镜；9—度盘；10—显微物镜；11—测微目镜

每台仪器配备3块V棱镜，每块V棱镜的测量范围见表3-24。

表3-24 V棱镜的测量范围

棱镜号	棱镜折射率	可测量范围
1	约1.51	1.30~1.70
2	约1.65	1.40~1.80
3	约1.75	1.60~1.90

每台仪器配置5种光谱灯，提供10个光谱线波长。

3.9.1.3 样品要求

材料要求：无肉眼可见条纹和气泡。

加工要求：样品加工成每边长为15mm的立方体或至少有一个准确直角的其他几何体。当样品折射率 n_d 不大于1.78时，两通光面用W14金刚砂磨成90°±1′的直角；当样品折射率 n_d 大于1.78时，两通光面不仅要磨成90°±1′的直角，并且必须抛光。

3.9.1.4 折射液的配制要求

对折射率 n_d 不大于1.78的样品，折射液与样品的折射率差值不大于0.01；折射率 n_d 大于1.78的样品必须抛光，折射液采用二碘甲烷加硫黄的饱和液。

3.9.1.5 测量

测量步骤如下：

（1）测量前用零级宽座直角尺检查样品加工角度。样品一通光面紧贴直角尺的长边下移至底座，检查底边是否漏光，以不漏光为合格。

（2）将V棱镜擦净，把零位块标样的通光面涂上折射液，放入V棱镜内，仔细贴置，排除其间的气泡。接通电源，点燃光谱灯。转动仪器度盘，对准刻线，读取 q_0（零位修正值）。

（3）取下标样，换上被测样品，读取 q_1。$q=q_1-q_0$。

（4）将 q 带入式（3-29）计算 n（n_d、n_F、n_C、n_e、$n_{F'}$、$n_{C'}$、…）值；将 n_d、n_F、n_C 带入式（3-30）计算 v_d 值；将 n_e、$n_{F'}$、$n_{C'}$ 带入式（3-31）计算 v_e 值。

（5）色散系数 v_d 的相对差值用式（3-32）计算：

$$(\Delta v_d)_r=\frac{v_d-v_{d0}}{v_{d0}}\times 100\% \tag{3-32}$$

式中，$(\Delta v_d)_r$ 为被测样品的色散系数相对差值；v_d 为被测样品的色散系数测量计算值；v_{d0} 为色散系数标准值。

3.9.1.6 注意事项

（1）仪器必须定期进行校验。使用一段时间以后，由于磨损等原因，仪器的零位要发生改变，此时要经过校验，重新标定零位修正值。特别是更换V块以后，一定要对仪器进行重新调校和标定，否则测出来的数据是不准的，误差肯定很大。

（2）由于玻璃对不同波长光线的折射率是不一样的，因此，测什么谱线的折射率，就必须选用相应的光谱灯。比如，n_D 选钠灯，n_d 选氦灯，n_F，n_C 选氢灯。

（3）样品加工角度一定要准。既要求 90°角准（90° ±1′），又要求不能磨斜（塔差）。另外，对于折射率 1.78 以上玻璃，两个直角面要抛光，否则成像不清楚。

（4）色散和色散系数。中部色散定义为：$n_F - n_C$ 或 $n_{F'} - n_{C'}$；色散系数 v_d 定义为：$v_d = (n_d - 1)/(n_F - n_C)$；色散系数 v_e 定义为：$v_e = (n_e - 1)/(n_{F'} - n_{C'})$。

从以上定义可知，色散和阿贝数并不是直接测量值，而是测量值的计算值。因此，只要测出 n_d、n_e、n_F、$n_{F'}$、n_C、$n_{C'}$ 就可以算出所需要的色散和阿贝数。因此，色散和色散系数的测量问题实际为折射率的测量问题。

（5）V 棱镜折光仪的单谱线测试精度只有 $\pm(3 \sim 5) \times 10^{-5}$。对于色散和色散系数，由于涉及多谱线测试，此精度是不够的，特别是对低折射、低色散玻璃，V 棱镜折光仪是不适用的。

3.9.2 折射率精密测试方法

3.9.2.1 原理

测试采用的是直接测量法，如图 3－65 所示。

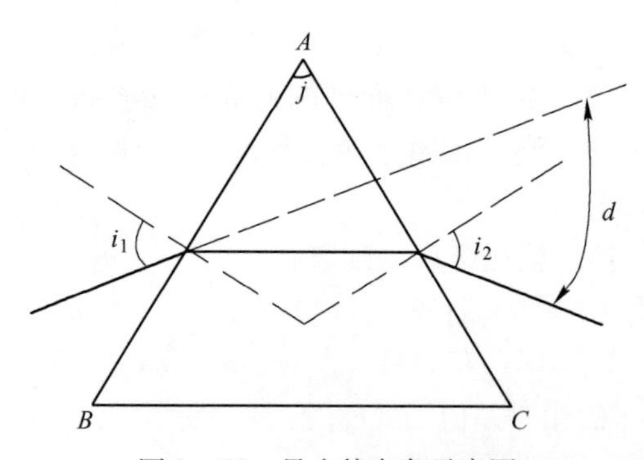

图 3－65 最小偏向角示意图

光线通过三棱镜发生折射，若入射角 i_1 等于出射角 i_2，则入射光线与折射光线的夹角（偏向角）具有最小值。折射率 n 的计算公式如下：

$$n = \frac{\sin \frac{d+j}{2}}{\sin \frac{j}{2}} \tag{3-33}$$

式中，d 为最小偏向角；j 为三棱镜顶角。

寻找最小偏向角的方法有逐步逼近法和三像法。使用三像法时，样品加工成等边棱镜，三个顶角均认为是 60°，对三个角的最小偏向角都要进行测量。计算公式如下：

$$n = 2\sin\left(30° + \frac{d}{2}\right) \tag{3-34}$$

其中，$d = \frac{1}{3}(d_A + d_B + d_C)$。

3.9.2.2 仪器

精密测角仪，测角精度不低于 ±1″，折射率测量精度不低于 $\pm 1 \times 10^{-5}$。

所用光源及谱线规定见表 3-25。

表 3-25 光源及谱线

光源	谱线	波长/nm	光源	谱线	波长/nm
Hg	—	253.65	Hg	—	576.96
Hg	—	265.20	Hg	—	578.97
Hg	—	275.28	Na	D	589.29
Hg	—	280.35	He	d	587.56
Hg	—	289.36	Cd	C′	643.85
Hg	—	296.73	H_2	C	656.27
Hg	—	302.15	He	r	706.52
Hg	—	313.18	Hg	t	1013.98
Hg	i	365.02	Hg	—	1128.14
Hg	h	404.66	Hg	—	1367.37
Hg	g	435.83	Hg	—	1395.06
Cd	F′	479.99	Hg	—	1529.58
H_2	F	486.13	Hg	—	1692.00
Hg	e	546.07	Hg	—	1710.99

3.9.2.3 样品要求

材料要求：条纹度为 B 级；气泡度为 A 级；应力双折射为 1～2 类；光学均匀性为 1～2 类。

加工要求：样品加工成等腰三棱镜，顶角 j 的大小按表 3-26 规定。面形（光圈）：$N=0.25$，$\Delta N=0.1$；塔差不大于 1′；表面粗糙度：$B=$ Ⅳ。

表 3－26　顶角 j 的大小

n_d	<1.7	1.7～2.1	>2.1
$j/(°)$	60	45	30

3.9.2.4　测量

A　测量条件

测量条件为：

（1）测量前，样品要在测量室内恒温 4h 以上。

（2）测量时，恒温室温度为（20±0.5）℃。

B　测量步骤

a　逐步逼近法

（1）把样品放在测角仪载物台上，调节载物台，使棱镜的主截面与测角仪的旋转轴垂直。

（2）测顶角 j，如图 3－66 所示。转动度盘，使样品的 AB 面和 AC 面先后与准直管自准，分别读取度盘读数 j_1 和 j_2，由式（3－35）计算顶角 j：

$$j_1 - j_2 = 180° - j \tag{3-35}$$

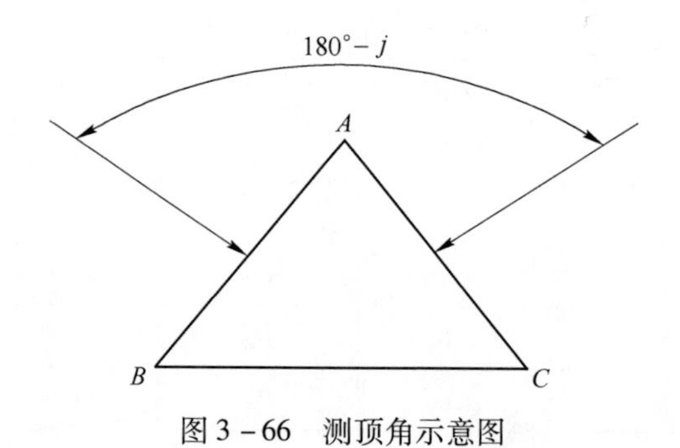

图 3－66　测顶角示意图

（3）测最小偏向角 d，如图 3－67 所示。从三棱镜的折射光线中，找到所需折射光线。缓慢转动载物台和度盘，折射光线将沿某一方向移动，当折射光线刚开始反向移动时，记下度盘读数。从上述位置出发，将度盘沿顶角的方向转动 $180° - j$，观察入射光的反射像，若与准直管标线不重合，则微调载物台，使之重合。再将度盘转回到所测折射光线位置，重新读数。重复上述过程，直到反射像与准直管的标线完全重合为止，此时的读数即为最小偏向角位置。使光线先后从 AB 面和 AC 面入射，分别测出最小偏向角的度盘读数 d_1 和 d_2，最小偏向角 d 用式（3－36）计算：

$$d = (d_1 - d_2)/2 \tag{3-36}$$

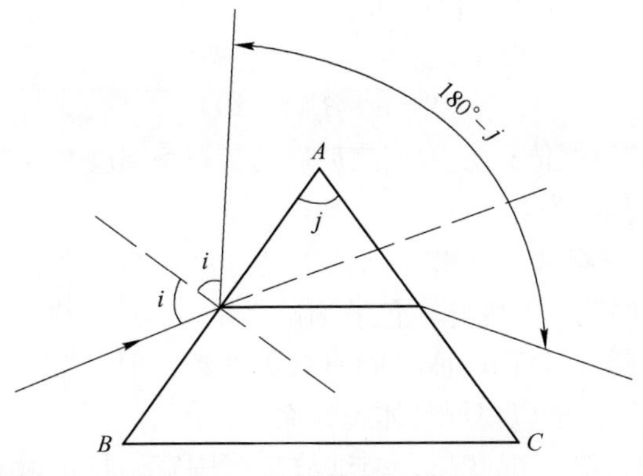

图 3-67 测最小偏向角示意图

b 三像法

把样品放在测角仪载物台上。调节载物台，使棱镜的主截面与测角仪的旋转轴垂直。在通过三棱镜的折射光线中找到所需光线，如图 3-68 所示。缓慢转动载物台，找到内反射像和外反射像，使之分别处于折射像的两边，并使折射像与外反射像和内反射像的距离之比为 1∶2。此时折射像的读数即为最小偏向角位置。转动载物台，使光线先后从 *AB* 面和 *AC* 面入射，分别测出 d_1 和 d_2，按式（3-36）计算出最小偏向角 d。重复上述过程分别测出三个顶角的最小偏向角 d_A、d_B 和 d_C。

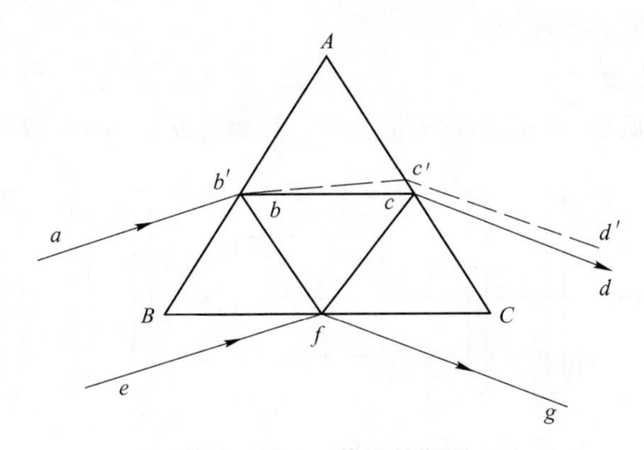

图 3-68 三像法示意图

C 测量结果

（1）计算折射率 n。

（2）进行气压修正（修正为标准大气压下的折射率）：

$$N = n + \Delta n_{\mathrm{p}}$$

$$\Delta n_{\mathrm{p}} = n \times 0.000293 \times (p - p_0)/p_0 \qquad (3-37)$$

式中，n 为测量出的折射率值；p_0 为标准大气压；p 为测量时的气压。

（3）测量时，如室温不能保证在（20±0.5）℃，应用式（3－38）进行温度修正（修正为20℃时的折射率）。

$$N = n - \beta_{\lambda}(t - 20) \tag{3-38}$$

式中，t 为测量时的温度值；β_{λ} 为被测玻璃的折射率温度系数。

3.9.2.5 注意事项

（1）折射率精密测试，要求样品加工精度高，并且测试速度非常慢，不适合大批量生产样品的测试。因此，色散测试样品不宜取太多。对于绝大多数牌号来说，只要配方不变，尽管 n_d 值可能有较大波动，但色散基本上是不变的。因此，色散样品的取样密度应根据具体牌号而定。

（2）精密测角仪测试精度高，测试波长范围宽，是折射率精测，红外和紫外波长折射率测试，色散和阿贝数测试的必配仪器。

3.9.3 边缘应力双折射测试方法

3.9.3.1 原理

当直线偏振光相继通过被测样品和1/4波片时，其偏振面将旋转 α 角，旋转角 α 的大小与样品的应力双折射光程差 δ 成正比：

$$\delta = N\lambda + \lambda \frac{\alpha}{180} \tag{3-39}$$

式中，δ 为总光程差，nm；N 为干涉条纹级次；λ 为测量用单色光波长，nm；α 为检偏器偏转角，(°)。

3.9.3.2 仪器

采用精度不低于±3nm的偏光应力仪，仪器光路如图3－69所示。

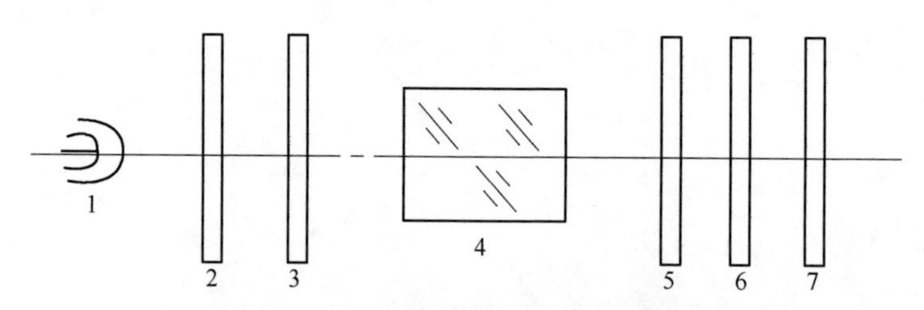

图3－69 偏光应力仪光路原理图

1—光源；2—漫射板；3—起偏器；4—被测样品；
5—1/4波片；6—检偏器；7—干涉滤光片

仪器的主要光学组件技术要求如下：

（1）干涉滤光片的峰值波长为（540±5）nm，半宽度为6nm，在可见光区不允许有次峰。

（2）1/4波片的光程差为（135±5）nm。

（3）偏振片（起偏器和检偏器）的偏振度不低于0.99。

3.9.3.3 样品要求

样品应制成矩形或圆盘形的规则形体，观测面应细磨或抛光。

3.9.3.4 测量

A 测量条件

样品按尺寸大小在测试室的恒温时间不少于表3－27的规定。

表3－27 样品测试室的恒温时间

边长或直径 D/mm	样品厚度 d/mm					
	≤10	10 < d≤40	40 < d≤70	70 < d≤100	100 < d≤150	150 < d≤200
	恒温时间/h					
≤50	2	2	—	—	—	—
50 < D≤100	2	4	8	—	—	—
100 < D≤150	4	8	16	32	—	—
150 < D≤200	—	16	32	48	72	—
200 < D≤300	—	32	48	72	96	120
300 < D≤400	—	48	72	96	120	144
400 < D≤500	—	—	96	120	144	168
500 < D≤600	—	—	120	144	168	192
600 < D≤700	—	—	144	168	192	216
700 < D≤800	—	—	—	192	216	240
800 < D≤900	—	—	—	216	240	264
>900	—	—	—	240	264	288

在测试室恒温的样品应分散放置，不允许层层叠放，折射液与样品的折射率之差不大于0.015。

B 测量准备

如图3－70所示，对各种形状样品的观测面作好测量标记。

接通仪器电源，对准仪器零位，将样品放在载物台正中，使样品观测面与光路垂直，在样品观测面上涂上规定的折射液。

C 测量步骤

（1）转动检偏器，使样品中的干涉暗带由中心向边缘扩展，并使干涉暗带的中心线与一个测量点重合，在光程差度盘上读取该点的总光程差 δ_1。重复上述操作过程，分别测出其余各点的总光程差 δ_2，δ_3，…，从中选出最大的总光程差 δ_{max}。

（2）量取样品的厚度 d。

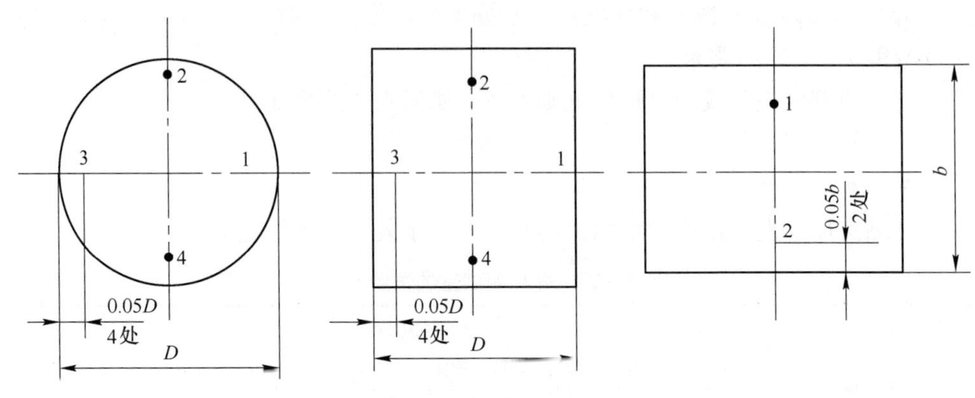

图3-70 各种形状样品测量标记

（3）将测量所得的δ_{max}和d代入式（3-40），计算样品每厘米的光程差δ_n。

$$\delta_n = \delta_{max}/d \tag{3-40}$$

式中，δ_{max}为最大总光程差，nm；d为样品厚度，cm。

3.9.4 中部应力双折射测试方法

3.9.4.1 原理

中部应力双折射测试方法原理与边缘应力双折射测试方法的原理相同。

3.9.4.2 仪器

采用精度不低于±3nm的偏光应力仪，仪器光路如图3-69所示。

3.9.4.3 样品要求

（1）样品应制成矩形或圆盘形的规则形体，观测面应细磨或抛光。

（2）样品观测面长短边长度之比不小于2∶1。

3.9.4.4 测量

A 测量条件

（1）样品按尺寸大小在测试室的恒温时间不少于表3-27的规定。

（2）在测试室恒温的样品应分散放置，不允许层层叠放。

（3）折射液与样品的折射率之差不大于0.015。

B 测量准备

（1）接通仪器电源，对准仪器零位。

（2）将样品放在载物台正中，使其最大尺寸方向与观测方向一致，如图3-71所示。

（3）在样品观测面上涂上规定的折射液。

C 测量步骤

（1）通过检偏器观测样品，如发现干涉暗带为两条，则干涉级次$N=0$。转动检偏器，使两条干涉暗带向中部靠拢，直至最暗。读取度盘转角 α，计算总光程差 δ。

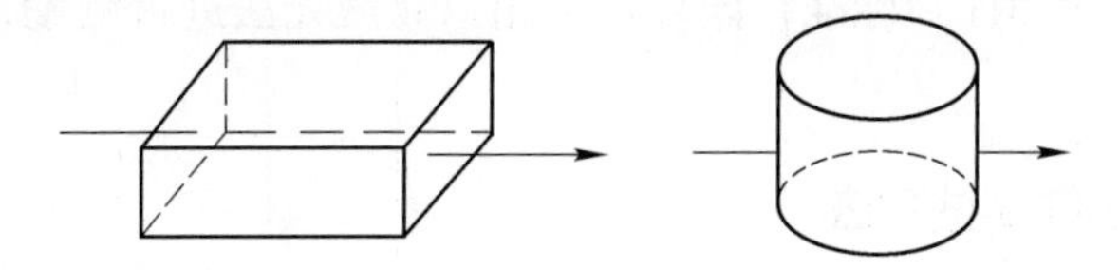

图 3-71 样品在载物台上摆放

（2）通过检偏器观测样品，如发现有成对的多条干涉暗带，则将干涉滤光片撤离光路，记下两条黑色暗带之间的干涉条纹对数（干涉级次）N，再将干涉滤光片装入光路，转动检偏器，使最靠近样品中部的两条干涉暗带向中部靠拢，直至最暗。读取度盘转角 α，计算总光程差 δ。

（3）量取样品的长度或直径 L。将测量所得的 δ 和 L 按式（3-41）计算样品每厘米的光程差 δ_n。

$$\delta_n = \delta / L \tag{3-41}$$

式中，δ_n 为每厘米的光程差；δ 为总光程差，nm；L 为样品长度或直径，cm。

3.9.4.5 注意事项

（1）应力双折射光程差的单位是 nm/cm，而不是力的单位 Pa。

（2）玻璃应力双折射光程差大小与应力大小成正比，即 $\delta = BdF$，光程差越大表示玻璃内应力越大。B 为应力光学系数或光弹性系数，对于具体牌号来说，是一个比例系数，在玻璃应力 F 相同的情况下，B 值越小，产生的光程差就越小，对光学系统的影响也就越小。因此，一般希望玻璃的 B 值越小越好，但大多数玻璃的 B 值都在 1～4 之间，只有极个别牌号的 B 值小于 1。

（3）对于规则形状的玻璃（圆形或长方形），按国标规定测边缘 5% 的应力或中部应力。但对于不规则的型料，建议采用如下方法测量：首先将仪器归零（视场全暗），然后将样品放入，找到最亮处（应力最大的地方），然后转动检偏器，使最亮处变到最暗，此时从度盘上读出总光程差，除以该处的厚度，即为要测量的应力双折射光程差数据。

（4）由于应力受温度变化的影响很大，因此，样品要放入仪器室恒温一定时间，恒温时间长短视玻璃大小而定，玻璃越大，恒温时间越长，玻璃越小，恒温时间越短。但至少要恒温 2h 以上，这是因为玻璃属于不良导体。另外，测量时一定要戴手套，不要直接用手拿玻璃。

（5）应力均匀性是指一块玻璃中应力分布的均匀程度。由于应力与应力双折射光程差成线性比例关系，因此可采用应力双折射光程差的分布来表示玻璃的应力均匀性。应力均匀性是大口径高精度光学玻璃的重要指标，应力均匀性不好会影响加工面形质量（加工好的面形会变坏）。大功率激光系统反射镜和透射镜、太空望远镜、天文摄谱仪、高轨道卫星、宇宙飞船的侦察，遥感系统，微秒、亚微秒光刻机镜头以及天基激光武器等项目对此十分重视。目前国内还未建立相应的测试方法和评判标准，国外可采用双频激光法进行测量，测量精度可以达到 ±0.1nm。

3.9.5 光学均匀性测试方法

3.9.5.1 原理

用激光平面干涉仪，采用分区测量的方法测量光学玻璃的光学均匀性。当一块折射率分布不均匀的玻璃放在干涉仪的光路中时，通过玻璃后的光波波前就不再是严格的平面波，利用波前变化量与折射率微差之间的关系按式（3－42）计算 Δn：

$$\Delta n = \frac{p_{\mathrm{v}} l}{d} \times 10^{-6} \tag{3-42}$$

式中，Δn 为折射率微差（光学均匀性）；p_{v} 为波前变化量（波峰－波谷值）；l 为测量用激光波长，nm；d 为被测玻璃的厚度，mm。

3.9.5.2 仪器

（1）ZYGO 激光平面干涉仪。口径不小于 300mm；测量精度：$\Delta p_{\mathrm{v}} = \pm 0.07$。

（2）贴置玻璃板。材料要求：气泡度为 A 级；条纹度为 A 级；应力双折射为 1 类；光学均匀性为 $\Delta n = \pm 1 \times 10^{-6}$。

加工要求：尺寸为 ϕ200mm × 40mm；工作面抛光（$N = 0.1$，$\Delta N = 0.05$）；平行差不大于 10″。

3.9.5.3 样品要求

被测样品（产品）加工成规则的平行平板，两通光面精磨，用 300mm 刀口尺检查无漏光缝隙，两通光面平行差不大于 1′。

3.9.5.4 测量

A 测量条件

（1）样品按尺寸大小在测试室的恒温时间不少于表 3－28 的规定。

表 3－28 样品的恒温时间

边长或直径 D/mm	样品厚度 d/mm				
	$10 < d \leqslant 40$	$40 < d \leqslant 70$	$70 < d \leqslant 100$	$100 < d \leqslant 150$	$150 < d \leqslant 200$
	恒温时间/h				
$100 < D \leqslant 150$	8	16	32	—	—
$150 < D \leqslant 200$	16	32	48	72	—
$200 < D \leqslant 300$	32	48	72	96	120

续表3-28

边长或直径 D/mm	样品厚度 d/mm				
	$10<d\leqslant40$	$40<d\leqslant70$	$70<d\leqslant100$	$100<d\leqslant150$	$150<d\leqslant200$
	恒温时间/h				
$300<D\leqslant400$	48	72	96	120	144
$400<D\leqslant500$	—	96	120	144	168
$500<D\leqslant600$	—	120	144	168	192
$600<D\leqslant700$	—	144	168	192	216
$700<D\leqslant800$	—	—	192	216	240
$800<D\leqslant900$	—	—	216	240	264
$900<D\leqslant1000$	—	—	240	264	288

（2）恒温室温度波动每小时不超过±0.5℃。

（3）恒温室内气流速度小于0.2m/s。

（4）在测试室恒温的样品应分散放置，不允许层层叠放。

（5）折射液与样品的折射率之差不大于0.0001。

B 测量步骤

（1）接通电源，使仪器预热15min。

（2）将样品放在载物台上，涂上折射液，贴上贴置玻璃板，调整被测玻璃，使其被测区域（贴有贴置玻璃的部分）处于光路中心，并与光路垂直，静放30min。

（3）调整仪器标准反射镜，使视场中出现5~7根清晰的干涉条纹。

（4）操作计算机，采集数据，读取 $p_{\upsilon1}$ 值。

（5）重复上述步骤，测量其他区域的 $p_{\upsilon2}$，$p_{\upsilon3}$，…，从中选出最大值 $p_{\upsilon\max}$。

（6）测量玻璃厚度 d（准确到毫米）。

（7）将 $p_{\upsilon\max}$ 和 d 代入式（3-42）计算出 Δn。

3.9.5.5 注意事项

（1）光学均匀性是指一块玻璃中各处之间的折射率微差。因此，玻璃尺寸越大，其光学均匀性越难控制。

（2）从光学均匀性的计算公式 $\Delta n=[(p_{\upsilon}\times l)/d]\times10^{-6}$ 可以看出，Δn 与样品厚度 d 成反比关系。因此，增加样品厚度可提高 Δn 的测量精度。

（3）由于受仪器口径和贴置板大小的限制，对于大于200mm口径玻璃，只能采用分区测量的办法来测试。因此，测量结果只是200mm口径范围的光学均匀性，不是整块玻璃的光学均匀性。这与光学均匀性的定义是不一致的。

3.9.6 内透过率测试方法

3.9.6.1 原理

光谱内透过率是指玻璃内部终止点与起始点光通量之比。

当从同一光源发出的两束光通量相同的单色平行光，分别垂直入射到表面完全相同而厚度不同的两块样品时，出射光通量之比，被认为是厚度相当于被测样品厚度差的样品的光谱内透过率，光谱内透过率 τ_λ 由式（3－43）表示。

$$\tau_\lambda = T_{1\lambda}/T_{2\lambda} = e^{-k_1(d_1 - d_2)} \tag{3-43}$$

式中，d_1，d_2 为样品厚度，$d_1 > d_2$；$T_{1\lambda}$为厚度为 d_1 样品的光谱透过率；$T_{2\lambda}$为厚度为 d_2 样品的光谱透过率；k_1 为被测玻璃的光吸收系数。

3.9.6.2 仪器

采用双光束分光亮度计，其技术指标要求如下：

（1）波长范围为 200～2500nm。

（2）波长精度为 ±0.3nm。

（3）透过率测量精度为 ±0.3%。

（4）光束平行度不大于 2°。

3.9.6.3 样品要求

材料要求：条纹为 B 级；气泡为 B 级。

加工要求：在同一块玻璃上切取厚度不同的两块样品，并同盘研磨和抛光。两块样品均加工成矩形，其长度和宽度视仪器样品夹大小而定，厚度分别为(5±0.05)mm 和（15±0.05)mm。样品两通光面抛光，表面粗糙度：B = Ⅳ，面形(光圈)：N=3，ΔN=0.5，平行差不大于 2′，其余各面细磨。

3.9.6.4 测量

（1）接通仪器总电源，待稳压电源电压稳定后接通仪器电源，仪器自校完成后预热 0.5h。

（2）校准仪器零位和 100%。

（3）根据测量要求，选择测量波长或波长范围。

（4）将样品插入样品夹（厚样品放在测试光路中，薄样品放在参考光路中)。

（5）按仪器使用说明操作仪器测量数据。

3.9.6.5 注意事项

不包含反射损失的透过率称为内透过率。如何扣除反射损失，除上面介绍的方法外，还有两种测试方法。

（1）单样品单光束测试计算法。

$$\tau_\lambda = T_\lambda / P_\lambda$$

$$P_\lambda = [4n/(n+1)^2]^2 \tag{3-44}$$

式中，τ_λ 为内透过率；T_λ 为一般透过率（实测）；P_λ 为反射损失系数。

（2）双样品单光束测量计算法。分别测量厚度不同的两块样品的一般透过率 T_1，T_2。

$$\tau(d_1 - d_2) = T_1/T_2 \tag{3-45}$$

式中，d_1，d_2 为样品厚度（$d_1 > d_2$）；T_1 为样品 d_1 的一般透过率；T_2 为样品 d_2 的一般透过率。

方法（1）中计算时涉及折射率 n。由于目前还不能测试任意波长的折射率，因此也就不能测试任意波长的内透过率。方法（2）是最新的测试方法，它把复杂的内透过率测试变成了一般透过率测试。

内透过率测试方法是建立在两个样品内部质量和表面加工质量完全一致的基础上的。样品加工是关键，需要采用专用夹具，使厚度不同的两块样品同时研磨同时抛光，以达到加工面形质量的完全一致。否则，该方法不成立。另外，对分光亮度计的要求也很高，测试光路和参考光路的光束都必须是严格的平行光。

3.9.7 着色度测试方法

3.9.7.1 原理

样品的厚度为10mm时，透过率80%对应的波长为 λ_{80}，透过率5%对应的波长为 λ_5，λ_{80}/λ_5 就是所谓的着色度，即着色度实际就是两个特殊波长的比值。着色度指标主要考核玻璃的透紫外能力。λ_5 越小，说明玻璃透紫外光谱越宽，λ_{80}/λ_5 比值越小，说明透过率曲线上升越陡。玻璃的透紫外能力越强，用于光学系统中，色彩还原性能越好。

3.9.7.2 仪器

采用分光亮度计，其技术指标要求如下：

（1）波长范围为200～900nm。

（2）波长精度为±0.3nm。

（3）透过率测量精度为±0.3%。

3.9.7.3 样品要求

材料要求：条纹为B级；气泡为B级。

加工要求：长度和宽度视仪器样品夹大小而定，厚度为（10±0.1）mm，样品两通光面抛光，表面粗糙度：$B = \text{IV}$，面形（光圈）：$N = 3$，$\Delta N = 0.5$，平行差不大于2′，其余各面细磨。

3.9.7.4 测量

（1）接通仪器总电源，待稳压电源电压稳定后接通仪器电源，仪器自校完成后预热0.5h。

（2）校准仪器零位和100%。

（3）将样品插入样品夹中按仪器使用说明操作仪器，调整测量波长，使透过率分别显示5%和80%，从而测出λ_5和λ_{80}，λ_{80}/λ_5就是被测玻璃的着色度。

3.9.7.5　注意事项

（1）由于透过率与样品厚度成负指数关系，为了统一标准和便于比较，样品厚度一定要加工成（10±0.1）mm。

（2）样品的两个通光面一定要抛光良好，且平行差要符合要求，否则会影响测试结果，即测试结果不能真实反映玻璃的质量水平。

（3）选用的分光亮度计一定要好，必须选用物理测量用的准确定量型仪器，不能选用化学分析用的相对定量型仪器。

3.9.8　光吸收系数测试方法

3.9.8.1　原理

光吸收系数以白光通过玻璃中每厘米路程的内透过率的自然对数的负值表示。当光束垂直入射玻璃后，光强因吸收而衰减，吸收系数K用式（3-46）表示：

$$K = -\frac{\ln t}{l} \tag{3-46}$$

式中，t为玻璃的内透过率；l为光束通过玻璃的路程。

本方法是通过测量玻璃的白光透过率来计算光吸收系数K值的。计算公式如下：

$$K = \frac{1}{l}\left\{2\ln\left[1-\left(\frac{n-1}{n+1}\right)^2\right]+\ln\left[1+\left(\frac{n-1}{n+1}\right)^4\right]-\ln T\right\} \tag{3-47}$$

式中，n为玻璃的折射率；T为玻璃的白光透过率，用出射光强与入射光强的比值表示。

对光吸收系数大于0.002或折射率低于1.75的玻璃，按式（3-48）计算吸收系数：

$$K = \frac{1}{l}\left\{2\ln\left[1-\left(\frac{n-1}{n+1}\right)^2\right]-\ln T\right\} \tag{3-48}$$

3.9.8.2　仪器

采用白光透过率测量仪进行测量，测量精度：$\Delta T = \pm 0.5\%$。

仪器配备一套标准透过率板，其白光透过率分别为90%、80%、70%、60%、50%。

3.9.8.3　样品要求

样品制成25mm×25mm×100mm（长度误差为±10mm）的长方体，两端面抛光，不允许有粗糙麻点及划痕，平行度小于2°，无条纹及直径0.5mm以上的气泡。

化学稳定性差的样品，抛光后应保存在干燥器内。

3.9.8.4 测量步骤

（1）点燃光源，预热10min。

（2）微调稳流电源的电压或电流，使空测试数据为100%。

（3）将被测样品放入光路中，微动样品，使样品入射面与光束垂直，使出射光束完全进入积分球窗口，关闭样品室盖子，读取白光透过率T值。

（4）用精度为±0.1mm的卡尺测量样品的长度L。

（5）利用测得的l、T、n_d值计算K值。

3.9.8.5 注意事项

光吸收系数与着色度是完全不同的两个概念。光吸收系数是玻璃对白光（380～780nm波长范围）的吸收率，着色度针对玻璃的透紫外波长。因此，两者基本上是没有关系的。

3.9.9 条纹度检测方法

3.9.9.1 原理

当光线通过玻璃，若玻璃内部有条纹，光束将发生偏折，光束截面上呈现条纹影像。

3.9.9.2 仪器

（1）条纹仪的光路如图3－72所示。

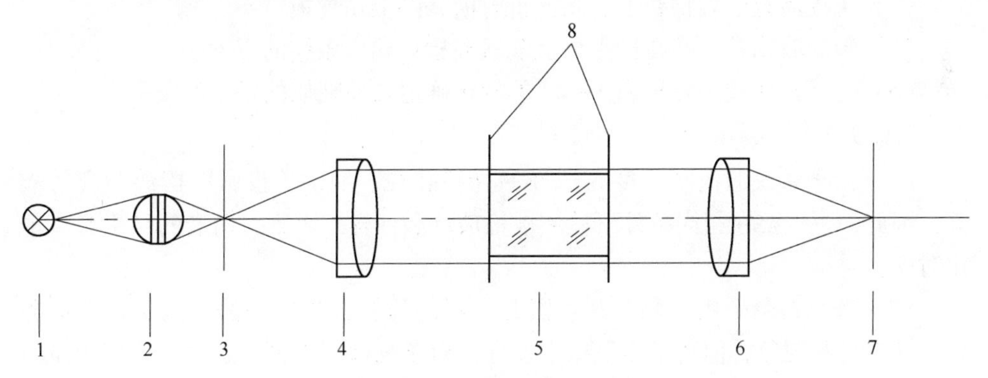

图3－72 条纹仪光路图

1—光源；2—聚光镜；3—光栏；4—准直透镜；5—被测样品；6—投影物镜；7—投影屏；8—贴置板

（2）光源为300W的汞灯；有直径为（1.0±0.05）mm、（1.2±0.05）mm、（2.0±0.05）mm的光栏各一个，并能快速转换定位。

（3）贴置板由无条纹的无色光学玻璃制成，工作面抛光，表面粗糙度：B =

Ⅳ。投影屏的受光面涂以58μm（250目）净白细石膏粉。

（4）配置条纹标准样品一套（A级、B级、C级各一块），各级别条纹程度见表3－29。

表3－29 条纹级别

级别	条纹程度
A	在规定检测条件下无肉眼可见的条纹
B	在规定检测条件下有细而分散的条纹
C	在规定检测条件下有轻微的平行条纹

3.9.9.3 被检玻璃

被检玻璃被测方向的两个端面精磨。

3.9.9.4 检测方法

检测条件为：

（1）检测应在通风良好的暗室内进行，但允许有不影响人眼观察和投影屏亮度的局部照明。

（2）折射液与被测玻璃的折射率差值不大于0.001。

检测步骤为：

（1）打开仪器电源，点燃汞灯，预热30min，待汞灯正常点燃。

（2）选择适当的光栏孔和规定的折射液。

（3）将样品置于载物台上，涂上折射液，贴上贴置板。

（4）转动载物台，并在投影屏上观察被检玻璃内条纹的程度。

（5）与标样比较，并按表3－29的规定确定被检玻璃的条纹度级别。

3.9.9.5 注意事项

（1）由于条纹的清晰程度与选择的光栏孔径、照度、投影屏摆放距离等有关，因此，一定要在相同条件下检测被检玻璃和标样。否则，两者的结果是不能比对的。

（2）条纹检测是用人眼观测。因此，不同检测人员之间的检测结果会有差异，这是正常现象。但为了尽量减小差异，对条纹检测人员一定要进行集中统一培训。

3.9.10 气泡度检验方法

3.9.10.1 原理

光线从侧面照射被检玻璃，在有黑色屏幕作背景时，借助于玻璃中气泡对光的反射作用引起的散射，可清晰地观察到玻璃内含气泡的情况。

3.9.10.2 仪器

玻璃气泡度的检测仪器如图3－73所示。

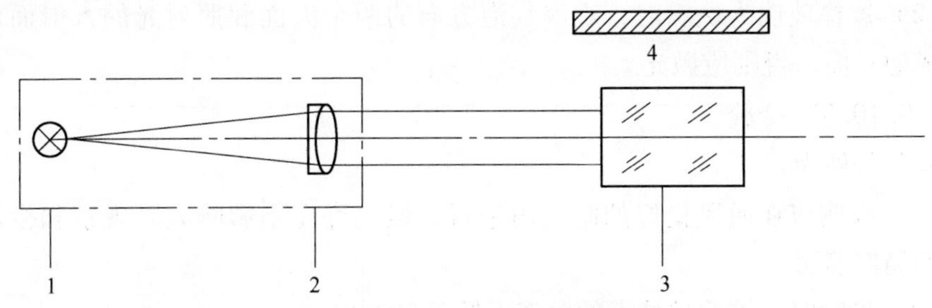

图3－73 气泡度检测仪器示意图

1—聚光灯光源；2—聚光灯准直透镜；3—被检玻璃样品；4—黑色无光泽屏幕

3.9.10.3 标准气泡样品

仪器应配备16块标准气泡样品，尺寸为：10mm×10mm×10mm，内含气泡的直径见表3－30。

表3－30 标准气泡样品

标样编号	气泡直径/mm
1	0.05
2	0.1
3	0.2
4	0.3
5	0.4
6	0.5
7	0.6
8	0.7
9	0.8
10	0.9
11	1.0
12	1.2
13	1.4
14	1.6
15	1.8
16	2.0

3.9.10.4 被检玻璃

（1）被检玻璃为条料时，表面为自然成型光面，两个端面为炸切面。

（2）被检玻璃为块料时，观测气泡方向的两个大面和照射光的入射面应为自然成型光面，否则应抛光。

3.9.10.5 检验

检测条件为：

（1）检测应在通风良好的暗室内进行，但允许有不影响人眼观察和投影屏亮度的局部照明。

（2）检测时，被检玻璃上的照度不低于2000lx。

检验步骤为：

（1）将被检玻璃放在黑屏前。

（2）手持聚光灯，从侧面照射被检玻璃。

（3）对照标准气泡样品判断和记录玻璃内的气泡直径和个数。

（4）量取被检玻璃的尺寸并计算其体积，并按式（3-49）计算。

$$S = 0.00196M\frac{100}{V} \tag{3-49}$$

式中，S 为每 $100cm^3$ 玻璃中所含气泡的总截面积，mm^2；M 为玻璃中所含气泡折合成直径0.05mm气泡的总个数；V 为玻璃的体积，cm^3。

3.9.10.6 注意事项

（1）由于观测气泡的清晰度与聚光灯的照度有关，因此，聚光灯的照度一定要达到规定的要求。

（2）气泡检测是用人眼观测，因此，不同检测人员之间的检测结果会有差异，为了尽量减小差异，对气泡检测人员应集中统一培训。

参考文献

[1] 朱更国，等．光学玻璃生产工艺［M］．成都：成都科技大学出版社，1987.

[2] 兵器工业总公司．光学玻璃工艺学［M］．北京：北京理工大学出版社，1993.

[3] 干福熹．光学玻璃［M］．北京：科学出版社，1982.

[4] 陈金方．玻璃的电熔化与电加热［M］．上海：华东理工大学出版社，2002.

[5] 胡宝玉，徐延庆，张宏达．特种耐火材料技术手册［M］．北京：冶金工业出版社，2004.

[6] 李涛，周书堂．玻璃熔窑全保温技术应用及效果［J］．河南建材，2001（1）：41~42.

[7] 孙承绪. 玻璃窑用耐火材料的损坏及合理选用（一，二）[J]. 玻璃与搪瓷，1984，23（2）：55~57.
[8] 吕茂钰. 光学冷加工工艺手册 [M]. 北京：机械工业出版社，1991.
[9] 全国仪表功能材料标准化技术委员会. GB/T 7962.1~20—2010 无色光学玻璃测试方法 [S]. 北京：中国标准出版社，2010.

4 稀土有色玻璃

4.1 稀土有色玻璃基础知识

4.1.1 概述

稀土着色玻璃是用稀土元素氧化物着成的颜色玻璃。稀土元素之间的化学性质非常类似。稀土离子作为优良的着色剂，其特点是具有着色稳定、色彩华丽的光谱特性。

稀土氧化物与其他着色剂同时使用，可制得许多不同颜色的玻璃，由于其具有独特的柔和美丽的中间色彩和较高的折射率，因此能广泛应用于制造光亮晶莹的玻璃制品。

稀土化合物的着色能力都比较弱，一般引入稀土氧化物在 2% ~4% 之间，玻璃的着色浓度随着着色剂的用量略有加深。基础玻璃组成和熔炼工艺对稀土氧化物的着色无十分明显的影响。在日用玻璃器皿的生产中，一般用价格低廉的稀土精矿和盐类，而稀土滤光玻璃一般用高质量的稀土氧化物。

根据光谱特性的应用范围，稀土有色玻璃可分为两类：一类是稀土滤光玻璃；另一类是高级器皿和工艺美术品用稀土有色玻璃。

4.1.2 稀土元素着色

由于玻璃是透明的，因此着色剂在玻璃中以简单或复杂的离子团存在，离子直径小于 1nm，不会产生散射效应，如过渡元素和稀土元素着色剂。以下主要讨论稀土离子着色。

根据电子在原子核周围的分布情况，稀土元素具有完全相同的电子结构，使其具有非常相似的化学性质，不同之处在于内层的 $4f$ 电子层，按原子序数递增，逐渐被电子充满。电子结构为：$4f^n5s^25p^66s^2$。

稀土离子着色的原因也是由于电子跃迁，稀土离子的特点是处于基态时，它们都有部分电子充满的 $4f$ 电子层，吸收带由近红外一直到近紫外许多比较弱的尖锐吸收峰组成，吸收带比较细而陡峭，且强度较低，与过渡元素离子宽而强的吸收带不同。虽然在远紫外区也发现一些很强的 $4f\rightarrow5d$ 荷移带，但尖锐吸收峰是由 $4f$ 电子层不同组态能级间的跃迁所引起的。

稀土离子特有的尖锐吸收峰是由于 $4f$ 电子层受到外层 $5s$、$5p$ 和 $6s$ 电子层的屏蔽，内层的 $4f$ 电子只受到邻近离子配位场的微扰，其电子跃迁能够在内层轨道上进行，因此呈现窄能带吸收。

由于 $4f$ 电子层受到外层 $5s$、$5p$ 和 $6s$ 电子层的屏蔽，配位场的微扰比稀土离子本身的自旋与轨道作用小得多，因此大部分稀土离子的吸收光谱在不同的基础玻璃中组成都是相似的。稀土离子在玻璃中吸收光谱的复杂程度（尖锐吸收峰的多少）取决于该离子 $4f$ 电子层上未配对的电子数。表 4－1 给出了氧化物玻璃中可能存在的稀土离子、电子组态及颜色。

表 4－1 玻璃中稀土离子

组态	稀土离子	颜色	组态	稀土离子	颜色
$4f^0$	La^{3+}	无色	$4f^7$	Gd^{3+}	无色
	Ce^{4+}	淡黄	$4f^8$	Tb^{3+}	无色
$4f^1$	Ce^{3+}	无色	$4f^9$	Dy^{3+}	无色
$4f^2$	Pr^{3+}	绿	$4f^{10}$	Dy^{2+}	棕
$4f^3$	Nd^{3+}	紫－品红		Ho^{3+}	黄
$4f^4$	Pm^{3+}	淡黄色或粉红	$4f^{11}$	Er^{3+}	淡品红
$4f^5$	Sm^{3+}	黄	$4f^{12}$	Tm^{3+}	无色
$4f^6$	Sm^{2+}	绿	$4f^{13}$	Tm^{2+}	无色
	Eu^{3+}	无色或淡粉红	$4f^{14}$	Yb^{3+}	无色
$4f^7$	Eu^{2+}	棕		Lu^{3+}	无色

$4f$ 电子层处于没有电子、半充满或全充满状态（如 Ce^{4+}、Gd^{3+}、Yb^{3+} 和 Lu^{3+}）时，离子的吸收光谱一般是简单的，未配对电子数目多的离子（如 Pr^{3+}、Nd^{3+}、Tb^{3+}、Dy^{3+}、Ho^{3+} 和 Er^{3+} 等）则从红外至紫外区具有许多尖锐吸收峰。

配位场变化大时，由于玻璃的共价键较强，某些稀土离子的基态或激发态在配位场的影响下产生分裂，这些基础玻璃组成对稀土离子吸收光谱的影响也很明显。

稀土元素着色能力很弱，镝（Dy）、铽（Tb）、铥（Tm）在钠钙玻璃的蓝色和紫色区域有弱吸收带，一般为无色，在足够高的浓度时，吸收带使玻璃成很淡的黄色，所以很少用来作着色剂。稀土离子着色很稳定，基本不受基础玻璃成分的影响。

在用于玻璃着色的稀土元素中，人们一般使用三种，即铈（Ce）、镨（Pr）、钕（Nd）。限制使用的有铒（Er）、钬（Ho）、钐（Sm）。

4.1.3 稀土离子着色剂

稀土离子着色剂可分为以下两大类：

(1) 以单一氧化价态存在的：钕（Nd）、镨（Pr）、铒（Er）和钬（Ho）。

(2) 以几种氧化价态存在的：钐（Sm）、铈（Ce）。

4.1.3.1 钕（Nd）

钕（Nd）原子的电子层结构式为［Xe］$4f^4 5d^0 6s^2$。玻璃中以三价 Nd^{3+} 存在，一般不变价，$4f$ 轨道为 $5s^2 5p^2$ 轨道所屏蔽。因此其光谱特性和着色都十分稳定，受玻璃组分和熔制工艺的影响都较小。钕玻璃的光谱特性比较复杂，在可见光谱区和近红外有一系列的特征吸收峰，位于588nm 处吸收最强，使玻璃成紫色。钕的着色效能极低，一般钕的用量不能低于3%。Nd^{3+} 吸收峰位置和带宽见表4－2。

表4－2 Nd^{3+} 吸收峰位置及带宽

稀土着色离子	Nd^{3+}									
吸收峰位置/nm	350	433	517	537	575	588	692	744	813	885
带宽/cm^{-1}	580	—	—	—	400	480	—	250	220	300

不同的碱金属离子和碱土金属离子对钕玻璃光谱特性有一定的作用，钕的吸收带随下述阳离子场强的增大而变宽，即 $Li^+ > Na^+ > K^+ > Rb^+$；$Mg^{2+} > Ca^{2+} > Sr^{2+} > Ba^{2+}$。由于玻璃中稀土离子的配位数是固定的，因此配位场对稀土离子的作用大小主要取决于配位体的性质。按配位场强度计算得到，强度从大到小依次是硅酸盐、磷酸盐、硼酸盐和氟化物玻璃。所以在硅酸盐玻璃中，Nd^{3+} 588nm 处吸收主吸收峰有分裂现象。

在 $B_2O_3-Nd_2O_3-BaO$ 系统中，在 Nd_2O_3 含量不变的条件下，钕的吸收强度随 B_2O_3 与 BaO 含量比值的减小而增大。当 B_2O_3 与 BaO 含量比值小于5时，吸收带的强度发生跳跃式的增大，超过了比尔（Beer）定律的理论数值，就有多余的游离氧和 Nd^{3+} 配合，使钕开始由对称的八面体配位［NdO_6］向某些非对称的配位体变化，导致电子的跃迁概率突然增大和吸收带强度的突变。这一组分突变点与硼氧反常组分点基本一致。

4.1.3.2 镨（Pr）

镨（Pr）原子的电子层结构式为［Xe］$4f^3 5d^0 6s^2$，玻璃中以三价 Pr^{3+} 存在，在可见光谱区和近红外有若干尖锐吸收峰，在可见光谱波长为430～490nm 区域内具有特征吸收，使玻璃成绿色。镨的着色效能也较低，因此镨的用量也要达到10%左右。Pr^{3+} 吸收峰位置和带宽见表4－3。

表4-3 Pr^{3+}吸收峰位置和带宽

稀土着色离子	Pr^{3+}					
吸收峰位置/nm	446	473	482	595	1500	1900
带宽/cm^{-1}	900	900	—	—	900	490

4.1.3.3 铒（Er）

铒（Er）原子的电子层结构式为［Xe］$4f^{12}5d^{0}6s^{2}$，玻璃中仅以三价Er^{3+}存在，在紫外、可见光和近红外光谱区有若干尖锐吸收峰，其中位于522nm处的吸收最强，使玻璃成淡品红色。当加入（质量分数为0.7%～4%）时，玻璃将依其Er_2O_3的量而着色。Er^{3+}能把玻璃着成玫瑰色，而且色调在很大程度上比硒、钕或金对玻璃玫瑰色着色优雅。Er^{3+}吸收峰位置见表4-4。

表4-4 Er^{3+}吸收峰位置

稀土着色离子	Er^{3+}					
吸收峰位置/nm	375	448	492	524	657	1550

4.1.3.4 钬（Ho）

钬（Ho）原子的电子层结构式为［Xe］$4f^{11}5d^{0}6s^{2}$，玻璃中以三价Ho^{3+}存在，在紫外、可见和近红外光谱区有一系列尖锐吸收峰，其中位于447nm处的吸收最明显，使玻璃成淡黄色。Ho_2O_3在玻璃中的含量能清晰地显示出来，提高Ho_2O_3的浓度（质量分数为1%～7%）时，玻璃着黄色会加强，而且吸收带的位置要向波长更短的紫外区（300nm以下）方向移动。Ho^{3+}吸收峰位置见表4-5。

表4-5 Ho^{3+}吸收峰位置

稀土着色离子	Ho^{3+}												
吸收峰位置/nm	242	279	288	334	361	419	446	453	460	536	638	1140	1950

按配位场强度计算得到，强度从大到小依次是硅酸盐、磷酸盐、硼酸盐，在硅酸盐玻璃中Ho^{3+} 450nm处吸收主吸收峰分裂成几个小吸收峰，在硼酸盐玻璃中只有很小的分裂。在石英等玻璃中，由于Ho^{3+}是外加入的，不受配位场影响，主吸收峰不产生分裂现象。

4.1.3.5 钐（Sm）

钐（Sm）原子的电子层结构式为［Xe］$4f^{6}5d^{0}6s^{2}$，玻璃中以三价Sm^{3+}存在，Sm^{3+}在可见光谱区无明显吸收，所以无色，在紫外和近红外光谱区有几个尖锐吸收峰，Sm^{3+}吸收峰位置和带宽见表4-6。

表4-6 Sm^{3+}吸收峰位置和带宽

稀土着色离子	Sm^{3+}								
吸收峰位置/nm	360	372	405	470	940	1075	1230	1380	1460
带宽/cm^{-1}	—	—	750	—	—	200	800	—	1200

4.1.3.6 铈（Ce）

铈（Ce）原子的电子层结构式为［Xe］$4f^1 5d^1 6s^2$，失去$5d^1 6s^2$层上的3个电子，成为三价的Ce^{3+}存在，如再失去在$4f^1$层上的一个电子，成为四价的Ce^{4+}。玻璃中一般存在Ce^{4+}和Ce^{3+}。

Ce^{3+}的电子层结构式为［Xe］$4f^1$，离子半径为0.118nm，与O^{2-}组成八面体，除在313nm处有一吸收，带宽为4200cm^{-1}外，在可见光无吸收。

Ce^{4+}离子具有$4f^0$的电子结构，在可见光也不具有吸收带，透过率很高；在紫外区有一强荷移，能强烈吸收紫外线，吸收限为240nm。Ce^{4+}离子半径为0.101nm。

铈离子在玻璃中的着色主要决定于$Ce^{3+}-Ce^{4+}$之间的平衡，影响平衡的因素有：玻璃的熔融温度和气氛，玻璃组成和铈的总含量。

铈加入含TiO_2的玻璃中，可使玻璃呈黄色，得到所谓的“铈钛黄”。这种黄色可能是由玻璃中存在的$Ce^{3+}-O-Ti^{4+}$着色基团引起的。

在含铈的玻璃中，Ce^{3+}的含量要比Ce^{4+}的数量高2~4倍。由于Ce^{4+}在紫外区产生强烈吸收，因此会使玻璃在可见光区着色，而在红外区的吸收，即使在着色剂的浓度很高时也微乎其微。

CeO_2是比较弱的着色剂，虽然CeO_2含量低于1%要着色，但含量为3%左右时，玻璃通常是无色或成较弱的浅黄色。

镝（Dy^{3+}）、镱（Yb^{3+}）、铕（Eu^{3+}）、铥（Tm^{3+}）稀土离子吸收峰位置见表4-7。硅酸盐玻璃中三价稀土离子的可见光和红外曲线如图4-1所示[1]。

表4-7 其他稀土元素吸收峰位置

稀土着色离子	吸收峰位置/nm							
Dy^{3+}	800	890	1270					
Yb^{3+}	970							
Eu^{3+}	393	466	529					
Tm^{3+}	360	465	479	683	797	1200	1750	1800

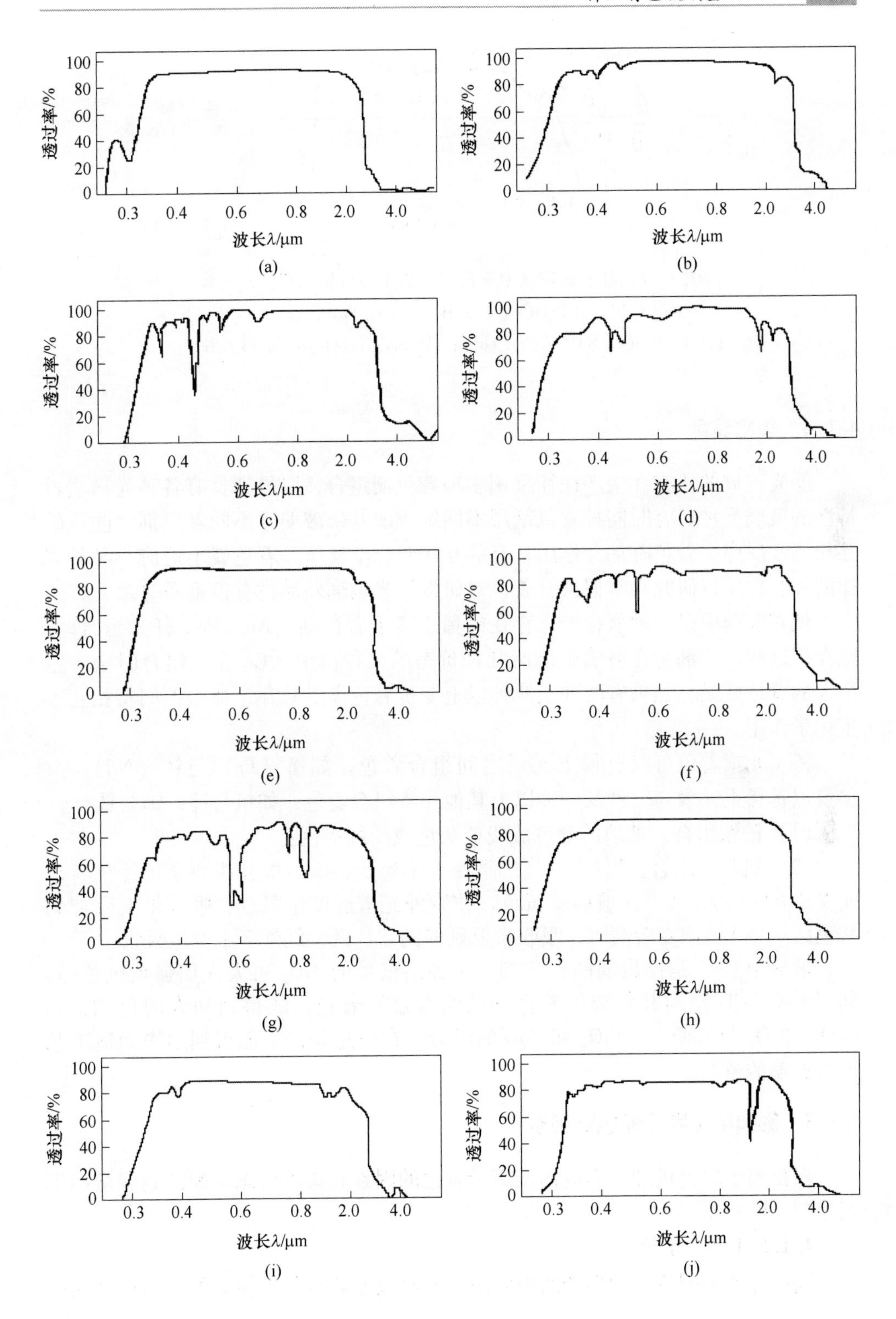

(a) (b) (c) (d) (e) (f) (g) (h) (i) (j)

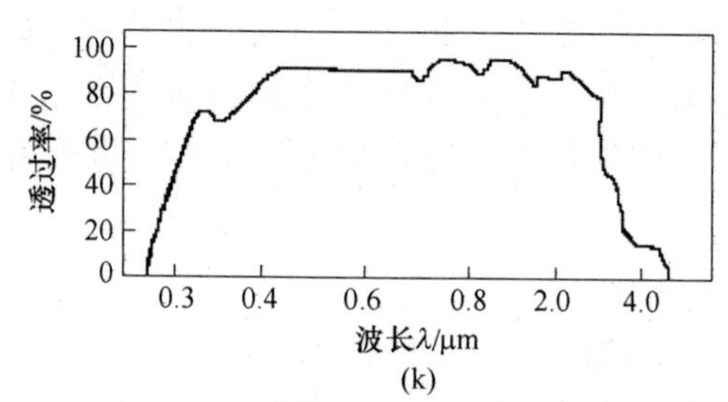

(k)

图 4-1　硅酸盐玻璃中三价稀土离子的可见光和红外曲线

(a) Ce^{3+}；(b) Eu^{3+}；(c) Ho^{3+}；(d) Pr^{3+}；(e) Gd^{3+}；
(f) Er^{3+}；(g) Nd^{3+}；(h) Yb^{3+}；(i) Sm^{3+}；(j) Dy^{3+}；(k) Tm^{3+}

4.1.4　组合着色

滤光玻璃的研究和生产往往采用多种着色剂组合，以得到具有各种光谱透过特性的玻璃品种。有时同种着色剂用不同组成的基础玻璃，不同着色剂之间有的互相不起反应，着色有加合作用；有的互相起化学反应，着色就不适应于某种规律的加合，所以研究和掌握组合着色对研发滤光玻璃新品种有很重要的意义。

把在玻璃中以一种氧化价态存在的稀土离子着色剂（Nd、Pr）任意组合时，或者把这些着色剂与在玻璃中能有几种价态的某种离子（Ce 等）组合时会产生最大的着色效果，如果有两种或两种以上变价着色离子共存，那么他们将相互产生化学作用。

稀土元素着色可以有稀土元素之间组合着色，如镨（Pr）与钕（Nd）等；也可以是稀土元素与一种及一种以上其他元素组合着色，如钒与铈，铈与钛等。

（1）镨钕组合。玻璃的颜色成浅蓝灰色或浅红褐色。

（2）钒与铈组合。V^{3+} 和 V^{5+} 的平衡很不稳定，Ce^{4+} 能使钒离子的平衡状态向 V^{5+} 方向移动，V^{5+} 使玻璃着黄色，在紫外光谱区产生吸收，吸收带要延伸到紫色区。当 V^{5+} 浓度较高时，吸收带要延伸到蓝色区，红外区不产生吸收。

玻璃中 Ce^{4+} 是比较弱的着色剂，添加两倍量的 TiO_2 可大大加强黄色色泽。利用 CeO_2-TiO_2 与其他离子着色剂的组合进行着色，能得到动人的色调，如 CeO_2-TiO_2 与 CuO、$KMnO_4$ 和 CoO 的组合，在一定条件下能得到用来制造工艺美术玻璃的色调。

4.1.5　影响稀土离子着色的因素

根据离子着色机理，影响稀土离子着色的因素有离子价态、配位数和熔制工艺等。

4.1.5.1　离子价态

同一元素不同价态的离子的吸收波长和吸收系数是各不相同的，因而玻璃的颜色也发生变化。如铈可以以 Ce^{3+} 和 Ce^{4+} 存在于玻璃中，Ce^{3+} 是无色的，Ce^{4+} 是浅黄色的，着色能力很弱，很少单独用来着色，通常与 TiO_2 结合起来应用，即铈钛着色，但在强氧化气氛中，铈含量即使不高，也会着色，如铅玻璃中含1%，玻璃成黄色。

4.1.5.2　离子配位数

根据配位场理论，配位体影响离子能级，使吸收光谱发生变化，同一价态的离子，由于配位数不同，呈现颜色的变化。如 Ce^{4+} 具有 $4f^0$ 的电子结构时，在玻璃中可形成四配位［CeO_4］和六配位［CeO_6］，分别以玻璃形成剂和改良剂的结构状态存在。以四配位［CeO_4］存在的 Ce^{4+} 的光吸收要比以六配位［CeO_6］存在的 Ce^{4+} 大得多。

在铅玻璃中加入铈，与硅酸盐相比光吸收大大增加，Ce^{4+} 的紫外吸收加强，吸收带延伸到可见区，玻璃呈淡黄色，这是由于铅玻璃有利于 Ce^{4+} 进入低配位结构状态，四配位［CeO_4］的比例增多。

4.1.5.3　熔制条件

熔制条件主要指熔制温度、熔制压力、熔制气氛等[2]。

Jonston 研究在 $Na_2O \cdot 2SiO_2$ 玻璃系统中加入 1% ~2%（质量分数）的铈，研究氧化和还原的价态平衡，即：

$$\frac{4}{n}M^{(x+n)} + 2O_2 \rightleftharpoons \frac{4}{n}M^{x+} + O_2$$

反应的平衡常数为：

$$k = \left\{\frac{w(M^{x+})}{w[M^{(x+n)+}]}\right\}^{\frac{4}{n}} p_{O_2} \qquad (4-1)$$

式中，p_{O_2} 为氧分压；$w(M^{x+})$，$w[M^{(x+n)+}]$ 分别为 M^{x+}，$M^{(x+n)+}$ 的质量分数。

对 Ce^{3+}/Ce^{4+} 来讲，价态变化 $n=1$ 时，式（4-1）可简化为：

$$k = \left[\frac{w(M^{x+})}{w(M^{x+1})}\right]^4 p_{O_2} \qquad (4-2)$$

由此可以看出，在温度固定的情况下，低价金属离子的比例与氧分压成正比，在熔制时通过调整氧分压，也可控制着色离子的价态。

4.2 稀土滤光玻璃

4.2.1 滤光玻璃的分类及命名

4.2.1.1　滤光玻璃的分类

按 GB/T 15488—2010《滤光玻璃》的规定，滤光玻璃按其光谱特性不同分为截止型、选择吸收型和中性型三种类型。

4.2.1.2　滤光玻璃的命名

按 GB/T 15488—2010《滤光玻璃》的规定，滤光玻璃由玻璃颜色或玻璃性质或特征谱线元素和玻璃的第一个字母及阿拉伯数字组成，有五种命名法：

（1）截止型滤光玻璃牌号命名。其命名形式如下：

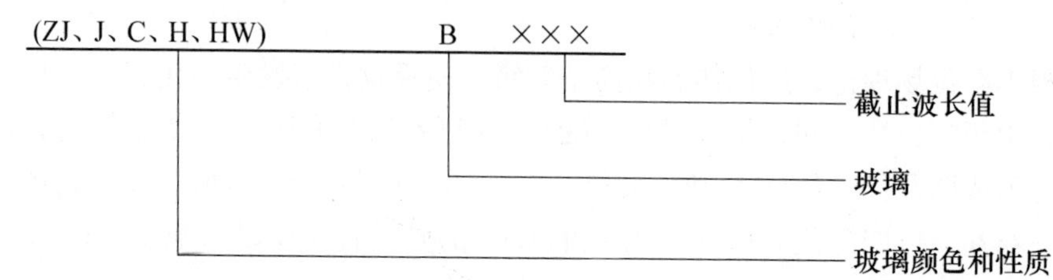

其中，ZJ 为紫外截止；J 为金黄色（黄色）；C 为橙色；H 为红色；HW 为红外。

（2）选择吸收型滤光玻璃牌号命名。其命名形式如下：

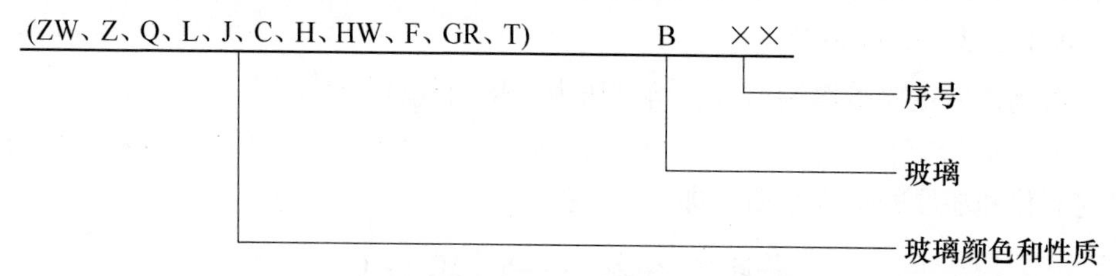

其中，ZW 为紫外；Z 为紫色；Q 为青蓝色；L 为绿色；J 为金黄色（黄色）；C 为橙色；H 为红色；HW 为红外；F 为防护；GR 为隔热；T 为天光。

（3）波长标定玻璃牌号命名。其命名形式如下：

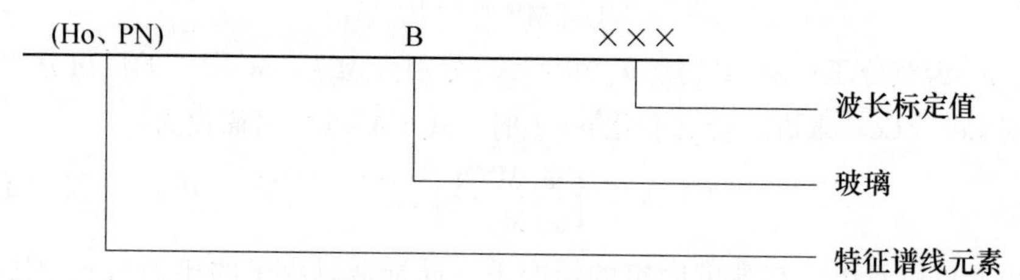

其中，Ho 为钬；PN 为镨钕。

（4）色温变换玻璃牌号命名。其命名形式如下：

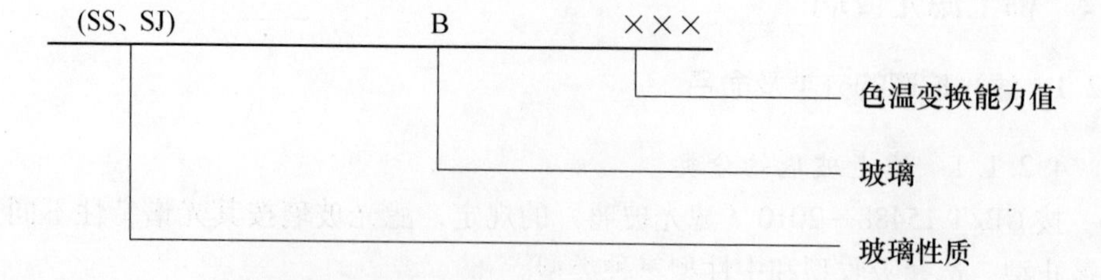

其中，SS 为色温升高；SJ 为色温降低。

(5) 中性暗色滤光玻璃牌号命名。其命名形式如下：

其中，ZA 为中性暗色。

4.2.2 滤光玻璃的质量指标

4.2.2.1 滤光玻璃气泡度、条纹度、应力双折射和化学稳定性的分类分级

A 气泡度的分类分级

气泡度的类别见表 4-8。

表 4-8 气泡度的类别

类别	允许气泡直径范围/mm	类别	允许气泡直径范围/mm
1	0.05（不包含）~0.3（包含）	3	0.5（不包含）~0.7（包含）
2	0.3（不包含）~0.5（包含）	4	0.7（不包含）~1.0（包含）

注：椭圆形气泡以最长轴和最短轴的算术平均值为直径。

气泡度的级别见表 4-9。

表 4-9 气泡度的级别

级别	1kg 玻璃中气泡个数	级别	1kg 玻璃中气泡个数
A	≤10	D	101~300
B	11~30	E	301~700
C	31~100		

注：直径小于 0.05mm 的气泡可忽略不计，结石作为气泡计算。

B 条纹度的分类

条纹度的分类规定见表 4-10。

表 4-10 条纹度的分类规定

类别	条纹要求
2	每 $300cm^3$ 玻璃中允许有长度小于 12mm 的条纹 10 根，但彼此相距不得小于 10mm
3	无搅拌条纹及长度大于 12mm 的其他条纹，但每 1kg 玻璃中允许存在长度不超过 12mm 的条纹 10 根
4	深色滤光玻璃由搅拌工艺保证无搅拌条纹

C 应力双折射的分类

应力双折射分类见表4－11。

表4－11 应力双折射的分类

类别	玻璃中部应力双折射最大光程差/nm · cm^{-1}
3	10
4	30
5	50

注：应力双折射为5类的滤光玻璃可以不检验应力双折射，但必须经过精密退火处理。

D 化学稳定性的分类

化学稳定性分耐水性和耐酸性。耐水性类别见表4－12，耐酸性类别见表4－13。

表4－12 耐水性类别

类别	1	2	3	4	5	6
浸出量/%	≤0.05	0.05（不包含）~ 0.10（包含）	0.10（不包含）~ 0.25（包含）	0.25（不包含）~ 0.60（包含）	0.60（不包含）~ 1.10（包含）	>1.10

表4－13 耐酸性类别

类别	1	2	3	4	5	6
浸出量/%	≤0.20	0.20（不包含）~ 0.35（包含）	0.35（不包含）~ 0.65（包含）	0.65（不包含）~ 1.20（包含）	1.20（不包含）~ 2.20（包含）	>2.20

4.2.2.2 与稀土滤光玻璃有关的光谱特性指标及其分类标准

选择吸收型滤光玻璃按其光谱透射比分为两类。

荧光特性是指滤光玻璃在一定光谱能量辐照下所产生的荧光光谱特性。

4.2.3 稀土滤光玻璃的特性

把用稀土着色的滤光玻璃称为稀土滤光玻璃，稀土滤光玻璃主要属于光谱透射曲线有特定波峰或波谷的几类选择性吸收滤光玻璃。

4.2.3.1 波长标定玻璃

波长标定玻璃也称为镨钕玻璃（PNB）和钬玻璃（HoB），在光谱特定波段有特定吸收，用于标定或校正光谱仪波长位置的滤光玻璃。

波长标定玻璃的光谱特性是：在紫外和可见光区有一系列尖锐吸收峰，吸收峰波长的位置稳定。PNB586 和 HoB445 波长标定玻璃的光谱透过率见表4－14。

表 4-14 PNB586 和 HoB445 光谱透过率

波长/nm		300	320	340	350	360	380	400	420	440	460	480
光谱透过率/%	HoB445	53.5	77.2	85.0	86.3	43.1	89.9	91.0	75.7	84.3	30.3	89.5
	PNB586				3.4	13.5	78.9	85.3	87.5	59.9	69.3	57.2
波长/nm		500	520	540	560	580	600	620	640	660	680	700
光谱透过率/%	HoB445	91.4	91.2	78.0	91.4	91.5	91.5	91.1	82.2	86.8	91.5	91.5
	PNB586	80.1	63.5	74.9	84.5	9.5	37.2	88.2	90.0	90.2	82.3	89.4
波长/nm		800	920	1000	1100	1200	1300	1400	1500	1800	2100	2400
光谱透过率/%	HoB445	91.5	91.5	91.5	90.2	89.8	91.5	91.5	91.2	90.0	89.0	87.0
	PNB586	21.7	83.8	89.7	90.3	89.8	89.2	76.6	56.6	74.0	82.5	64.7

PNB586 和 HoB445 波长标定玻璃光谱曲线如图 4-2 和图 4-3 所示[3]。

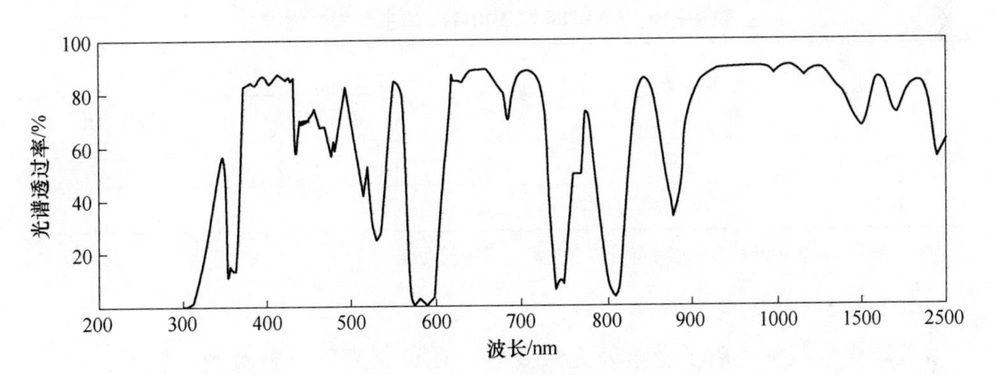

图 4-2 PNB586 波长标定玻璃光谱曲线（$d=2$mm）

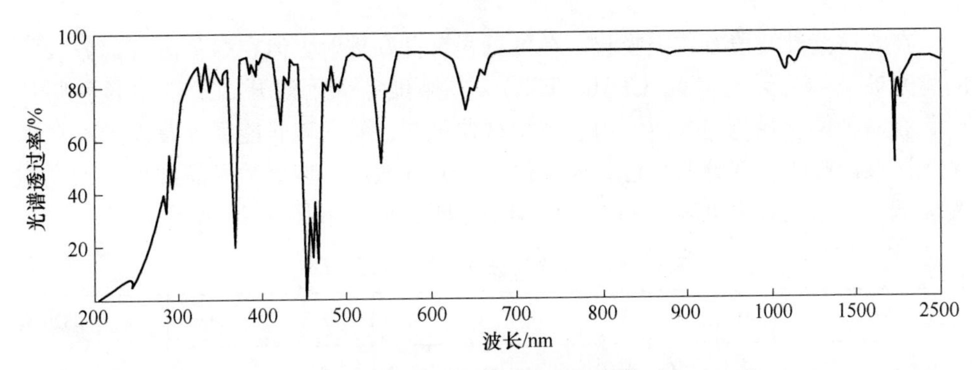

图 4-3 HoB445 波长标定玻璃光谱曲线（$d=2$mm）

由于稀土离子在硅酸盐玻璃中，主吸收峰分裂加强，得到比较精细的结构，所以对镨钕玻璃（PNB）和钬玻璃（HoB）都以硅酸盐系统为基础玻璃。Ho^{3+}在241.8nm处有一特征吸收峰，为使基础玻璃的本征吸收不影响这一吸收峰，应严格控制原料的含铁量，并避免在生产过程中引入其他杂质。PNB586和HoB445属于选择吸收型滤光玻璃，光谱透射比分为两类。PNB586和HoB445的质量指标见表4－15，主要物化性能见表4－16。

表4－15　PNB586和HoB445的质量指标

牌号	光谱特性				气泡度最高类别	条纹度最高类别	应力双折射最高类别
	波长/nm	透射比 $\tau(\lambda)$/%		标准厚度/mm			
		1类	2类				
PNB586	586	≤1.0		2	D	3	3
HoB445	445	≤5.0	≤5.0	2	D	3	3
	241.5	>0	0				

表4－16　PNB586和HoB445的主要物化性能

牌号	折射率 n_d	密度/$g\cdot cm^{-3}$	化学稳定性	
			耐水性级别	耐酸性级别
PNB586	1.542	2.81	1	2
HoB445	1.523	2.65	1	1

注：表中数据各生产厂可能有差异，以各生产厂发布的为准。

4.2.3.2　稀土荧光玻璃

玻璃中一些稀土离子受紫外光激发时，在可见光区发射荧光，例如：Ce^{3+}、Sm^{3+}、Er^{3+}、Pr^{3+}等，PNB586的荧光颜色为蓝紫色。

4.2.3.3　天光玻璃

在光谱紫外波段有较强吸收，在可见区有良好透射，但在绿色区有部分吸收的滤光玻璃称为天光玻璃（TB1、TB2）。在晴朗蓝天下的开阔地带拍彩色照片时，有一种偏蓝绿色的倾向，为了减少这种色调，要求玻璃能吸收紫外光和在可见光区域内吸收一部分蓝绿色，而其他可见光则透过，玻璃呈淡品红色。天光滤光玻璃的光谱透过率见表4－17，光谱曲线如图4－4和图4－5所示。

表4－17　天光滤光玻璃的光谱透过率

波长/nm		340	350	360	380	400	420	440	460	480	500	520
光谱透过率/%	TB1	0.2	20.0	33.0	59.1	85.2	87.0	88.0	86.2	87.1	85.8	88.0
	TB2	9.3	35.5	61.9	82.6	87.3	88.0	88.8	88.9	88.8	87.5	86.9

续表 4－17

波长/nm		540	550	560	580	600	620	640	660	680	700	750
光谱透过率/%	TB1	90.1	90.2	90.2	90.2	90.2	90.2	90.2	90.3	90.4	90.5	91.0
	TB2	86.9	87.6	88.3	89.1	90.0	90.6	91.0	91.7	91.8	92.0	91.3
波长/nm		800	920	1000	1100	1200	1300	1400	1500	1800	2100	2400
光谱透过率/%	TB1	91.4	92.4	92.6	92.6	92.5	92.5	92.4	92.4	91.0	89.0	87.0
	TB2	91.5	91.5	91.5	91.6	91.7	91.7	91.8	91.8	91.7	90.2	89.2

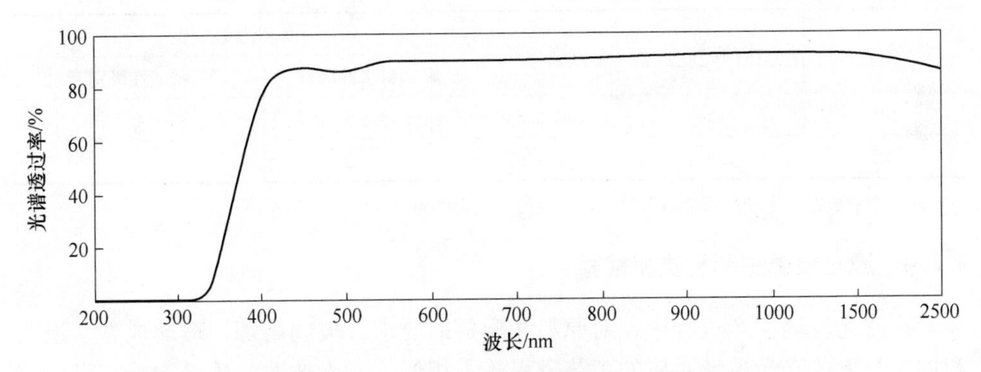

图 4－4 TB1 天光滤光玻璃光谱曲线（$d=2$mm）

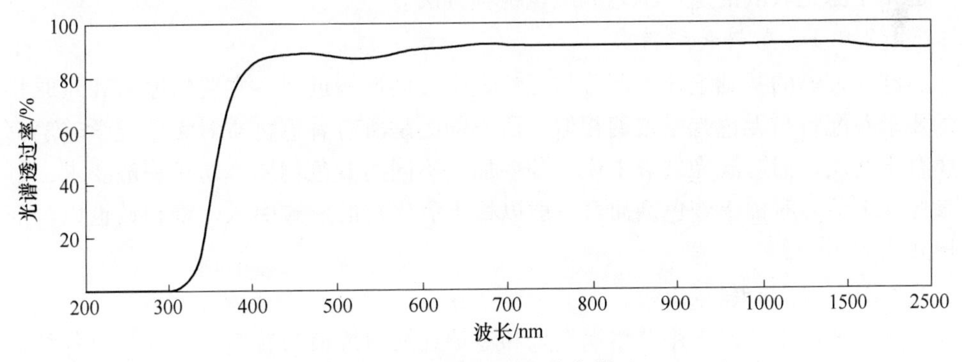

图 4－5 TB2 天光滤光玻璃光谱曲线（$d=2$mm）

天光滤光玻璃一般采用钠钙硅玻璃系统。玻璃中加入少量的 Se 和 CoO，能引起 500nm 吸收。同时，引入一定量的稀土 CeO_2，使玻璃有吸收紫外光线的作用。TB1 和 TB2 的质量指标见表 4－18，主要物化性能见表 4－19。

表 4－18 TB1 和 TB2 的质量指标

牌号	光谱特性				气泡度最高类别	条纹度最高类别	应力双折射最高类别
	透射比 τ（λ）	透射比/%		标准厚度/mm			
		1 类	2 类				
TB1	τ（435）	≥85.2	≥83.0	2	C	2	3
	τ（435）～τ（500）	≥2.0	≥1.5				
	τ（500）～τ（600）	≥3.5	≥3.0				
TB2	τ（400）	≥80.0	≥78.0	2	C	2	3
	τ（600）～τ_a	6.0±3	6.0±5				

注：400、435、500、600 均为波长值，τ_a 为吸收峰的透射比。

表 4－19 TB1 和 TB2 的主要物化性能

牌号	折射率 n_d	密度/$g \cdot cm^{-3}$	化学稳定性	
			耐水性级别	耐酸性级别
TB1	1.547	2.85	5	4
TB2	1.558	2.97	3	1

注：表中数据各生产厂可能有差异，以各生产厂发布的为准。

4.2.4 滤光玻璃生产和质量检验

在滤光玻璃生产过程中，对原料和配料的要求，玻璃熔炼，玻璃成型、退火和加工与无色光学玻璃对应的工艺过程基本相似。滤光玻璃的质量检验、设备仪器和方法与无色光学玻璃也有许多相同之处。本节主要叙述与无色光学玻璃不同并适用于滤光玻璃的生产工艺和质量检验方法。

4.2.4.1 原料和配料

滤光玻璃的基础组成大部分与无色光学玻璃比较近似，主要的原料和对原料的要求及配料与无色光学玻璃相似，所不同的是所有着色物质对无色光学玻璃都属有害物质，而对滤光玻璃来说，却要加入不同的着色物质。对于一般要求，可参照 3.1 节。对稀土着色剂而言一般以稀土氧化物的形式引入，镨和钕也以合剂形式引入。

4.2.4.2 熔炼

滤光玻璃生产以采用单坩埚熔炼和池炉连续熔炼最为普遍，前者涉及各种类型的坩埚，而后者则主要使用各种特殊规格的耐火材料和铂制品。小规模熔炼一般用单坩埚，大量生产采用池炉连续熔炼。在玻璃熔炼时应注意以下问题：

（1）炉内的气氛能自由调节。

（2）加料熔炼过程中很重要的一点是使炉料中的着色剂稳定地保留在玻璃体中，因此，加料要少加、勤加，加料时严格控制气氛。

（3）熔制无色截止玻璃和紫外透过玻璃，要减少杂质铁的引入。

4.2.4.3 澄清和均化

澄清和均化与无色光学玻璃基本相同，应注意的有：

（1）制定合理的工艺，尽量减少某些着色剂在澄清和均化阶段的挥发。

（2）无色光学玻璃中一般采用 As_2O_3、Sb_2O_3 作为澄清剂，在滤光玻璃中考虑到有一些着色剂不能与 As_2O_3、Sb_2O_3 一起使用，所以澄清剂的选择除 As_2O_3、Sb_2O_3 外，还可选择 NaCl、Na_2SO_4 和氟化物等。

4.2.4.4 成型、退火和显色

成型阶段与无色光学玻璃基本相同。滤光玻璃的退火温度及工艺的确定不仅要考虑应力的消除，也要考虑着色状态的变化。显色是滤光玻璃特有的工艺，是指退火检验后玻璃再重新加热到一定温度（显色温度），在此温度下保持一定时间（显色时间），使玻璃中的着色化合物呈现一定光谱特性。一般稀土滤光玻璃不需显色。

4.2.4.5 质量检验[4]

滤光玻璃的主要质量指标有：光谱特性、气泡度、条纹度和应力双折射等，对浅色滤光玻璃，可按以下规定的方法进行质量检验。对深色滤光玻璃的质量检验则要另作规定和要求。

（1）光谱特性测试。光谱特性按 GB/T 15489.1—1995《滤光玻璃测试方法光谱特性》规定的方法测试。

（2）气泡度测试。气泡度按 GB/T 15489.2—1995《滤光玻璃测试方法气泡度》规定的方法测试。

（3）应力双折射。应力双折射按 GB/T 7963.5—2010《无色光学玻璃测试方法应力双折射》规定的方法测试。

（4）化学稳定性。化学稳定性按 GB/T 15489.7—1995《滤光玻璃测试方法化学稳定性》规定的方法测试。

（5）滤光玻璃其他的性能。截止波长温度系数按 GB/T 15489.3—1995《滤光玻璃测试方法截止波长温度系数》规定的方法测试；色温变换能力按 GB/T 15489.4—1995《滤光玻璃测试方法色温变换能力》规定的方法测试；色品按 GB/T 15489.5—1995《滤光玻璃测试方法色品》规定的方法测试；荧光特性按 GB/T 15489.6—2010《滤光玻璃测试方法荧光特性》规定的方法测试；耐紫外辐射稳定性按 GB/T 15489.8—1995《滤光玻璃测试方法耐紫外辐射稳定性》规定的方法测试。

4.2.5 稀土滤光玻璃的应用

稀土滤光玻璃是一种光学材料，在光电信息、科学研究和国防等方面有广泛的应用。

4.2.5.1 分光亮度计波长准确度的确认

分光亮度计是利用物质对光的选择性吸收现象，进行物质的定性和定量分析。它在物理、化学、生物、医学、食品、环境监测及核能、天文等方面有广泛的应用。衡量分光亮度计测定结果正确性的主要性能是波长的准确度和亮度的准确度。稀土钬玻璃主要用于波长准确度的检测。

波长准确度是指仪器指示器上所指示的波长值与实际波长值的符合程度，可用两者之差（即波长误差）来衡量其准确性。

波长误差对亮度测定精度有很大影响，因为任何分光亮度计定量分析工作都是依靠在一定波长下测量吸收峰吸收值来完成的。如果波长有误差，则由于峰两旁陡度处吸收值随波长的变化极为迅速，会造成明显的吸亮度误差。如果在定性分析中单纯依靠样品的吸收峰来确定波长，可能会造成错误的判断。

根据化学测定的长期实践，一般分光亮度计要求在全波段范围达到0.5nm的波长精度。

对仪器做精密的波长校正，在整个波长范围的不同区域进行。若只在少数的校正点进行波长校正，则不能认为整个波长范围都已正确。

钬玻璃在紫外、可见和近红外波段都具有一系列吸收峰。吸收峰的位置稳定，温度的变化仅仅改变吸收峰值的亮度值而不改变波长的位置，使用和保存都较方便，这些条件使钬玻璃成为在紫外、可见和近红外波段比较理想的基准物质。美国国家标准局（NBS）和各国通过各种精密方法测得了钬玻璃的实际波长值，已被大家公认，见表4－20[1]。

表4－20 钬玻璃的吸收峰位置

序号	波长/nm	误差/nm	序号	波长/nm	误差/nm
1	241.8	—	10	460.0	±0.2
2	249.7	—	11	484.5	±0.2
3	279.37	±0.05	12	536.2	±0.2
4	287.5	±0.1	13	637.5	±0.2
5	333.7	±0.1	14	1153	±1
6	360.9	±0.1	15	1192	±1
7	385.9	±0.2	16	1938	±2
8	418.7	±0.2	17	2007	±2
9	453.2	±0.2			

检查方法是将钬玻璃放入样品室，按表4－20扫描各谱线，单方向重复扫描三次，读出每次波峰所对应的波长值，并与实际值比较，其差值不应大于

±0.5nm 或仪器规定的误差允许范围。在校正波长过程中，应选用正确的仪器操作条件，否则，对波长准确度和亮度精度有很大影响。

4.2.5.2 天光滤光镜

天光滤光镜是彩色摄影所用滤光镜的一种。远距离的风景、山景、雪景或水上场面的摄影，如前所述的空气中有大量散射的紫外光和部分蓝紫光的场合，会导致彩色片上带有蓝色色调，在拍摄远景时也会带上微绿色。

天光滤光镜（用 TB 玻璃）吸收紫外光和部分蓝紫光，加上天光滤光镜不但能使蓝色色调减少到最小程度，而且也会抵消对远景产生的微绿色倾向。

天光滤光镜总的透过率高，以致不需要标准曝光量外再增加曝光量，拍摄时不必取下，这样不但对彩色还原有好处，而且能起到保护镜头的作用。

4.3 高级器皿和工艺美术品用稀土有色玻璃

玻璃的优良性能，如坚固耐用，不燃烧，对微生物、水和各种溶液作用稳定等，使其可以作为高级器皿和工艺美术品的最佳材料，也是提高玻璃制品艺术价值的重要方法之一。在制造高级器皿和艺术品时，所利用的是玻璃的透明度、光泽、颜色和成型性能，颜色的选择取决于技术要求以及玻璃艺术家们对美学和艺术的鉴赏能力。

4.3.1 紫色玻璃

玻璃呈紫色，透过紫色光。透过波长范围介于 380～440nm 之间，其吸收 460～700nm 波长的可见光。纯的紫色光对应于 410nm 波长，波长更短的光呈紫红色，而 410～440nm 波长的光呈浅紫色。紫色玻璃在红色区和近红外区有相当的光透过。

在手工成型高级器皿和装饰玻璃时，浅紫色玻璃最常用的是 Se－Co 组合着色。这种着色一般比较浅，属于硒的玫瑰色素，其色调根据添加的 CoO 而变化。Se－Nd 组合可得到成型工艺美术品所用的美丽的紫罗色色调，而且同相当于两种着色剂部分吸收之和相比，这种颜色的强度更高些。因此，在该情况中出现了违背朗泊－彼尔定律的现象。

用钕的化合物着色很稳定，因为无论是熔炼条件，还是基质玻璃的组分对所获得的色调都没有影响。用钕着色的玻璃，因其透射的带状特性，能显示出色彩的双重闪变现象（二向色性）。薄层状的紫色玻璃带有浅蓝色色调，而厚层则具有浅红色色调，是制造工艺美术品用的紫色双色玻璃。

4.3.2 绿色玻璃

500～570nm 波长的光属于绿光，包括蓝绿、纯绿和黄绿。绿色玻璃在该范围有较高的透过率，而在波长较短和较长方向上透过率则降低。如果玻璃能透过足够强度的蓝光，那它将呈现浅蓝绿色，而光谱的黄、橙和红光区透过加强，则出现黄绿色调。

为使玻璃成绿色色调，一般最常采用的着色剂有铬、铜、铁离子和稀土镨离子等。单独的稀土镨离子着色呈现黄绿色，但着色能力较弱，镨的使用量比使用过渡元素离子时大得多，如果镨的用量增大，玻璃呈现绿色，颜色纯净美丽，无灰色调，亮度高。

在很少采用的黄绿色调中，在强氧化条件下熔炼的玻璃，铈－钛（黄色）与铜（蓝色）组合＋镨着成黄绿色，镨在着色剂中浓度较高时，能由黄绿色过渡到更绿的色调。

4.3.3 红色玻璃

610～670nm 波长的光属于红光，其优势波长是 620nm，玻璃呈紫红色。红颜色的玻璃一贯享有盛名，其外观很像天然红宝石，所以都把红色玻璃称做红宝石。

红色玻璃依据着色强度可分为：玫瑰色、玫瑰色素、饱和红色红宝石和混合色，着色方法有：

（1）用胶体分散的金属（金或铜）着色。

（2）用分子着色剂（硒、硫硒化镉或硫化锑）着色。

（3）用离子着色剂（稀土元素、锰）组合着色或用镍对玻璃着色。

用少量的硒着成玫瑰色玻璃，使用稀土镨钕制剂（2%～3%）时，玫瑰色素色能变为红葡萄酒色，这种色调有时称为钕镨红。与之类似的是所谓的钕红宝石，是紫罗兰色，但由于后者不含镨，其色调与钕镨红略有差异。铒着色的玻璃为粉红色。

4.3.4 黄色玻璃

铈钛组合着色可获得美丽的金黄色玻璃，该玻璃熔制简便，容易澄清，因为是离子着色，所以不需进行加热显色处理，颜色重复性好。TiO_2 本身很难使硅酸盐玻璃着色，只有在 CeO_2 同时存在，才能使玻璃着成黄色。TiO_2 的含量不同，玻璃可着成青黄色、浅黄色、橙黄色乃至棕黄色，这是由于钛离子具有不同的电离能态的缘故。不同条件下，TiO_2 在玻璃中出现 Ti^{4+}、Ti^{3+} 同时存在的现象，且 Ti^{4+} 和 Ti^{3+} 存在平衡关系，Ti^{4+} 的 $3d$ 轨道是全空的，不产生 $d-d$ 轨道电子跃迁，这种状态是无色的，即 Ti^{4+} 不会使玻璃着色，只引起玻璃强烈的紫外线吸收，而 Ti^{3+} 能使玻璃着成紫色。CeO_2 同样在玻璃中存在 Ce^{4+} 和 Ce^{3+} 两种离子价态，平衡状态下 Ce^{3+} 占优势，比 Ce^{4+} 多 3～5 倍，但在可见光区无吸收，对玻璃不产生着色。Ce^{4+}不产生电子跃迁，对可见光区不产生吸收，玻璃也是无色的，但它强烈吸收紫外线，加入量越多，这种强烈的紫外线吸收越厉害，导致吸收带往长波方向移动至可见光区，使玻璃产生淡黄色。当玻璃中存在一定数量和比例的铈和钛时，玻璃成黄色，也称铈钛黄玻璃，对于使玻璃着色的原因，存在如下平衡关系。

$$Ti^{4+} + Ce^{3+} \rightleftharpoons Ti^{3+} + Ce^{4+}$$

也有学者认为可能玻璃中产生了 $Ce^{3+}-O-Ti^{4+}$ 着色基团所引起的着色。铈钛着色玻璃熔制工艺简单，要在中性、弱还原或弱氧化气氛中进行。

4.4 彩色乳浊玻璃

彩色乳浊玻璃是在基础玻璃成分中同时加入乳浊剂和着色剂而制成，但着色剂用量要比透明彩色玻璃多，因为乳浊玻璃中除了玻璃相外，还有乳浊的晶相，可见光入射到彩色乳浊玻璃时，在玻璃相处产生光线的选择性吸收，而在晶粒处产生光的散射，这样综合作用的结果使着色剂的作用大为减弱，彩色乳浊玻璃呈现的颜色不是该着色剂在透明玻璃中着成的色彩，而是朦朦胧胧的色彩，仿佛是玉色的效果，利用这种效果可以制造仿碧玉、仿孔雀石、仿玛瑙等制品。

4.4.1 黄色乳浊玻璃

离子着色氟化物乳浊玻璃成分见表4－21[5]。

表4－21 离子着色氟化物乳浊玻璃成分（质量分数） （%）

编号	SiO_2	Al_2O_3	B_2O_3	CaO	ZnO	Na_2O	K_2O	F	着色剂
1号	59.79	10.54	1.41	5.26	9.59	8.32	2.17	3.4	NiO：0.02；CeO_2：0.51
2号	59.18	10.43	1.40	5.21	9.50	8.24	2.15	3.4	NiO：0.02；CeO_2：0.50；TiO_2：1.0
3号	58.33	10.48	1.36	6.04	8.90	8.61	2.09	3.1	NiO：0.04；CeO_2：0.98；TiO_2：0.98
4号	58.26	10.28	1.36	5.86	8.74	8.36	2.11	3.0	NiO：0.03；CeO_2：0.96；TiO_2：1.92
5号	59.64	10.54	1.41	5.26	9.50	8.32	2.17	3.43	NiO：0.02；CeO_2：0.50；TiO_2：0.25

1～5号均为美国 Corning 公司的黄色乳浊玻璃成分，都加入 As_2O_3 为澄清剂，乳浊晶体为 CaF_2，着色剂为 NiO、CeO_2、TiO_2。NiO 单独着色为棕色，CeO_2 和 TiO_2 为黄色，通过调节 NiO、CeO_2 和 TiO_2 三者之间的比例，可以得到不同深浅的黄色。此外，颜色也和热处理有关，在不同温度制度的钢化和热处理下，能得到牙黄、米黄、棕黄直到棕色。此5种玻璃成分，均可在坩埚内熔化，熔化温度为1450～1550℃，4h 成型后进行退火，温度为500～550℃。厚度为4mm 的5种玻璃，在 CIE 色度图的坐标与明度见表4－22。

表 4－22　几种黄色乳浊玻璃的色度坐标与明度

编号	色度坐标		明度/%
	x	y	
1号	0.3350	0.3393	51.0
2号	0.3415	0.3484	51.2
3号	0.3346	0.3476	46.2
4号	0.3442	0.3576	48.1
5号	0.3376	0.3433	50.1

综合各项性能指标，在5种黄色乳浊玻璃成分中，以5号成分最佳。

4.4.2　奶油色乳浊玻璃

市场对象牙黄、栗色、奶油黄和米黄色玻璃感兴趣。Corning 公司 USP4，687，751 提出了一类 $Fe_2O_3-TiO_2$ 系统着色剂的奶油色乳浊玻璃，该玻璃以 NaF 为乳浊相，着色剂 Fe_2O_3 和 TiO_2 是必须组分，As_2O_3 和 CeO_2 为辅助着色剂，Fe_2O_3 和 TiO_2 使透明玻璃着黄棕色。其颜色产生归因于 $Fe^{2+}-O-Ti^{4+}$ 结构的紫外线吸收和可见光短波部分吸收，在 As_2O_3 存在的条件下，TiO_2 着色更黄，起到稳定颜色的作用，而 CeO_2 本身就着黄色，相关组成见表 4－23[5]。

表 4－23　奶油色乳浊玻璃组成

项　目		编　号						
		1号	2号	3号	4号	5号	6号	7号
组分（质量分数）/%	SiO_2	72.15	71.93	71.29	71.44	71.53	71.38	71.60
	B_2O_3	2.00	2.00	2.00	2.00	2.00	2.00	2.00
	Al_2O_3	8.37	8.35	8.51	8.26	8.27	8.29	8.35
	Na_2O	11.09	11.18	10.92	11.18	11.21	11.07	11.10
	CaO	0.77	0.77	0.64	0.78	0.75	0.77	0.78
	BaO	2.23	2.24	2.21	2.26	2.31	2.19	2.18
	F	4.66	4.80	4.01	4.97	4.97	4.98	4.98
	TiO_2	0.27	0.27	0.53	0.75	0.75	0.98	0.94
	CeO_2	0.11	0.11	0.10	0.14	0.03	0.10	0.07
	Fe_2O_3	0.148	0.195	0.195	0.146	0.151	0.23	0.10
	As_2O_3	0.16	0.17	0.16	0.16	0.17	0.16	
	Na_2O（硝酸钠）	0.5	0.5	0.5	0.5	0.5	0.5	0.5

续表 4 - 23

项 目		编 号						
		1号	2号	3号	4号	5号	6号	7号
色度坐标	x	0.3071	0.3086	0.3097	0.3080	0.3077	0.3106	0.3063
	y	0.3185	0.3202	0.3213	0.3191	0.3189	0.3230	0.3175
明度/%		81.00	81.16	79.52	80.49	80.18	78.99	73.37

4.4.3 紫色乳浊玻璃

除了以氟化物为乳浊剂加入各种着色离子制备彩色乳浊玻璃外，还可用硫酸盐、氯化物和氟化物混合乳浊来制备彩色乳浊玻璃。以硫酸钡、硫酸钙的晶体为乳浊剂，通过控制乳浊剂的晶体生长速度，能得到半透明绢丝光泽的乳浊玻璃，在基础玻璃成分中加 CuO、Cr_2O_3、CoO、NiO、Nd_2O_3 等着色剂，就可形成不同彩色的乳浊玻璃。表 4 - 24 为日本紫色乳浊玻璃成分，此类型玻璃成分均可在闭口坩埚中熔化，熔化温度为 1400℃，保持 12h，凉缸时间为 4h，玻璃熔化很均匀，加工时不易开裂，可制成高级装饰制品[5]。

表 4 - 24 日本紫色乳浊玻璃成分（质量分数） （%）

成分	SiO_2	Al_2O_3	B_2O_3	CaO	BaO	Li_2O	Na_2O	K_2O	SO_3	Cl	F	Sb_2O_3	着色剂
质量分数	72.1	3.7	0.3	0.4	2.2	0.03	16.5	0.6	0.5	0.4	1.3	0.2	Nd_2O_3：1.8

彩色乳浊玻璃的熔制工艺与乳浊玻璃相似，不但要考虑乳浊剂的挥发问题，也要考虑到有些着色剂的挥发，彩色乳浊玻璃的用途不同，对性能的要求也不同，必须根据性能和工艺要求来进行成分和工艺的调整。

4.5 稀土玻璃脱色

4.5.1 玻璃的脱色原理

玻璃的脱色主要是指减弱铁化合物对玻璃着色的影响，以提高玻璃的透明度。对无色玻璃来说，应具有良好的透明度，但由于从原料或其他方面带入不应有的杂质，使玻璃呈现出不希望产生的颜色。玻璃中的少量着色氧化物能促使出现可见颜色，而且当产品的厚度较大时更为明显。一般着色杂质有 CoO、NiO、CuO、Cr_2O_3、Fe_2O_3、MnO_2 等。在上述着色杂质中最主要的是 Fe_2O_3。铁会使玻璃着成黄绿色，影响玻璃的透明度（或白度），造成制品外观下降，为此，在制造高级艺术玻璃和器皿玻璃时都十分关心玻璃的脱色，实际上玻璃的脱色就是减弱和中和铁的着色作用。为减弱或消除这些颜色的配制料中加入的物质称为脱色剂。

脱色一般是在配制料中加入一定脱色剂以提高玻璃的透明度（或白度）。脱色剂按其作用机理分为化学脱色剂和物理脱色剂。化学脱色只是在一定程度上减弱铁着色，还不能消除其对玻璃的着色，因此在化学脱色的同时还应进行物理脱色，物理脱色就是通过颜色互补来消除杂质对玻璃的着色。

一般情况下，两种颜色符合下述关系即为互补色：

$$(\lambda_k - 565.52)(497.78 - \lambda_c) = 223.02 \tag{4-3}$$

式中，λ_k 为位于光谱红色一端颜色的波长；λ_c 为位于光谱蓝色一端颜色的波长。

其互补关系为红－绿、橙－蓝绿、黄－蓝、黄绿－紫。

铁主要产生黄绿色，与它互补的颜色为蓝色和紫色。因此能产生紫、蓝色的着色剂如硒、钴、镍、锰和钕等都是物理脱色剂。

4.5.2　稀土元素化学脱色

化学脱色剂是借助于脱色剂的氧化作用，一般是在配合料中加入氧化剂，使着色较强的亚铁离子 Fe^{2+} 转变为着色较弱的铁离子 Fe^{3+}。在玻璃中，Fe^{2+} 使玻璃着成蓝绿色，Fe^{3+} 使玻璃着成黄绿色。从可见光谱范围内（400～700nm）单位吸收指数看，Fe^{2+} 为 0.079，Fe^{3+} 为 0.007，FeO 的着色能力要比 Fe_2O_3 高 10 倍左右。实际上，玻璃中同时存在这两种氧化物，其着色强度与 Fe^{3+}/Fe^{2+} 的比值有关，故同样数量的含铁量因价态不同对玻璃透过率的影响也不同。

一般常用化学脱色剂有硝酸钠、硝酸钾、硝酸钡、氧化镍、三氧化二砷、三氧化二锑和稀土元素的化合物氧化铈。

稀土化学脱色剂主要用 CeO_2。CeO_2 的相对分子质量为 172，其脱色作用基于在玻璃熔制的温度下分解出氧，通常与硝酸盐共同使用，即

$$2CeO_2 + e \rightleftharpoons Ce_2O_3 + \frac{1}{2}O_2$$

$$2FeO + \frac{1}{2}O_2 \rightleftharpoons Fe_2O_3$$

在 1100℃左右的温度下，能在玻璃中分解的氧化铈是一种有效的化学脱色剂。在这一温度下会释放气态的氧，氧不仅能使玻璃澄清，同时也能把二价铁氧化成三价铁，氧可以防止高温作用下三价铁被还原成二价铁。在硅酸盐玻璃中，加入 CeO_2 时，Fe^{3+}/Fe^{2+} 的比例显著提高。对于添加大量碎玻璃熔制的玻璃，二氧化铈是特别有效的化学脱色剂。但是，若玻璃液中有砷存在，就不能使用二氧化铈，否则要产生强烈的辐照变暗作用。化学脱色剂的用量，与玻璃中的铁含量、玻璃组成、熔制温度以及熔炉的气氛都有关系，通常 CeO_2 的用量为每 100kg 石英砂原料用 200～400g。

4.5.3 稀土元素物理脱色

化学脱色剂的作用是使着色离子的着色强度减弱，但不能消除其色调。而物理脱色方法的实质，是在玻璃液中添加能与玻璃原色调产生互补色的着色剂，即互为补色使玻璃变为白色或灰色。由于铁离子使玻璃着成黄绿色至蓝绿色，因此，需选择中和这些颜色的离子。当引入这些着色离子后，无疑增加了光吸收，使总透过率下降，这是物理脱色的缺点。

根据颜色的互补关系，可按色三角的互补原理选择脱色剂，如图4－6所示。如一般有害杂质形成黄、黄绿色，与其互补的颜色为蓝色、紫色，可选用形成蓝色、紫色的脱色剂。

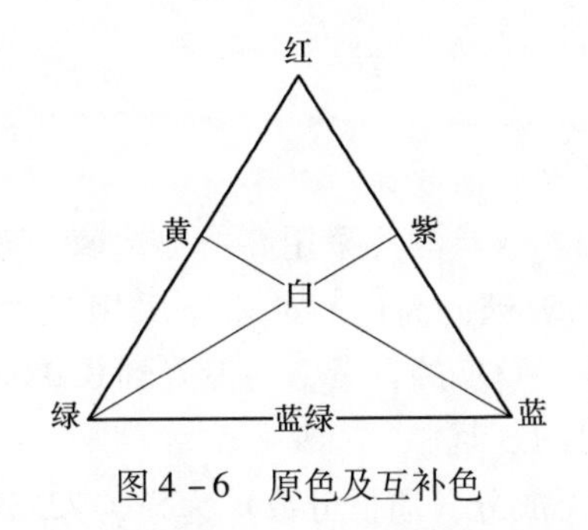

图4－6 原色及互补色

一般常用物理脱色剂有二氧化锰、硒、氧化钴、氧化镍和稀土元素的化合物氧化钕。

氧化钕是一种良好的脱色剂，由于其吸收光谱范围很窄，而且几乎能很准确地补偿Fe^{3+}的着色，因此使玻璃光吸收减弱很少，此外其脱色不随熔制条件，也不随玻璃的组成而变化，但因为价格较高，一般仅用于高级器皿的玻璃脱色。

采用化学脱色方法可成功降低玻璃颜色的强度，但要完全消除颜色是不可能的，因为生成的三价铁离子会产生黄绿色色调。而物理脱色是通过颜色互补实现的，即两种颜色的综合使整个可见光区各波段达到全面地按比例均匀吸收，这必然造成玻璃透明度下降，玻璃中含铁量超过0.1%（质量分数）时，不能用脱色方法制得无色玻璃。如氧化铁超过0.06%（质量分数）时，则玻璃脱色后呈现黄色，脱色效果不好。

4.5.4 组合脱色

用稀土元素脱色，通常采用二氧化铈的化学脱色与钕的物理脱色的组合，钕与其他元素的区别在于它能产生很窄的谱带吸收，而且其颜色与三价铁的着色是互补的颜色，因此透过率的下降是微不足道的。此外，钕的脱色与熔炼条件和基质玻璃成分均无关，可用于“派勒克斯”型的硼硅酸盐玻璃脱色，因为在制造这种玻璃时其他脱色剂都不太有效。用稀土元素脱色的另一优点是产品不仅在日光下看起来是无色的，而且在人造光源中也是如此。

当同时利用二氧化铈和氧化钕脱色时，通常还要添加少量的红紫色着色剂（高锰酸钾或硒）。引入二氧化铈、硒酸盐和高锰酸钾的数量取决于熔炼装置的特性并通过实验来确定。用于玻璃脱色的铈和钕的化合物一般称做“铈制剂”，但它并未含有所需数量的二氧化铈，因此必须添加一定量的 CeO_2，该制剂中钕的含量很不一致，故必须用实验来确定脱色的需要量。当玻璃中的 Fe_2O_3 的含量超过0.015%时，用氧化铒（Er_2O_3）使玻璃脱色，不会有任何残留的蓝色色调，也不需要再添加对温度和气氛作用敏感的 Se。可使用单一的 Er_2O_3 或与 Nd_2O_3 组合进行脱色，最终的物理脱色具有良好的质量。

4.5.5 脱色技术应用

4.5.5.1 高白料玻璃

近年来国内很多白酒、人参酒等采用高白料玻璃，而且还出口到国外。高白料可采用钠钙玻璃与高钙玻璃，高白料通常是采用三种措施以提高瓶罐玻璃白度：一是降低玻璃成分中 Fe_2O_3 的含量，一般降到0.03%～0.05%之间；二是进行脱色；三是控制熔制时的气氛。

Erentŭrk 系统地研究了成分（质量分数）为 SiO_2 72.5%，Al_2O_3 1.59%，Fe_2O_3 0.03%～0.09%，TiO_2 0.07%，CaO 8.36%，MgO 3.49%，Na_2O 13.74%，K_2O 0.01%，SO_3 0.01%的高白料瓶罐玻璃的脱色问题，采用0.02%～0.4%的 CeO_2 为脱色剂，CeO_2 主要为氧化剂，起化学脱色作用。图4－7所示为玻璃在1450℃下熔化3h时在不同 Fe_2O_3 含量中加入 CeO_2 后，CeO_2 对玻璃中亚铁与总铁量比值的影响。在玻璃中 $Fe^{2+}/\sum Fe_2O_3$ 值达到1%时，玻璃的氧化状态随 CeO_2 的加入而稍有增加，而 $Fe^{2+}/\sum Fe_2O_3$ 值随 CeO_2 含量的增加而降低。当瓶罐玻璃中含 Fe_2O_3 0.06%时 $Fe^{2+}/\sum Fe_2O_3$ 比值根据配料和窑炉的氧化气氛，波动于15%～25%之间。用电炉在正常大气中熔化，氧化气氛比在燃油的工业窑炉中要强。在实验室电炉中熔化，当玻璃中含 Fe_2O_3 0.06%时，加入 CeO_2 0.04%，$Fe^{2+}/\sum Fe_2O_3$ 比值约为8%，玻璃瓶罐中含 Fe^{2+} 为0.005%。当玻璃中 Fe_2O_3 量为0.09%时，加入 CeO_2 0.12%，玻璃中 Fe^{2+} 含量为0.005%，即 $Fe^{2+}/\sum Fe_2O_3$ 比值接近5.6%[6]。

加入与不加入 CeO_2 对玻璃透过率曲线的影响如图4－8所示[7]，无论 Fe_2O_3 含量为0.06%还是0.09%，加入 CeO_2 均比不加入 CeO_2 的玻璃透过率要高。

加入 CeO_2 对瓶罐玻璃色度指标的影响见表4－25。

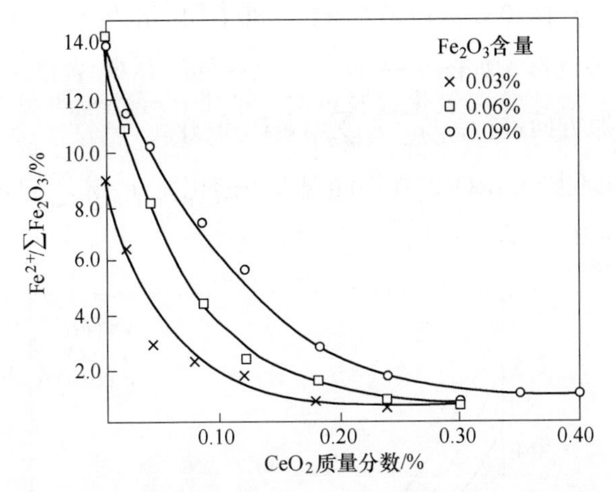

图 4-7　CeO_2 用量对玻璃中 $Fe^{2+}/\sum Fe_2O_3$ 值的影响

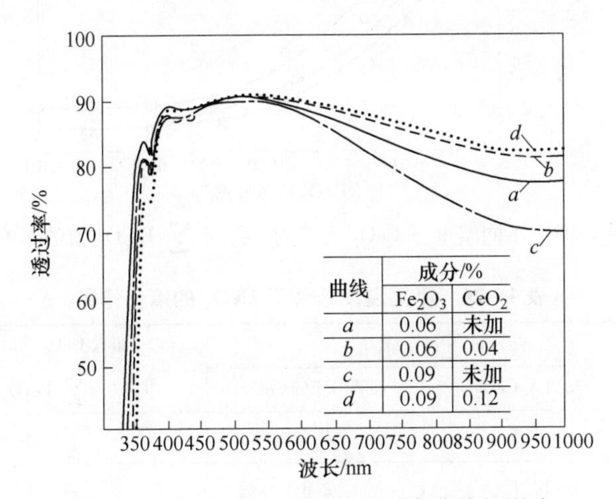

图 4-8　加入 CeO_2 对玻璃透过率曲线的影响

表 4-25　加入 CeO_2 对瓶罐玻璃色度指标的影响

编号	玻璃中 Fe_2O_3 含量/%	CeO_2 加入量/%	玻璃中 Fe^{2+} 含量/%	玻璃色度坐标		玻璃总透过率/%
				x	*y*	
1	0.62	0.04	0.0089	0.3089	0.3180	89.66
2	0.63		0.0054	0.3101	0.3187	90.30
3	0.92		0.0130	0.3186	0.3186	89.35
4	0.93		0.0053	0.3109	0.3198	90.32

熔化温度对于 CeO_2 的氧化行为也有影响，玻璃成分中 Fe_2O_3 含量为0.09%，

熔化温度分别为1430℃、1450℃和1480℃下熔化3h，CeO_2 的含量对 $Fe^{2+}/\sum Fe_2O_3$ 值的影响如图4－9所示。在相同的 CeO_2 含量条件下，熔化温度升高，反应向还原方向进行，$Fe^{2+}/\sum Fe_2O_3$ 值升高。

加入 CeO_2 和不加入 CeO_2，在不同温度下熔化，$Fe^{2+}/\sum Fe_2O_3$ 值的变化是各异的，见表4－26。

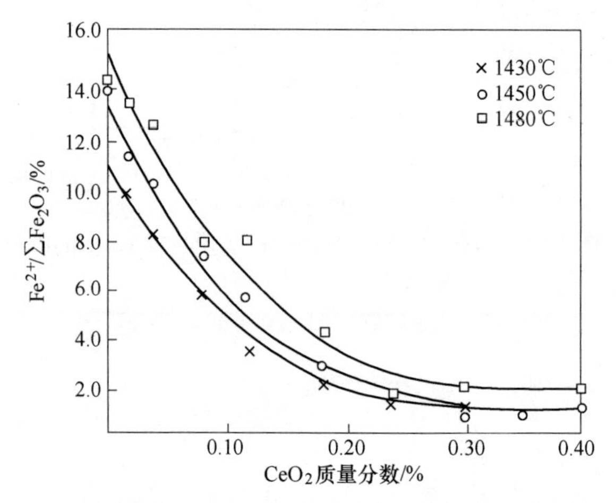

图4－9 不同温度下 CeO_2 含量对 $Fe^{2+}/\sum Fe_2O_3$ 值的影响

表4－26 不同温度条件下 CeO_2 的氧化作用

熔化温度/℃	$Fe^{2+}/\sum Fe_2O_3$ 值/%		加入 CeO_2 和不加入 CeO_2 时 $Fe^{2+}/\sum Fe_2O_3$ 值的差值/%
	未加入 CeO_2	加入0.2% CeO_2	
1430	11.5	1.9	9.6
1450	14.1	2.3	11.8
1480	16.4	3.4	13.0

在1430℃时，加入和未加入 CeO_2 的玻璃中 $Fe^{2+}/\sum Fe_2O_3$ 值之差为9.6%，到了1480℃加入和未加 CeO_2 的玻璃中 $Fe^{2+}/\sum Fe_2O_3$ 值之差为13.0%。

为了增加高白料的脱色效果，还将 CeO_2 与物理脱色剂Se、Nd_2O_3、CoO、NiO和硫酸锰并用。实验证明，当玻璃中含 Fe_2O_3 0.03%～0.05%时，最合适的脱色剂用量为1000kg石英砂中加入0.125kg铈富集物和0.01kg Se。当玻璃中含 Fe_2O_3 0.03%～0.05%时，为1000kg石英砂中，加入2kg铈富集物和0.2kg Nd_2O_3 的脱色效果较好。Galanti对含 Fe_2O_3 0.04%～0.08%的玻璃，所得出的 Nd_2O_3 最佳用量与 Fe_2O_3 含量的关系式（质量分数）为：

$$w(Nd_2O_3)=\frac{w(Fe_2O_3)}{2.5}-\frac{w(FeO)}{3}$$

$$w(CeO_2)=3\times w(Fe_2O_3)-3.5\times w(Fe_2O_3) \qquad (4-4)$$

当玻璃中含 Fe_2O_3 0.04% 时，按式（4-4）计算，得出每 1000kg 石英砂中加入 CeO_2 1.17~2.06kg，Nd_2O_3 0.197~0.236kg，以铈富集物引入 CeO_2，按铈富集物中含 60% CeO_2 计算，铈富集物用量为 1.95kg，实际加入铈富集物为 2kg，Nd_2O_3 0.2kg，与计算值相近。Nd_2O_3 的双色效应，对脱色效果产生不良影响，常常在中午从北方天空的反射光观察，脱色效果很好，但在白炽灯下，呈现清晰的粉红色，而在白天的荧光灯照射下又出现明显的绿色，加上其价格比较贵，影响了应用。

4.5.5.2 低铅晶质玻璃

低铅晶质玻璃中加入稀土元素作脱色剂，不仅能起到良好的脱色作用，而且可增加玻璃的折射率。如前苏联在含 Fe_2O_3 为 0.01%~0.025% 的石英砂中加入 CeO_2 为 0.07%、Nd_2O_3 为 0.06%~0.07%、Er_2O_3 为 0.02%~0.025% 的稀土脱色剂，使含 18% PbO 的晶质玻璃的折射率达到相当于含 22% PbO 晶质玻璃的折射率，效果较好。

4.5.5.3 耐热微晶玻璃

微晶玻璃是通过玻璃析晶得到的多晶体，晶体尺寸小于 10μm，晶相的体积含量在 50% 以上。选择合适玻璃组分与玻璃析晶工艺，可以得到低膨胀或负膨胀的微晶，使微晶玻璃具有很高的耐热震性能，用于制作直接在明火上加热的炊具和餐具。

目前微晶玻璃耐热餐具分为无色透明、有色透明、乳白和有色乳浊几种类型。比较著名的品牌有美国康宁、德国肖特、日本电气硝子等。

对于耐热微晶玻璃组分有下列要求：

（1）耐热微晶玻璃的线膨胀系数应小于 2×10^{-7}℃$^{-1}$，耐热震性高于 400℃，从而要求主晶相为低膨胀或负膨胀相，而且这种低线膨胀系数和负膨胀系数的晶相应有较高的比例。

（2）透明微晶玻璃中晶粒尺寸，应小于可见光的波长，且其折射率与基质玻璃相同，不产生散射。

（3）玻璃的熔化温度不能太高，黏度-温度曲线符合压制、吹制和注射成型的要求。

（4）根据析出晶相和晶粒尺寸大小的要求，确定合适的核化和晶化温度。

（5）着色剂在玻璃中的颜色和在微晶玻璃中的颜色是有很大区别的，不能将有色玻璃的着色剂照搬到微晶玻璃中，必须选用合适的微晶玻璃着色剂。

部分耐热微晶玻璃组分见表 4-27[7]。

表 4-27 耐热微晶玻璃组分（质量分数） (%)

编号	SiO_2	Al_2O_3	Fe_2O_3	ZnO	MgO	Li_2O	Na_2O	K_2O	TiO_2	ZrO_2	P_2O_5
1号	68.8	19.6			2.2	3.0			3.0	1.5	
2号	69.4	18.7	0.014	0.8	1.8	3.5			3.0	2.0	4.2
3号	61.2	24.0	0.016	0.5		3.4			4.0	2.0	
4号	65.3	20.0	0.15	0.8		3.5	0.4	0.6	4.6	1.6	
5号	67.3	20.0	0.15	0.8		3.8	0.3	0.5	3.4	1.6	

1号组分中还加入了澄清剂 As_2O_3 0.7%，脱色剂用量为 Co_3O_4 50×10^{-6} 和 Nd_2O_3 0.15%～0.25% 以消除 Fe_2O_3 和 TiO_2 形成的棕黄色。玻璃熔化温度为1600℃，成型后先在650℃退火，然后在850～950℃下微晶化，得到的晶相为β-石英固溶体，为浅紫色透明微晶玻璃。

2号为美国专利介绍的组分，加入了0.2% Nd_2O_3 为脱色剂，以消除 Fe_2O_3 和 TiO_2 形成的棕黄色。玻璃熔化温度为1600℃，成型于650℃，然后在850～950℃下微晶化，晶化后成无色透明微晶玻璃。

3号为美国专利介绍的组分，加入0.25% Nd_2O_3 进行脱色，晶化后成无色透明微晶玻璃。

除了乳白色微晶玻璃外，国外还介绍了有色乳浊的微晶玻璃炊具和餐具。

4号为米黄色乳浊的成分，着色剂除 Fe_2O_3 外，还加入 V_2O_5 0.1%、CeO_2 1.6% 以及澄清剂 As_2O_3 0.6%，成核温度780℃下保温1h，晶化温度1100℃下保温1h，主晶相为β-锂辉石固溶体。需要注意的是同一用量的着色剂在晶化前的玻璃（母玻璃）和晶化后的微晶玻璃中呈色是不一致的，不同主晶相颜色也不相同，如该成分的玻璃，在780℃核化1h，900℃晶化1h，主晶相为β-石英固溶体，则微晶玻璃呈透明的黑褐色。

5号组分中还含有 CaO 0.3%、As_2O_3 0.6%、V_2O_5 0.2%、CeO_2 0.3%，在780℃下核化1h，900℃下晶化1h，得到主晶相为β-石英固溶体，线膨胀系数为 $-1.9\times10^{-7}℃^{-1}$。如在780℃下核化1h，1100℃下晶化1h，主晶相为β-锂辉石固溶体，线膨胀系数为 $10.5\times10^{-7}℃^{-1}$，则微晶玻璃呈黄褐乳浊色。

参考文献

[1] 郑国培. 有色光学玻璃及其应用 [M]. 北京：化学工业出版社，1990.
[2] 曹振亚，等. 有色玻璃与特种玻璃 [M]. 成都：四川科学技术出版社，1987.
[3] 全国仪表功能材料标准化技术委员会. GB/T 15488—2010 滤光玻璃 [S]. 北京：中国

标准出版社，2010.
[4] 全国光学和光子学标准化技术委员会 . GB/T 15489. 1 ~ 8—1995 滤光玻璃测试方法 [S] . 北京：中国标准出版社，1995.
[5] 聂春生 . 实用玻璃组分 [M] . 天津：天津科学技术出版社，2002.
[6] 王承遇，等 . 玻璃成分与调整 [M] . 北京：化学工业出版社，2006.
[7] 王承遇，等 . 玻璃材料手册 [M] . 北京：化学工业出版社，2008.

5 稀土光功能玻璃

稀土元素独特的电子构型使其成为新材料的宝库，特别是在光学功能材料领域已成为必不可少的材料，并获得重要而广泛的应用。稀土光学功能材料是最能体现稀土元素 4*f* 电子特性的应用领域。不同的稀土离子，由于其 4*f* 壳层电子数目的变化，表现出不同的性质和具备不同的光学应用，如 La^{3+}（$4f^0$）、Gd^{3+}（$4f^7$）、Lu^{3+}（$4f^{14}$）和 Y^{3+}、Sc^{3+}具有良好的透光性，可作为光学功能材料的基质；Pr^{3+}、Nd^{3+}、Er^{3+}、Ho^{3+}、Tm^{3+}、Yb^{3+}具有合适的能级结构，常用于激光材料的激活离子，而 Ce^{3+}、Eu^{3+}、Tb^{3+}、Dy^{3+}常用于发光材料。同一个稀土离子能在各种光学功能材料中发挥不同的作用，如 Ce^{3+}既是闪烁晶体的激活离子，又能在激光和发光材料中作敏化剂；Yb^{3+}既可以作为激光晶体的激活剂，又可以作为红外和可见的光学材料的敏化剂。稀土元素在光学功能材料方面曾起过里程碑的作用，如 1959 年，发现用 Yb^{3+}作敏化剂，Er^{3+}、Ho^{3+}、Tm^{3+}作激活剂的光子加和现象，为上转换材料的应用奠定了基础；1960 年，掺 Sm^{3+}的 CaF_2 晶体实现 0.7μm 的脉冲激光输出；1961 年，掺 Nd^{3+}的硅酸盐玻璃输出脉冲激光；1964 年，Nd^{3+}：YAG 实现连续激光输出；1973 年，发现 TbFe 光存储材料；1974 年，在 Pr 的化合物中发现光子的分割，即吸收一个高能量的光子分割成两个或多个低能量的光子；20 世纪 90 年代，掺 Er 光纤放大器用于光通信；1996 年，发现 CeSb 的 Karr 磁光旋转效应等。

随着工业的蓬勃发展，稀土在光学玻璃、特种光功能玻璃、普通玻璃和陶瓷釉、搪瓷釉等玻璃态物质中的应用研究和推广，都取得了很大进展。由于稀土独特的性能和作用，成为工业生产的重要原料，渗透到材料生产的各个领域，特别是我国稀土资源异常丰富，稀土工业蓬勃发展，为我国在各种玻璃态物质中的应用提供了优越的条件。

5.1 激光玻璃

5.1.1 概述

激光是一种由激光器受激发发射出的具有高亮度、单色性和相干性很好的光。激光产生的过程为通过光、电或化学等激发，使工作物质中的激活中心处于高能态，达到粒子数反转，出现受激发射，形成特定波长光的放大而产生激光。产生激光的器件称为激光器。

1961年，斯尼泽（E. Snitzer）发现在 $R_2O-BaO-SiO_2$ 钡冕玻璃中 Nd^{3+} 的被激活发射效应。我国上海光学精密机械研究所在20世纪60年代初期也大力开展了激光玻璃的研究。

激光器的基本结构形式是振荡器（光辐射在谐振腔内多次往复通过工作物质）及放大器（光辐射单程地通过受激光的工作物质）。激光的出现使研究强光与物质的相互作用成为可能，发展了对物理、化学及光学本身有重要意义的非线性光学。利用激光的高亮度及相干性，可用于激光核聚变、材料加工、激光制导、测距、通信、长量程精密计量、频标及三维全息技术等。

产生激光的物质称为激光工作物质。按其种类可分为固体（晶体、玻璃以及陶瓷）、气体（氯、氖、氩、二氧化碳及稀土蒸气等）、半导体和液体等。其中固体激光工作物质不但激活离子密度大，振荡频带宽，能产生谱线窄的光脉冲，而且具有良好的力学性能和稳定的化学性能。激光工作物质具有一定的能级结构，是通过激发而实现激光的，所以又称激活介质。

激光材料是激光技术发展的核心和基础，激光玻璃的基质材料是玻璃，激光的出现使光学玻璃从单纯的被动传光、反光、遮光介质，变成了主动反光的介质和组件。稀土玻璃激光材料输出功率高、光学均匀性好、价格较低、易于制备，而且玻璃组分可在很大范围内变化，因此它一直是激光材料领域的研究重点。

尽管激光晶体在性质方面有很多优点，如受激发射截面和热导率都比玻璃高一个数量级，但从全面对比来看，玻璃具有下列优点，使晶体无法与之竞争：

（1）由于玻璃的化学组成可以在很宽的范围内改变，可以制备出各种性质不同的激光玻璃，以适应激光应用的需要，如改变玻璃组成使之较易得到低非线性折射率、低热光系数的基质玻璃，玻璃中掺入的激活离子的种类和数量限制比较小，组成的改变对玻璃的成玻璃性能、光学均匀性等性质无太大的影响。

（2）利用玻璃成熟的工艺，玻璃可成型为任意形状玻璃，如大口径（直径可达1m以上）具有优良的光学均匀性、高透明度激光棒或激光圆盘；而小到纤维、薄膜也都很容易制备，但对晶体而言，这是其致命弱点。

（3）价格比晶体便宜。从原料要求、成品率、工艺成熟程度，特别是当产品体积较大时，与单晶价格相差往往是一到几个数量级。当然由于其热稳定性及热传导性比晶体差，而且其结构为无序非晶态，荧光线宽度大，用于连续振荡及高重复脉冲时，棒的直径受到限制，因此，玻璃激光较适于光量开关巨脉冲激光器。

因此，国内外都一直在对激光玻璃系统地进行基础研究，包括激活离子的选择和掺杂浓度的确定、合适的基质玻璃、激光玻璃性能的提高、精密测试方法以及制造和工艺等方面的研究。

玻璃基质对激活离子的影响不像晶体基质那样决定于电磁场作用，而是取决于玻璃介质的极化作用。由于玻璃基质中的激活离子与配位体之间不仅存在离子键作用，还有共价键作用，使得玻璃基质的极化作用破坏了 Cr^{3+} 等过渡金属激活离子的 $3d$ 能级跃迁过程，便不出现荧光。而稀土离子因其电子云尺寸小，与周围基质离子的电子轨道不发生重叠，而且基质的局部电场难以使能级发生变化(外层电子的屏蔽作用)，所以在玻璃基质中最适于作激光激活离子的是稀土离子。

5.1.2　激光玻璃的激光参数

与激光晶体中的激活离子不同，到目前为止在玻璃中产生激光还仅限于三价稀土离子，而且是具有长荧光寿命的离子。

从光谱能级的角度，激活的三价稀土离子必须有亚稳态结构，并且要求亚稳态结构有较长的寿命，使上能级的粒子可以累积而造成粒子数反转。

从能级结构的角度，四能级比三能级效率更高，产生激活激光的阈值更低。当稀土粒子的终态能级与基态能级的间隔大于 $1000cm^{-1}$（不同玻璃稍有差别）时，室温下终态能级几乎是空的。在光泵作用时室温即能出现激光。Nd^{3+} 因其在氙灯光谱中吸收峰最多，其终态与基态的间隔达到 $1950cm^{-1}$，是激光玻璃的首选激活离子。

激光玻璃与普通光学玻璃不同，它要求激光玻璃具有一定激光参数，如受激发射截面 σ_p、荧光寿命 τ、非线性折射率 n_2 等。

受激发射截面 σ_p 可通过 Judd – Ofelt（J – O）或 McCumber 公式计算。

（1）J – O 公式[1]：

$$\sigma_p(aJ,bJ') = \frac{\lambda^4 A(aJ,bJ')}{8\pi cn^2\Delta\lambda_{eff}} \tag{5-1}$$

式中，$\sigma_p(aJ,\ bJ')$ 为在 aJ 和 bJ' 两个能级间的受激发射截面；λ 为波长；n 为折射率；c 为光速；$\Delta\lambda_{eff}$ 为荧光的有效半宽度；A 为从初态到终态的辐射跃迁概率，即爱因斯坦自发辐射系数。

（2）McCumber 公式：

$$\sigma_{em} = \frac{\beta k_r\lambda^4}{8\pi cn^2\Delta\lambda_{eff}} \tag{5-2}$$

式中，β 为荧光分光比；k_r 为辐射弛豫速率，其余量含义与 J – O 公式相同。

激光的出现使材料的折射率呈现出非线性现象，理论上在普通光中也可用公式表达为[1]：

$$n = n_0 + n_2(\boldsymbol{E}^2) + \cdots \tag{5-3}$$

式中，n 为折射率；n_0 为普通光折射率；n_2 为电磁场引起的非线性折射率；$\boldsymbol{E}$ 为强光下的电场矢量。

在普通光下 n_2 很小，可以忽略，但在强光作用下 n_2 的影响不能忽略，而且还会出现二阶、三阶或更高阶次的非线性折射率。因为在强激光作用下，光与原子外层电子云、原子核相互作用引起 n_2 的增加。在透明介质中出现自聚焦作用，导致光学畸变，严重的会引起光学材料的破坏。因此在大型激光器中，材料的 n_2 是作为激光材料选择的主要指标。

为了减少自聚焦的破坏作用，通常使用片装玻璃作为放大器工作物质。玻璃的 n_2 可以通过自聚焦破坏或偏振方法测量。目前都使用 LLNL 的经验公式计算：

$$n_2 = \frac{68(n_d - 1)(n_d^2 + 2)^2 \times 10^{-13}}{v\left[1.57 + \frac{(n_d^2 + 2)(n_d + 1)v}{6n_d}\right]^{\frac{1}{2}}} \tag{5-4}$$

LLNL 通过对不同光学常数的光学玻璃计算出玻璃的 n_2 与 $n_d - v$ 的关系，玻璃 n_2 变化范围约在 $0.5 \times 10^{-13} \sim 25 \times 10^{-13}$ esu。

5.1.3 稀土掺杂激光玻璃

激光玻璃基质成分主要可分为硅酸盐、硼酸盐、磷酸盐及氟磷酸盐四个系统。激光离子主要包括 Pr^{3+}、Nd^{3+}、Pm^{3+}、Sm^{3+}、Tb^{3+}、Ho^{3+}、Er^{3+}、Tm^{3+} 及 Yb^{3+} 等稀土离子。不同离子具有不同的光谱特征，相应的激光玻璃也就具有不同的用途。

5.1.3.1 掺钕激光玻璃

掺钕激光玻璃是中国较早研制开发的激光玻璃材料，根据应用情况，可分为两类：一类是应用于大能量、高峰值功率的钕玻璃，它们多数具有较高的受激发射截面和较小的热光系数；另一类是用于高重复频率和高平均功率的钕玻璃，具有较低的线膨胀系数、较高热导率、中等或较小的受激发射截面。主要应用于核聚变、高功率激光放大器和光纤激光器等领域。

作为激活离子，Nd^{3+} 具有一系列优点：在可见区和近红外区有一系列吸收系数大且较宽的吸收带；亚稳态 $^4F_{3/2}$ 有一定的寿命，产生于亚稳态与终态之间的跃迁 $^4F_{3/2} \rightarrow {}^4I_{11/2}$ 发射出位于 1.06μm 的强荧光，荧光分支比很大，能量集中；Nd^{3+} 产生四能级机构激光，终态 $^4I_{11/2}$ 与基态之间的距离约为 2000cm^{-1}，室温下终态基本上是空的，易于实现室温下的激光。钕离子是典型的四能级结构稀土离子。根据光谱计算，钕离子自上能级 $^4F_{3/2}$ 跃迁到下能级 $^4I_{11/2}$ 的自发辐射几率最高。在氮灯或半导体激光的泵浦下，通过离子在上述两能级间的迁移，产生发光波长为 1053nm 左右的激光振荡。钕离子的能级如图 5－1 所示。

在激光器中要实现激光振荡必须使激光增益大于激光损耗。损耗主要来自激光材料和激光腔体的吸收和反射。在固定损耗的前提下，必须使激光物质——激光玻璃具有大的增益系数 g，即：

$$g = \sigma \Delta N \tag{5-5}$$

式中，σ 为受激发射截面，它可以根据玻璃吸收曲线、折射率、钕离子浓度，通过J-O理论计算得出；ΔN 为上能级即 $^4F_{3/2}$ 能级离子数，ΔN 与钕离子浓度、荧光寿命密切相关，ΔN 可以用式（5-6）表示：

$$\Delta N = N_0 p \tau_i \tag{5-6}$$

式中，N_0 为玻璃中钕离子浓度；p 为泵浦抽运速率；τ_i 为荧光寿命。

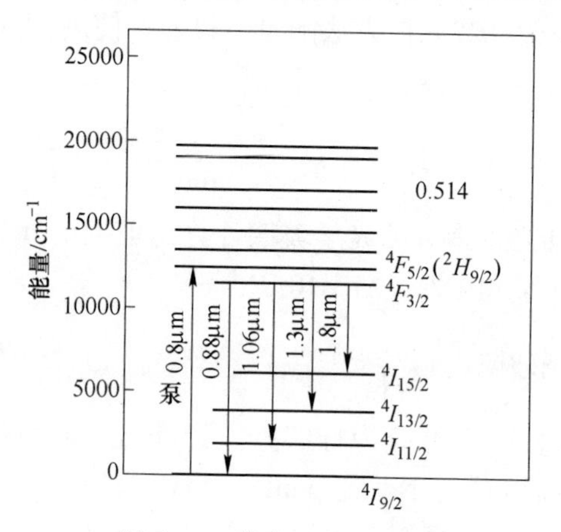

图5-1 钕离子的能级图

因此，为获得大的增益系数，钕玻璃必须具备高的受激发射截面和长的荧光寿命。

近年来，激光玻璃在激光技术领域中得到了广泛的应用，并快速推动着激光器件的发展，成为高功率激光和高能量激光器的主要激光材料。激光玻璃是通过分立发光中心吸收光泵能量后转换成激光输出的固体激光材料，其激活离子处于无序结构的玻璃网络中，以氧化物和氟化物为主，如硅酸盐玻璃、磷酸盐玻璃、氟化物玻璃。

A 硅酸盐激光玻璃

硅酸盐激光玻璃具有失透倾向小、化学稳定性好、机械强度高等一系列的优良性能，在现有生产工艺的基础上较易获得光学均匀性高的大尺寸激光玻璃，一般用于高能输出和高功率输出激光器。硅酸盐系统激光玻璃的组成范围大致为（摩尔分数）：SiO_2 65%～85%、Al_2O_3 0～5%、RO 5%～10%、R_2O 10%～20%，其中RO表示碱土金属，R_2O 表示碱金属。

a 结构

硅酸盐玻璃的主体结构为硅氧四面体。由场强较大的阳离子 Si^{4+} 与易极化的阴离子 O^{2-} 以极性共价键形成［SiO_4］四面体，各四面体间连成网络。碱金属和碱土金属离子 R^+、R^{2+} 位于四面体网络空隙内，形成网络外体。离子半径较大的稀土金属离子以离子键连接处在网络外的空隙。加入的碱金属氧化物提供的氧使原来的硅氧比值发生改变，氧的比值相对增大，玻璃中每个氧不可能都与两个硅原子所共享，开始出现与一个硅原子键合的氧（称为非桥氧），使原三维硅氧网络发生断裂。非桥氧的出现使硅氧四面体失去了原有的完整性和对称性，从三维转向二维或一维层状结构。所以玻璃表现出近程有序、远程无序的网络结构特点。引入非桥氧数 X、桥氧数 Y、配位数 Z 和离子数比 R，从这四个结构参数的关系可以计算出玻璃网络结构连接程度的好坏，其中桥氧数 Y 对玻璃性质起决定性的作用。

b 性质

激光玻璃的物理和化学性质在很大程度上取决于玻璃的化学组成，随成分的改变而改变，且其性质的改变基本上是连续的。玻璃的热膨胀系数、弹性模量和强度是玻璃热稳定性的主要表征。热膨胀系数主要由玻璃的化学组成决定，Na_2O 和 K_2O 能显著地提高热膨胀系数，增加 SiO_2 的含量可获得低热膨胀系数的玻璃。转变温度（T_g）和析晶温度的差较大的玻璃具有较好的热稳定性。对于激光玻璃，光谱性质是尤为重要的，包括光吸收、受激发射、荧光和非线性等光学性质。玻璃成分不同对不同波长的光有选择性吸收，因此，入射光中不同波长光在玻璃中的折射率不同。受激发射通过分立发光中心吸收光泵能量后转换成激光输出来完成。在不同能级停留的离子寿命和数目决定了荧光的寿命和强弱。

c 制备

目前制备激光玻璃主要采用熔体冷却成型方法，包括以铂坩埚、陶瓷坩埚为熔器的间隙式熔体冷却成型方法，及以铂池炉为熔器的连续熔融，进行高温加热形成均匀无气泡并符合成型要求的玻璃，用不同熔器及方法熔制玻璃的优缺点见表 5－1。

表 5－1 激光玻璃不同熔炼方法的优缺点

熔炼方法	优 点	缺 点
铂坩埚（间歇式）	坩埚侵蚀引起的杂质少，玻璃的光学均匀性好	玻璃中有铂颗粒
铂池炉（连续式）	可大量生产固定品种的激光玻璃	质量不易保证
陶瓷坩埚（间歇式）	较经济的生产方法	引入的污染物较多

实验表明，连续式生产可以大幅度提高硅酸盐玻璃的批量生产能力，使玻璃指标一致性好，而且相对间歇式生产，成本较低。间歇式生产每周只能加工 2～3 片玻璃，产品质量也很难控制，次品率很高，最重要的是产品的成本居高不下。而连续式生产每周可以生产 200～300 片玻璃，质量稳定，可以大幅度降低成本。制备过程中的物理和化学变化见表 5－2。

表 5－2 制备过程中各阶段的物理和化学变化

制备过程	温度/℃	物理和化学变化
硅酸盐形成	800～900	组分间相互反应生成硅酸盐和氧化硅为主的烧结物
玻璃形成	900～1200	出现液相，硅酸盐与氧化硅互溶，变为透明体，但仍存在较多气泡
玻璃澄清	1400～1500	气泡全部排除
玻璃均化	保温 3～4h	玻璃液的化学组成趋向均一，其中的条纹也已基本清除
冷却	1200～1300	玻璃液达到成型的黏度
热处理 1	600～室温	精确退火（3～5℃/min），消除玻璃内部张应力和防止新应力产生
热处理 2	1200～室温	淬火，迅速冷却，使玻璃内部产生较大的永久压应力

制备中存在的主要问题有两点：一是玻璃中存在铂颗粒杂质和其他金属离子杂质，使激光玻璃承受激光泵浦的强度降低一个数量级，引起激光玻璃严重破坏；二是玻璃结构中含有 OH 基，其强吸收对激光性质，特别是对荧光性质产生十分有害的影响。如何解决这些问题是目前制备研究的热点之一。

d 光谱特性

自 1960 年 Maiman 发明红宝石激光器不久，Snitze 首次使用掺 Nd^{3+} 的硅酸盐玻璃得到了受激发射。1963 年，我国在掺 Nd^{3+} 的硅酸盐玻璃中获得了激光输出。

B 磷酸盐、氟化物和氟磷酸盐激光玻璃

目前研究较多的是磷酸盐玻璃、氟化物玻璃和氟磷酸盐玻璃。由于钕离子的四能级结构以及磷酸盐玻璃基质声子能量适中、对稀土离子溶解度高、稀土离子在其中的光谱性能好、非线性系数小的优点，磷酸盐激光钕玻璃具有激光振荡阈值低、受激发射截面大、无辐射跃迁几率低、非线性系数小、除铂颗粒方便、容易制备成大尺寸等优点，使其成为国内外大型高功率激光装置的首选激光放大器工作物质。在高功率激光装置中，钕玻璃的首要任务是实现光放大。因此，增益系数成为重要性能指标。国内外大型高功率激光装置使用的钕玻璃基本都是围绕这一主要指标研制的。

a 激光钕玻璃的制造工艺

相比于一般光学玻璃，大型高功率激光装置应用的激光玻璃的性能要求极其特殊，这种钕玻璃必须同时满足均匀性、气泡、荧光寿命、吸收损耗、铂颗粒和应力均匀性的指标要求，制造难度非常大。

在过去几十年中，磷酸盐激光玻璃的制备工艺取得了突飞猛进的发展，从单坩埚熔炼发展到了连续熔炼，从小尺寸发展到了 400mm × 500mm × 40mm 的大尺寸，铂颗粒及 OH 基的去除也有了比较理想的解决方法。研究人员在如何获得高发射截面、低二阶非线性系数的激光玻璃方面做了大量工作。干福熹等人的研究表明，在掺钕磷酸盐玻璃中加入的碱土金属氧化物离子半径越小，阳离子场强越大，玻璃的非线性系数越小。肖特公司开发的 LG－770 玻璃用含 MgO 和 K_2O 的偏磷酸盐钕玻璃获得了较低的二阶非线性系数，同时其受激发射截面又很大。Kupendra Kumar 等人研制了新型掺钕磷酸盐玻璃（58.5P_2O_5－17K_2O－14.5SrO－9Al_2O_3－1.0Nd_2O_3），其$^4F_{3/2}\rightarrow{}^4I_{11/2}$受激发射截面达到了 $5.08\times10^{-20}cm^2$，高于 LG－750、LHG－8 和 LG－770 玻璃。我国自主研制的用于 ICF 神光装置的 N31 磷酸盐激光钕玻璃的主要性能指标已达到国际先进水平。

掺钕氟化物玻璃具有较低的声子能量和较强的离子键性能、稀土离子的掺杂浓度较高、无辐射跃迁几率小、上转换量子效率高、发光效率高以及稀土离子的发光范围从可见光一直延伸到中红外区域等特点，也是目前研究较多的激光玻璃体系。其中，对用作上转换激光材料的氟化锆玻璃和无锆重金属氟化物玻璃研究得比较多。但氟化物玻璃的化学稳定性和机械强度比较差，为其推广应用带来了很大的困难。

近年来，综合了氟化物玻璃和磷酸盐玻璃优点的氟磷酸盐玻璃得到了更多的关注。氟磷酸盐玻璃通常是通过在氟化物玻璃系统中引入偏磷酸盐组分来实现的。根据引入偏磷酸盐组分种类的不同，通常把氟磷酸盐玻璃分为 $NaPO_3$ 系统、$Al(PO_3)_3$ 系统、$Ba(PO_3)_2$ 系统和多组分氧化物－氟化物系统。氟磷酸盐玻璃具有比磷酸盐更低的非线性折射率和热光系数，更高的发光量子效率，其制备工艺也比氟化物玻璃简单，但人们普遍认为在氟化物中引入氧化物容易引起玻璃的析晶，在氟磷酸盐玻璃中引入氧化物成分也有相同的趋势。一些最新的研究发现，有些氧化物（或硫化物）组分对提高氟磷酸盐玻璃稳定性是有益的，在氟磷酸盐玻璃中引入氧化物（或硫化物）组分不仅可提高玻璃的机械强度与热稳定性，而且不会降低稀土离子在玻璃中的发光效率。L. Zhang 等人研究了 TeO_2 对氟磷酸盐玻璃稳定性的影响，发现引入少量 TeO_2 可以提高氟磷酸盐玻璃的热稳定性。G. A. Kumar 等人研究了硫酸盐和硼酸盐对掺 Nd^{3+} 氟磷酸盐玻璃光学性质的影响后发现，硫酸盐可提高 Nd^{3+} 的辐射效率，Nd^{3+} 在氟硼磷酸盐玻璃中也显示出了较好的光谱性能。目前，国际上只有德国、瑞士等极少数国家拥有成熟的氟磷酸盐激光玻璃产品。

b 激光钕玻璃的连续熔炼

由于大型高功率激光装置应用背景牵引，激光钕玻璃的研究和制造工艺开展得很深入。经过国内外系列研究工作，明确了各种玻璃成分、杂质对光谱性质的影响。磷酸盐钕玻璃的除水、除铂颗粒和均匀性的问题也得到了解决。随着激光玻璃制备工艺的改进和提高，磷酸盐钕玻璃所能承受的激光能流密度比过去提高了 5～10 倍，更有利于满足激光聚变的应用要求。国际上，有能力开展规模激光钕玻璃制造的公司有肖特公司（SCHOTT）和日本豪雅公司（HOYA）。肖特公司的 LG－750、LG－760、LG－770，日本豪雅公司的 LHG－8，中国科学院上海光机所的 N31 玻璃，它们多数具有较高的受激发射截面和较小的热光系数。另一类是用于高重复频率、高平均功率的钕玻璃，如肖特公司的 APG－1、APG－2，HOYA 公司的 HAP－41，它们多数为磷铝酸盐玻璃，具有较低的线胀系数、较高的热导率、中等或较小的受激发射截面，适合在激光武器或高重复频率的激光装置中应用。

20 世纪末，随着美国 MF 和法国 LMJZ 大高功率激光装置的兴建，需要总量为 8000 片的 800mm×400mm×40mm 尺寸的磷酸盐钕玻璃。单坩埚熔炼难以在短时间满足上述两个装置对钕玻璃的需求。上海光机所于 20 世纪 90 年代发明了半连续熔炼法制造大尺寸磷酸盐激光钕玻璃的方法，降低了钕玻璃的吸收损耗，形成了批量生产 600mm×300mm×40mm 大尺寸磷酸盐钕玻璃的能力和装备。自 20 世纪 90 年代后期，SCHOTT 和 HOYA 公司在美国开始了激光钕玻璃的连续熔炼探索，经过长达 6 年的努力，于 2001 年成功实现了磷酸盐激光钕玻璃的连续熔炼，这是一个伟大的创举，也代表着国际上特种光学玻璃连续熔炼的顶级水平[1]。

C 掺 Nd^{3+} 的激光微晶玻璃

在固态激光器领域，单晶和玻璃是两类常见的激光介质材料，这两者对光的吸收和散射损失小，可满足激光阈值条件。玻璃和单晶作为激光介质材料都有各自的优点：单晶热导性好、增益高，适于连续和高重复激射；玻璃可做成大尺寸，其物理参量可调、荧光谱线宽，更适于高能脉冲激射。微晶玻璃是介于无机玻璃和晶体之间的一类新型材料，可高度晶化，也可含有大量玻璃相，但至少应含有 1 种玻璃相和 1 种晶相。鉴于微晶玻璃的结构特点，将其用于激光领域无疑有着诱人的前景。一方面，可将发光离子有选择地植入微晶相中，使材料具有类似于晶体的光谱特征，其不均匀谱线宽度变窄；另一方面，材料还具有类似玻璃基质的透明性和热稳定性。当前，激光微晶玻璃发展迅速，有望在微芯片激光器、光纤放大器和高功率二极管抽运固态激光器领域成为新一代激光介质材料。

微晶玻璃作为激光介质材料使用始于 20 世纪 70 年代。Muller 等人用 Ta_2O_3 作成核剂制备出掺 Nd^{3+} 的脉冲激光微晶玻璃，但由于散射损耗的存在，激光阈值和发光效率并未得到改善，激光效率约为 0.02%。前掺钕激光微晶玻璃的研究主要集中在氟氧化物微晶玻璃和锂铝硅微晶玻璃，氟氧化物微晶玻璃更是研究的热点，这种有氟化物微晶镶嵌在氧化物玻璃基质中构成的氟氧化物微晶玻璃有两个特殊的光学性质：一是微晶颗粒的小尺寸（一般约几十纳米）以及微晶与玻璃态间折射率的近匹配避免了散射引起的能量损失，使它有高度的透明性；二是稀土离子溶解度大，掺杂的稀土离子优先富集于氟化物微晶中，因而可处于低声子的环境中。L. Y. Yun 等人研制的掺钕氟氧化物微晶玻璃（$41.2SiO_2-29.4Al_2O_3-17.6Na_2CO_3-11.8LaF_3-0.5NdF_3$）辐射量子效率为 78%，荧光寿命为 353μs，受激发射截面为 1.86cm×(10～20)cm，有潜力成为新型的激光材料。

目前，掺Nd^{3+}激光微晶玻璃存在的主要问题是微晶玻璃发光效率较低，光谱特性也因散射引起的能量损失而抵消严重。

D 掺钕激光材料的研究进展

Nd^{3+}是激光材料中最重要的发光离子，掺Nd^{3+}激光材料在目前的激光材料中也占据着十分重要的地位。Nd^{3+}的能级多，跃迁也很复杂，但目前只有少数的跃迁用于制备激光材料，潜力巨大。多波段、多功能、全固化、小型化、高强度的激光材料、光通信材料、上转换材料将是以后一段时间的研究重点。激光材料的基质也将从主要是玻璃和单晶向多晶透明陶瓷和微晶玻璃方向扩展。激光技术的应用和研究已成为世界高技术竞争热点之一，掺Nd^{3+}激光材料的发展更显得重要，我国在某些掺Nd^{3+}激光材料上与国外还有明显差距，特别是多晶透明陶瓷和微晶玻璃方面，起步比较晚，基础薄弱，迫切需要国内科研工作者进行大量的实验研究，以掌握材料制备技术方面的规律，全面认识材料组成、结构、性能三者之间的相关性，深入理解激光与材料相互作用的机制。

5.1.3.2 掺镱激光玻璃

Yb^{3+}电子构型为$4f^{13}$，有两个电子态，即基态和激发态（$^2F_{7/2}$，$^2F_{5/2}$），两者能量间隔约为10000cm^{-1}，在配位场作用下产生Stark分裂，形成准四能级的激光运行机构。相对于传统的稀土离子如Nd^{3+}、Er^{3+}等，Yb^{3+}具有如下特点：更适合于半导体泵浦固体激光器；Yb^{3+}的离子吸收带（900～1000nm）波长范围能与InGaAs半导体泵浦源有效耦合，并且吸收带较宽，无需严格控制温度来获得相匹配的半导体泵浦源的波长；泵浦波长与激光输出波长非常接近，量子效率高达90%；材料中的热负荷较低（小于11%），仅为掺Nd^{3+}同种激光材料的1/3；不存在激发态吸收，光转换效率高；在高掺杂情况下，也不出现浓度猝灭；荧光寿命长，在同种激光材料中为Nd^{3+}的3倍多，长的荧光寿命有利于储能。此外，Yb^{3+}的其他能级都在紫外区，由于没有高能级的存在，Yb^{3+}掺杂材料可以消除多光子弛豫及激发态吸收的影响，适合于发展高功率激光器件，所以掺Yb^{3+}激光材料被视为发展高功效、高功率激光器的一个主要途径。

固体激光器中，增益介质为长棒状，热流方向垂直于激光束方向，易导致热透镜效应和温度升高，造成激光性能的劣化和激光效率的降低，特别是三能级激光系统，要求高的泵浦功率，热效应更加突出。由于Yb^{3+}掺杂浓度可以很高，掺Yb^{3+}增益介质可以作成几百微米厚的薄片，将薄片贴在冷却板上，这样热源与冷却体间距非常小，热流沿轴向，即使在高泵浦功率密度下，材料中的温度变化也很小，因此大大降低了增益介质中的热应力和热畸变。目前常见的掺Yb^{3+}激光玻璃种类有硅酸盐玻璃、磷酸盐玻璃、氟磷酸盐玻璃、氟化物玻璃等。

A 掺镱激光玻璃的表征方法

掺Yb^{3+}激光材料的实用性主要从光谱性质、激光性能、热性能及制备特性等方面加以表征。

（1）光谱性能参数。从 Yb^{3+} 的吸收发射特性可以评估其潜在的激光性能，重要的光谱参数包括激发态能级 $^2F_{5/2}$ 和基态能级之间的吸收、发射截面和上能级荧光寿命。对于脉冲激光系统，要求激光输出波长处的发射截面积要大，其值由脉冲长度、泵浦条件和损伤阈值等因素决定。对于连续激光系统，可用发射截面积与荧光寿命之积来表征材料的性能。长的荧光寿命有利于储能，而大的晶体场分裂有利于减小 Boltzmann 效应带来的激光下能级热粒子数增加的问题。因此，掺 Yb^{3+} 激光材料应具备如下光谱性能：

1）泵浦波长处大的吸收截面积和线宽。

2）激光输出波长处的发射截面积要求大于 $10^{-20}cm^2$。

3）长的荧光寿命。

4）基态能级 $^2F_{7/2}$ 的分裂大，分裂能要大于 $400cm^{-1}$。

（2）激光性能参数：

1）激发态最小粒子数。激发输出波长处的共振吸收对激光振荡的效率影响很大，理论计算共振吸收的简单方法是假设激光构型是单程的，在此情况下，可计算出为获得零增益所需激活的最小粒子数。

2）饱和泵浦强度。高效率半导体泵浦可将大量 Yb^{3+} 激发到激发态，而降低基态吸收损失。饱和泵浦强度正是表征将 Yb^{3+} 都激发到激发态，实现基态耗尽模式激光运行的难易。

3）最小泵浦强度。最小泵浦强度表示在没有别的损耗的激光放大器中，克服阈值功率所需要吸收的最小泵浦强度，与激光材料中 Yb^{3+} 的吸收和发射特性有关。

（3）材料热性能。如果激光材料具有良好的热学性能，如高的热导率和低的膨胀系数，可以降低材料中的热负荷，减小热破坏几率。作为高效率高功率激光系统用的掺 Yb^{3+} 激光材料应具有低的非线性折射率和低的折射率温度系数，以减小热诱导所造成的热透镜效应。

B　基质玻璃对离子能级结构的影响

Robisnon 等人通过测量 Yb^{3+} 掺杂磷酸盐、硅酸盐和锗酸盐玻璃低温吸收和发射光谱，研究了玻璃基质对 Yb^{3+} 能级结构的影响。结果表明：Yb^{3+}（$^2F_{7/2}$，$^2F_{5/2}$）能级的 Stark 分裂值在 3 种玻璃中分别为：$553cm^{-1}$，$780cm^{-1}$；$647cm^{-1}$，$820cm^{-1}$；$638cm^{-1}$，$900cm^{-1}$。激光下能级至基态能级的间距分别为 $351cm^{-1}$，$354cm^{-1}$，$424cm^{-1}$；零线能量分别为 $10268cm^{-1}$，$10277cm^{-1}$，$10285cm^{-1}$。因此，锗酸盐玻璃具有较大的激光下能级与基态能级的间距，Boltzmann 热效应最小。

C　玻璃组分对掺镱玻璃光谱性质的影响

Yb^{3+} 掺杂硼酸盐、硅酸盐和锗酸盐玻璃的光谱性质的研究至今仅限于简单系统。由于相似的架状结构，其光谱性质的变化规律与 Nd^{3+} 掺杂的情况大体一致，即随着玻璃生成体含量的上升或修饰体阳离子场强的增大，发射截面增大。高价离子如 La^{3+}、Nb^{5+} 离子的引入，积分吸收截面和发射截面明显增大。磷酸盐玻璃在所有的氧化物玻璃中具有最窄的有效线宽（40～50nm）。Nd^{3+} 掺杂磷酸盐的光谱研究表明，随着玻璃生成体含量的下降或修饰体阳离子半径的增大，荧光线宽变窄，发射截面增大，这种规律同样适用于 Yb^{3+}，但不适于 Yb^{3+} 掺杂偏磷酸铝玻璃。

总之，Yb^{3+} 掺杂简单组分硅酸盐、硼酸盐、磷酸盐、氟磷酸盐和氟化物玻璃的发射截面积和荧光寿命分别在 0.3～0.8pm^2 及 0.6～2.7ms 之间。其中，硼酸盐和磷酸盐玻璃发射截面较大，改变网络修饰体种类和含量对 Yb^{3+} 的光谱性能影响仅次于玻璃生成体，含有复合生成体的玻璃比只含单一生成体的玻璃具有较高的发射截面，引入 La_2O_3、Nb_2O_5 等氧化物可提高发射截面[2]。

D 掺镱玻璃的激光性质

1995 年 MIX 用钛宝石激光器纵轴泵浦掺 Yb^{3+} 氟磷玻璃，在室温下获得了连续激光输出，输出功率大于 400mW，阈值功率为 230mW，斜率效率达到 52%，在高泵浦功率下，玻璃没有发生破坏。

1996 年 Griebner 用准连续半导体侧面泵浦掺 Yb^{3+} 磷酸盐玻璃，常温下获得的激光输出能量为 0.02mJ，阈值功率为 0.02mJ，斜率效率达到 42%，玻璃尺寸为 10mm × 4mm × 0.1mm。

1998 年初，Honninger 等人报道了采用锁模技术和 LD 泵浦 Yb^{3+} 掺杂含量（质量分数）均为 15% 的磷酸盐和硅酸盐玻璃的激光性能，即用两个功率为 1.68mW 的 LD 双向泵浦，实现了超短脉冲激光输出。

E 掺镱激光玻璃的研究进展

到目前为止，磷酸盐玻璃和硅酸盐玻璃已实现 CW 激光和脉冲激光输出，使用较高浓度掺杂的玻璃样品具有较高能量的激光输出。玻璃的光谱性质研究至今已覆盖所有的简单系统玻璃，但研究不够深入，如多组分玻璃光谱性质的研究不多，远没有 Nd^{3+} 光谱性质的研究那么系统。

5.1.4 稀土掺杂硼硅酸盐玻璃的强激光防护

在大功率激光器中，532nm 波长的激光器有着普遍的应用，因而对于 532nm 强激光的防护材料的研究自然也非常重要。利用垂直正透射式非线性光学原理的方法是非常简单和实用的，当然所用的激光防护材料应具有相应的光学三阶非线性吸收系数（nonlinear absorption coefficient，NLAC）β，以便在强度即将超过正常工作范围的强光作用下，随着入射光强度的增加，材料开始大量吸收额外的激光能量，使其透过的光强基本保持不变或减小，从而保护需要保护的目标。如果激光防护材料非常廉价，那么即使起保护作用时其已经不可恢复地损坏，也是非常值得的。

理论上，在任何激光玻璃中掺入任何种类的稀土元素，都会对形成的玻璃的三阶非线性特性参数或多或少地产生影响，自然包括 β。由于 $CaO-SiO_2-B_2O_3-Al_2O_3-Na_2O$ 硼硅酸盐玻璃具有熔点低、结构简单和可见光透明性好等优点，使用其作基质，掺杂稀土元素后煅烧制备激光玻璃，通过透射光谱测试，利用调 Q 纳秒 Nd：YAG 激光器进行开孔 Z 扫描和光限幅等实验，获得在 532nm 处的激光防护性能参数。

5.1.4.1 制备

稀土氧化物纯度均为 99.9% 以上，掺杂浓度（摩尔分数）均为 1.5%。将其分别搅拌均匀后分别放入 50mL 的刚玉坩埚中，置入 800℃ 的由硅钼棒加热的电炉中，然后以 5℃/min 的速率升温至 1200℃，再在此温度下熔融 2h。取出后倒在预热 300℃ 的钢板模具里，迅速移入加热到 600℃ 的马弗炉中退火 2h，然后缓慢降至室温后取出。将获得的所有玻璃经研磨、抛光和切割，分别得到 30mm × 20mm × 2mm 的激光玻璃样品。

5.1.4.2 透射吸收光谱

分别测试了样品的透射吸收光谱，除 Nd_2O_3、Er_2O_3 和 Ho_2O_3 掺杂激光玻璃在 532nm 附近有明显的吸收结构（称其为Ⅰ类玻璃）外，基质玻璃和 Y_2O_3、La_2O_3、Ce_2O_3、Pr_2O_3、Sm_2O_3、Eu_2O_3、Gd_2O_3、Tb_2O_3、Dy_2O_3、Tm_2O_3、Yb_2O_3 和 Lu_2O_3 等 12 种掺杂激光玻璃（称其为Ⅱ类玻璃）均没有明显的吸收结构。

5.1.4.3 开孔 Z 扫描实验

开孔 Z 扫描实验的光源采用 Spectra-physics 公司生产的 Nd：YAG 调 Q 激光器，输出激光波长为 532nm，脉宽为 10ns，重复频率为 30Hz。从激光器发出的光经过可调衰减器 A 衰减，通过分束器 BS 分成两束，一束直接进入探测器 D_1，用来监测入射光能量，另一束经焦距为 200mm 的透镜 L 聚焦后的光先经样品 S，再通过一个中心和光轴重合的光阑（孔径设为最大，对光没有任何阻碍）后进入另一个探测器 D_2。光束传播方向作为 Z 轴正向，透镜焦点处为 Z 轴的零点，样品可在焦点附近前后移动。当样品在离焦点足够远（$|Z|>100$mm，即远场）时，激光功率密度较低，可忽略非线性吸收导致的透过率变化，探测器测得的功率几乎为一常数 D_0（但受激光器稳定性的限制而有所变化，因而靠 D_1 的结果来修正）。如样品在焦点附近沿传播方向前后移动，则由于介质的非线性吸收作用，将引起透过的激光功率有相应地减小。定义 D_2/D_0 为 Z 扫描归一化透过率，则通过测量透过率与样品移动位置 Z 的关系，可以很容易地得到样品的非线性吸收系数。

5.1.4.4 光限幅实验

为了确定激光玻璃的激光保护特性，垂直正透射式光限幅实验是不可缺少的。实验装置与开孔 Z 扫描实验很类似，可以简单描述为：从激光器发出的光经过可调光阑取其光束中心直径 $d=4$mm 内的相对均匀部分，然后经过可调衰减器 A（三重组合）衰减，经焦距 f 为 200mm 的透镜 L 聚焦，样品即放在焦点处（束腰的中间部位，相当于高密度激光直接垂直正入射到样品上），透过光束全部直接进入大功率热释电探测器。

实验中，光束的束腰半径：$w_0=2\lambda f/(\pi d)\approx 17\mu m$，共焦长度 $z_0=2\lambda f^2/(\pi d^2)\approx 2mm$。如果探测器测得的光功率为 1mW，那么对应样品的透射光功率密度为 $1.11\times10^6 W/m^2$，进一步对应光脉冲峰值功率为 $3.7\times10^{12} W/m^2$。图 5－2 所示给出了在 $(1\sim30)\times10^{12} W/m^2$ 的入射光脉冲峰值功率范围内，基质玻璃、Nd_2O_3 和 Gd_2O_3 掺杂激光玻璃的光限幅实验结果，其中后两者分别代表了两类激光玻璃。从图中可以看到，Nd_2O_3 掺杂激光玻璃在 $4.9\times10^{12} W/m^2$ 处（称其为起点）开始展现光限幅效应，而在 $13.8\times10^{12} W/m^2$ 处玻璃被正表面烧蚀而不能透光，因而称其为防护点。对于 Gd_2O_3 掺杂激光玻璃，其光限幅起点为 $18.5\times10^{12} W/m^2$，防护点为 $25.0\times10^{12} W/m^2$，而基质玻璃在 $30\times10^{12} W/m^2$ 的入射光脉冲峰值功率范围内透射率保持在 81%，没有显示光限幅特征。

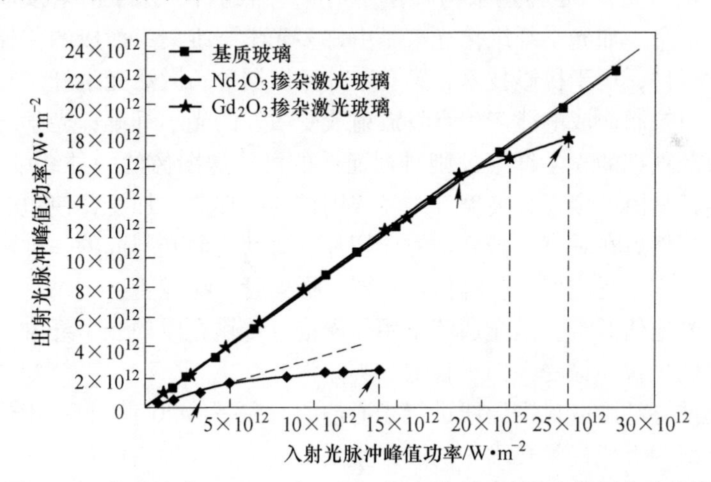

图 5－2 基质玻璃、Nd_2O_3 和 Gd_2O_3 掺杂激光玻璃的光限幅实验曲线

5.1.4.5 结论

Ⅰ类激光玻璃的 β 比Ⅱ类激光玻璃大 2～4 倍。Nd_2O_3 掺杂激光玻璃的 β 最大，是最小的 Yb_2O_3 掺杂激光玻璃的 4 倍多，而 Yb_2O_3 掺杂激光玻璃的光限幅防护点（$29.2\times10^{12} W/m^2$）最高，是最低的 Nd_2O_3 掺杂激光玻璃的防护点（$13.9\times10^{12} W/m^2$）的 2 倍多一些。即玻璃样品的着光点得到的热能并非单纯来源于非

线性吸收，而是来源于线性吸收和非线性吸收两方面，即使在起始点以下时，它们都在承受着各自的5%～30%的线性吸收（依玻璃厚度而定），所以允许来源于非线性吸收的能量（功率）就只是免于烧蚀最大允许能量（功率）的一部分。因此，即使对于β极小的基质玻璃，可能在线性区就会被较高的线性吸收烧蚀坏着光表面。

通过测试透射谱、三阶非线性吸收系数β和光限幅防护点实验研究可知，由于Ⅰ类玻璃的透射谱在532nm附近有显著的吸收结构，因此它们在532nm附近有比Ⅱ类玻璃大的β，从而光限幅起始点和防护点就相对较低。

光限幅防护点的高低绝不是描述激光玻璃光限幅能力的指标，恰是拥有不同光限幅防护点的激光玻璃拥有自己的应用，它们在（13.9～29.2）$\times 10^{12}$W/m^{2}范围内接近均匀的分布为制备系列化激光玻璃提供了指导，对532nm波长激光的防护有长远的应用价值。

5.2　稀土掺杂光学光纤

5.2.1　概述

光学纤维是指由透明材料（如玻璃）制成的能导光的纤维，它可以单根使用（用来传输激光），也可用来构成各种光学纤维组件，用于沿复杂通道传输光能、图像、信息。如光学纤维传光束是由许多光学纤维集束而成的传递光能的一种纤维光学组件，用于摄影技术，穿孔卡片读出器等；激活光学纤维是出发光材料或激光材料拉制而成的能产生自发放射或受激发的光学纤维；光学纤维传像束是由许多直径很细的光学纤维规则排列而成的可传送图像的一种纤维光学组件；光学纤维面板是由许多复合玻璃纤维经规则排列、加热、加压，使包皮玻璃软化熔合成整体，然后在垂直于纤维轴方向切片、研磨、抛光制成的一种刚性光学纤维传像组件，它广泛应用于各种像增强器、摄像管、显像管、记录管等；光波导纤维，又称光通信纤维，是光通信中用作光信息传输介质的光学纤维，这是现今和今后发展的最快和最受人们重视的一类光学纤维。

利用光波导纤维取代铜导线进行光通信的研究是从20世纪60年代开始兴起的，至今已成为近代光学技术中的一个重要分支。光波导通信有如下优点：

（1）没有像电通信线路中的串线、噪声和干扰现象，不必担心短路。

（2）能进行多路通信，如果玻璃光学纤维的成本变得比铜线还低，可降低通信的成本，因此，可实现50km或100km以上的远距离通信。

之所以可以用作光通信，是由于玻璃高纯化，光即使在光学纤维中传输至数千米远也不能被完全吸收掉。通常玻璃或光学玻璃的透明性只是适用于数毫米厚的眼镜玻璃和窗玻璃，或者只适用于1～20cm厚的光学零件，对于像电话线那样以数千米为单位的长距离，用一般方法制备的玻璃几乎是完全不透明的，如对于最优质的光学玻璃，光通过10m距离时减少到1/4，通过100m时减少到百万分之一。与此相反，作为光通信用的光学纤维的损耗，即使通过1000m，也有50% ~90%的光可以保留下来。

光在纤维中的传播是通过内部全反射来实现的，套层光学纤维由纤维芯和纤维包皮组成，为此必须满足芯折射率大于皮折射率，而且为了提高光学纤维的数值孔径 $N \cdot A$（由纤维芯、纤维包皮折射率决定的反映光学纤维集光能力的一个物理量，对于套层型光学纤维子午光线的数值孔径 $N \cdot A = \sqrt{n_1^2 - n_2^2}$（$n_1$、$n_2$ 分别为纤维芯和纤维包皮的折射率）），必须使纤维芯玻璃的折射率尽量高，而纤维包皮材料的折射率尽量低，这对光学纤维面板极为重要。因而，采用具有高折射率的稀土光学玻璃作芯料，同时使用低折射率的玻璃作皮料，两者匹配后可获得高的数值孔径，使 $N \cdot A$ 数值大于1或接近于1。

如果按照结构对传输光学纤维进行分类，有阶跃型和梯度型（也可按折射率分布进行分类）。阶跃型光学纤维是由芯子和包覆芯子的包层组成，其中芯子是由高折射率的玻璃制造，包层由低折射率玻璃制造，这就使芯子与包皮间折射率有一突变；梯度型光学纤维，折射率在芯部最高，随着向外，折射率呈抛物线形式减小，或者说折射率沿径向按梯度分布。如果按传输模式不同可分为单模纤维和多模纤维（电磁波模式）。如果按照纤维材料组成分为石英掺杂纤维、多组分玻璃纤维和石英单材料纤维。

5.2.2 稀土掺杂光纤

稀土掺杂特种光纤在光纤激光器、放大器和传感器中有着广泛的应用，并且最近几年得到了很大的发展，所用的掺杂剂有 Nd^{3+}、Er^{3+}、Ce^{3+}、Pr^{3+}、Ho^{3+}、Eu^{3+}、Yb^{3+}、Dy^{3+}、Tm^{3+} 等。稀土掺杂光纤的特点是：具有圆柱形波导结构，芯径小，很容易实现高密度泵浦，使激射阈值低，散热性能好，其芯径大小与通信光纤很匹配，耦合容量及效率高，可形成传输光纤与有源光纤的一体化，是实现全光通信的基础。随着集成光学和光纤通信的发展，需要有微型的激光器和放大器。而稀土掺杂光纤放大器能直接放大光信号，有利于大容量、长距离通信，使光纤通信取得更大的发展。目前，大多数掺杂光纤与通信光纤使用的基材相同，都是石英玻璃材料，可以采用成熟的光纤制造技术来生产掺杂玻璃光纤，同时生产过程中允许严格控制其掺杂浓度，因此，掺杂玻璃的应用和研究得到了很大程度的推广。

光纤激光器可分为基于非线性效应的光纤激光器和基于稀土离子受激辐射的掺杂光纤激光器。按照掺杂元素的不同，光纤激光器可以分为掺镱（Yb）、掺铒（Er）、掺铥（Tm）和掺镨（Pr）等光纤激光器。常用的飞秒光纤激光器可以分为掺镱（Yb）、掺铒（Er）、掺铥（Tm）、掺钬（Ho）和掺镨（Pr）等光纤激光器或者稀土离子混合掺杂光纤激光器。

作为稀土离子掺杂宿主的玻璃基质种类繁杂，通常可以将用于激光介质的玻璃分为四类：氧化物玻璃、卤化物玻璃、卤氧化物玻璃及硫属化合物玻璃。

5.2.2.1 掺铒光纤

A 掺铒光纤放大器

由于掺铒光纤放大器（EDFA）具有增益高、频带宽、噪声低、效率高、连接损耗低、偏振不灵敏等特点，其从20世纪90年代初开始便得到飞速发展。经过十几年的发展，掺铒光纤放大器已成为光纤通信技术最突出的成就之一。受激掺铒（Er）光纤具有三能级系统，由于光纤损耗和DWDM的损耗都是限制光通信传输距离的主要因素，因而在远程光通信系统中必须进行中继。采用DEFA，可以将“电-光-电”中继改变为全光中继，以延长通信距离，并降低成本，方便运转和维护。采用EDFA可以补偿传输光链路的损耗及光分路器所造成的分配损耗，极大地增大光纤CATV网的网径，这已成为光纤CATV技术中的要点之一。EDFA是最早得到实用化的光纤放大器。

随着光通信和城域网技术的发展，掺铒光纤放大器技术也在不断地向前发展。同时，各种类型的光放大器的开发和实用，也将进一步推动光通信领域技术的发展，从而满足不断增长的数据业务的需求。

目前EDFA的发展非常快，输出功率达到30dB/m，产品已经实用化，实验室产品输出功率已经可以达到40dB/m。国外生产EDFA的公司主要有：康宁、菲利浦、DJS、UTP、北方电信和阿尔卡特等；国内生产EDFA的公司主要有：武汉邮科院、飞通光电、昂纳、霍普、华为、中兴、上海光通信等。国外的技术水平已达到：模拟产品，输出功率可达27~30dB/m；数字产品，输出功率可达20dB/m，并且已有C+L波段的宽带EDFA产出。掺铒光纤放大器对光通信领域，特别是长途光信系统有着极其重要的作用。

2002年，美国Nufern公司研制出C波段掺铒80m光纤-EDCF-980HP-80，该光纤1590nm附近的峰值吸收为（6.0±1.0）dB/m，截止波长为(920±50)nm，典型数值孔径为0.23。

美国stoekerYale公司生产的EDF-980-T1和EDF-RC-950-T1掺铒光纤设计用于优化C波段掺铒光纤放大器（EDFA）的性能。EDF-980-T1光纤具有大的数值孔径和低的弯曲损耗，十分适合要求紧密光纤线圈的EDFA应用，具有良好的功率转换效率，对标准单模光纤具有低的接续损耗。EDF-RC-950-T1是一种专门设计用于低成本、小形状因数EDFA（如都市放大器设计中使用的EDFA）的包层，减小掺铒光纤，它同样具有良好的功率转换效率。另外，该公司还推出专门针对L波段EDFA设计的掺铒光纤EDF-1480-T6，该光纤具有高峰值吸收特性，可减小光电放大器中需要的光纤数量[3]。

英国 Fibercore 公司也宣布，推出两种新型掺铒光纤：ISOGAIN 是专门为高密度 DWDM 系统设计的高平坦度光纤，32 路 DWDM 系统在不使用滤波器的情况下通道峰值之间的平坦度小于 0.06dB；METROGAIN 是针对城域网设计的低成本光纤，该光纤采用高掺杂，4m 光纤就可以支持一般应用。

B 掺铒光纤激光器

掺铒光纤激光器正是在掺铒光纤放大器技术基础上发展起来的。掺铒光纤激光器具有结构简单、调谐范围宽等特点。同时由于能发射波长在 1.5μm 附近的激光，可用作光纤通信系统的光源。全光纤化和高重复频率以及可调谐掺铒飞秒光纤激光器是未来的研究方向。

2009 年，Alexey Andrianov 等人通过掺铒光纤放大器和色散降低光纤（DDF）、高非线性单模光纤（HNSF）和普通单模光纤（SMF－28）对被动锁模的掺铒振荡器输出的 230fs、600MHz、波长为 1.57μm 的脉冲进行放大和压缩，并得到 20～25fs，调谐范围为 1.57～2.1μm 的飞秒激光输出。

Alexey Andrianov 等人的方案使用不同的特种光纤和单模光纤对主振荡器输出脉冲进行放大和压缩后获得 20～25fs，调谐范围为 1.6～2.1μm 的优异的飞秒激光输出，但该系统结构较为复杂，成本较高。D. Ma 等人使用环形腔直接输出目前最短的 34.7fs 的激光脉冲，该研究同时指出通过降低光纤的 GDD 还可以进一步压缩脉冲宽度，在很大程度上降低了系统的复杂度和成本，具有十分重要的意义。C. B. Mou 等人使用 45°倾斜的光纤光栅对被动锁模的掺铒飞秒光纤激光器的输出波长进行 1548～1562nm 的调谐，该实验方案使用光纤型光栅具有插入损耗小、便于实现激光器全光纤化等优点[4]。

5.2.2.2 掺铥光纤

A 掺铥光纤放大器

开发新型超宽带光纤放大器，更好地发掘利用光纤丰富的带宽资源，是提高光通信容量最有效的方法。掺铒光纤放大器（EDFA）一般用在 C 波段和 L 波段，但它仅覆盖石英单模光纤低损耗窗口的一部分，现在 32 路波分复用系统也基本占满了这个波段。因此，开发短波段 S 波段光纤放大器是近几年放大器研究的一个热点，而 S 波段放大的光纤放大器是由掺铥光纤来实现的。一般报道的 TDFA 用的掺铥光纤都是氟化物玻璃光纤，由于氟化物光纤的局限性，它在光通信领域的应用受到了限制。近年来有些关于石英基掺铥光纤放大器的报道，但目前其小信号增益较小（约为 8dB），有望通过进一步的改进得到提高。

掺 Tm^{3+} 石英光纤研制方面的进一步工作包括：

（1）如何优化疏松芯层组分设计，以获得更高掺杂浓度。

（2）如何完善配液、浸泡过程及脱水工艺，以进一步降低光纤本征损耗。

（3）如何优化设计芯径、NA 等参数，以适应激光及荧光实验的需要。

另外，实现 Yb^{3+}、Tm^{3+} 共掺，以及光纤的双包层剖面结构设计也在考虑之中。

B 掺铥飞秒光纤激光器

由于掺铥光纤激光器的发射波长在 2μm 附近，属于人眼安全波段范围；能级交叉弛豫的存在导致其具有很高的光－光效率，因此近年来掺铥光纤激光成为研究的热点。

2010 年，Q. Q. Wang 等人在 1935nm 波长处使用掺铒光纤对掺铥的腔内反常色散进行补偿，通过非线性偏振旋转锁模直接输出单脉冲能量 4.8nJ，平均功率 20mW，重复频率 4.2MHz，235fs 的超短脉冲。

2012 年，F. Haxsen 等人使用高非线性光纤和掺铥光纤，并通过非线性偏振演化（NEP）和半导体可饱和吸收镜混合锁模以及小芯径、大数值孔径光纤进行色散补偿，得到单脉冲能量 0.7nJ，波长 1927nm，482fs 的飞秒激光脉冲输出。

5.2.2.3 掺镨光纤放大器（硫（卤）系玻璃）

PDFA 是 1300nm 波长工作的光纤放大器，它是一种准四能级系统。目前，对 PDFA 研究热点是寻找低声子能量材料作基质，以尽量减少由于石英玻璃材料具有大的声子能量，不能得到镨离子在 1300nm 波长的发光，但 Itoh 也报道了 GaNaS 玻璃光纤中得到了 30dB 增益，增益系数达到了 0.81dB/mW。近几年来，硫（卤）系玻璃作为 1330nm 光纤放大器的基质玻璃受到了极大的关注，在 Pr^{3+} 掺杂的 As－S 基、Ga－La－S 系和 Ge 基硫系玻璃中取得了很大的进展，已取得了 70% 以上的量子效率，是 Pr^{3+} 掺杂 ZBLAN 玻璃的近 20 倍。虽然 PDFA 的放大波段在 1300nm 与 6.652 光纤的零色散点相吻合，在已建的 1300nm 光通信系统中有着巨大的应用市场，但是由于掺镨光纤自身放大特性及机械强度和与普通光纤连接困难等因素，要得到广泛的商业应用还存在一定的困难。

5.2.2.4 掺镱光纤激光器

掺镱（Yb^{3+}）光纤作为激光器的增益介质，近年来得到了很大的发展。激发态 Yb^{3+} 的寿命较长（可达到 1ms），用相对较低的泵浦功率就可在激发态存储大量的能量。最近喇曼放大器获得了很大的发展，但喇曼放大器的缺点是其泵浦功率很高，采用掺镱光纤作为喇曼放大器的泵浦源介质，是解决这一难题的一种方法。

掺镱单模石英光纤具有增益带宽、上能级荧光寿命长、量子效率高和无浓度猝灭、无激发态吸收等特点，激光输出波长在 1.01～1.162μm 范围内可调，可用于高功率激光系统和泵浦 1.3μm 掺 Pr^{3+} 光纤放大器、掺 Tm^{3+} 上转换光纤激光器等。掺 Yb^{3+} 光纤放大器可以实现功率放大和小信号放大，因而可用于光纤传感器、自由空间激光通信和超短脉冲放大等领域。掺 Yb^{3+} 单模石英光纤实现了 10kW 峰值功率和 2ns 脉宽的激光输出。

目前国际上已经报道的用于光纤激光器和放大器的掺镱光纤结构包括简单的阶跃型单模光纤和双包层两类。双包层掺 Yb^{3+} 石英光纤具有适合半导体激光器阵列泵浦、泵浦耦合效率高、激光输出功率高等特点，是掺镱石英光纤的主要发展方向。

5.2.2.5 掺钬飞秒光纤激光器[4]

掺钬离子的增益介质和铥掺杂的增益介质输出波长为 2μm 的激光器是近来的研究热点。它们具有较宽的增益谱和高的增益因子。由于直接抽运钬光纤激光器的 1120～1160nm 高亮度和高质量抽运源的缺乏，因此掺钬飞秒光纤激光器一直进展缓慢。直到 2012 年 A. Chamorovsjiy 等人才首次给出由中心波长为 1160nm 的半导体盘片激光器抽运的被动锁模飞秒光纤激光器。

5.2.2.6 共掺杂飞秒光纤激光器

在掺稀土光纤放大器中，目前存在着激发态吸收、放大自发发射、深度猝灭等问题。只有采用新技术，如与 P、Yb、Al、Ce 等共掺杂，更重要的是用键合稀土来代替掺杂，才能防止稀土离子形成离子团粒结构，从而克服上转换、自放大、能量转移问题。近年来，共掺杂光纤有了迅速发展，共掺杂光纤经过一定的工艺处理后，光纤吸收峰处的损耗明显增加，而低损耗几乎不变，同时，泵浦吸收带范围和热稳定性也得到了有效提高，可明显增加光纤的增益。铒、镱共掺杂光纤在高功率放大器、分布反馈光纤激光器中应用时具有非常优异的性能。目前，Fibercoer 公司，铒、镱共掺杂比率为 45∶1 的光纤放大器（YEDFA）在 C 波段的输出功率达到 27dB/m，小信号增益大于 40dB。

A 铥钬离子混合掺杂飞秒光纤激光器

对使用铥离子和钬离子混合掺杂作为增益离子的飞秒光纤激光器的研究相对较少。由于 Tm－Ho 离子之间的能量传递上转换会削弱 Tm 离子 $^3F_4$ 能级的激发态离子数目，同时会产生大量的热，因此 Tm－Ho 光纤激光器在使用时必须采取强制冷措施以提高光－光转换效率和降低激光器的阈值，但是由于 Tm－Ho 共掺光纤激光器输出波长调谐范围为 1950～2150nm，Tm－Ho 共掺光纤激光器可以产生 3～5μm 的可调谐激光输出。

2007 年芬兰的 Kivist 等人给出一种 Tm－Ho 共掺的飞秒光纤激光振荡器，并辅以 Tm－Ho 共掺的光纤放大器得到 150fs、中心波长为 2150nm、平均功率为 230mW、峰值功率为 27kW 的激光输出。主振荡器通过基于锑化物的 SESAM 锁模得到 750fs 输出。通过 Tm－Ho 共掺的光纤放大器中的孤子自频移对主振荡器输出的脉冲进行压缩得到 150fs 的脉冲输出。同时，改变放大器抽运功率可以获得波长为 1970～2150nm 的可调谐输出。

B 铒镱共掺杂飞秒光纤激光器

2006 年，D. Panasenko 等人使用 20cm 的 Er－Yb 共掺的光纤为增益介质，激光器是环形腔设计。通过1.9m的普通单模光纤中的非线性偏振作用形成飞秒脉冲，PZ光纤是光纤型起偏器，可获得80%的偏振消光比。该飞秒激光器特点之一是只需通过调整偏振控制器（PC），激光器的重复频率可以在1.7~7.2GHz变化，对应的脉冲宽度变化范围为300~570fs，输出平均功率为1.1W，单脉冲最大峰值功率为1kW。

5.2.2.7 光敏光纤

光纤布喇格光栅在WDM系统中应用十分广泛，而光敏光纤作为一种紫外写入光栅的高光敏性特种光纤，目前已成为国内外研究的热点。高掺锗光纤、硼锗共掺光纤和掺担（Ta）、掺铈（Ce）和掺铒（Er）等光纤也具有很大的光敏性。

5.2.2.8 超荧光光源用稀土掺杂光纤

在众多光纤传感器和光纤探测器中，一般都需要时间相干性低的宽带光源。由于稀土掺杂光纤中的放大自发发射（ASE）具有温度稳定性、强荧光谱线宽、输出功率高、使用寿命长等特点，从而在光纤传感系统（如光纤陀螺仪）和某些信号处理、光学层析和医用光学等领域具有广泛应用，称之为超荧光光纤光源（SFE）。在SFE的各种应用中，最广泛的应用是作为光纤陀螺仪的低相干性宽带光源。这就要求SFE不仅要有较大的输出功率，还要有良好的波长稳定性和较大的线宽，这也是今后的研究方向。

5.3 稀土上转换发光材料

在发光学领域，上转换发光过程是指物质能够基于双光子或多光子机制，吸收低能量光子的长波辐射，发射出高能量光子的短波辐射，即材料受到光激发时可以发射出波长比激发波长短的荧光，这种现象违背斯托克斯（Stokes）定律，因而又称为反斯托克斯（Anti－Stokes）现象。稀土上转换发光材料和传统的荧光材料相比，具有毒性小、吸收和发射谱带窄、稳定性好、发光强度高和发光寿命长等优点，因而被人们广泛关注和研究。

5.3.1 稀土上转换发光材料的基质类型

稀土元素在元素周期表中的特殊位置使其具有特殊的化学性质。稀土元素的$4f$电子在不同能级之间的跃迁是稀土元素能够发光的主要原因。稀土元素的最外层电子构型是［Xe］$(4f)^n$ $(6s)^2$，由于其具有相似的电子壳层结构，当失去最外层3个电子后，都变成［Xe］$(4f)^{n-1}$构型的离子，随着$4f$壳层电子数的变化，稀土离子表现出不同的电子跃迁形式和极其丰富的能级跃迁，可以很容易地获得粒子数反转，在近红外光的激发下，能够产生多种颜色的上转换发射而被广泛应用于上转换发光材料中。

用于稀土上转换发光材料的基质类型较多，目前的研究主要集中在无机化合物领域中，主要有氟化物材料体系、卤化物材料体系、氧化物材料体系三种类型。

在氟化物材料体系中，氟化物因具有较低的声子能量、可以选择透过红外光谱中任何波段的光、掺杂稀土离子的浓度较大、具有较高的光学均匀性等诸多优点而被广泛用作上转换发光材料的基质。氟化物的上转换效率虽高，但其化学稳定性和机械强度差、抗激光损失阈值低、制作工艺困难，从而在一定程度上限制了其应用范围。在卤化物材料体系中，通过在基质中掺入一定浓度的稀土离子，降低了多声子弛豫过程的影响，增强了交叉弛豫过程，提高了稀土上转换发光材料的效率。此类材料在激光器及磷光材料中具有广阔的应用前景。

目前，卤化物材料体系趋向与硫化物联合使用，例如：Pr^{3+}：$GeS_2-Ga_2S_3-CsX$ 材料。在氧化物材料体系中，基质中的氧离子与金属离子所形成的化学键键能很大，这使得氧化物材料体系中稀土离子的无辐射跃迁几率增大，从而降低了其上转换发光效率。氧化物上转换发光材料体系虽然声子能量较高，发光效率较低，但制备工艺简单，合成的材料具有较高的化学稳定性和机械强度，因而在上转换发光材料中占据重要的地位。

5.3.2 稀土上转换发光机理的研究

上转换发光机理的研究主要集中在稀土离子的能级跃迁、基质材料和激活离子三个方面上，这三个方面不同其跃迁机制也有所不同。每种稀土离子都有其特定的能级分布，因此，不同稀土离子的上转换过程不同。目前上转换过程主要可归结为以下三种形式：激发态吸收（ESA）、能量传递（ETU）和光子雪崩（PA）上转换过程，如图 5-3 所示。

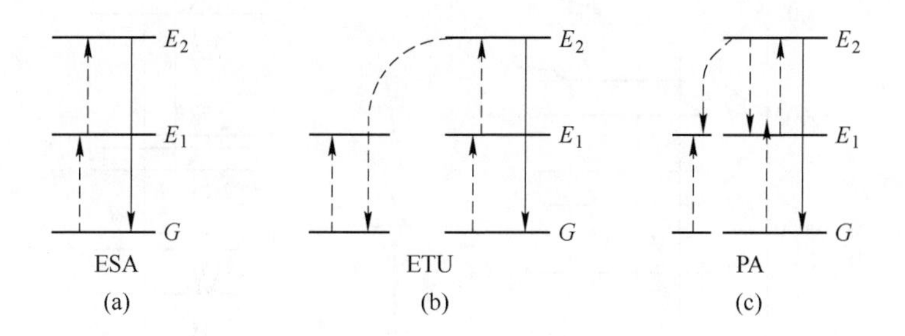

图 5-3 稀土离子上转换过程

（a）激发态吸收过程；（b）能量传递上转换过程；（c）光子雪崩上转换过程

激发态吸收过程（ESA）是指同一个粒子通过连续的多光子吸收机制从基态能级跃迁至激发态能级的过程，这是上转换发光中的最基本过程，如图

5-3(a)所示。ESA过程为单个粒子的吸收，稀土离子的掺杂浓度对其发光强度影响不大。为实现ESA过程，通常需要采用双波长泵浦的方式，其中第一个泵浦波长的光将处于基态的粒子激发至第一中间亚稳态，第二个泵浦波长的光将位于该亚稳态上的粒子激发至更高的能级上，形成双光子吸收过程。能量传递（ETU）上转换过程一般发生在不同类型的稀土离子之间。其原理如图5-3（b）所示，ETU过程为稀土离子之间的相互作用，稀土离子浓度的高低直接影响着ETU过程能否发生。为了补偿能量传递过程中能量的失配，该过程允许声子的参与，因此，ETU过程传递效率的高低与基质材料声子能量的大小有关。与ESA不同，无论是晶体还是非晶态材料，ETU过程均可采用单波长泵浦的方式。光子雪崩（PA）过程是ESA和ETU过程的结合，如图5-3(c)所示，其主要特征是泵浦波长对应于离子的某一激发态能级与其以上能级的能量，而不是基态能级与其激发态能级的能量。PA过程的上转换发光强度与泵浦功率有直接的关系，当泵浦功率低于阈值时，只存在很弱的上转换发光；当泵浦功率高于阈值时，上转换发光强度明显增加，泵浦光辐射被上转换发光材料强烈地吸收[5]。

为了更好地理解稀土离子的上转换发射机理，稀土上转换发光材料中常用的Ho^{3+}、Yb^{3+}、Tm^{3+}的能级图及其在基质材料中的上转换发光过程，如图5-4所示，在980nm激光器的激发下，由于Yb^{3+}的能级差与光源能量匹配较好，能够有效地吸收光源辐射。因此，Yb^{3+}作为敏化剂离子，吸收近红外光子的能量，从基态（$^2F_{7/2}$）跃迁到激发态（$^2F_{5/2}$），然后Yb^{3+}跃迁回基态将能量传递给邻近的Ho^{3+}和Tm^{3+}，使得Ho^{3+}和Tm^{3+}在激发态能级上布居，处于激发态的Ho^{3+}和Tm^{3+}辐射跃迁至基态时，发射出红绿蓝三基色的上转换发射。

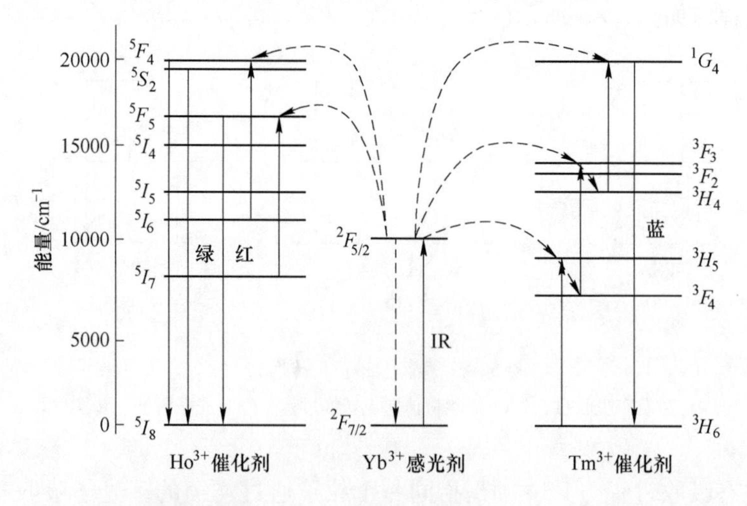

图5-4　稀土离子Ho^{3+}、Yb^{3+}、Tm^{3+}的能级图以及上转换发光过程

5.3.3　稀土上转换发光材料的应用

上转换发光研究的一个最主要的应用是用它作为泵浦来实现可见光波段的激光器，主要是在蓝光、绿光、红光和紫光波段。上转换光纤激光器具有转换效率高、激光阈值低、体积小、结构简单等优点。此外，上转换发光材料还可以增强硅基太阳能电池在近红外波段范围的响应。如图 5－5 所示，Shalav 等人将 $NaYF_4:Er^{3+}$ 上转换发光材料附着于双面掩埋接式硅太阳能电池的背面，在波长为1523nm、功率为 5.1MW 激光的激发下，该太阳能电池的外量子效率为 2.5% ±0.2%，内量子效率为 3.8%。

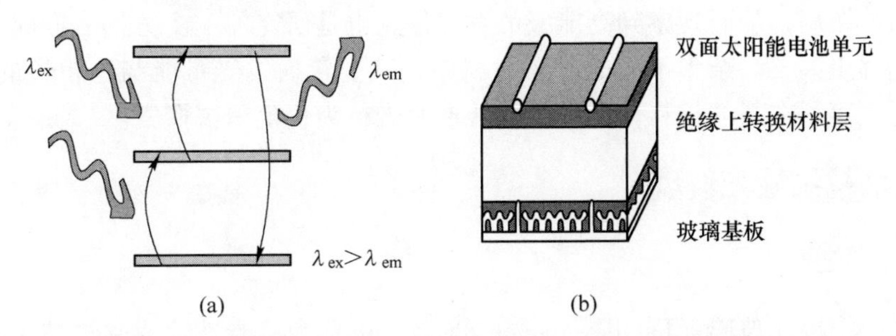

图 5－5　上转换发光材料在太阳能电池中的应用及其作用原理

（a）上转换过程；（b）太阳能电池

上转换为防伪领域提供了一种新途径。将上转换材料掺入特殊油墨或印泥中制作出防伪标记，利用红外光识别，就可以达到防伪的目的。由于红外光为不可见光，用作防伪标记具有较好的隐秘性，而且不易仿制。目前，在货币、信用卡、证券、商标等方面已经获得了广泛的应用。

将上转换发光材料用于生物标记探针和细胞成像，可用于肿瘤和其他疾病的光动力治疗，是上转换发光材料近年来研究的热点问题。上转换发光材料用于生物标记探针具有诸多优点：

（1）由无机材料制备的上转换发光材料具有很高的光学稳定性，且不易光解。

（2）上转换发光过程主要集中在固体基质中，几乎不受外界环境的影响，因而可在固相或液相中检测其荧光，从而大大提高检测的便利性。

（3）将上转换发光材料用于生物标记探针，在红外光的照射下，被检测的生物体系本身不具备上转换发光能力，只有上转换发光材料发光，从而使检测背景大大降低，进而提高生物检测的准确度和灵敏度[6]。

虽然有关稀土上转换发光材料的研究在各个领域都取得了很大的进展，但是稀土上转换材料目前仍然面临转换效率低，发光强度弱的问题。如何进一步提高其转换效率是后续研究的中心问题。从目前的研究可以看出，要提高红外到可见上转换发光的效率应从以下几个方面考虑：

（1）选择合适的基质材料，基质材料的声子能量要尽量低，从而降低激活剂离子的无辐射跃迁，提高材料上转换发光效率。

（2）选择合适的稀土离子掺杂浓度，所选择的稀土离子掺杂浓度，既要得到效率较高的上转换发光，降低由于浓度过高而引起的发光猝灭，又要考虑到成本的问题。

（3）选择合适的表面修饰方法提高上转换材料的发光效率，通常认为稀土离子掺杂的上转换发光材料存在较多的表面缺陷，这种表面缺陷会增大能级之间的无辐射跃迁几率，最终导致上转换效率的降低。另外，利用高能泵浦而实现更高能级的布局，从而观察到高能级的发光信息也是研究的一个方向。同时，对于相同的稀土离子掺杂到不同的基质材料中，其上转换发光可能与已报道的不同，因而稀土离子在新的材料体系中的上转换发光行为仍值得去探索。

5.4 法拉第旋光玻璃

5.4.1 概述

法拉第旋光玻璃（Faraday rotator glass），也称为旋光玻璃或磁光玻璃。将旋光玻璃置于磁场作用下，偏振光沿着平行于磁力线的方向通过玻璃时，将产生偏振面旋转的现象，称为法拉第旋光效应（或磁光效应）。

引起旋光效应的离子包括逆磁离子、顺磁离子和铁磁离子。物质置于磁场中，由于介质磁化产生附加磁场强度。附加磁场强度与外加磁场强度方向相反的介质为逆磁介质，两者方向相同为顺磁介质。一般逆磁介质和顺磁介质中产生的附加磁场强度都比外加磁场强度小得多。只有 Fe、Ni 金属和合金等铁磁物质产生很大的附加磁场，被称为铁磁性物质。实际旋光介质可以是晶体和玻璃。

法拉第旋光玻璃分两类：一类为顺磁型，有 Tb^{3+}、Dy^{3+}、Pr^{3+}、Ce^{3+} 和 Er^{3+} 等稀土离子的顺磁离子，其维尔德（Verdet）常数为负值；另一类是含有极化率高的 Bi^{3+}、Pb^{2+}、Tl^{+}、Te^{4+} 及 Sb^{3+} 等离子的逆磁玻璃，其维尔德常数为正值，维尔德常数的正负是指相对于磁场方向右旋转或左旋转。顺磁性玻璃的维尔德常数较大，可提高磁光效应的灵敏度，但维尔德常数随温度变化较大，测量结果易受环境温度的影响；逆磁性玻璃的维尔德常数虽然随环境温度变化时基本不变，但是由于其维尔德常数较小，严重影响了磁光效应的灵敏度。在应用中磁光效应的灵敏度是首要的，维尔德常数值随温度变化是次要的，只有绝对值大维尔德常数玻璃才有实用价值。

5.4.2 维尔德常数

在实际应用中，光束传播方向平行于磁场时，法拉第旋转角 θ 表示为：

$$\theta = VHL \tag{5-7}$$

式中，H 为磁感应强度，T；L 为试样厚度或光程，m；V 为维尔德常数，rad/(T·m)。

5.4.2.1 逆磁光玻璃维尔德常数[1]

Becquerel 从经典电磁理论推导出与玻璃光学性质相联系的公式更适用，逆磁性维尔德常数 V 为：

$$V = \frac{e\lambda}{2mc^2} \times \frac{\mathrm{d}n}{\mathrm{d}\lambda} \tag{5-8}$$

式中，e 为电子电荷；λ 为入射光波长；n 为折射率；c 为光速；m 为电子质量；$\mathrm{d}n/\mathrm{d}\lambda$ 为玻璃色散。

5.4.2.2 顺磁光玻璃维尔德常数[1]

Van Vleck 提出了维尔德常数的表达式。在引入一系列简化和校正后，实用维尔德常数表示为：

$$V = \frac{A}{T} \times \frac{(n^2+2)^2}{n} \times \frac{N}{\lambda_1^2 - \lambda^2} \tag{5-9}$$

式中，λ_1 为顺磁离子 $4f^n \rightarrow 4f^{n-1} \rightarrow 5d$ 跃迁波长；λ 为入射光波长；n 为折射率；N 为顺磁离子浓度；T 为绝对温度；A 为归一化常数。

磁光玻璃要求高的维尔德常数，例如，在激光光学系统中，光隔离组件就需要维尔德常数尽量大或能给出较大法拉第旋转角的玻璃。玻璃的维尔德常数虽然比单晶要小，但容易制得均匀的各向同性的制品，因此可使试样长度 L 加大，实际法拉第旋转角也会增大。

为了增大法拉第旋转，获得更大的维尔德常数，在玻璃系统中尽量提高稀土离子的浓度，然而稀土离子浓度的提高，会破坏玻璃系统的网络结构，使玻璃的稳定性和化学稳定性降低，不仅使玻璃的性能变差，而且也影响磁光玻璃的性能，因此在研究稀土法拉第旋光玻璃时，应在保持玻璃性能的基础上提高其维尔德常数。

5.4.3 Pr_2O_3、Nd_2O_3、Dy_2O_3 旋光玻璃

Pr^{3+}、Nd^{3+} 和 Dy^{3+} 都有较大的磁矩，相对低的 $4f^{n-1} \rightarrow 5d$ 能级，可具有较大的维尔德常数。表 5-3 是美国康宁公司 US3484152，1996 年玻璃旋光组件专利。

顺磁离子为 Pr^{3+}、Nd^{3+} 和 Dy^{3+}，基质玻璃为硅酸盐玻璃，加入 ZrO_2、TiO_2 和 Nb_2O_3 为玻璃稳定剂，并增加了玻璃密度。高 Pr_2O_3、Nd_2O_3、Dy_2O_3 含量的玻璃虽可获得较大的维尔德常数，但这些离子在可见光区和近红外都有不少吸收峰，尤其是 Pr^{3+}、Nd^{3+} 和 Dy^{3+} 在 1060nm 有强吸收，限制了其使用范围[7]。

表5-3 Pr_2O_3、Nd_2O_3、Dy_2O_3 旋光玻璃及其性质

项目		1	2	3	4	5	6	7
组分（质量分数）/%	SiO_2	21.3	18.9	13.4	21.5	21.3	21.2	10.6
	Nd_2O_3	63.0	59.8	53.1				
	Pr_2O_3				66.6	61.3	67.8	
	Dy_2O_3							64.1
	ZrO_2	9.3	8.8	7.8	8.2	9.1	7.5	8.0
	TiO_2	4.0	3.9	2.9	3.7	5.9	3.5	5.5
	Nb_2O_3	2.4	8.6	22.8		2.4		2.2
V/rad·(T·m)$^{-1}$		-64	-55.3		-104.5	-87.1		-96
ρ/g·cm^{-3}		6.11	5.72	5.14	5.64	5.17	4.95	5.76

5.4.4 Tb_2O_3 旋光玻璃

Tb^{3+}具有大的离子磁矩，$4f\rightarrow5d$ 跃迁能级较低，本征吸收波长较长，可见区吸收少，是最好的顺磁旋光离子之一。从20世纪80年代之后，实用旋光玻璃都采用高 Tb_2O_3 含量的玻璃。硅酸盐玻璃物理性质优良、制造工艺成熟，加上稀土氧化物硅酸盐系统有一定的玻璃形成范围，基础研究和实用玻璃发展都集中于硅酸盐玻璃。为避免高 Tb_2O_3 含量玻璃的失透，多引入较多的 Al_2O_3，为降低玻璃的熔化温度，常引入 B_2O_3。现用 Tb_2O_3 旋光玻璃多为铝硅酸盐玻璃或硼铝硅酸盐玻璃。

维尔德常数受到稀土离子浓度的影响很大，由于只有维尔德常数大的磁光玻璃才有实用价值。为了获得大的维尔德常数，必须提高基质玻璃中 Tb^{3+} 的浓度，然而掺入的 Tb^{3+} 浓度受到玻璃形成区域的限制，自20世纪60年代以来，已有人针对磷酸盐、硼酸盐、硅酸盐、铝硼酸盐、铝硅酸盐和氟磷酸盐玻璃系统提高 Tb^{3+} 浓度进行了许多尝试，到目前为止，已获得一系列维尔德常数大的玻璃系统。

蒋亚丝系统地研究了 Tb_2O_3 系统旋光玻璃的玻璃形成和析晶，总结了 Tb^{3+} 浓度与维尔德常数的关系，发展了高 Tb_2O_3 含量、高维尔德常数的实用玻璃。

5.4.5 CeO_2 旋光玻璃

Ce^{3+} 作为旋光玻璃产生法拉第效应的离子具有以下优点：有一定的离子磁矩；$4f\rightarrow5d$ 跃迁能级较低，有可能产生较大的维尔德常数；$4f\rightarrow5d$ 跃迁在近紫

外区，在可见光区和红外区不存在吸收带，可使用的波段较宽。但Ce^{3+}特殊的电子构型，即$4f^1$电子容易失去，形成$4f^0$稳定结构的Ce^{3+}，与La^{3+}相同，不具有顺磁性质。从20世纪70年代开始发展以Ce^{3+}为旋光离子的旋光玻璃。

以磷酸盐玻璃为基质具有以下优点：$Ce_2O_3-P_2O_5$系统在偏磷酸盐组成附近有一定的成玻璃范围，高Ce_2O_3含量可使玻璃具有较大的维尔德常数；铈在磷酸盐玻璃中容易维持低价Ce^{3+}；与硅酸盐玻璃相比，具有较小的非线性折射率n_2。表5－4列出了上海光机所CG26和日本HOYA公司的FR5含铈磷酸盐旋光玻璃性质。

表5－4 铈磷酸盐旋光玻璃性质

玻璃牌号	V_{632nm} /rad·(T·m)$^{-1}$	V_{1060nm} /rad·(T·m)$^{-1}$	n_d	n_2/C	ρ /g·cm^{-3}	α/℃$^{-1}$	T_g/℃
CG26	−36.7		1.5892	7.35×10^{-23} (2.2×10^{-13}esu)	3.14	79×10^{-7}	545
FR5	−26.91	−1.56	1.5732	5.31×10^{-23} (1.59×10^{-13}esu)	3.10	67×10^{-7}	654

5.4.6 旋光玻璃的应用

旋光玻璃除应有较大的维尔德常数外，还要求在使用波长处的光吸收小以及良好的物化性能和工艺性能。已制成有高V值、大尺寸、光学均匀的磁光玻璃，如含氧化铈的$ZnO-Al_2O_3-SiO_2$系统和含氧化的$BaO-B_2O_3-SiO_2$系统玻璃。1978年和1979年上海光学精密机械研究所和天津硅酸盐研究所进行了含铈和含铽的磁光玻璃的基础玻璃、掺杂离子的选择、制造工艺和性能的研究。

应用旋光玻璃具有的磁光效应，可用于制造光闸、调制器和光开关等。如1985年曾报道几种采用旋光玻璃作为法拉第旋光材料的隔离器和旋转器已成功地用于光学装置、全息光弹仪器和纤维光学通信装置中。旋光玻璃还可制成具有开关功能的激光工作物质，使激光工作物质多次振荡，当去掉磁场时，就可输出大功率激光。此外利用已知维尔德常数的磁光玻璃，根据偏振面的旋转角度，可以测定磁场强度；反之，根据高压电线周围产生的磁场，也可以测定高压电流的大小。

稀土磁光玻璃具有维尔德常数大、光学性能好等优点，在光学隔离器和磁场感应器中具有广阔的应用前景，在提高维尔德常数的同时，如何保证其综合性能及改进材料的化学稳定性还需进一步的研究。

5.5 光敏玻璃

5.5.1 概述

光敏玻璃是指在光照射下，玻璃的透光性、颜色和折射率等性质发生变化的一类玻璃，从这个意义上讲，光敏玻璃包括现有的光致变色玻璃、感光玻璃和光致折射率变化玻璃。光致变色玻璃是指在紫外线照射下，若干光化学氧化还原反应能使玻璃着色或变色，当辐射作用停止后，玻璃颜色或者保持不变或者恢复到未经辐照时的颜色。这类玻璃已经实现商品化，如人们熟知的变色眼镜。

感光玻璃在紫外线初照时，与普通玻璃相似，可透过光。随后在其中产生许多微小“潜影”，这种潜影经过热处理后，可以显现出来，成为永久性的结构变化和颜色变化，或者两者同时发生，这就是通常讲的光敏玻璃。紫外光致折射率变化的光敏玻璃不同于传统的光敏玻璃，它是指在紫外干涉光的照射下，折射率发生永久性周期变化的玻璃。伴随着光通信的快速发展，具有光致折射率变化的光敏玻璃显示出广阔的应用前景，它可以用于制作光纤光栅和集成的光子波导器件和光储存、光开关等光子器件。

5.5.2 稀土光敏玻璃分类

含稀土光敏玻璃可以分为两类，即金属着色感光玻璃（也称光敏玻璃或真正的光敏玻璃）和光敏微晶玻璃。

5.5.2.1 金属着色感光玻璃

金属着色感光玻璃是在无色透明的玻璃中加入金、银等离子和少量氧化铈，经紫外线照射后其内部进行氧化还原反应，使金（银）离子还原成原子状态：

$$Ce^{3+} + h\nu \longrightarrow Ce^{4+} + e$$

$$Ag^{+} + e \longrightarrow Ag$$

热处理后，金（银）原子开始聚集成球形聚集体，玻璃自身化合物或添加的化合物以晶体形式沉积出来而产生胶体着色。为了能发生上述反应，原玻璃中的铈必须处于三价状态，也就是造成使 Ce^{4+} 还原而不使金（银）还原的条件。往往加入少量 Sb_2O_3 来满足，因为根据氧化还原顺序，Sb_2O_3 对 CeO_2 起还原作用，而对玻璃起氧化剂作用。由于玻璃中添加这些试剂量浓度很低（千分之几或万分之几），而且室温下电子和 Ag^+ 的迁移率都很低，即使某些 Ag^+ 俘获了电子被还原成 Ag，这些很分散的银原子的吸收也不足以强到使玻璃着色。然而将辐照过的玻璃加热到电子和 Ag^+ 的迁移率很近，在一定温度下（大约 400℃）使它们之间相互结合的几率达到一定数值，就会形成所谓的潜影，这时一直束缚于玻璃无序结构中的许多“陷阱”里的电子就中和了银离子，金属银原子相互聚凝起来形成一种悬浮胶体。随着银的浓度和吸收辐射剂量的不同，这些悬浮胶体使玻璃呈黄色、红色和棕色。

利用光敏玻璃可以制作永久性的三维立体存储介质、彩色投影片、艺术壁画、玻璃器皿、光刻掩模版以及光通信用微透镜阵列等。用于摄影，其热处理过程就是一个显影过程，如用照相底片或其他图案遮蔽在玻璃上，热处理后即可得到具有鲜明颜色照片或图案的艺术玻璃制品。

5.5.2.2 光敏微晶玻璃

光敏微晶玻璃是利用玻璃中敏化剂的光敏效应，促进晶核形成，从而诱导析出微晶而制成的微晶玻璃。其主要组成为 $Li_2O-Al_2O_3-SiO_2$ 系统，以金、银、铜等金属氧化物为晶核剂，以 CeO_2 为敏化剂。光照后经热处理显像时，金属胶体成为晶核，同时使玻璃组成中的 $LiSiO_5$ 结晶化，由于影像部分生成的微细晶体将光散射而呈乳白色，所以称为乳白感光玻璃。由于这个感光部分对稀薄 HF 酸（2%～10%）的溶解度比周围未感光过的透明玻璃部分约大十万倍（按体积计量），即用此 HF 酸浸此种感光显影后的玻璃，感光部分完全溶解，未感光部分剩下来。如此可以利用化学方法任意对玻璃进行穿孔、切割、雕刻等机械加工。这种玻璃也称为化学机械加工玻璃。用这种光化学加工可制得图案复杂的制品，广泛应用于印刷电路板、射流组件、电荷存储管以及光电倍增管的屏。

5.5.3 玻璃增敏技术

从玻璃的微观结构来看，掺锗石英玻璃的光敏性主要源于玻璃结构中缺陷对紫外线的吸收、自外辐照过程中体积的变化量（光致致密化效应和光致热膨胀效应），其他可能引起光敏性可能的原因有：玻璃的电非线性、稀土离子释放的电荷形成缺陷、玻璃拉制光纤中应力释放效应以及玻璃网络外体在紫外辐照下的迁移等。

在标准通信用石英光纤的纤芯中，锗的含量一般为3%～5%（摩尔分数）。锗氧缺陷很少，致使其在紫外线照射下光敏性很低。为了增加光纤的光敏性，就需要提高通信石英纤芯中的锗含量，锗的含量越高，则锗氧缺陷就越多，紫外光敏性就越强，于是高掺锗玻璃首先被研制出来制作光敏光纤。但这种玻璃光纤的光致折射率变化一般也仅在 10^{-4} 数量级。

后来人们发现硼与锗共掺可以提高玻璃的光敏性，在248nm 脉冲或连续激光照射下，其光致折射率变化可达 $7\times10^{-4}\sim7\times10^{-3}$。但 B 的加入增加了玻璃对温度的敏感性，引起锗硅玻璃声子能量的增加，同时降低了玻璃中 Er^{3+} 的荧光寿命，从而引起光纤激光器与光纤放大器工作效率的降低。

由于多数三价稀土离子在近紫外和可见光区域有吸收，紫外线照射引起稀土离子掺杂玻璃吸收峰变化，所以人们开始探索在石英玻璃中掺杂稀土离子，如 Ce^{3+}、Er^{3+}、Eu^{3+}、Yb^{3+}、Tb^{3+} 等。但稀土离子与石英玻璃易于团聚，为减少这种团聚作用，往往采用磷和铝与稀土离子共注，表5－5为不同离子共注的石英玻璃的光敏性。从表5－5可以看出，在稀土离子中，由 Ce^{3+} 注入石英玻璃具有最大的光致折射率变化，这是由于 Ce^{3+} 在290nm处有吸收，增强了玻璃的光敏性[1]。

表5－5　不同离子共注的石英玻璃的光敏性

注入离子		刻写激光	敏化处理	光致折射率变化	光栅开始擦除温度
Ge	$x(GeO_2)$ ≤10%（摩尔分数）	$240nm < \lambda_w < 260nm$ 脉冲或连续激光	没有处理	$\Delta n_C \approx 1\times10^{-4} \sim 8\times10^{-4}$	100℃
			B注入	$\Delta n_C \approx 1\times10^{-3}$	60℃
			刷火	$\Delta n_C \approx 1\times10^{-3}$	
			低温高压载氢（HPLTHL）	$\Delta n_C \approx 3\times10^{-3}$	23℃
		$\lambda_w = 248nm$，能量约为1J/cm²，单脉冲辐照		$\Delta n_C \approx 2\times10^{-3}$	800～1000℃
		$\lambda_w = 193nm$，能量约为400mJ/cm²，单脉冲辐照		$\Delta n_C \approx 1\times10^{-3}$	100℃
	$x(GeO_2)$ ≥15%（摩尔分数）	脉冲或连续激光长时间辐照	HPLTHL	$\Delta n_C \approx 1\times10^{-3}$	550℃
$Al+Eu^{3+}$		$\lambda_w = 248nm$ 脉冲		$\Delta n_C \approx 2.5\times10^{-3}$	300℃
$Al+Ce^{3+}$		$\lambda_w = 292nm$ 脉冲 $\lambda_w = 265nm$ 脉冲		$\Delta n_C \approx 2.5\times10^{-3}$ $\Delta n_C \approx 3.7\times10^{-3}$	23～150℃，擦除温度与 Δn_C 大小有关
Al、$P+Ce^{3+}$		$\lambda_w = 248nm$ 脉冲 $\lambda_w = 266nm$ 脉冲		$\Delta n_C \approx 5\times10^{-5}$ $\Delta n_C \approx 1.4\times10^{-4}$	150℃
$Al+Ce^{3+}$ $Al+Tb^{3+}$ $Al+Er^{3+}$ $Al+Tm^{3+}$ $Al+Yb^{3+}$、Er^{3+}		$\lambda_w = 240nm$ 脉冲 $\lambda_w = 240nm$ 脉冲 $\lambda_w = 235nm$ 脉冲 $\lambda_w = 235nm$ 脉冲 $\lambda_w = 193nm$ 脉冲	HPLTHL	$\Delta n_C = 1.5\times10^{-3}$ $\Delta n_C = 6\times10^{-4}$ $\Delta n_C = 5\times10^{-5}$ $\Delta n_C = 8\times10^{-5}$ $\Delta n_C = 5\times10^{-4}$	100℃，擦除温度与 Δn_C 大小有关

除硅酸盐系统外，人们还研究了磷酸盐玻璃系统的光敏性。研究发现磷酸盐玻璃的光敏性很低，当在磷酸盐玻璃中掺入稀土离子、硼、锡和锗时，玻璃的光

敏性有很大提高。另外，国外一些研究机构对光通信领域具有潜在用途的非氧化物系统的光敏特性也进行了研究，如氟化物玻璃，通过242nm连续波长激发由稀土 Eu^{3+}、Ce^{3+} 离子注入的 $PbF_2-ZnF_2-GaF_3$ 玻璃，其光致折射率变化分别为 6.8×10^{-3} 和 3.7×10^{-3}。

5.6 卤化物玻璃

5.6.1 概述

卢卡斯（J. Lucas）曾指出，氟、氯、溴和碘等卤素元素都是电负性最强的元素。当卤化物与金属结合时，它们通常都具有很强的独占价电子的倾向，形成纯离子键，并以稳定性由库仑力所决定的晶态存在。卤化物玻璃不是天然存在的，而是最近才被发现的，这说明很难得到稳定的卤化物玻璃。

卤化物玻璃是以氟化铍（BeF_2）或氯化锌（$ZnCl_2$）玻璃形成物为主要成分的玻璃。氯化物按阴、阳离子的半径比，与 SiO_2 具有相似的模型结构，氟化物具有两种变体，一种同石英结构，另一种同方石英结构，所以氟化物系统玻璃的一些结构和性质变化，可以用相似结构模型的硅酸盐玻璃作对比。氟化物玻璃与硅酸盐玻璃不同之处在于 Be—F 键的离子键程度比 Si—O 键高得多，所以氟化物玻璃易析晶。

作为低折射率和低色散以及特殊部分色散的光学玻璃，卤化物玻璃日益得到重视和发展。其在紫外及近红外光谱区域的透过率高而非线性折射率低，所以是良好的光学窗口材料。

5.6.2 玻璃态氯化物、溴化物和碘化物

纯的 $ZnCl_2$ 是一种能成玻璃的氯化物，这些玻璃在10.6μm（CO_2 激光器发射波长）的高透过和在4μm范围内超低损耗使其有可能获得应用。但以氯化锌为基础的氯化物玻璃都极易吸潮，这严重限制了它的应用。氯化物玻璃基本的结构单元为顶角相连而形成无序网络的［ZnCl］四面体。

目前已经发现了以 $ZnBr_2$ 和 CdI_2 为基础的远红外透过玻璃。溴化物和碘化物如 PbI_2、TlI_2、CsI_2 的加入可增强抗湿性。

5.6.3 氟化物玻璃

氟是电负性最强的元素，由于受库仑力的影响，氟化物很容易以晶态存在，仅在某些特定情况下才能获得聚合熔体所必需的共价键。金属阳离子必须高极化，这就意味着体积要小，电荷要高，能使一部分 F^- 的外层电子离开原位。如 Be^{2+}、Cr^{3+}、Fe^{3+}、Al^{3+}、Ga^{3+}、Zr^{4+}、Hf^{4+}、Th^{4+}、U^{4+} 等可达到上述要求。

BeF_2 玻璃的特定应用与它们的低折射率（$n_d = 1.27$）、高阿贝数（$v = 106$）有关。其低的非线性折射率使得掺钕 BeF_2 玻璃在高功率激光核聚变中作为光学组件而引起人们极大的注意。康宁公司已制得具有高光学质量的大玻璃圆盘。

尽管没有一种 RF_3 本身能形成玻璃，但当它们与合适的氟化物结合时，能形成玻璃。它们除了红外透过能至 6～7μm 外，还含有大量的磁性阳离子如 Fe^{3+}、Mn^{2+}，使其在低温产生了自旋玻璃相互作用。

ZrF_4 是人们最感兴趣的玻璃形成体之一。ZrF_4 与 BaF_2 结合可以获得玻璃，为了降低失透速率，必须引入第三种氟化物，但比例不能超过 10%，最有效的氟化物为锕系或镧系，ThF_4 或 LaF_3 最合适。$ZrF_4-LaF_3-BaF_2$ 系统玻璃生成区如图 5－6 所示。

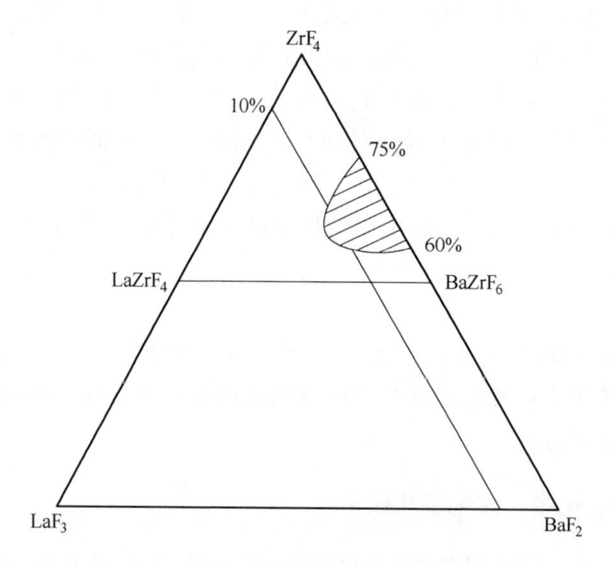

图 5－6　$ZrF_4-LaF_3-BaF_2$ 系统玻璃生成区

ThF_4 的玻璃生成能力较弱，与 BaF_2 不能成玻璃，但含有大量稀土氟化物（Y、Yb 或 Lu）或氟化铟的多组分玻璃可以避免失透，制得最大厚度为 1cm 的片状玻璃。其典型组成为 $28ThF_4-28ZnF_2-28YF_3-16BaF_2$。

氟化物玻璃的研究和应用在卤化物玻璃中是比较早的。1975 年以 ZrF_4 为基础的玻璃首次出现。一般把 ZrF_4 作为玻璃网络形成物，加入其他组分，包括网络修饰物（如 BaF_2）和中间体（如 ThF_4、LaF_3、NdF_3 等）而制成玻璃。

这类氟锆酸盐玻璃的性质显示着潜在的应用领域，是传统氧化物玻璃所不能及的。例如它可耐 F_2、UF_8 和 HF 的侵蚀；从紫外至中红外是接近完全透明的，故可作为红外波导材料，即使含有相当大量的铁杂质，损耗也仅 15～30dB/km。这类玻璃还是高氟离子的导体，有希望作为固体电解质材料。

氟化物玻璃具有以下特点：

（1）光透过范围宽阔，从近紫外0.2～0.3μm至中红外约8μm。

（2）组成容易变动，可调整折射率以适应高数值孔径光纤芯皮组成的需要。

（3）化学稳定性相当好，耐水和耐某些酸的侵蚀。

（4）各种组成能够适应某些机械特性的需要。

（5）玻璃不含有剧毒的BeF_2和稀有材料，熔制几乎不需要特殊设备。

（6）可以制得各种尺寸和形状的块状制品。

（7）基础玻璃可以广泛使用不同原子掺杂，以满足各种应用的需要。

但仍存在一些待解决的问题：

（1）一些研制的玻璃的转化温度和结晶温度比较接近，合成玻璃时易析晶。

（2）多元系统玻璃组成易波动、分散。

（3）一些块状试样有10～50μm的子晶遍布。

（4）由于Hf、过渡金属、稀土氧化物或氟化物价高，制成的玻璃价格也相当高。

（5）转变温度T_g值相当低，典型的多在275～350℃之间，这限制其在高温下的使用。

（6）线膨胀系数（$\alpha \approx 2\times10^{-5}℃^{-1}$）相当大，这给选择芯皮的组合带来困难。

氟化物玻璃分相由于光纤材料的使用要求已引起人们重视，近年来飞速发展的主要推动力是制取超远距离通信用红外光纤，新的氟化物形成系统中除了成熟的$ZrF_4-BaF_2-LaF_3-AlF_3$、$ZrF_4-BaF_2-LaF_3-AlF_3-NaF$外，值得注意的系统有$ZrF_4-BaF_2-GdF_3$、$ZrF_4-BaF_2-LaF_3-YF_3-AlF_3$、$ZrF_4-BaF_2-LaF_3-YF_3-AlF_3-NaF$等系统。不含$ZrF_4$的新系统以含$InF_3$、$AlF_3$、$YF_3$等氟化物玻璃较有价值（如$AlF_3-BaF_2-CaF_2-YF_3$），其组成为$40AlF_3-22BaF_2-22CaF_2-6YF_3$[8]。

在光通信方面所使用的氟化物玻璃与以前所知道能形成玻璃的氟铍系统玻璃不同，是以化学稳定性极好的氟化锆为基础的玻璃。勒孔奇（A. Lecoq）等人研究了$ZrF_4-BaF_2-LaF_3$系统玻璃，测定了$0.62ZrF_4-0.30BaF_2-0.08LaF_3$玻璃的透过率，发现大约0.2～0.6μm区间几乎没有吸收。就是因为这个理由，才考虑将氟化物玻璃作为2～5μm范围的光学通信纤维加以发展。

氟化物玻璃从紫外到红外相当广泛的光谱范围都是透明的。拉制氟化物光学纤维玻璃是三田池口等人首先开始的。他们制造了$GdF_3-BaF_2-ZrF_4$系统玻璃棒，之后拉成纤维。这时光学纤维在3.39μm的损耗是0.48dB/m，虽然光损耗大了些，可是通过改善纤维的制造方法，可以制造实用性光学纤维。目前已经能制备出在2.55μm为12dB/km的低损耗氟化物玻璃光学纤维。

氟化物玻璃中的掺杂是新的研究方向，这将导致出现新型换能玻璃。如在氟

化物玻璃中掺入 YbF_3 与 ErF_3，可将红外辐射转换为可见光。

5.7　红外光学玻璃

红外光学材料是在红外仪器和装置中用来制造透镜、棱镜、窗口、滤光片和整流罩等的重要材料之一。随着红外技术及其应用的发展，目前，红外光学材料广泛使用于超音速飞机、导弹、卫星以及各种跟踪、遥测和从地球到卫星或其他星球的通信等研究领域中，同时对红外光学材料的物理与化学性能也提出了越来越苛刻的要求。

红外光学材料的重要物理性质之一是它在某特定波段的透过率。一般来说只有透过率大于50%时，这种材料才可能被用作透射材料。通常，任何红外光学材料都不可能在整个红外波段均具有透明性，而只能在红外光谱的某一波段具有透明性。由于稀土元素的相对原子质量比较大，使含稀土的光学材料具有较宽的红外透射范围。加上稀土元素具有熔点高、化学稳定性好等优点，因而在红外光学材料中应用日趋广泛。下面主要介绍含稀土的红外光学玻璃。

含稀土的红外光学玻璃近年来发展很快。例如1968年萨达戈潘（V. Sadagopan）等人报道了掺氧化镧（La_2O_3）、氧化铈（CeO_2）和氧化钕（Nd_2O_3）等磷钒酸盐玻璃透过率特性的影响。这种玻璃的基础成分是 $V_2O_5-P_2O_5$，同时添加一定摩尔比的稀土元素氧化物。如图5-7和图5-8所示，分别为用通常KBr压片的方法测得的含5% Nd_2O_3 及10% CeO_2 磷钒酸盐玻璃透过率特性。

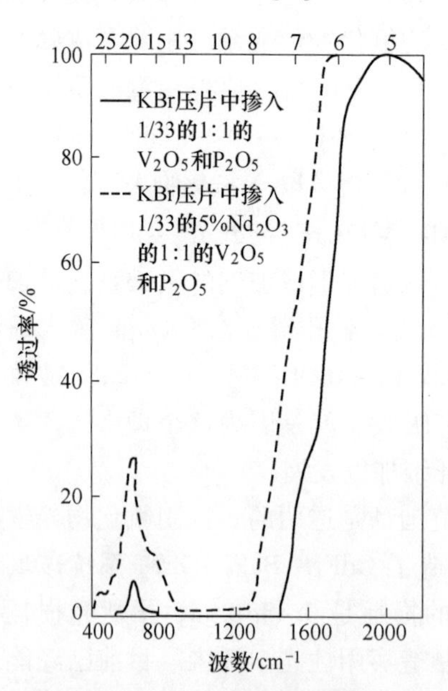

图5-7　含 Nd_2O_3 的磷钒酸盐玻璃的透过率特性

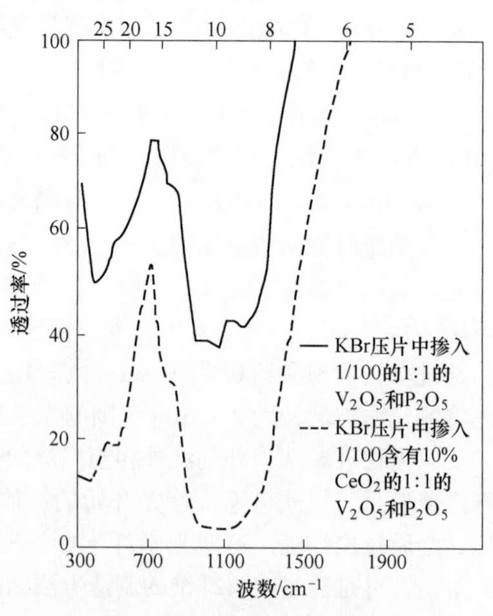

图5-8　含 CeO_2 的磷钒酸盐玻璃的透过率特性

由图5-7和图5-8可见，添加稀土氧化物改善了磷钒酸盐玻璃透过率特性，由此可见稀土金属氧化物是红外光学玻璃组分的一种有益的添加剂[8]。

含有ZrO_2和稀土氧化物La_2O_3的锗酸盐玻璃具有优良的性能。美国专利报道一种牌号为F998的含有ZrO_2和La_2O_3锗酸盐玻璃，其红外透射性能如图5-9所示，其组分为$BaO-TiO_2-GeO_2-ZrO_2-La_2O_3$，在波长小于6μm的近红外波段，有良好的透过率，其熔点为1345℃，软化温度高于700℃，可以在较高的温度下使用，具有良好的化学稳定性和热稳定性，可供红外火炮控制系统和红外航空摄影系统使用。

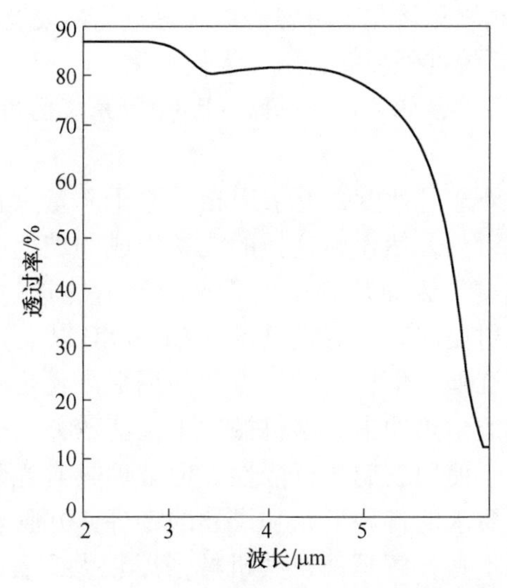

图5-9 含La_2O_3锗酸盐玻璃的红外透过特性

（样品厚度为2.03mm）

铝酸盐玻璃是透红外性能较好的红外光学玻璃，但这类玻璃容易析晶，影响其应用。可引入玻璃形成体GeO_2使玻璃稳定，如$Al_2O_3-CaO-GeO_2$系统，其玻璃的红外透过极限可扩展至6μm。为了进一步改善该玻璃的稳定性和其他物化性能，常引入BaO等二价氧化物和稀土金属氧化物La_2O_3、Y_2O_3等。其中一种玻璃组成为（质量分数）：Al_2O_3 31.12%、CaO 37.32%，GeO_2 7.66%，BaO 10.62%，La_2O_3 3.90%，Pb_2O_3 3.81%，MgO 3.80%，SiO_2 1.75%，该玻璃的红外透过极限可达6μm，但在2.7μm左右有一个吸收峰，这主要是由于OH^-的存在引起的。只要采取消除氢氧根离子的工艺措施，就可以改善2.7μm处的红外透过特性。该玻璃的其他特点是折射率并不高（$n_d=1.6977$），软化温度高（790℃），硬度较高（573kg/mm^2），但析晶温度范围较大（918~1300℃），使玻璃熔制变得困难[9]。

通常氧化物玻璃的主要有害杂质是水分。水分的存在（OH^-）使得玻璃在

2.9 ~3.1μm 处出现严重的吸收峰，在 3 ~5μm 区域也出现较次的吸收峰。因此，凡用于红外光学材料的玻璃，为了消除杂质水，一般均在真空中熔制和浇注。

由于氧的化学键能引起强烈的吸收，因此通常氧化物玻璃不能透过大于 7μm 的红外辐射。为了扩展玻璃的红外透过波段，近年来各国都在研究和发展非氧化物玻璃，如硫系化合物玻璃、卤化物玻璃，前者包括硫化物、硒化物和碲化物玻璃；后者包括氟化物、氯化物、溴化物和碘化物玻璃。含稀土的非氧化物玻璃主要是后一类。

与氧化物玻璃比较，氟化物玻璃的红外透过极限波长要长。合适的氟化物直接在玻璃态石墨或铂坩埚里熔化就可容易地制得氟化物玻璃。

含稀土的氟化物系统红外玻璃已引起人们的重视。米培奇（S. Mitachi）等人提出了其中某些系统玻璃，如 $ZrF_4-LaF_3-BaF_2$ 等系统已得到发展并作为主要的红外透过材料。

为获得良好的红外透过性能，要求用相对原子质量大且原子间相互作用较弱的元素来作为玻璃组分，然而由这样的元素组成的玻璃必然导致它有低的玻璃转变温度和软化温度。因而从理论上看，要制备能透过 8 ~14μm 大气窗口或更长波段的红外辐射而同时又可供高温（如 500℃以上）使用的玻璃的可能性十分微小，玻璃态红外光学材料的缺点和使用局限性也正在于此。此外，由于其熔点较低，玻璃的耐热冲击和耐机械冲击性能较差，这限制了在高温条件和较长工作波段情况下使用玻璃的可能性。但玻璃具有光学均匀性好，还可以熔制成满足光学设计要求的各种形状和尺寸的零件，并且玻璃的制造比晶体的拉制简单得多。由于不存在解理面，其机械强度较大，表面硬度较大，具有易于加工、研磨、抛光和价格低廉等优点。正因为如此，玻璃是目前最常见最常用的红外光学材料，它们可以在 20μm 以内使用，而且可以采用微晶化、相分离等工艺措施来改进现有红外光学玻璃的力学性能和热性能。由于玻璃具有巨大的优势，吸引人们在不断尝试突破理论上的限制，研制出性能更优的红外透射玻璃。

5.8 耐辐射光学玻璃

5.8.1 概述

耐辐射光学玻璃也称稳化玻璃，即在大剂量的激发光子和微粒（如 γ 射线）的照射影响下，透过率下降甚微，变色不严重的特殊光学玻璃。这类玻璃是在普通光学玻璃配方基础上加入少量 CeO_2 熔制而成的。耐辐射玻璃的耐辐射性能用每厘米厚度上光密度增量 ΔD（或 1cm 厚度的玻璃在规定剂量照射前后白光透过率之差）来表示，或用等效剂量的 X 射线辐射后每厘米厚度上光密度增量 ΔD_1 来表示，也可用更直观的辐照稳定性表示。耐辐射照射条件见表 5 -6。

表 5-6 耐辐射照射条件

系　列	总剂量
500 系列	2.58×10^{1} C/kg
600 系列	2.58×10^{2} C/kg
700 系列	2.58×10^{3} C/kg

耐辐射光学玻璃是在普通光学玻璃配方基础上加入少量氧化物熔制而成的，具有对应普通光学玻璃相同的光学常数，其牌号序号按对应普通光学玻璃牌号序号加上 500 构成，例如 K9 玻璃，其对应耐辐射玻璃牌号为 K509，见表 5-7[9]。

表 5-7 耐辐射玻璃牌号

牌号	耐辐射性能		牌号	耐辐射性能		牌号	耐辐射性能	
	ΔD_1	ΔD		ΔD_1	ΔD		ΔD_1	ΔD
K502	0.035	0.035	ZK507	0.025	0.025	BaF503	0.045	0.070
K505	0.030	0.035	ZK508	0.025	0.025	BaF504	0.045	0.040
K507	0.035	0.045	ZK509	0.035	0.040	BaF506	0.065	0.060
K509	0.030	0.015	ZK510	0.025	0.020	BaF508	0.055	0.045
K510	0.060	0.060	ZK511	0.065	0.065	ZBaF501	0.055	0.060
BaK501	0.025	0.015	KF501	0.065	0.070	ZBaF502	0.090	0.200
BaK502	0.020	0.015	KF502	0.110	0.090	ZBaF503	0.055	0.065
BaK503	0.025	0.020	QF502	0.110	0.080	ZBaF504	0.200	0.200
BaK506	0.025	0.025	QF503	0.110	0.110	ZBaF505	0.200	0.200
BaK507	0.040	0.040	F502	0.080	0.070	ZF501	0.080	0.080
BaK508	0.020	0.025	F503	0.065	0.070	ZF502	0.060	0.080
ZK501	0.030	0.025	F504	0.060	0.070	ZF503	0.080	0.120
ZK503	0.025	0.025	F505	0.050	0.070	ZF504	0.120	0.200
ZK505	0.025	0.025	F506	0.060	0.070	ZF505	0.120	0.120
ZK506	0.020	0.025	BaF502	0.060	0.070	ZF506	0.080	0.120

5.8.2 耐辐射机理

二氧化铈在耐辐射光学玻璃中引入量不大，一般少于 1.5%（质量分数）。若要在 25.8C/kg 辐射剂量下使玻璃稳定，玻璃氧化铈含量约为 0.1% ~0.6%；若要在 258C/kg 辐射剂量下使玻璃稳定，玻璃氧化铈含量约为 0.6% ~1.5%。根据玻璃基本组成不同，氧化铈含量也有变化。中铅玻璃随 PbO 的增加，CeO_2 引入量逐渐减少；当 PbO 含量在 60% 以上时，CeO_2 引入量控制在 0.1% 左右就可以了。其在高温阶段存在下列平衡：

$$4CeO_2 \xrightarrow{1350 \sim 1400℃} 2Ce_2O_3 + O_2 \uparrow$$

含氧化铈玻璃往往带有浅黄色，但随玻璃类型和玻璃组成不同而不同。玻璃颜色随 PbO 含量的增加而加深，颜色产生的原因主要是：

（1）CeO_2 在紫外线 320～400nm 有吸收峰，另外，Ce^{3+} 在紫外线 315nm 的吸收峰向可见光移动，对蓝光的吸收加强。

（2）CeO_2 本身带进微量着色稀土 PrO_{11}、Nd_2O_3、Sm_2O_3、Dy_2O_3、Ho_2O_3 等氧化物，这些氧化物都有各自的特征吸收。

（3）在光学玻璃中，可产生对可见光有吸收的铈酸盐。

（4）玻璃中含有微量的 SO_4^{2-}、As_2O_3、Sb_2O_3、V_2O_5 等物质。

（5）CeO_2 有较高的氧化性，可使玻璃保持较多的 Fe^{3+}（黄绿色）和生成 $[Fe_2O_3]$ 离子团（红棕色）。

除少数几个牌号，大多数光学玻璃氧化铈与氧化砷、氧化锑共存要产生光敏效应，使玻璃透过率迅速下降。非常典型的是 K509 玻璃，当它们共存时光吸收率由不共存时的 0.4% 增加到 2.0%，共存时熔炼中产生的反应为：

$$2Ce^{4+} + As^{3+} \longrightarrow 2Ce^{3+} + As^{5+} \quad (共存时)$$

暴晒后产生的反应为：

$$2Ce^{3+} + As^{5+} \longrightarrow 2Ce^{4+} + As^{3+} \quad (暴晒后)$$

这就是光化学反应的结果。紫外线照射后，在 300～400nm 范围以光的形式放出，产生荧光。常用这种照射来鉴别耐辐射玻璃与非耐辐射玻璃。如鉴别 K9、K509、BaK7、BaK507 等。

在熔制耐辐射玻璃时，由于二氧化铈的引入，某些火石玻璃各谱线的折射率值不能按比例增加或减少，致使色散值偏低，从 F502 系列直至 ZF501 系列都比较明显。对于这种现象有待进一步研究。氧化铈大多以其自身形式引入，必要时用硝酸铈或氢氧化铈形式引入也可。

5.8.3 耐辐射玻璃实例及应用

5.8.3.1 用于窥视窗的大块透明吸收中子玻璃

原子反应堆、热室以及加速器常常同时发射 γ 射线和中子射线，由于物质对 γ 射线和中子射线的衰减特性不同，随意采用不同物质组合做屏蔽材料。如果从吸收射线能力方面来考虑，原子序数高的元素使 γ 射线的衰减更有效，而弹性散射截面积大的元素对高速中子衰减成低速中子更有效，散射作用使高速中子变成热中子或低速中子时，容易被原子核吸收，从而使吸收截面积大的元素的吸收效果增大。东芝硝子专利（特开平 8－119667）提出的这类玻璃的组分见表 5－8。

表 5-8 用于窥视窗的大块透明吸收中子玻璃组分 (%)

组分	质量分数	组分	质量分数	组分	质量分数
SiO_2	46~65	Li_2O	13~19	ZnO	0~2
Al_2O_3	8~12	MgO	2~12	BaO	0~3
B_2O_3	5~19	CaO	1~7	BaO+ZnO+MgO	3~13

组成中 SiO_2 是网络形成体，Al_2O_3 的作用是提高化学稳定性和防止析晶，B_2O_3 和 Li_2O 为中子吸收成分，碱土金属 MgO、CaO、ZnO、BaO 提高玻璃稳定性和化学稳定性，如果价格和着色等因素允许，可以引入中子吸收性强的 Gd、Sm、Eu 等氧化物。

5.8.3.2 含 Gd_2O_3 的吸收中子氮氧玻璃[8]

含 Gd_2O_3 的吸收中子氮氧玻璃含有硅、铝、氧、氮和 5%~15%（质量分数）的钆。

钆具有非常高的中子吸收性质，当氮化物受到高速中子辐射和重离子轰击时，氮有良好的耐辐射性能。

用三配位的氮取代氧产生以下两种效果：

（1）增加耐火性、密度、杨氏模量、硬度等。

（2）随着氮含量增加，玻璃形成范围缩小，氮不是玻璃形成体，纯粹的氮形成的玻璃尚未发现。

制造含氮和氧的玻璃通常采用固态原料，即 Si_3N_4、Si_2N_2O 或 AlN，其中 Si_3N_4 反应性差，要非常高的反应温度。为了在尽可能低的温度下达到最大的玻璃形成范围，采用反应性特别高的 AlN，AlN 和 Al_2O_3 加氨气流在 1200℃ 以上反应制得。氧化物和氮化物为原料的玻璃组分实例见表 5-9。

表 5-9 氧化物和氮化物为原料的玻璃组分实例 (%)

组　分	AlN	Gd_2O_3	SiO_2	Al_2O_3
质量分数	25	15	60	—
	20	15	65	—
	18.2	18.2	54.5	9.1

5.8.3.3 能屏蔽电磁波、带电粒子和中子的玻璃

日本ニコン株式会社专利（特开平 9-208255）提出的一类可屏蔽 X 射线和 γ 射线等电磁波、α 和 β 带电粒子以及中子的 $SiO_2-PbO-Gd_2O_3$ 系统玻璃，实例组分见表 5-10。

表 5－10　该专利玻璃组分实例（质量分数）　　　（%）

组　分	序　号					
	1	2	3	4	5	6
SiO_2	43.00	39.70	34.45	26.49	26.14	16.08
PbO	47.00	47.00	52.58	66.23	68.73	71.15
Gd_2O_3	1.00	1.20	9.07	5.68	2.90	1.95
Li_2O	2.50	—	—	—	—	—
Na_2O	—	6.20	0.91	—	—	1.75
K_2O	6.50	2.50	2.27	1.61	1.45	—
$Li_2O+Na_2O+K_2O$	9.00	9.70	3.18	1.61	1.45	1.75
B_2O_3	—	—	—	—	—	8.09
CeO_2	—	3.00	0.73	—	—	—
As_2O_3	—	—	—	—	0.77	—
Sb_2O_3	—	0.40	—	—	—	0.97
屏蔽中子能力	5	5	9	6	4	7
屏蔽光子能力	5	6	7	8	10	9

表 5－10 中 1～6 号的玻璃可同时屏蔽电磁波和带电粒子和中子，在各种射线共存的环境下，构成的窥视窗所用玻璃块减少，总厚度变薄，因而使放射线屏蔽窥视窗的设计自由度大大提高，且还可作为防辐射光学玻璃使用[8]。

5.9　光学眼镜玻璃

5.9.1　眼镜片玻璃的性能与分类

光学眼镜玻璃是用于制造能矫正视力，保护眼睛的各种镜片玻璃。眼镜玻璃的品种可根据组成、功能进行分类。

按组成分类有钠（钾）硅酸盐玻璃，如白托眼镜玻璃；钡硅酸盐冕牌玻璃，如光学白托眼镜玻璃；硼硅酸盐玻璃，如变色眼镜玻璃；稀土硅酸盐玻璃和稀土磷酸盐玻璃，通常是在基础成分中加入 La_2O_3 等稀土元素，同时加入 Nb_2O_5、TiO_2、ZrO_2 等可提高玻璃折射率的成分，制造出高折射低密度的眼镜玻璃。

按照光学性能使用要求，大体上可分为三类：

（1）矫正视力眼镜玻璃。能良好的吸收紫外线，但在可见光波段有高的透过率。主要用于各种近视、远视和散光亮度眼镜片。其可细分为克罗克斯、克罗克赛眼镜玻璃和无色眼镜玻璃三种，例如克罗克斯（W. Crookes）早在 1914 年发现含铈的玻璃对紫外线吸收高，而在可见光区透过率又很高的特性，制成对眼睛有保护作用的眼镜镜片，即克罗克斯眼镜。

(2) 遮阳眼镜玻璃。又称太阳眼镜玻璃，要求可见光的平均透过率约为20%，对紫外线和红外线吸收较好，起到在强光下护目的作用。有淡绿、淡灰、淡茶等多种颜色，用于制造遮阳眼镜和雪地护目镜。当需要更多地减弱光亮时，可在镜片表面镀上一层铬的薄层，称镀膜遮阳眼镜。

(3) 工业防护眼镜玻璃。在各种生产和科研操作场合保护眼睛免受各种光波刺激和伤害的镜片材料，包括蓝色护目镜、电焊护目镜、电焊辅助工护目镜、X射线护目镜、激光防护镜、微波防护镜等。

现代眼镜还是一类美化用的装饰品和艺术品，因此不仅要求其有良好的光谱特性，而且还要求其有一定色泽和式样，使佩戴者舒适美观。

5.9.2 眼镜片玻璃的性能

眼镜玻璃品种不同，对玻璃性能要求也不相同，但基本要求是一致的，包括一定的光学性质指标、良好的化学稳定性、较好的力学性能和加工性能等。一些具体要求如下：

(1) 眼镜玻璃要达到要求的光谱透过曲线折射率和色散。普通无色眼镜玻璃，如白托、光学白托、UV光白托片等，要求在380~780nm的可见光范围内透过率在90%~92%，对人眼有害的320nm紫外线应尽量被吸收，对光致变色眼镜、遮阳护目镜、工业护目镜则分别达到要求的光谱透过曲线。折射率也随品种有所变化，但各自的数值要稳定、准确。

(2) 眼镜玻璃要求密度小、硬度大、强度高，对于屈亮度很深的眼镜，玻璃镜片很厚重，采用密度小、折射率高的玻璃制作，则厚度可减薄，质量可减轻。眼镜玻璃应具有一定的机械强度，不易出现划痕，不应极易破碎。

(3) 眼镜玻璃的耐风化性能要好，受大气中水气、SO_x、NO_x 等污染气体侵蚀后，不易发霉。为了改善性能，很多玻璃镜片还要进行镀增透膜、防雾膜、增强膜，有的则镀遮阳反射膜、防辐射膜等。

5.9.3 UV光白托片眼镜玻璃

白托来自英文toric一词的音译，是一种复曲面的钾钠钙硅系统的无色玻璃眼镜片。此类眼镜玻璃又分为普通白托片、光学白托片（简称光白托片）和UV光白托片。眼镜玻璃可采用各种着色剂，其中稀土着色剂是重要的一类。由于紫外线对眼睛有害，白托片玻璃对小于320nm波长的紫外线能全部吸收。UV光白托片在光白托片玻璃成分中引入一些稀土铈和钛的氧化物，采用铂坩埚熔化，折射率 $n_d=1.523$，阿贝数 $v_d=58$，2mm厚的可见光透过率为91.5%~92%，密度 ρ 为2.55~2.6g/cm^3，由于在组分中引入了氧化铈和氧化钛，进一步加强了对紫外线的吸收，可将346nm以下的紫外线全部吸收，显然UV光白托片玻璃对紫外线的吸收性能优于光白托片，是无色优质的眼镜玻璃。但必须注意的是这两种氧化物的引入量不能过多，特别当铈和钛含量比例合适，就成为铈钛着色，将玻璃着成浅金黄色。

UV 光白托眼镜玻璃的组分和主要性质见表 5－11。由表 5－11 可见，UV 光白托眼镜玻璃均同时引入氧化钛和氧化铈，起到加强吸收紫外线的作用。表中 1 号为日本 UV 光白托片组分，2～6 号均为美国 UV 光白托片组分，7 号为中国 UV 光白托片组分。国外的白托片中引入氧化锆、氧化钛、氧化锶和氧化钙来调节折射率、高温黏度或膨胀系数。

表 5－11　UV 光白托眼镜玻璃的组分和主要性质

项　目		序　号					
		1	2	3	4	5	6
组分（质量分数）/%	SiO_2	71.0	64.26	64.45	63.44	64.75	63.05
	B_2O_3		2.0	2.0	1.0	3.0	2.0
	Al_2O_3	0.7	4.33	3.32	4.33	4.32	4.32
	CaO	7.6	1.15	1.15	2.0	1.15	2.55
	SrO		3.0				
	BaO	2.2		3.0		3.0	3.0
	ZnO	1.6	6.45	6.45	6.85	6.45	6.45
	Na_2O	11.4	10.6	10.6	12.0	10.1	10.6
	K_2O	5.0	6.4	6.4	8.0	4.8	6.4
	Li_2O					0.8	
	TiO_2	0.5	0.2	0.2	0.2	0.2	0.2
	ZrO_2		0.75	0.75	1.75	0.75	0.75
	CeO_2	0.8	0.18	0.18	0.18	0.18	0.18
	Sb_2O_3	0.2	0.4				
	SO_3		0.035				
	Br^-		0.25	0.5	0.25		0.25
	F^-					0.5	0.25
n_d		1.5231	1.5230	1.5200	1.5220	1.5210	
v_d		58.2	57.6	58.8	57.7	59.6	58.6
ρ/g·cm^{-3}		2.54	2.60	2.59	2.58		2.60

UV 光白托片玻璃与其他白托片玻璃一样基本都是使用铂坩埚电加热熔化和铂搅拌器搅拌，使玻璃非常均匀，气泡、条纹等缺陷很少。规模大一些的，采用瓷铂坩埚连熔，自动滴料装置，机械压机系统，压制成型为眼镜毛坯。

5.9.4 克罗克斯和克罗克赛眼镜玻璃

克罗克斯眼镜玻璃是1914年英国人W. Crookes实验成功而以其名字命名的，简称为克斯片。基本上是在钾钠钙玻璃中引入氧化铈和氧化钕两种稀土氧化物，镜片呈双色效应，在日光下呈蓝色，在白炽灯下呈绛红色，而在可见光区域透过率比较高，使佩戴者有视物清晰舒适的感觉，同时外观显得很高雅。其光谱特征是345nm以下紫外线全部吸收，580nm处有一个显著的吸收峰，是钕的特征吸收峰之一，该吸收峰起防眩作用，在近红外还有两个小吸收峰。由于克斯片能防眩光，因此也叫防眩目片。该玻璃虽然着色，但稀土氧化物的着色能力弱，色浅，透明度高，作为眼镜片视物清晰，吸收345nm以下紫外线，防止强光刺激，能保护视力，长期受消费者喜爱。克罗克斯眼镜片也分为普通克斯片和光学克斯片。普通克斯片基本是在普通白托片中加入一定量的氧化铈和氧化钕，呈浅蓝色；光学克斯片则是在钡冕光学玻璃基础成分中加入氧化钕、氧化镨和氧化铈，原料和熔制过程要求严格，质量比普通克斯片高。

克罗克赛眼镜玻璃是钡冕光学玻璃基础成分加入硒和MnO_2，玻璃呈淡红色或淡粉红色，200~340nm以下紫外线全部吸收，可见光透过率为85%~90%，有利于阻截光的刺激，保护眼睛。由于锰没有吸收紫外线的能力，成分中要加入CeO_2，CeO_2同时还起着澄清剂和强氧化剂的作用，可使锰更多地成为Mn^{3+}，Mn^{3+}着色比较稳定，且其生产过程要求严格。该眼镜适合青少年和年轻的女性佩戴。

克罗克斯和克罗克赛眼镜玻璃的组分见表5-12。

表5-12 克罗克斯和克罗克赛眼镜玻璃的组分

项目		编号								
		1	2	3	4	5	6	7	8	9
组分（质量分数）/%	SiO_2	63.66	64.69	66.5	66.5	69.93	70.53	62.4	65.8	72.11
	B_2O_3	3.21	3.27	4.3	2.0	0.49	0.49	4.5	3.5	
	Al_2O_3			2.4	4.0	0.67	0.67	2.4	3.2	3.35
	CaO			2.3	4.3	9.32	9.40	1.7	1.8	5.42
	MgO					1.13	1.14			
	BaO	14.76	13.67	1.5	1.5	1.96	1.98	1.5	1.5	
	ZnO	4.92	5.0							
	PbO			3.8	3.0			3.0	2.5	
	FeO							0.5	1.0	
	TiO_2			3.1	2.4			1.0	1.2	

续表 5－12

项目		编号								
		1	2	3	4	5	6	7	8	9
组分（质量分数）/%	Na_2O			9.0	9.0	10.74	10.83	9.0	9.0	15.0
	K_2O	13.46	13.37	5.5	5.5	4.56	4.59	3.0	4.5	0.03
	Sb_2O_3			0.3	0.3			0.3	0.3	2.9
	As_2O_3			0.2	0.2			0.2	0.2	
	Nd_2O_5	0.8①		0.5	0.5	0.93		8.0	4.0	
	NiO			0.004	0.008				0.005	
	CeO_2	0.3	2.5	1.0	1.0	0.27	0.27	2.5	1.5	2.18
	MnO_2		0.4				0.087			
n_d				1.523	1.523					1.5208

①加入的是 Pr－Nd 混合稀土氧化物。

1 号为我国的光学克斯片组分，是以光白托片为基础成分，加入氧化铈和氧化钕为着色剂；2 号为我国的光学克赛片组分，也是以光白托片为基础成分，引入较多的氧化钡，着色剂为 MnO_2，再引入氧化铈加强玻璃的紫外吸收；3 号和 4 号为日本的克斯片组分，是钾钠硅玻璃中加入氧化铈和氧化钕，引入较少的氧化钡，可见光透过率可达 90% 以上；5 号和 6 号为国内实际使用的克斯片和克赛片组分，是钾钠硅酸盐系统组分，玻璃中加入氧化铈和氧化钕，引入较少的氧化钡，可见光透过率可达 90% 以上；7 号和 8 号为日本克斯片组分，氧化钕含量较多，并引入氧化铈加强玻璃的紫外吸收。2 号的克赛片和 6 号的克斯片都是 MnO_2 着色，同时引入氧化铈加强玻璃的紫外吸收。

5.9.5 高折射、低密度眼镜玻璃

20 世纪 70～80 年代研制出高折射、低密度眼镜玻璃，解决了制作适合深度近视者既能减薄又能减轻的眼镜片的难题，满足了深度近视者佩戴眼镜的舒适感。高折射、低密度是相对于以往眼镜的性质而言，大致有三类情况，一是折射率比一般眼镜玻璃增加较多，而密度相应增加的幅度较小；二是折射率和阿贝数不变，玻璃的密度比一般眼镜玻璃降低一些；三是玻璃的密度不变，玻璃折射率比一般眼镜玻璃稍有提高。第一种和第三种情况，是在玻璃组分中引入了 TiO_2、Nb_2O_5、La_2O_3，这些组分可使折射率 n_d 提高到 1.7～1.8，但密度增加不大，为 3.0g/cm^3 或略高。高折射、低密度眼镜玻璃组分见表 5－13。

1～3 号为日本的高折射、低密度眼镜玻璃组分，都属于第一种情况，折射率提高较多，而密度增加不是很大，用 TiO_2 和 La_2O_3 调节折射率；4～8 号为法国的高折射、低密度眼镜玻璃组分，属于第一种情况，折射率提高较多，而密度

相应提高较少；9 号为我国的高折射、低密度眼镜玻璃组分，也属于第一种情况，折射率提高较多，而密度相应提高较少；10～12 号为美国的高折射、低密度眼镜玻璃组分，属于第三种情况，折射率提高较多，而密度相对提高不多。

表 5－13 高折射、低密度眼镜玻璃

项目		编号											
		1	2	3	4	5	6	7	8	9	10	11	12
组分（质量分数）/%	SiO_2	24.59	10.78	9.62	36.7	28.8	7.3	7.3	7.3	29.34	53.20	15.00	18.60
	B_2O_3	23.70	36.70	40.87	4.6	4.59	16.85	16.65	18.15	8.17	10.40	16.0	13.60
	Al_2O_3		3.92		4.22	4.22					6.53	1.00	0.20
	CaO	31.27	24.33	23.86			12.5	12.5	9.0	25.0		11.5	8.80
	MgO									5.00			1.90
	SrO	0.77								2.00		5.00	9.80
	BaO								2.5	6.00		8.0	2.00
	PbO	43.7	52.3								14.0		
	ZnO												
	Li_2O			3.85	0.881	0.177				3.00	6.38		
	Na_2O			0.832							3.10		
	TiO_2	8.21	9.80	12.16	4.35	5.27	9.6	10.1	9.6	5.81	3.86	17.0	16.6
	ZrO_2	4.05	1.96		1.32	1.24	8.2	8.2	8.2		0.84		
	Nb_2O_5	6.41	1.96			18.0	15.95	17.7	10.45				
	La_2O_3		10.54	9.62	3.15	3.06	27.5	29.25	27.5	5.23	1.52	26.0	23.4
	Y_2O_5	1.0											
	As_2O_3				0.21	0.277	0.05	0.05	0.05		0.17	0.20	0.20
n_d		1.7012	1.6996	1.6988	1.6914	1.7486	1.884	1.885	1.883	1.6936	1.664	1.799	1.972
v_d		42.4	42.01	42.66	31.8	28.1	30.8	31.3	30.5		34.1	34.1	33.6
$\rho/g \cdot cm^{-3}$		3.05	3.05	2.99	3.80	4.29	4.03	4.06	4.05	3.18	3.60	3.78	3.67

5.9.6 光致变色眼镜玻璃

在阳光照射下，由于玻璃吸收紫外短波光而变暗，进入室内，阳光照射停止后，玻璃褪色而复明，这种玻璃称为光致变色玻璃，其特性是透光性随光辐射强度的改变而改变，也称光色互变玻璃，简称光色玻璃，用此玻璃制作的眼镜片就简称为变色片。因此用光色玻璃制成的眼镜，可以兼作近视和太阳镜两种作用，也可作激光防护、雪地防护等使用。

光色玻璃的主要特性是暗化与褪色，其中 T_0 表示光色玻璃在辐照前的光透过率（非暗态透过率）；T_D 表示紫外光辐照而暗化后的光透过率（暗态透过率），由于该透过率与辐照时间、辐照温度有关，因此该代号还要进一步细化，如 T_{D15}（25℃），表示在25℃下辐照15min时的光透过率；如 T_{D20}（40℃），表示在40℃下辐照20min时的透过率。T_F 表示离开辐照紫外光源后复明的透过率（褪色透过率），由于此值与时间、温度也有关系，代号也进一步细化，如 T_{F5}（25℃），表示在25℃离开辐照光源5min时的透过率。ΔT_{D15}（25～40℃）表示同样辐照光源在25℃与40℃两者不同温度下暗化15min后的透过率之差。T_s 表示饱和暗化透过率。$T_{F/2}$表示半复明透过率，即 $T_{F/2}=(T_0+T_D)/2$。t_{FH}表示半复明褪色时间[10]。

考虑到高折射率、低密度问题，在组成中引入 La_2O_3、Nb_2O_5、TiO_2 等成分以调节折射率，表5－14为光致变色眼镜玻璃的组分和主要性质。

表5－14　光致变色眼镜玻璃的组分和主要性质

项目		编号							
		1	2	3	4	5	6	7	8
组分（质量分数）/%	SiO_2	42.23	40.76	39.41	42.48	35.00	39.10	54.8	51.8
	B_2O_3	19.30	19.17	20.71	18.15	26.00	18.00	18.5	21.8
	Al_2O_3	3.00	4.01	5.81			0.10	7.2	7.4
	P_2O_5					1.55	0.25		
	Li_2O	4.30	4.26	0.94	3.80	2.00	2.20	3.2	3.3
	Na_2O	1.23	1.22	1.16			2.20		
	K_2O	5.13	5.09	12.0	5.73	10.00	10.00	8.3	8.4
	CaO	2.22	2.21	2.13		5.50	0.10		
	MgO					1.00			
	PbO				8.5	8.95			
	TiO_2	3.95	2.36	2.28	2.10	2.50	5.70		
	ZrO_2	4.88	7.27	2.34	8.24	2.00	5.50	5.0	3.9
	CuO	0.011	0.011	0.011	0.006	0.006	0.006	0.011	0.007
	La_2O_3	3.22	3.20	3.10	10.99	1.5	0.50	3.2	3.4
	Nb_2O_5	10.52	10.45	10.11		0.5	0.50		
	WO_3					1.0	1.00		
	SrO					2.5	1.00		
	Ag	0.190	0.19	0.257					
	Ag_2O				0.27	0.27	0.27	0.123	0.147
	Cl	0.330	0.32	0.333	0.64	0.64	0.64	0.30	0.322
	Br	0.156	0.156	0.148	1.21	1.21	1.21	0.057	0.061

续表 5 - 14

项 目	编 号							
	1	2	3	4	5	6	7	8
n_d	1.603	1.602	1.565	1.593	1.593	1.620	1.524	1.523
v_d	43.0	44.30	47.0	40	58	51	60.1	61.3
$\rho/g \cdot cm^{-3}$	2.68	2.69	2.58	2.92	2.85	2.93	2.30	
$T_0/\%$	90.5	90.4	87.1				88.0	90.5
$T_s/\%$				35	32	26		
$T_D/\%$	32.0	51.6	28.1				8.9	
$T_F/\%$	63.0	81.5	42.2	82①	75①	79①	78.6②	83.2②
t_{FH}/min				2.0	2.4	3.3		
$\Delta T/\%$	19.9	20.1	10.1					

注：1 ~ 3 号为美国专利，4 ~ 6 号为德国专利，7 号、8 号为法国专利，T_D 此处为 T_{D15}（25℃）；T_F 此处为 T_{F5}（25℃）；ΔT 此处为 ΔT_{D15}（25 ~ 40℃）。

①T_{F30}（25℃）；

②T_{F60}（25℃）。

光色玻璃在照射后暗化的颜色有两种类型，一种是带蓝色色调的灰色，另一种是带茶色色调的灰色，后者采用的 Br 与 Cl 的含量比值大。此外在光色玻璃成分中加入微量（$2\times10^{-6}\sim1\times10^{-6}$）的贵金属 Au、Pd 或 Er_2O_3、Nd_2O_3、CoO 等着色剂，暗态可出现灰、深茶、茶、粉红等颜色，以满足消费者多样化的需要。

5.9.7 遮阳眼镜玻璃

遮阳眼镜玻璃也称为太阳镜玻璃。人们在强阳光下常常靠缩小瞳孔来保护眼睛，戴上太阳镜后，就可免除靠眼睛肌肉的紧张进行调节，而是靠太阳镜对强光的吸收，起到阻碍强光对视力的损害的护目作用。玻璃成分中引入不同的着色剂，对可见光有选择性的吸收，使其呈现不同颜色，遮阳眼镜玻璃有淡绿、淡灰、淡茶、中茶等品种。一般遮阳眼镜玻璃的着色剂都用到氧化铁，但美国Coring公司的一款专利为引入了 Nd_2O_3 的棕色遮阳眼镜玻璃，棕色遮阳眼镜玻璃的组分见表 5 - 15[11]。

表 5 - 15 遮阳眼镜玻璃的组分（质量分数） （%）

组分	SiO_2	B_2O_3	Al_2O_3	Na_2O	K_2O	Li_2O	TiO_2
1 号	56.0	1.43	1.24	9.36	2.36	1.24	8.19
组分	Fe_2O_3	Nd_2O_5	La_2O_3	NiO	CoO	NH_4Cl	KHF_2
1 号	2.70	10.66	0.92	0.133	0.0106	0.4	1.88

5.9.8　工业护目镜玻璃

工业护目镜玻璃主要有用于电焊、气焊、炼钢等方面的护目镜。下面主要介绍电焊工护目镜玻璃。

电焊弧光在3800℃以上时，产生的可见光强度在距焊点1m处达1001～1500lx，已远远超过人眼生理承受能力强度的1000倍，可导致视网膜损坏；电焊产生的紫外光，即使是短时间照射，也会引起眼角膜和结膜组织损伤（以280nm的光损害最严重）；电焊产生的近红外光容易引起眼球晶体混浊，所以电焊工护目镜应对紫外光、可见光和红外光都能强烈地吸收。一般电焊护目镜玻璃紫外的透过率为零，红外光透过率小于5%，可见光的透过率在0.2%～0.9%范围内，根据使用条件不同而进行调整。玻璃呈深黄绿色或深绿色。这类护目镜也适用于保护电焊、氩弧焊、等离子切割等操作人员的眼睛。电焊工护目镜玻璃中除引入氧化铁、氧化镍、氧化铬等着色剂和氧化铈外，德国电焊工护目镜玻璃也引入稀土氧化物 Pr_2O_3，工业电焊工护目镜玻璃见表5－16。

表5－16　工业电焊工护目镜玻璃的组分（质量分数）　　（%）

组分	SiO_2	CaO	Na_2O	K_2O	Sb_2O_3	As_2O_3	CeO_2
1号	75.5	0.3	10.6	7.6			
2号	71.08	3.97	17.17	0.42	0.15	0.31	1.97
组分	MnO_2	Cr_2O_3	Fe_2O_3	CoO	Pr_2O_5	Si粉	
1号		0.3	3.6	0.1	2.0		
2号	0.07	0.68	3.89	0.05		0.48	

注：1号为德国电焊工护目镜玻璃，由多种着色剂组成；2号为电焊辅助工护目镜玻璃。

5.9.9　激光护目镜玻璃

激光护目镜玻璃是在硅酸盐玻璃或磷酸盐玻璃中掺入过渡金属离子或稀土元素离子，使玻璃对激光产生选择性吸收。这种玻璃制作的防护镜可供从事激光器相关工作人员、激光军事演习人员、激光手术医务人员、复印机操作人员等佩戴用。激光防护玻璃既强烈吸收紫外光，又强烈吸收红外光，对紫外光和红外光的透过率小于0.5%，一般用 Fe^{2+} 作着色剂。对吸收钕激光器530nm、1060nm的基本辐射，含有 Fe^{2+} 和 Er^{3+} 的玻璃能有效吸收。激光防护玻璃的具体成分见表5－17。

表5－17　激光护目镜玻璃具体成分（质量分数）　　（%）

组分	SiO_2	B_2O_3	Al_2O_3	CaO	MgO	BaO	ZnO	Na_2O	K_2O	$FeCl_3$	CuO	SnO
1号	11.7	11.7	1.6		1.6	17.0		0.8			0.5	
2号	65.58	3.00	1.00	6.0			4.0	20.42		2.5	0.006	2.5
3号	56.3	18.1	6.2					4.1	5.7			

续表 5－17

组分	Er_2O_3	Sb_2O_3	As_2O_3	CeO_2	ZrO_2	TiO_2	La_2O_3	Si 粉	Ag	Cl	Pd	Br
1 号	45.0		0.5				8.7					
2 号		1.0			1.6		8.7	2.5		0.22		
3 号	0.25				5.0	2.2			0.21		0.0002	0.15

表 5－17 中 1 号为美国光学公司的专利成分，由于玻璃中含有 Er^{3+}、Ce^{3+}、Cu^{2+} 3 种离子，对 488nm、515nm、530nm、694nm 和 1060nm 等许多波段产生强烈的吸收，起到对各种波段激光的护目作用。2 号也为美国光学公司的专利，引入了稀土化合物 La_2O_3。3 号为美国 Corning 的 8122 玻璃，作为激光护目镜用玻璃。

5.9.10 彩电防疲劳高折射率低密度眼镜玻璃

彩电防疲劳高折射率低密度眼镜玻璃可解决近年来长期使用彩色阴极显像管电脑的操作者的眼睛疲劳问题，该疲劳是由于强烈的黄光引起的，人眼对 580nm 波段的黄光视感度高，所以滤出或减弱黄光，即可减轻视觉疲劳，而且还增加了红、绿、蓝 3 色的色差，提高色彩对比度。彩色显像管使用的荧光粉，Y_2O_2S:Eu 发射主波长为 620nm 红光，Gd_2O_2S:Tb 发射主波长为 532nm 的绿光，ZnS:Ag 发射主波长为 470nm 的蓝光，而防疲劳玻璃正好在 585nm 和 530nm 处均吸收，如图 5－10 所示。

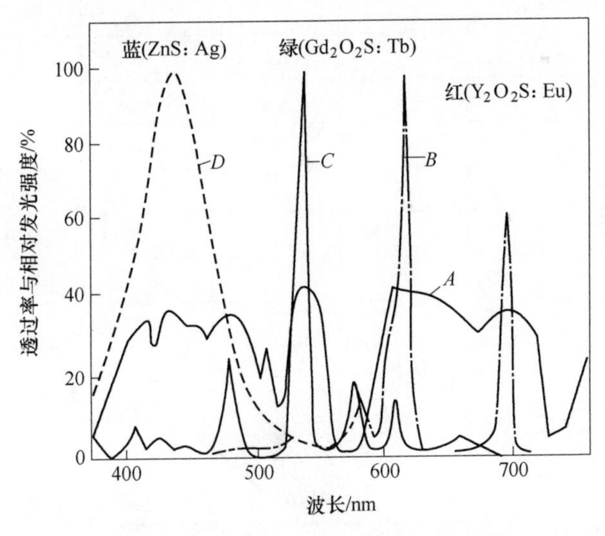

图 5－10 彩色显像管红、绿、蓝荧光粉发射谱线与防疲劳眼镜玻璃透过曲线

A—防疲劳眼镜玻璃透过曲线；*B*—红荧光粉发射谱；*C*—黄荧光粉发射谱；*D*—蓝荧光粉发射谱

由图 5－10 可看出防疲劳眼镜玻璃透光曲线 *A* 在 530nm 处有吸收峰，在

585nm 处也有吸收峰，就更突出了 *B*、*C*、*D* 3 色的发光强度。彩色显像管防疲劳眼镜玻璃的化学组成及主要性质见表 5－18[8]。

表 5－18 彩色显像管防疲劳眼镜玻璃化学组成及主要性质

项 目		编 号					
		1	2	3	4	5	6
组分（质量分数）/%	SiO_2	60.0	42.4	27.5	38.5	40.0	23.0
	B_2O_3		5.0	4.0			
	Al_2O_3	2.0					
	Li_2O	2.0	8.0		8.0	8.0	
	CaO		20.5	21.5	12.0	9.4	13.0
	MgO			5.0			8.0
	TiO_2	17.0	9.3	3.0		2.0	11.0
	ZrO_2		5.0	6.8	5.0		4.0
	Nb_2O_5	5.0	7.8	24.0	15.6	13.6	5.0
	La_2O_3			3.5	6.0		
	SrO				8.0	7.0	4.0
	Nd_2O_3	1.0	2.0	0.6	4.0	17.0	5.0
	K_2O	10.0					
	Na_2O	3.0					
	Y_2O_3			2.1			
	ZnO			2.0			3.0
	BaO				2.0		
	Ta_2O_5					2.0	
	WO_3					1.0	
	CeO_2					4.0	
	CuO				0.015		
	MnO_2		0.50		0.50		1.0
	CoO		0.001				0.002
	Fe_2O_3	0.20					
	NiO			0.002			
	Er_2O_3	1.4		1.0			
	Sm_2O_3	1.0					4.0
	As_2O_3		0.20		0.20		0.20

续表 5 - 18

项目	编号					
	1	2	3	4	5	6
n_d	1.616	1.692	1.798	1.726	1.701	1.703
v_d	36.1	40.5	35.8	43.7	41.8	40.7
$\rho/g\cdot cm^{-3}$	3.70	2.97	3.54	3.37	3.41	3.19

表 5 - 18 中所列防疲劳眼镜玻璃成分均为日本保谷株式会社的专利成分，从这些成分中可以看出使用了多种稀土元素氧化物，一共包括 5 种稀土元素，而且每个成分中都含有 2 ~4 种稀土元素，主要用以提高玻璃的折射率，而又不让密度增大很多，但每个专利成分中都含钕，因为钕所产生的特征吸收峰，恰好吸收 580nm 波段的光，即滤去了使眼睛疲劳的黄光。

参考文献

[1] 姜中宏．新型光功能玻璃［M］．北京：化学工业出版社，2008.

[2] 刘晓东，等．稀土掺杂硼硅酸盐玻璃的 532nm 激光防护特性［J］．光电子·激光，2009 (5)：633 ~636.

[3] 侯林利，等．稀土掺杂光纤放大器及其发展研究［J］．现代电子技术，2010，33 (22)：159 ~162.

[4] 王军利，等．稀土离子掺杂飞秒光纤激光器最新进展［J］．激光与光电子学进展，2012 (10)：48 ~57.

[5] 张冬冬，等．稀土掺杂上转换发光材料的研究进展［J］．轻工科技，2011 (9)：53 ~54.

[6] 王伟．稀土上转换发光材料的研究与应用［J］．广州化工，2014 (11)：32 ~34.

[7] 殷海荣，等．稀土法拉第磁光玻璃研究新进展［J］．材料导报，2008，22 (3)：7 ~10.

[8] 聂春生．实用玻璃组分［M］．天津：天津科学技术出版社，2002.

[9] 全国光学和光子学标准技术委员会．GB/T 903—1987 无色光学玻璃［S］．北京：中国标准出版社，1987.

[10] 王承遇，等．玻璃材料手册［M］．北京：化学工业出版社，2008.

[11] 王承遇，等．玻璃成分与调整［M］．北京：化学工业出版社，2006.

6 国内外产业技术发展

6.1 稀土玻璃国内外主要制造厂商

全球目前主要的稀土玻璃供应商有日本 HOYA（保谷）、日本 OHARA（小原）、德国 SCHOTT（肖特）、美国 Corning（康宁）、中国成都光明和湖北新华光等，产能可占到全球份额的 80% 以上，竞争相对集中，形成寡头垄断的局面。

国外这 4 家稀土玻璃生产厂商在各自的强项领域中具有明显优势，它们在技术研发水平、工艺生产技术，尤其是深加工技术水平等在世界上处于领导地位；在高端、高附加值的稀土光学玻璃及特种玻璃的品种、工艺技术研制、生产上，居于世界领先地位。国内的成都光明光电和湖北新华光主要以光学玻璃的研发和生产为主，具备国内领先水平。其中，成都光明光电是国际最大的光学玻璃生产厂商，产品配套能力最强[1~4]。

6.1.1 日本 HOYA（保谷）

HOYA 公司创建于 1941 年，业务领域包括五大板块：电子、成像、健康保健、医疗及其他，主要产品有半导体用玻璃基板、半导体用光掩膜、液晶用光掩膜、HDD 用玻璃磁盘、电子玻璃、光学玻璃、眼镜镜片、隐形眼镜、人工骨等。

到目前为止，HOYA 具有八大核心技术：玻璃成型技术、玻璃熔炼技术、模压技术、抛光技术、薄膜技术、精密加工（光刻）技术、光学设计、机电一体化技术。

在稀土光学玻璃领域，HOYA 的高折射率光学玻璃 E－FDS3，$n_d=2.10420$，$v_d=17.02$，其力学特性、化学特性优异。M－TAF105 是与光学玻璃 TAF1 具有相同折射率的玻璃模压透镜，也可应对热端成型预制件（MP－TAF105）的生产，力求降低工艺成本。此外，为了应对中大口径的非球面模压透镜，也可提供冷端加工预制件（MC－TAF105）。

HOYA 近年在保持传统稀土光学玻璃优势的同时，重心向医用民生领域转向，在医用领域，发布了新品消化管用超音波内窥镜（EG－3270UK）。在电子玻璃领域，关注到智能手机领域的巨大市场，积极涉入智能手机领域，发布了智能手机液晶保护用盖板玻璃。该产品应用了 HOYA 集团的 HDD 玻璃基板加工技术，最终实现具有优良耐冲击性的液晶保护用盖板玻璃。

HOYA 的铂熔炼和电熔炼实现了大功率磷酸盐激光玻璃连续生产和高质量高均匀性稀土光学玻璃的大规模的生产。超精密模压技术为大规模生产非球面模压透镜找到了一条新路。

在掩模版方面，HOYA 的超精度亚微米级表面抛光技术支持了半导体集成快速提高，其先进的光学表面处理技术，在光学滤光片、眼镜片使用不反射的涂层掩模版、磁记忆盘进行喷涂处理等方面得到广泛应用。

HOYA 在视光学领域研发出高折射、低色散、超薄、超轻、耐磨的眼镜片；在电子领域进行激光和光通信设备的研究以及健康医疗设备仪器的研制。

在中长期规划中，HOYA 将保持持续创新，开发新技术、创造新产业，把光学知识和经验及信息通信产业的收益运用于民生用品领域，将其提高到战略增长领域的位置。

6.1.2 日本 OHARA（小原）

OHARA 公司自 1935 年创业以来，作为光学玻璃的专业生产厂家，为日本光学产业界的发展作出了杰出的贡献。OHARA 的产品以特种光学玻璃为主，在对以往的光学玻璃实现全面环保化的同时，还将产品适用范围扩大到硬盘基板用玻璃陶瓷、超低膨胀微晶玻璃等其他具备各样功能的特殊玻璃的领域。

OHARA 在光学玻璃熔炼技术方面，从使用陶瓷坩埚生产到使用铂坩埚生产，再从瓷铂连续熔炼到全铂二次熔炼都有其独到之处；从稀土镧玻璃的生产，到低折射低色散的氟磷盐玻璃的生产，再到高均匀性玻璃（均匀性达到 $\pm(0.5 \sim 1.0) \times 10^{-6}$）的大规模生产，高紫外透过玻璃生产以及其他特种玻璃的生产等技术工艺都居世界一流水平。在成型技术方面，从连续熔炼一次成型到五棱镜，从稀土镧玻璃的一次成型，再到大规模非球面镜成型以及结晶玻璃珠的生产等都居世界领先技术水平。在测试技术方面，使用了超精度光谱仪，能进行真空紫外折射率的测试。

在扩大稀土玻璃产品品种、应用范围的同时，为了使产品更具竞争力，OHARA 采取工艺技术进步，不断开发低钽或无钽产品，减少高价原料使用，生产大幅度降低成本的模压成型光学玻璃。如 S－LAH88 是高折射率高色散玻璃中具有最小异常色散性的无钽（Ta）材料，其与低折射率低色散领域的异常色散性玻璃组合，可以充分发挥色差补正的效果；L－LAH91 实现了无钽化，适合用于交换镜头镜片等非球面镜片制造；L－LAH90 是一款无钽化的低密度模压成型光学玻璃；S－LAH89 潜在需求高，也进行了无钽化，为低成本、低密度的研磨镜片用稀土光学玻璃。OHARA 开发出低温玻璃模具材料，精细 Gob 料生产工艺，使金属模具寿命延长、成型工期缩短、电力消耗减低，再加上提供小直径精细料块（Fine Gob），可实现降低总成本，如 L－BAL43、L－BBH2 等产品。

近年来，OHARA 的新品一方面向高折射高色散、低折射低色散领域发展。如 S－NPH53 环境友好光学玻璃，在短波上改善了光传输性能；L－LAH83 环境友好玻璃折射率高、色散低、转化温度低；L－NBH54，转化点低、折射率高、色散高等。另一方面，OHARA 开发出不同功能、用途的特种玻璃，如高透低光弹性光学玻璃（PBH56）、超低膨胀微晶玻璃（CLEARCERAM®－Z）、DWDM 薄膜滤光片微晶玻璃基板（WMS－15）、HDD 微晶玻璃基板（TS－10®）、i 线用高均匀性光学玻璃、锂离子传导性微晶玻璃（LICGC）、磁头飞行高度测试器玻璃盘片（GD－FHT）、光导光纤玻璃等。

在 OHARA 的中长期规划中，其希望在电子产业中的 HD 用玻璃基板材料使用其自己的原材料，同时推进以锂离子电池为主的研究开发和新产业体系的构建。

6.1.3　德国 SCHOTT（肖特）

德国 SCHOTT 集团公司成立于 1884 年，专业从事特种玻璃的研发与制造，是一家跨国高科技集团公司，在特种玻璃、材料以及先进技术领域拥有 130 余年的行业经验。其主要业务领域包括：家用电器、医药、太阳能、电子、光学以及汽车等。SCHOTT 旗下许多产品在全球同类产品市场中名列前茅，包括特种玻璃和特殊材料制成的组件和系统。

SCHOTT 把研发放在最优先的位置，并专注于科研，平均每年的新产品率高于 30%。全世界范围内有超过 600 名高素质的肖特员工从事开发新材料、新技术、新产品和新加工工艺的工作。

SCHOTT 的产品在 12 个领域都得到了广泛运用。

（1）光学和影像。SCHOTT 拥有复杂的光学应用的各种高品质的先进材料及组件。此外，也为制造业、生命科学以及安全技术领域的影像解决方案提供各种光纤方案和 LED 系统。

2013 年推出了“Eye－Safe” Laser Glass 激光玻璃，AF32® eco、D263T® eco 和 MEMpax®玻璃晶圆以及 VG20 滤光玻璃。VG20 滤光玻璃能最大限度防止有害红外辐射，是用于手术的理想产品，可屏蔽波长在 650nm 以上的红外和近红外（NIR）辐射，通常用于激光和密集光源的范畴。SCHOTT 广受欢迎的高质高均匀性玻璃，其质量等级达 H4。SCHOTT 提供用于大型精密光学仪器的高质玻璃，其均匀性等级为 H5。高均匀性玻璃特别适合用于大功率激光和天文领域。

2014 年，SCHOTT 成功推出全新 BG6x HT 蓝玻璃滤光片，可见光谱透过率显著提高，这种全新的滤光片可为高品质的数码照相机应用提供卓越的透过率曲线，其可见光谱的透过率大大提高，在材料厚度为 0.21mm 的情况下其透过率可提高两个百分点，同时可非常有效地阻挡红外线。因此，SCHOTT 全新推出的 BG6x HT 滤光片非常适用于严苛光线环境中的摄影，其拥有在严苛环境下的卓越耐候性能。蓝玻璃滤光片内部质量很高，其条纹数量极少，同时气泡和不溶物的含量也极低。

（2）照明。提供各种重点照明和定制照明解决方案。SCHOTT 提供光纤、LED 系统和玻管。针对特定物体的定向照明、充满创意的设计以及不会发热的灯具的安全使用。2014 年，SCHOTT 茉丽特自主研发的光源产品，CompaVis® LED 光源系列产品实现全球供货。

（3）航空。SCHOTT 为航空业提供的解决方案符合所有的安全要求和设计规范。其密封件和贯穿件可以在高温和高压环境下为灵敏的电子设备提供保护。采用创新技术提供信息，并保护机上人员的个人空间不受干扰。智能镀膜确保了驾驶舱的清晰视野。

（4）触摸屏技术。SCHOTT Xensation 满足各类触摸屏技术的全新高品质玻璃的品牌。Xensation®系列玻璃能满足各类触摸屏技术对于玻璃的需求。SCHOTT 能为包括电容式、电阻式、光学式和声波式等的多种触摸屏技术提供专门定制的玻璃。2013 年 8 月，SCHOTT 官网宣布隆重推出 Xensation® Cover AM 触摸屏和显示设备抗菌保护玻璃，Xensation® Cover AM 抗菌作用高达 99.99%，助力盖板玻璃卓越性能。通过采用最新技术和创新型生产工艺，将银离子注入标准的 Xensation® Cover 化学强化过程，成功地将抗菌特性直接集成在盖板玻璃下游加工过程中，以便后期进行进一步的玻璃深加工。这种独一无二的玻璃加工工艺将抗菌工艺与 Xensation® Cover 盖板玻璃标准加工过程相结合，一步到位，高效省力。采用这一解决方案，银离子注入被直接整合在化学强化过程中，以便盖板玻璃后期得以进一步深加工以适用于智能手机和平板电脑等显示设备。

2013 年 10 月，SCHOTT 发布超薄卷玻璃，该产品是由公司的现代光学部门研发生产。所展示的玻璃卷长度为 10m，厚度为 50μm。这种超薄卷玻璃的生产技术来源于一种特殊的拉制技术——下拉法。

（5）汽车。SCHOTT 的产品开发科研人员从事精确的汽车产品开发，高度灵敏的电子组件和传感器技术需要可靠的密封件起到保护的作用，以避免来自外部其他部件的干扰，并适时做出准确的反应。基于 LED 和光纤技术的照明解决方案以及车内光纤信息娱乐系统还提高了车辆的操控舒适性和安全性。

（6）玻管。SCHOTT Tubing 是世界领先的特种玻管制造商之一，涉及制药、电子、环境、照明等制造业的多种应用。

（7）生物科学。从医药包装用特种玻璃到各种光纤系统，从 LED 解决方案到化妆品行业应用的生物活性玻璃，SCHOTT 为各种医疗应用提供适合的解决方案。

（8）医药系统。SCHOTT 在世界各地的 11 个工厂生产 70 亿只注射器、玻璃瓶、西林瓶、安瓿瓶以及由玻管和高科技聚合物制成的其他产品。SCHOTT 专注特种玻管、玻璃和高分子聚合物医药包装等领域。

（9）电子。SCHOTT 是作为全球制造保护灵敏电子设备的玻璃/陶瓷－金属密封件的专业厂商，光刻技术行业的全方位工程供应商，传感技术领域的合作伙伴，还作为光学系统领域经验丰富的创新企业，提供从产品开发到后处理的多项服务。在电子和传感器科技方面，光学技术在许多情况下都可以起到重要作用。2014 年，SCHOTT 提供用于内窥镜、显微镜和牙科设备的光纤组件，并拓展其用于燃料电池的高阻封接玻璃产品系列，广泛的高效封接玻璃产品系列新增不含锶和钡，适用于中低温 SOFC 的玻璃焊料。

（10）建筑。提供太阳能建筑、奇幻照明效果以及各种室内外装饰玻璃的灵感，SCHOTT 针对室内外建筑装潢提供多种应用。

（11）太阳能、能源和环境。SCHOTT 在能源生产和环境保护方面，正在探索新的道路。SCHOTT Solar 拥有 50 多年的太阳能技术开发经验，提供应用于槽型抛物面太阳能热发电厂的集热器和太阳能光伏发电产品及特殊解决方案。

SCHOTT 中长期规划开发的焦点聚集在以下领域：新型和优化的玻璃和玻璃陶瓷、具有新光学、化学和机械属性的材料、熔炼和成型加工工艺、镀膜技术、光电技术和太阳能技术、光纤组件、玻璃－金属封接（GTMS）和陶瓷－金属封接（CerTMS）技术等。

（12）家用电器。SCHOTT 采用的是高耐抗性涂料，而不是容易被刮掉的有机涂料，并可以与木材、金属等材料结合。

SCHOTT 玻璃在家居产品中已得到广泛运用，如燃气灶的灶面、吸油烟机的外壳、消毒柜和冰箱的面板等。这些玻璃产品使得家居产品制造商能够获得更好的外观设计效果，提高了厨房的视觉美感。此外，在平板玻璃产品上，SCHOTT 使用了具备特殊功能的新型镀膜技术和其他工艺，如燃气灶的灶面玻璃选用易清洁镀膜等。而钢化玻璃制成的安全玻璃，具有极强的耐抗性和安全性，能够很好地承受高温和撞击，可以用于灶台表面。“赛兰”微晶玻璃则以安全、耐热、耐冲击、节能时尚、更易清洁的特点，被广泛应用于电热灶和电磁炉中。

由于 SCHOTT 产品的卓越表现，SCHOTT 在 2014 年获得两个大奖：高性能太阳能集热管荣膺 2014 年“德国工业奖”；2014 年 4 月凭借其 Xensation® Cover 铝硅玻璃制作的并应用于客机内部侧窗的夹胶玻璃，一举摘得“材料与组件”组的“水晶机舱奖”（Crystal Cabin Award）。

6.1.4 美国 Corning（康宁）

Corning 公司是特殊玻璃和陶瓷材料的全球领导厂商。公司成立于 1851 年，是一家超过160年历史的科技公司，总部位于美国纽约州康宁市。Corning公司在全球拥有近3万名员工，2013年核心产品销售额为79.5亿美元，2013年在财富杂志500强排名位列326。

基于160多年在材料科学和制程工艺领域的知识，Corning创造并生产出了众多被用于高科技消费电子、移动排放控制、通信和生命科学领域产品的关键技术。Corning的产品包括用于LCD电视、电脑显示器和笔记本电脑的玻璃基板；用于移动排放控制系统的陶瓷载体和过滤器；用于通信网络的光纤、光缆以及硬件和设备；用于药物开发的光学生物传感器以及其他一些行业，例如半导体、航空航天、国防、天文学和计量学的先进的光学和特种玻璃解决方案等。

目前，Corning公司在五大重要市场门类中均居全球领先地位：

（1）显示科技。用于LCD平板电视、计算机显示器、笔记本电脑以及其他消费电子设备的玻璃基板。

（2）环境科技。用于排放控制系统的陶瓷载体和柴油过滤器。

（3）光通信。用于电话和互联网通信网络的光纤、光缆和硬件设备。

（4）生命科学。用于细胞培养、基因组学和生物工程应用的玻璃和塑料实验室耗材、无标记技术、培养基及试剂。

（5）特殊材料。用于消费电子和先进光学产品的保护玻璃以及面向多个行业的特殊玻璃解决方案。

其中，最被人熟知的业务是显示科技和特殊材料，其中显示科技主要包括LCD玻璃基板和用于有机发光二极管（OLED）和高性能LCD平台的玻璃基板。特殊材料包括众人皆知的Corning公司的Gorilla（大猩猩）玻璃、显示器光学组件、光学材料、航空航天及国防用材料、视光学材料等。

6.1.5 成都光明光电

成都光明光电股份有限公司始建于1956年，是中国南方工业集团公司所属重点骨干企业之一，是中国领先，在世界具有较强影响力的专业性光电材料供应商，生产的产品广泛应用于光电信息以及航空航天、新能源等领域。

成都光明光电拥有一流的工艺技术装备、较强的科研开发能力和先进完备的检测手段，已建成国内极具实力的光学材料技术研究开发中心，能从事包括军用及民用光学仪器及光电信息产品所需的各类光学玻璃材料的研制和生产，能够及时配套地向中外客商提供包括镧系玻璃、环境友好光学玻璃、低熔点光学玻璃等在内的200多个品种、不同规格的光学玻璃、光电子玻璃、光学组件，还能为用户提供铂、铑等贵金属提纯及加工业务。

成都光明光电光学玻璃产销量居世界首位，拥有国内同行业唯一的国家级技术中心和国家实验室。目前拥有四大高端光学玻璃产品系列：镧系玻璃、环境友好光学玻璃、氟磷酸盐光学玻璃、低软化温度光学玻璃。

（1）镧系光学玻璃。镧系光学玻璃具有高折射、低色散的特性，能有效简化光学系统，扩大视角，使镜头小型化、轻量化，广泛应用于数码相机、摄像机、扫描仪、光盘读取头、投影电视机、复印机、激光打印机、显示器、照排技术、办公一体化机等高新技术光电子产品。公司生产镧冕（LaK）、镧火石（LaK）、重镧火石（ZLaF）三大类别、数十个牌号的镧系玻璃，技术性能指标达到了国际同类产品水平。

（2）环境友好光学玻璃。成都光明研制生产的环境友好光学玻璃，包括 H－FK、H－QK、H－K、H－BaK、H－ZK、H－QF、H－F、H－ZF、H－ZBaF、H－LaK、H－LaF、H－ZLaF 等共 14 个类别 100 多个牌号。环境友好光学玻璃具有无铅、无砷、无镉、密度低、化学稳定性好等优点，对环境保护事业贡献较大，主要应用于数码相机、数码摄像机、数码复印机、扫描仪和天文望远镜等光学装置和设备中。

（3）氟磷酸盐光学玻璃。成都光明生产的氟磷酸盐光学玻璃光学性能优异，具有较低的软化温度和较高的荧光强度。用氟磷酸光学玻璃精密模压成型的非球面透镜，可以很好地消除球面光学组件的球差和像差，明显改善成像质量，减少光学系统的质量。氟磷酸盐光学玻璃主要应用于高精密度、高分辨率的光学系统，如数码相机、LCD 投影机、液晶投影仪等组合透镜中。

（4）低软化温度光学玻璃。成都光明研制生产的低软化温度光学玻璃适宜于精密模压成型，由于玻璃的软化温度降到了 600℃以下，从而能有效延长模具寿命，降低制造成本。低软化温度光学玻璃主要应用于非球面压型。

近年，成都光明在折射率 1.95 以上的环保重镧火石玻璃、氟磷酸盐系列玻璃、红外玻璃、滤光玻璃等方面取得研发突破；在全氧燃烧技术、数学模拟、物理模拟如微型池炉成型技术模拟等方面也取得了一定成效。

6.1.6 湖北新华光

湖北新华光信息材料有限公司是中国兵器工业集团北方光电股份有限公司（股票代码 600184）的全资子公司。公司年产光学玻璃 4800t，一次及二次光学型件 15000 万件，特种光学材料 1500kg，产品全部实现环保化。

湖北新华光主要从事磁盘微晶玻璃基板、光学加工磁盘微晶玻璃基板及光学玻璃等方面的信息材料、光电子材料的研究、开发、生产和销售，在国际上有较大的知名度。公司采用全电熔技术、电器混合熔炼技术、精密小池炉技术及精密退火技术，可提供 140 多种环保玻璃、镧系玻璃、低软化温度玻璃及红外材料。

6.2 稀土光学玻璃专利研究分析

6.2.1 研究目的及专利数据来源

本节将从专利信息入手，研究稀土（镧系）光学玻璃技术的发展状况。通过定量分析和技术分析，深入发掘稀土光学玻璃技术的发展状况、技术方案情况、竞争对手的技术路线等竞争情报。

在专利定量分析方面，主要从专利技术信息、经济信息、法律信息三方面分析入手，全面揭示稀土光学玻璃技术的发展趋势、专利布局、专利法律状态信息等，为企业整体把握技术研发方向提供依据；在技术分析方面，紧紧围绕核心的、具有先进性的专利文献，通过对专利文献所记载的技术方案的具体解读和对比，剖析出前沿技术的创新点及技术发展的空白点等，为企业开拓技术研发方向、提高研发起点提供借鉴。

专利技术分解将从稀土光学玻璃的配方技术、成型工艺技术、退火工艺技术、测试工艺技术展开，对每个技术分支的专利进行分类和解读。

6.2.2 专利申请布局分析

6.2.2.1 主要专利公开地分布

镧系光学玻璃技术领域的1878件相关专利在世界8个国家和地区申请同族专利，图6－1显示了同族专利数量居前五位的国家和地区。排名第一的公开地是日本，拥有434件专利；第二是中国，拥有298件专利；第三名是欧洲地区，拥有176件专利。

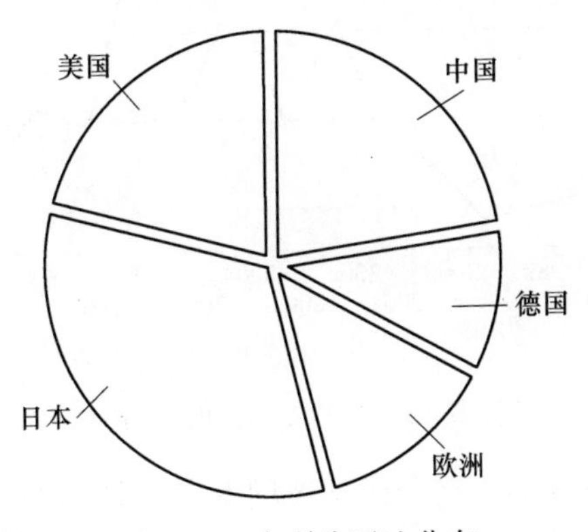

图6－1 专利公开地分布

（来源：Thomson Innovation®，www.thomsoninnovation.com）

6.2.2.2 主要专利申请人分布

在镧系光学玻璃专利申请人中，日本专利申请人占据了最大份额。前三名申请人分别为 HOYA、旭硝子和小原株式会社，申请量分别为 394 件、231 件和 217 件。第四名是德国肖特，申请量为 129 件，如图 6－2 所示。

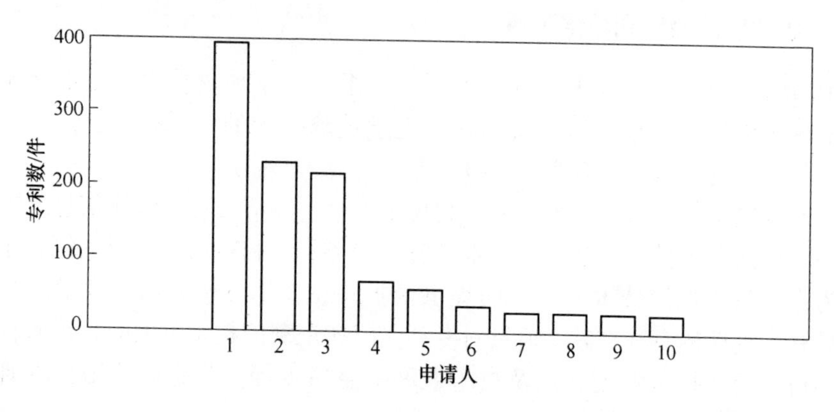

图 6－2 专利申请人分布

1—HOYA Corp.；2—旭硝子；3—OHARA KK；4—SCHOTT Glass；5—SCHOTT AG；6—ZEISS STIFTUNG；7—CANOO KK；8—American Optical Corp.；9—CALP SPA；10—SCHOTT Glaswerke

（来源：Thomson Innovation®，www. thomsoninnovation. com）

HOYA 是光学玻璃领域的领先者，其专利申请年分布情况如图 6－3 所示。

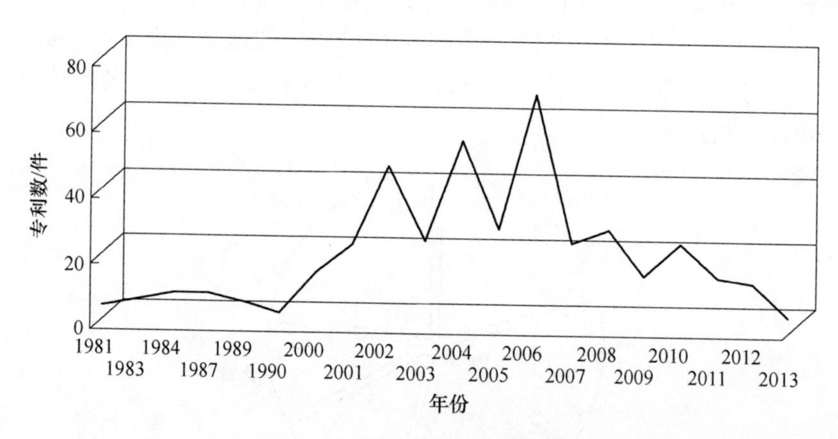

图 6－3 HOYA 申请时间分布

HOYA 的发展趋势基本和整个光学玻璃专利申请趋势是一致的。在 2006 年，其申请量达到最高，有 70 件。

图 6－4 显示了旭硝子专利申请时间分布，其在早年也有许多关于光学玻璃方面的发明，最近几年光学玻璃配方方面的专利所见不多，主要是成型、熔炼方面的专利居多。

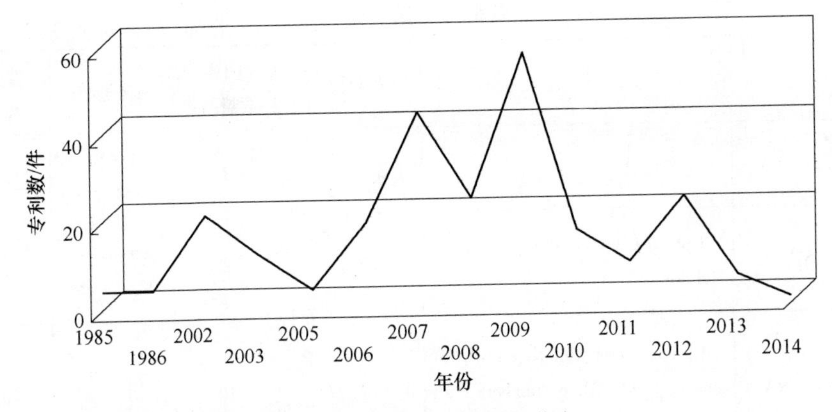

图 6-4 旭硝子申请时间分布

旭硝子申请的峰值出现在 2009 年，达到 57 件专利申请量。而在 2010 年之后，申请量也出现了陡降。

图 6-5 显示了小原株式会社专利申请时间分布，其在镧系光学玻璃配方方面有强大的实力，其对光学玻璃配方方面的申请一直都保持了较高的重视。

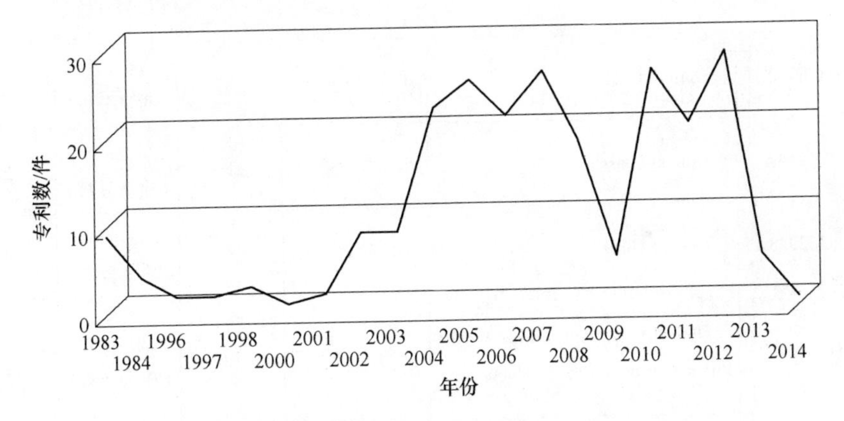

图 6-5 小原株式会社申请时间分布

小原株式会社除了 2009 年出现了一个申请低谷，从 2004 年开始，其申请量一直保持在一个较高的水准。其申请峰值出现在 2012 ~ 2013 年度，达到了 29 件。这个申请趋势和 HOYA 以及旭硝子有较大的区别。由此可知，小原株式会社对镧系光学玻璃的重视程度仍然较高。

6.2.2.3 重点专利分析

从施引次数、专利同族数量以及与技术相关程度三方面综合考虑，筛选出 10 篇镧系光学玻璃领域较为重要的专利。其中，HOYA 专利数量为 3 件、小原株式会社的专利为 5 件、Sumita 和 SCHOTT 分别为 1 件，见表 6-1。

表 6 - 1 重点专利

公开号	标 题	专利权人	同族数量/件	镧含量/%	被引用量/次
JP60221338A	光学玻璃	小原株式会社	1	1 ~ 52（质量分数）	135
JP2003267748A	Optical Glass for Precision Press Molding	HOYA	8	5 ~ 20（摩尔分数）	76
US4584279A	Optical Glass with Refractive Indices > 1.90, Abbe Numbers > 25 and High Chemical Stability	SCHOTT	10	35 ~ 55（质量分数）	45
JP2006016295A	Optical Glass	小原株式会社	25	33 ~ 50（质量分数）	34
JP2124740A	Optical Fluorophosphate Glass	Sumita	7	0 ~ 7（质量分数）	32
JP2005170782A	Optical Glass	小原株式会社	8	15 ~ 55（质量分数）	31
JP60171244A	Optical Glass	小原株式会社	1	0.2 ~ 35（质量分数）	27
JP2002362938A	Optical Glass	小原株式会社	8	25 ~ 40（质量分数）	27
US6818578B2	Optical Glass and Process for the Production of Optical Products	HOYA	12	30 ~ 60（质量分数）	27
JP2003160356A	Optical Glass and an Optical Component	HOYA	2	阳离子 0 ~ 15	23

6.2.2.4 JP60221338A 的重点分析

JP60221338A 专利是小原株式会社在 1985 年公开的一件镧系光学玻璃配方方面的专利。其一共被引用了 135 次，是镧系光学玻璃专利中被引用次数最高的一件专利。在其公开之后的每一年几乎都被引用过，而引用人也几乎覆盖了整个光学玻璃领域。

图 6 - 6 所示为该专利历年引用频次，可以看出，在 2002 ~ 2003 年被引用次数最多，说明该专利在业内一直得到持续关注。

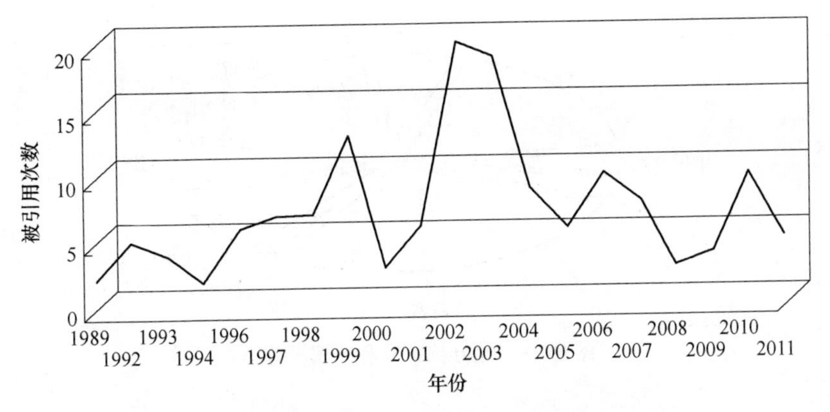

图 6－6 JP60221338A 被引用时间

图 6－7 所示为引用 JP60221338A 专利的主要申请人引用频次，可以看出该专利被小原株式会社本身引用最多，其次是美国的 3M Innovative Properties 公司，之后是德国肖特和日本 HOYA。3M 公司并不是一家光学玻璃企业，该公司对此件专利的改进，主要是用于微晶玻璃。

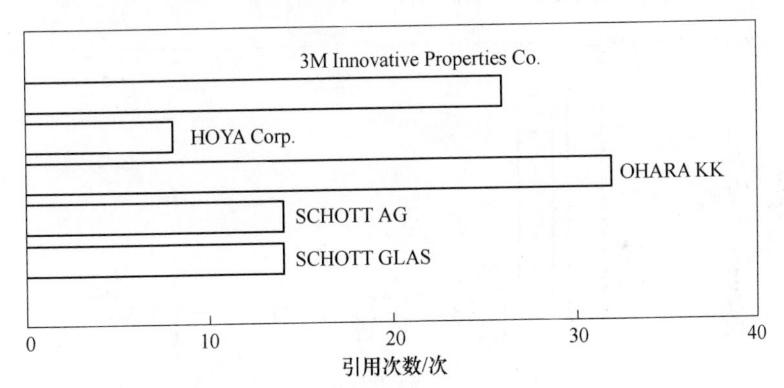

图 6－7 JP60221338A 被引用申请人

6.2.3 专利技术整体布局分析

6.2.3.1 配方技术专利布局状况

A 整体布局状况

与配方技术相关的专利有 914 件，其中同族专利有 726 件，专利申请量排名前 10 位的国家和地区分别为日本、美国、中国、中国台湾、德国、韩国、欧洲、澳大利亚、英国，各国家和地区拥有的专利数量排名如图 6－8 所示。

由图 6－8 可以看出，排名前三位的是日本、中国、美国，日本在该领域处于技术领先地位，拥有相关专利 228 件，占该领域专利总量的 25%。其次是中国，拥有该领域相关专利 156 件，美国在该领域拥有相关专利 148 件。

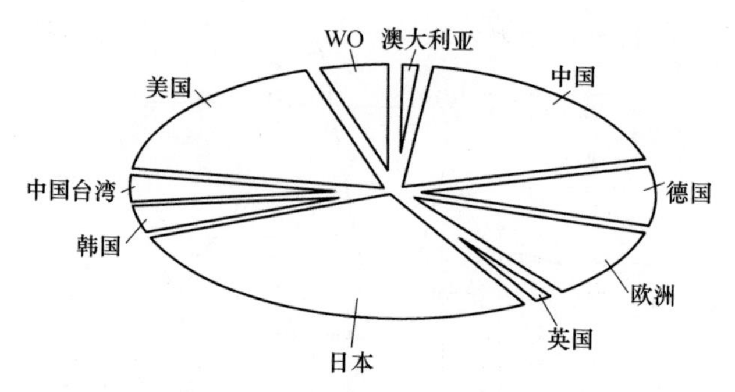

图 6-8　配方技术专利所属国分布

B　专利权人分析

配方技术领域的 914 件相关专利在世界 10 个国家和地区申请同族专利，如图 6-9 所示，为专利权人排名，由图 6-9 可以看出，日本在该领域的专利拥有量遥遥领先，在该领域的技术研发中占据主导地位，研发实力雄厚。排名前三位的专利权人全部是日本企业，其中日本保谷株式公社和日本小原株式会社拥有的专利数量遥遥领先，其次是日本旭硝子公司。

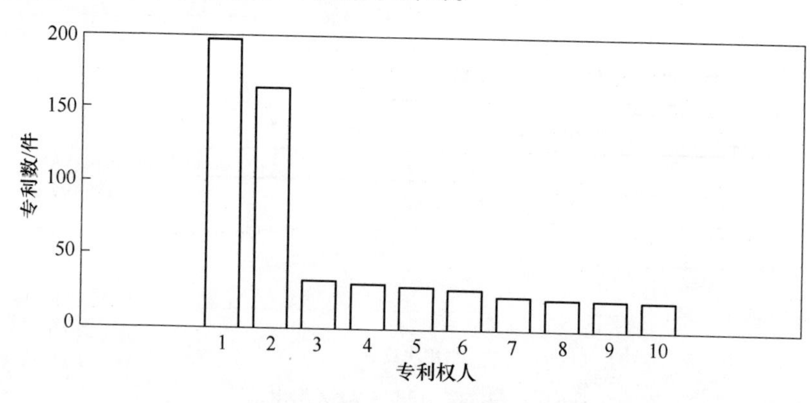

图 6-9　专利权人排名

1—HOYA Corp.；2—OHARA KK；3—旭硝子；4—SCHOTT GLAS；
5—American Optical Corp.；6—CALP SPA；7—SCHOTT AG；
8—IMP College Innovations；9—REFEL SPA；10—Somita Optical Glass

由以上分析可知，日本保谷株式会社（HOYA）、小原株式会社（OHARA）、日本旭硝子公司是配方技术领域的主要竞争对手。

C　技术分类（IPC）分布

这 914 件配方技术领域的专利所涉及的技术分类如图 6-10 所示。其中与技术分类 C03C3/68（玻璃组成含稀土元素）相关的专利最多，为 465 件；排名第二的是 G02B1/00（按材料区分的光学组件），为 324 件；排名第三的是 C03C4/00（特殊性能玻璃组成），相关的专利为 207 件；排名第四的是 C03C3/64（玻璃组成含硼），为154件；排名第五的是C03C3/15（玻璃组成含硼含稀土元素）。

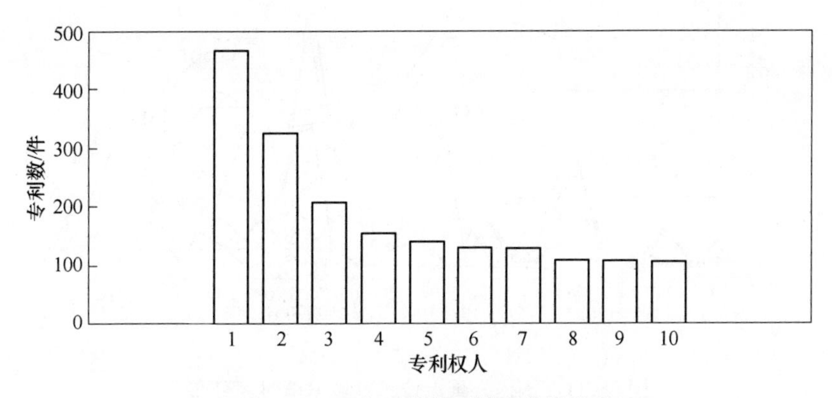

图6-10 配方工艺主要技术分类分布

1—C03C3/68；2—G02B1/00；3—C03C4/00；4—C03C3/64；
5—C03C3/15；6—C03C3/155；7—C03C3/95；
8—C03B11/00；9—C03C3/66；10—C03C3/97

D 国内外重点技术领域申请时序分布

图6-11显示的是排名前五位的技术分类在不同时间段的申请量，由图可以看出，技术分类C03C3/64（玻璃组成含硼），从1973年开始就有10件的申请量，直到2013年申请量一直比较平缓，没有大起大落。技术分类C03C3/68（玻璃组成含稀土元素）从1982年才开始有专利申请，并且在1983年和1984年每年都达到10余件，之后又突然冷却，直到2001年又开始大量申请专利，于2002年达到顶峰，申请量为40余件，一直到2008年每年的申请量保持在30件左右，2009年又回落至8件，2010~2013年再次达到高峰，每年保持在30余件。技术分类C03C3/15（玻璃组成含硼含稀土元素）从1980年开始有专利申请，但是量很少，直到1991年每年保持几件的申请量，从1992年直到2000年都没有专利申请，2001年开始突然加大了申请，于2002年达到顶峰，有20余件的申请量，之后开始回落，2004~2010年每年申请量几件，到2011年再次迎来高峰，达到10余件，之后又开始回落。C03C4/00（特殊性能玻璃组成）从1976年开始有专利申请，但是申请量很少，只有几件，1983年申请量增至10余件，然后回落，1995年突然增至20余件，之后又开始回落，2002年达到顶峰，申请量接近30件，之后直至2014年一直处于疲软状态，每年申请量只有几件。G02B1/00（按材料区分的光学组件）从1976年开始有专利申请，但是只有几件，之后一直持续到1997年都是零申请，1998年和1999年每年有1~2件的申请，从2000年开始大幅度上升，2002年达到顶峰，申请量有40余件，之后开始回落，2004年申请量再次接近30件后回落，于2010年再次达到高峰30余件，直到2014年逐年降低。

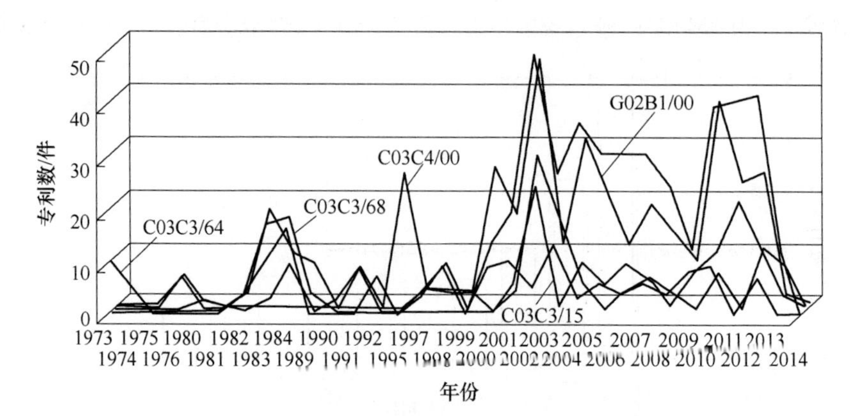

图 6－11 国内外重点技术领域申请时序分布

由上述分析可以看出，配方技术领域在 2001 ~2002 年是一个高速发展期，之后处于平缓发展期，直到 2010 ~2012 年又开始处于增长期，之后再次回落。

E 在中国进行申请的国外专利权人分析

国外竞争对手在中国申请专利共 62 件，如图 6－12 所示。从图中可以看出排名前三位的专利权人全部是日本企业，其中日本保谷株式会社和日本小原株式会社拥有的专利数量遥遥领先，其次是日本旭硝子公司。日本保谷株式会社拥有专利 22 件，日本小原株式会社拥有专利 17 件，日本旭硝子公司拥有专利 3 件。

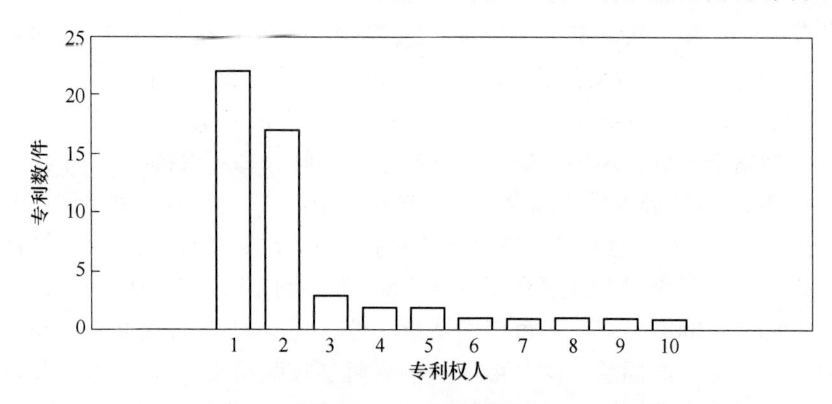

图 6－12 专利权人排名

1—HOYA Corp.；2—OHARA KK；3—旭硝子；4—OLYMPUS Corp.；
5—SCHOTT Glaswerke；6—KOHARA KK；7—Fuji Photo Film Co.，Ltd.；
8—SUMITA Optical Glass；9—SCHOTT AG；10—FUJINON Corp.

图 6－13 所示为国外竞争对手在中国申请专利的 IPC 排名。由图 6－13 可以看出，与技术分类 C03C0003068（玻璃组成含稀土元素）相关的专利最多为 42 件；排名第二的是 G02B000100（按材料区分的光学组件），为 34 件；排名第三的是 C03B001100（玻璃压制），为 17 件；排名第四的是 C03C000400（特殊性能

玻璃组成)、C03C0003155(含锆、钛、钽、铌)和C03C000315(玻璃组成含硼含稀土元素),申请量各为13。

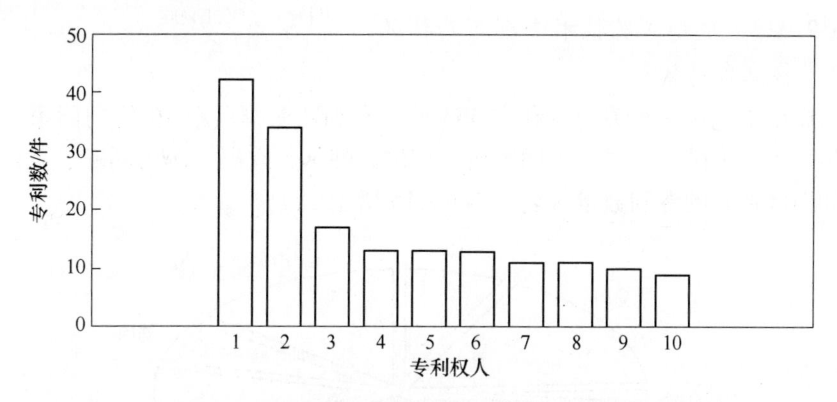

图6-13 国外竞争对手在中国申请专利的IPC排名
1—C03C0003068;2—G02B000100;3—C03B001100;4—C03C000315;
5—C03C0003155;6—C03C000400;7—C03C000319;
8—C03C0003064;9—C03C0003066;10—C03C000321

F 国外竞争对手在中国的重点技术领域申请时序分布

图6-14所示为国外竞争对手在中国的重点技术领域申请时序分布,由图6-14可以看出,技术分类C03B11/00(玻璃压制)在2004年申请量最多,达到3件,之后一直处于平缓阶段,每年申请量为0~2件。C03C3/68(玻璃组成含稀土元素)在2002年申请量达到顶峰,为5件,之后也一直处于每年0~2件,到2012年时又达到高峰,为5件,之后下滑。C03C3/15(玻璃组成含硼含稀土元素)从2001年开始一直比较平缓,每年0~1件,2011年时最高申请3件。C03C3/155(含锆、钛、钽、铌)于2001年申请1件之后,一直是零申请,从2009年开始渐渐有了申请,2010年最多,为3件,2012年后开始下滑。G02B1/

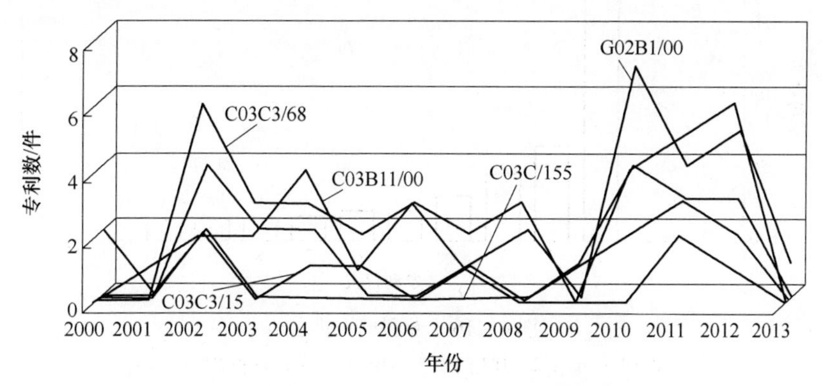

图6-14 国外竞争对手在中国的重点技术领域申请时序分布

00（按材料区分的光学组件）从2000年开始有专利申请，到2002年达到3件，之后一直平缓，每年为0～2件，直到2010年达到顶峰，为7件，之后开始下滑。

6.2.3.2 成型工艺技术专利布局状况

A 整体布局状况

与成型工艺技术相关的专利有568件，专利数量排名前10位的国家和地区分别为日本、美国、中国、中国台湾、德国、韩国、欧洲、澳大利亚、英国，各国家和地区拥有的专利数量排名如图6－15所示。

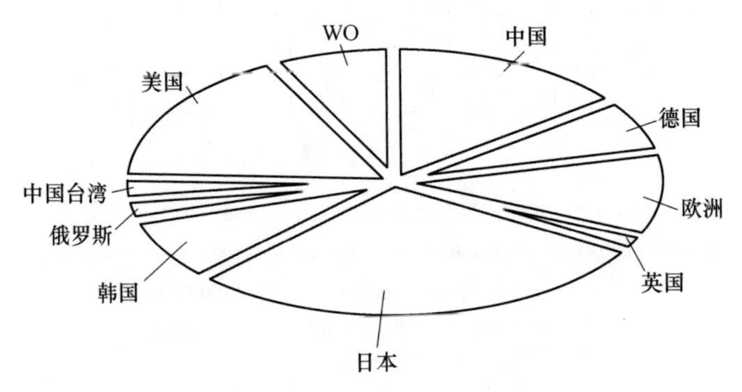

图6－15 成型工艺技术专利所属国分布

由图6－15可以看出，排名前三位的是日本、美国、中国，日本在该领域处于技术领先地位，拥有相关专利149件，占该领域专利总量的26%。其次是美国，拥有该领域相关专利87件，中国在该领域拥有相关专利77件。

B 专利权人分析

图6－16所示为专利权人排名，由图6－16可以看出，日本在该领域的专利拥有量遥遥领先，在该领域的技术研发中占据主导地位，研发实力雄厚。排名前三位的专

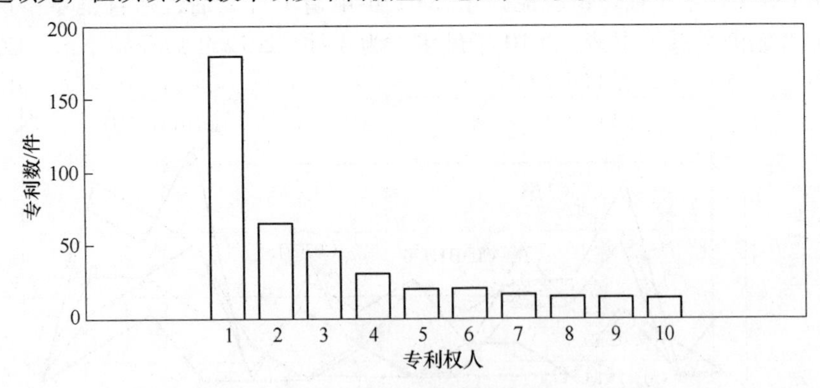

图6－16 专利权人排名

1—HOYA Corp.；2—旭硝子；3—OHARA KK；4—SCHOTT AG；
5—KONICA MINOLTA OPTO Inc.；6—SCHOTT GLAS；7—AHLSTROEM OY；
8—CANON KK；9—CORNING GLASS WORKS；10—CORNING Inc.

利权人全部是日本企业，其中日本保谷株式会社拥有的专利数量遥遥领先，为179件，第二位的是日本旭硝子公司，为65件，其次是日本小原株式会社，为46件。

由以上分析可知日本保谷株式会社（HOYA）、小原株式会社（OHARA）、日本旭硝子公司是成型技术领域的主要竞争对手。

C 技术分类（IPC）分布

这568件配方技术领域的专利所涉及的技术分类如图6-17所示。排名第一位的是技术分类C03B11/00（玻璃压制）219件，第二位的是C03B11/8（用于制造实心玻璃制品）139件，第三位是G02B3/00（简单或复合透镜）77件，第四位是C03B40/00（玻璃与玻璃或玻璃与成型工具之间粘接的防止）74件，第五位是C03C3/68（含稀土元素）71件。

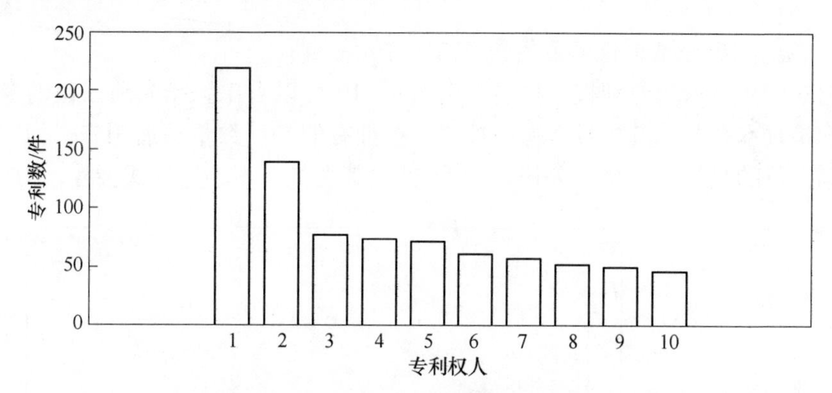

图6-17 成型工艺主要技术分类分布

1—C03B11/00；2—C03B11/8；3—G02B3/00；4—C03B40/00；
5—C03C3/68；6—C03B19/10；7—G02B1/00；
8—C03B40/04；9—C03B7/12；10—C03B230/25

D 国内外重点技术领域申请时序分布

图6-18显示的是排名前五位的技术分类在不同时间段的申请量，由图可以看出，技术分类C03B11/00（玻璃压制）从1990年开始有专利申请，在2005年达到顶峰，申请量为30余件，之后一直处于下降状态，2008年至今申请量为零。技术分类C03B11/8（用于制造实心玻璃制品）从1990年开始有专利申请，每年申请量不大，到2005年申请量达到顶峰，为20余件，从2006年开始至今申请量为零。C03B40/00（玻璃与玻璃或玻璃与成型工具之间粘接的防止）从1988年开始有专利申请，但是量较少，2006年申请量达到10余件，之后降为零申请，2010年有几件申请。C03C3/68（含稀土元素）从2003年开始申请专利，到2004年突然增至10余件，之后一至处于下降状态，从2012年至今零申请。G02B3/00（简单或复合透镜）从1989年开始申请，但量较少，到2005年增至10余件，之后一直呈下降趋势，从2009年至今申请量为零。

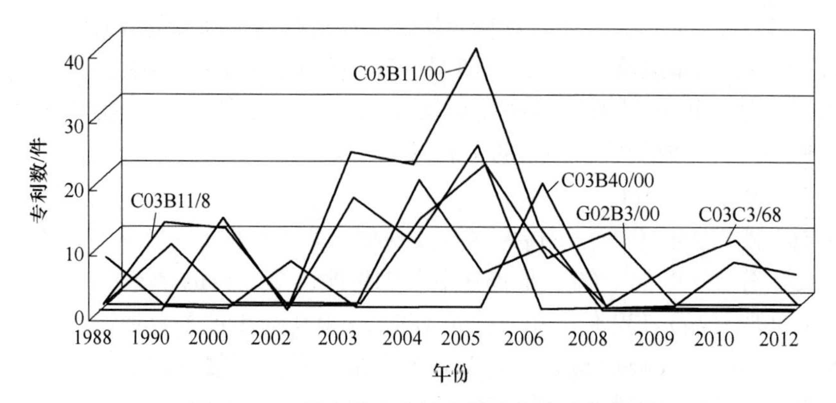

图6-18 国内外重点技术领域申请时序分布

E 在中国进行专利申请的国外专利权人分析

图6-19所示为专利权人排名，由图6-19可以看出，排名前三位的专利权人全部是日本企业，其中日本保谷株式会社拥有的专利数量遥遥领先，为38件，排名第二位的是日本旭硝子公司，为11件，其次是日本小原株式会社，为9件。

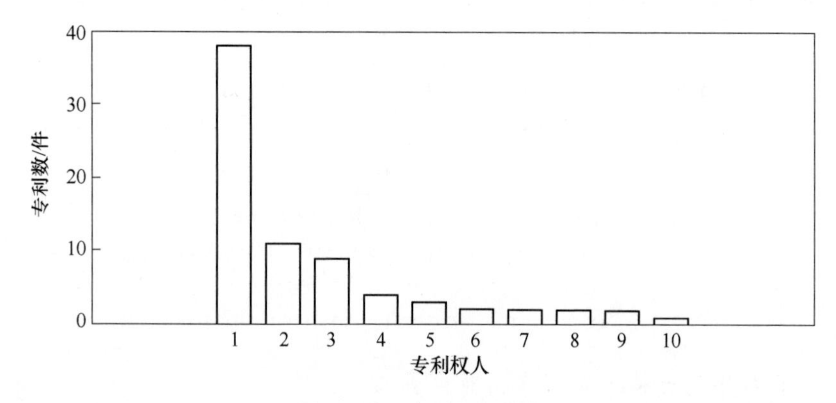

图6-19 专利权人排名

1—HOYA Corp.；2—旭硝子；3—OHARA KK；4—SCHOTT GLAS；
5—KONICA MINOLTA OPTO Inc.；6—OKARA KK；7—SCHOTT AG；
8—HOYA Co.，Ltd.；9—SCHOTT GLAS AG；10—3M Innovative Properites

F 国外竞争对手在中国申请专利的IPC排名

图6-20所示为国外竞争对手在中国申请专利的IPC排名，由图6-20可以看出，排名第一位的是技术分类C03B001100（玻璃压制），为35件，第二位的是C03B001108（用于制造实心玻璃制品），为15件，第三位是C03B004000（玻璃与玻璃或玻璃与成型工具之间粘接的防止），为12件，第四位是C03C0003068（含稀土元素），为12件，第五位是G02B000300（简单或复合透镜），为11件。

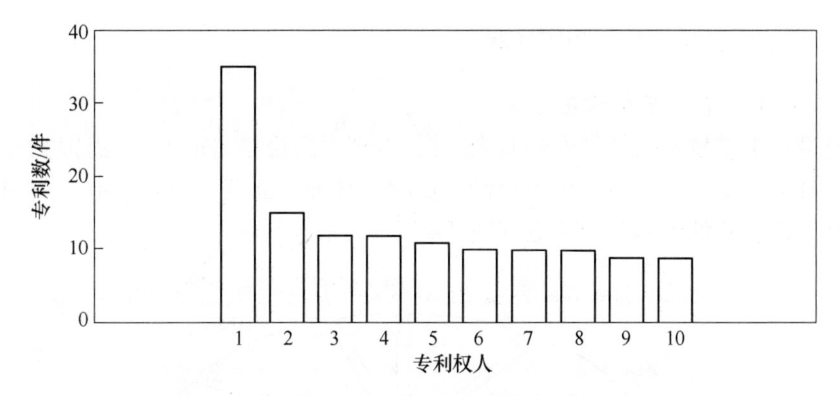

图6－20 国外竞争对手在中国申请专利的 IPC 排名

1—C03B001100；2—C03B001108；3—C03B004000；4—C03C0003068；
5—G02B000300；6—C03B001910；7—C03B004004；
8—C03B0023025；9—C03B000712；10—C03C0003062

G 国外竞争对手在中国的重点技术领域申请时序分布

图6－21 显示的是排名前五位的技术分类在不同时间段的申请量，由图可以看出，技术分类 C03B11/00（玻璃压制）从 2001 年开始有专利申请，在 2005 年达到顶峰，申请量为9 件，之后一直处于下降状态，2007～2009 年申请量为零，2010 年申请了 3 件，之后无申请。技术分类 C03B11/8（用于制造实心玻璃制品）从 2000 年开始有专利申请，每年申请量不大，直到 2005 年申请量达到顶峰，为 5 件，2006～2011 年申请量为零，2012 年申请 1 件，之后无申请。C03B40/00（玻璃与玻璃或玻璃与成型工具之间粘接的防止）从 2002 年开始有专利申请，但是 2003～2005 年申请量为零，2006 年申请量达到 3 件，之后降为零申请，2010 年有 3 件申请。C03C3/68（含稀土元素）从 2005 年开始申请专利，申请一直处于每年 0～1 件的状态，2010 年申请了 5 件，之后为零。G02B3/00（简单或复合透镜）从 2004 年开始申请，2005 年申请了 5 件，之后一直呈下降趋势，从 2009 年至今申请量为零。

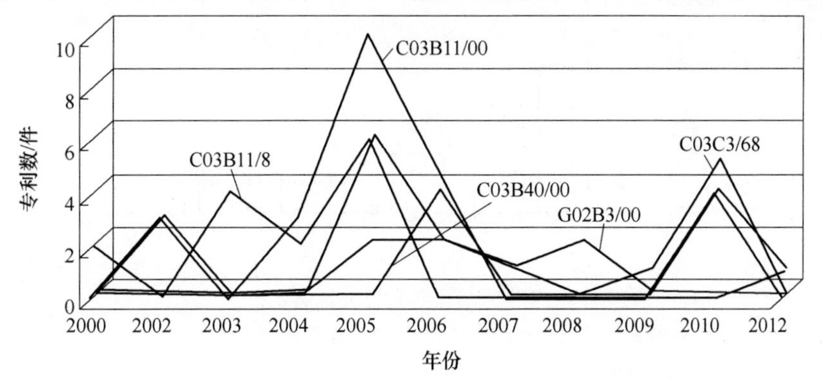

图6－21 国外竞争对手在中国的重点技术领域申请时序分布

6.2.4 退火工艺技术专利布局状况

6.2.4.1 整体布局状况

与退火工艺技术相关的专利有85件，专利申请量排名前10位的国家和地区分别为日本、美国、中国、中国台湾、德国、韩国、欧洲、澳大利亚、英国，各国家和地区拥有的专利数量排名如图6－22所示。

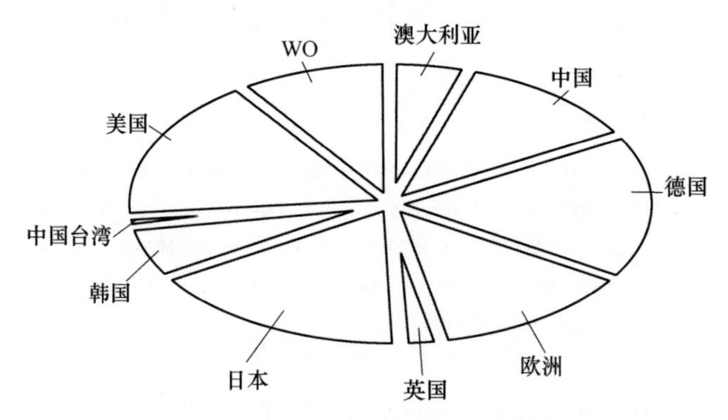

图6－22 退火工艺技术专利所属国分布

由图6－22可以看出，排名前三位的是日本、德国、美国，分别为14件，第四位的是中国，为11件，第五位是欧洲，为10件。

6.2.4.2 专利权人分析

图6－23所示为专利权人排名。由图6－23可以看出，日本保谷株式会社在该领域的专利拥有量遥遥领先，在该领域的技术研发中占据主导地位，研发实力雄厚，专利拥有量为25件，第二位的是德国肖特公司，为15件，第三位的是日

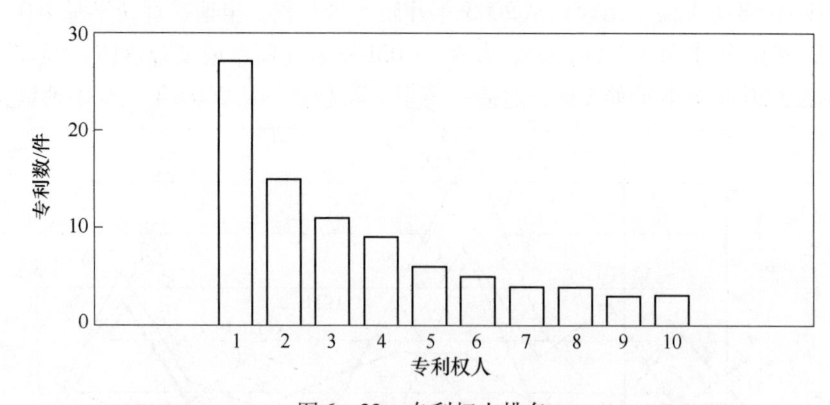

图6－23 专利权人排名

1—HOYA Corp.；2—SCHOTT Glass；3—旭硝子；4—SCHOTT AG；
5—Wiessner Gmbh；6—Zeiss Stiftung；7—Leister Michael；
8—Ohmstede Volker；9—Yamakawa Hiroshi；10—Sugahara Akira

本旭硝子公司，为11件。

由以上分析可知日本保谷株式会社（HOYA）、德国肖特公司、小原株式会社（OHARA）是熔炼技术领域的主要竞争对手。

6.2.4.3 技术分类（IPC）分布

熔炼技术领域的专利所涉及的技术分类如图6－24所示。其中技术分类C03B000102（压制玻璃配合料）、C03B000300（熔窑的投料）、C03B000502（玻璃制造专用的熔窑）、C03B000518（搅拌装置）、C03B0005187（用活动组件的搅拌装置）、C03B0005193（用气体的搅拌装置）的申请量各为33件。

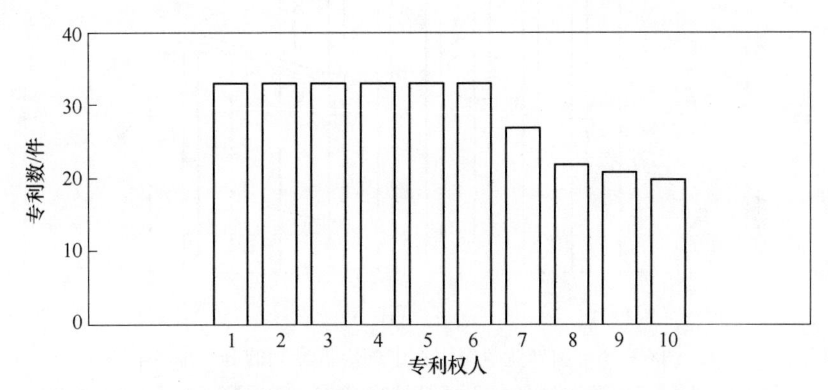

图6－24 熔炼工艺主要技术分类分布

1—C03B000102；2—C03B000300；3—C03B000502；4—C03B000518；5—C03B0005187；6—C03B0005193；7—C03C0003062；8—C03B0005235；9—C03C0003097；10—C03C000400

6.2.4.4 在中国进行专利申请的国外专利权人分析

国外竞争对手在中国申请专利共10件，如图6－25所示，从图中可以看出排名第一位的是日本保谷株式会社，为4件，第二位的是德国肖特公司，为3件，第三位的是日本旭硝子公司，为2件。

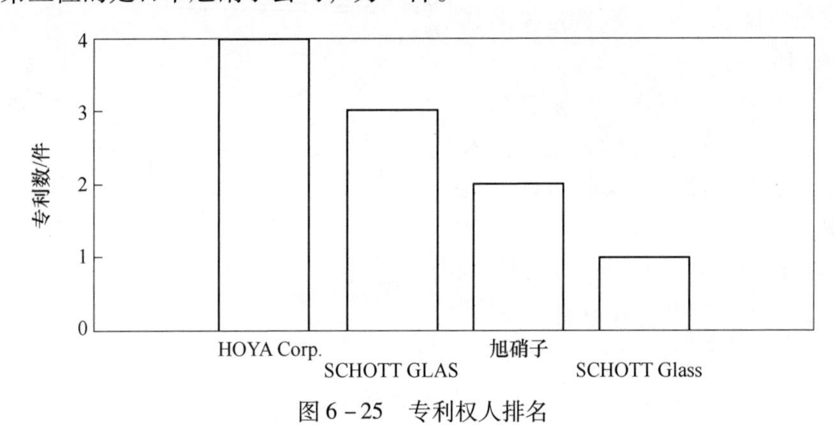

图6－25 专利权人排名

6.2.4.5　国外竞争对手在中国申请专利的IPC排名

图6－26所示为国外竞争对手在中国申请专利的IPC排名，由图6－26可以看出，技术分类C03B000102（压制玻璃配合料）、C03B000300（熔窑的投料）、C03B000502（玻璃制造专用的熔窑）、C03B000518（搅拌装置）、C03B0005187（用活动组件的搅拌装置）、C03B0005193（用气体的搅拌装置）、C03B0005235（玻璃的加热）、C03C0003062（二氧化硅含量少于40%）的申请量各为4件。C03B001100（玻璃压制）和C03B002500（玻璃制品的退火）各为3件。

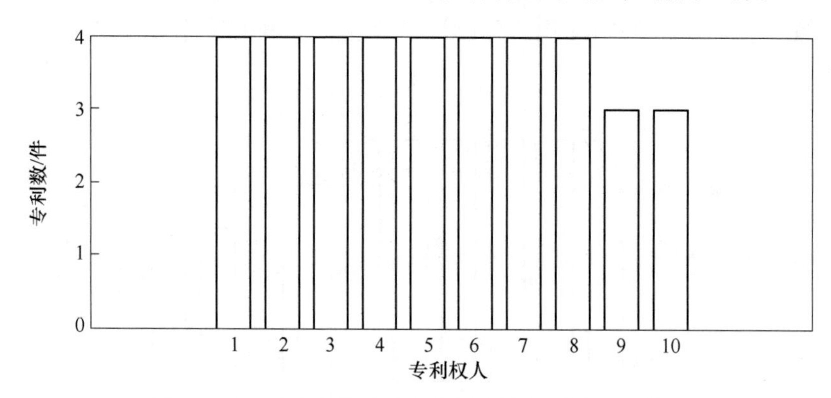

图6－26　国外竞争对手在中国申请专利的IPC排名

1—C03B0005235；2—C03C0003062；3—C03B000102；4—C03B000300；5—C03B000502；6—C03B000518；7—C03B0005187；8—C03B0005193；9—C03B001100；10—C03B002500

6.2.5　测试工艺技术专利布局状况

6.2.5.1　整体布局状况

与测试工艺技术相关的专利有55件，在5个国家/地区申请了专利，分别为日本、美国、中国、德国、韩国，各国家和地区拥有的专利数量排名如图6－27所示。

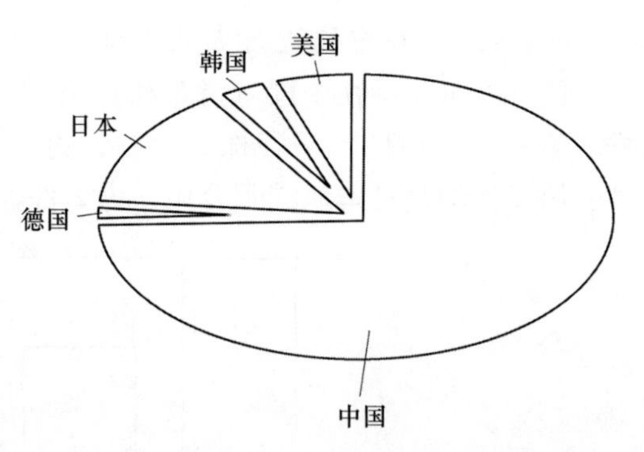

图6－27　测试工艺技术专利所属国分布

由图6－27可以看出，排名第一位的是中国，中国在该领域处于技术领先地位，拥有相关专利41件，占该领域专利总量的74%。其次是日本，拥有该领域相关专利8件，第三位的是美国，为3件。

6.2.5.2　专利权人分析

专利权人排名如图6－28所示。

由图6－28可以看出，排名第一位的是成都光明光电股份有限公司，表明该公司在该领域处于技术领先地位，拥有相关专利14件。其次是日本佳能株式会社和豪雅株式会社，分别拥有该领域相关专利7件。

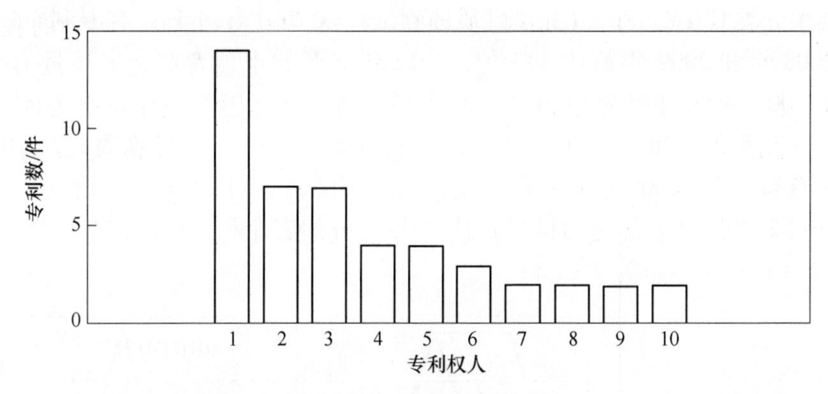

图6-28 专利权人排名

1—成都光明光电股份有限公司；2—CANON KK；3—HOYA Corp.；4—上海光学精密机械研究所；5—长春光学精密机械与物理研究所；6—OHARA KK；7—中国建筑材料科学研究总院；8—Chengdu Pree. Opt.；9—宁波大学；10—中国农业大学

6.2.5.3 技术分类（IPC）分布

测试技术领域的专利所涉及的技术分类如图6-29所示。其中技术分类G01N002141（光谱性质）的申请量最多，为12件，第二位的是G01M001102（光学性质的测试），为7件，第三位的是G01N0021958（检测透明材料）和G01M001100（光学设备的测试），为6件。

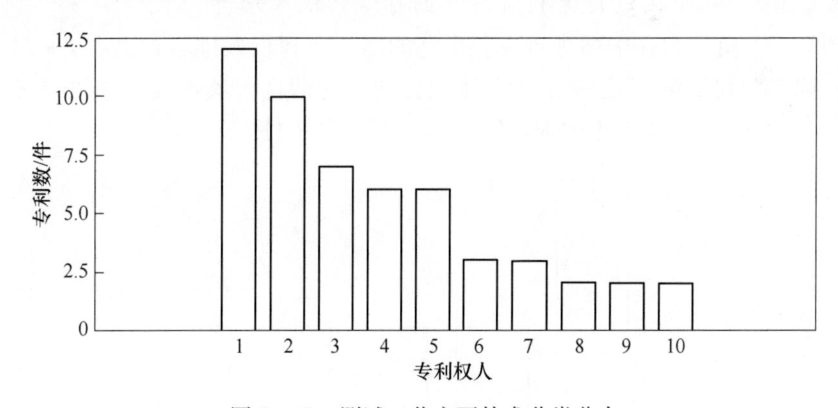

图6-29 测试工艺主要技术分类分布

1—G01N002141；2—G01M001102；3—G01N0021958；4—G01M001100；5—G01N001700；6—G01N002145；7—G01L000124；8—G01N003338；9—G02B000100；10—G02B000300

6.2.5.4 国内外重点技术领域申请时序分布

图6-30显示的是排名前五位的技术分类在不同时间段的申请量，由图可以

看出，技术分类G01M11/00（光学设备的测试）从2005年开始就有两件的申请量，直到2009年申请量一直比较平缓，没有大起大落，从2010年至今申请量为零。技术分类G01M11/02（光学性质的测试）从2007年才开始有专利申请，并且在2008年和2009年都达到3件，2012年又开始申请专利，申请量为1件。G01N17/00（测试材料的耐腐蚀、耐光照性能）从2010年开始有专利申请，2011年申请两件，2012～2014年每年1件。G01N21/41（光谱性质）从2004年开始有专利申请，2009年有4件申请，之后下降，直到2013年申请量又达到4件。G01N21/958（检测透明材料）从2005年开始有专利申请，但是量很少，直到2014年每年申请量为0～1件。

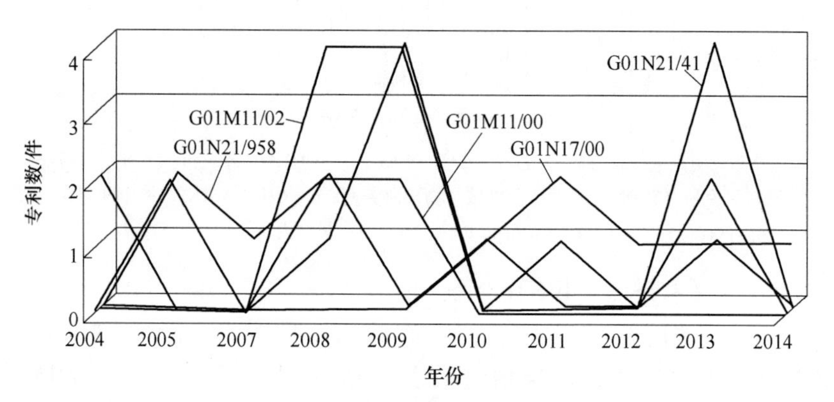

图6－30 国内外重点技术领域申请时序分布

6.2.5.5 在中国进行专利申请的国外专利权人分析

图6－31所示为在中国进行专利申请的国外专利权人排名。由图6－31可以看出，拥有专利量第一位的是日本佳能公司，为两件，其次是日本小原株式会社、日本保谷株式会社、CHEMICO、CN ACAD各1件。

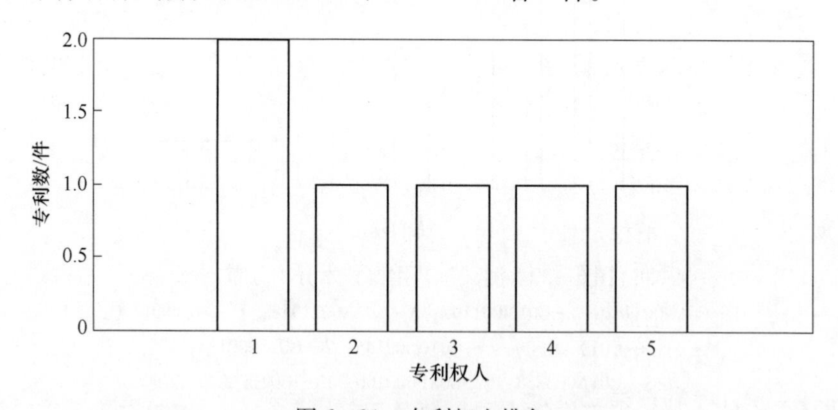

图6－31 专利权人排名

1—CANON KK；2—OHARA KK；3—HOYA Corp.；4—CHEMICO；5—CN ACAD

6.2.5.6 国外竞争对手在中国申请专利的IPC排名

图6-32所示为国外竞争对手在中国申请专利的IPC排名，由图6-32可以看出，在中国申请量最多的是技术分类G01M001102（光学性质的测试）、G01N000500（用称量的方法分析材料）、G01N001506（测试悬浮颗粒的浓度）、G01N002100（利用微波测试或分析材料）、G01N002147（漫反射），各为两件。

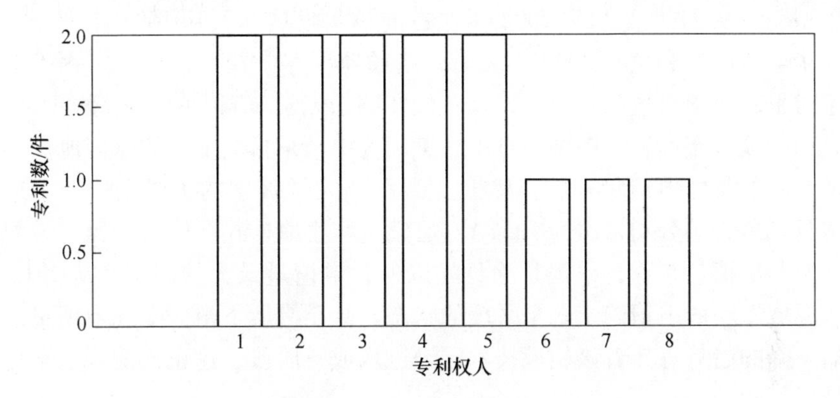

图6-32 国外竞争对手在中国申请专利的IPC排名
1—G01M001102；2—G01N000500；3—G01N001506；
4—G01N002100；5—G01N002147；6—G01N0021956；
7—C03C001722；8—G01N001700

6.2.6 稀土光学玻璃专利研究

6.2.6.1 整体专利态势

A 全球态势

就时间趋势而言，镧系光学玻璃从20世纪80年代开始有了较多的申请，其发展可以分为初期发展阶段、快速发展阶段、平稳发展阶段和低谷期。1980~1998年是该领域技术发展的初级阶段，相关专利数量较少。日本企业的专利主要集中在配方，而美国、德国的企业在熔炼、成型方面的专利比较多，配方相对较少。1998~2003年是该领域技术的快速发展阶段，专利申请出现了蓬勃发展的态势。从1998年的32件专利激增到2003年的168件专利。2011年至今，该领域技术出现了一个平稳期。日本企业如旭硝子在这个阶段只找到两篇关于该领域配方方面的专利；而肖特关于该领域的配方申请也在十位数以下，这与旭硝子、HOYA、肖特等企业纷纷转型有关。

就原创地分布而言，日本、中国、欧洲排名前三。排名第一的公开地是日本，拥有434件专利；第二位是中国，拥有298件专利；第三名是欧洲地区，拥有176件专利。

就申请人而言，HOYA、旭硝子、小原株式会社为申请量的前三位。申请量分别为394件、231件和217件。

参考同族专利数量、被引专利数量以及镧的含量挑选的10件重点专利来看，除了1件是德国肖特公司的专利，其他9件均是日本企业申请的专利。

B 中国态势

就时间趋势而言，在华专利申请经历了从20世纪90年代初到90年代末的技术成型期，从21世纪初到2002年左右的技术发展期及从2003年至今的增长期。在华申请的专利量在2000年之后，增长速度非常快，这在一定程度上反映了竞争对手对我国市场的重视，以及我国在镧系光学玻璃上起步的缓慢。

就原创地分布而言，中国、日本、美国为申请量排名前三的原创地。

从专利的整体申请量来看，稀土（镧系）光学玻璃的主要竞争对手来自日本。最具竞争力的公司依次为HOYA、旭硝子和小原株式会社。

从专利申请量来看，中国是除日本以外，申请量最大的国家。从2013年之后，该领域专利的申请趋于一个平缓的状态，甚至有所下滑。专利申请量出现峰值之后下降的趋势意味着该领域技术已经进入成熟阶段，这正与镧系光学玻璃的实际情况相吻合。

从专利申请内容来看，以配方组分专利为重，其次是成型、退火和测试。所以在该领域，配方组成专利的竞争最为激烈。

6.2.6.2 具体分析

从专利反映的技术生命周期来看，稀土（镧系）光学玻璃的相关技术已进入成熟期。从2011年之后，该领域专利的申请趋于一个平缓的状态，甚至有所下滑。

从专利的整体申请量来看，稀土（镧系）光学玻璃的主要竞争对手来自日本。最具竞争力的公司依次为HOYA、旭硝子和小原株式会社。成都光明光电需要加大对这些日本企业公开专利的追踪。

从专利对技术的公开程度来看，该领域的专利对配方组成、熔制工艺、熔炼装置、检测设备等关键技术的公开较为充分。早在20世纪50年代，德国肖特、美国康宁等公司就对镧系光学玻璃有相关专利的公开。到20世纪80年代，日本公司也开始涉足该领域。成都光明光电对镧系光学玻璃方面的研究，可以充分借鉴先前的专利。

成都光明光电要绕开其他公司在配方方面的专利壁垒，尤其是重点专利清单当中提到的重点专利。除此之外，成都光明光电可以参考报告当中的专利，进行进一步的专利申请。

从在华申请专利状况来看，中国是除日本以外，申请量最大的国家。在华申请的专利量在2000年之后，增长速度非常快，这在一定程度上反映了竞争对手对我国市场的重视，以及我国在镧系光学玻璃上起步的缓慢。由于竞争对手在华申请量的扩大，成都光明光电更需要扩大自己在镧系光学玻璃方面的申请。

6.2.7 稀土光学玻璃专利申请与新产品开发

6.2.7.1 从专利分布数据看镧系光学玻璃的历史发展情况

目前，检索到镧系光学玻璃方面的专利共1878件（含同族）。其相关技术历年专利公布数量如图6－33所示。总体来看，与工艺相关的专利数量较多，但总体呈下降趋势。其发展过程大致可分为四个阶段，1980～1998年为第一阶段，1998～2003年为第二阶段，2004～2010年为第三阶段，2011年至今为第四阶段。

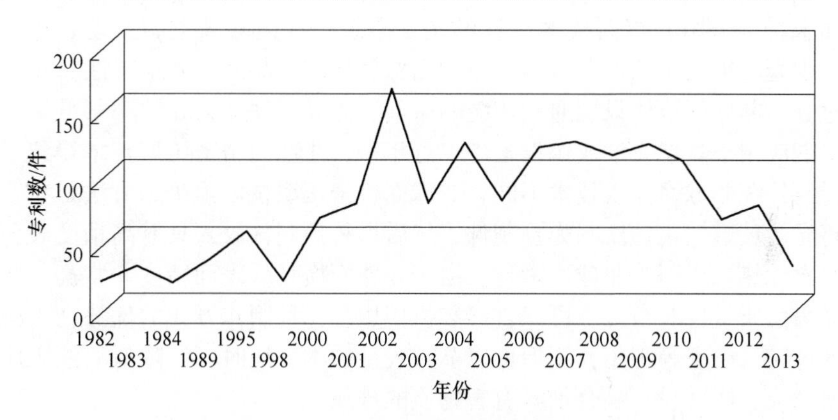

图6－33 相关专利历年发展状况分布

1980～1998年是该领域技术发展的初级阶段，相关专利数量较少。日本企业的专利主要集中在配方，而美国、德国的企业在熔炼、成型方面的专利比较多，配方相对较少。

1998～2003年是该领域技术的快速发展阶段，专利申请出现了蓬勃发展的态势。从1998年的32件专利激增到2003年的168件专利。日本企业在光学玻璃技术创新中的崛起，对专利申请有最主要的贡献。在这段时间，日本的企业如HOYA（保谷）、旭硝子、OHARA（小原）、SUMITA（住田）的配方专利申请居多，而其他国家和地区只有德国肖特的申请较多。

2004～2014年是该领域技术的平稳发展阶段，每年的专利申请维持在100～150篇。虽然在2004年由于雅典奥运会对照相机市场的消费刺激，导致2004～2005年之间出现了一个小申请高峰，但是总体上还是保持了平稳的态势。在此期间，除了在德国的申请量有所下降，在日本、中国、美国都保持了相对较高的申请量。尤其是在中国，在这段时间，光学玻璃方面的申请出现了较高的态势。这不仅是因为日本企业对华市场的关注度加大，同时也是因为中国本土企业在华申请量的提升。

2011年至今，该领域技术出现了一个低谷期。

6.2.7.2 低软化温度稀土光学玻璃

近年来，光学摄像设备，尤其是小型光学摄像设备，如卡片相机、单电相机、可拍照手机、监控摄像仪、行车记录仪等得到了广泛的应用，这些光学摄像设备未来主要有两个发展趋势：一是摄像设备的体积越来越小，可以方便地与其他设备进行耦合；二是成像质量越来越高，可满足高清视频应用需求。

从光学系统设计来看，非球面镜片与球面镜片相比有很大的优势，非球面可以提高光学系统的相对口径比，扩大视场角，在提高光束质量的同时，所使用的透镜数比采用球面镜片的少，镜头的形状可以很小，可减轻系统质量。从成像质量方面来看，采用非球面技术设计的光学系统，可消除球差、慧差、像散、场曲，减少光能损失，从而获得高质量的图像效果和高品质的光学特性。

过去，非球面镜片只能通过传统的研磨、抛光工序获得，效率很低、成本高昂，只能应用于高端光学成像设备中。近年来，非球面精密压型技术得到了迅猛发展，与传统非球面加工技术不同，非球面精密压型技术采用的方法是在普通模具中将光学玻璃软化，压制为预制件，然后再将预制件放入具有高精度表面的模具中再次加热，压制为非球面镜片。由于非球面模具的表面精度非常高，压制出的成品表面质量也非常好，可以直接装机使用。这种制作方式的优势在于减少了后续的加工、研磨等工序，不但可以节省大量成本，同时可以降低后续工序中使用的研磨液、研磨粉、黏合剂等有害物质的排放。

非球面压型中使用的精密模具一般采用硬脆材料，必须使用分辨率达到0.01μm的超精密计算机数控车床加工，用金刚石磨轮磨削成所期盼的形状精度，再抛光为光学镜面。所以，非球面压型中使用的精密模具成本很高。非球面精密模具如果在较高的温度下（≥600℃）工作，精密模具容易在高温下氧化而无法继续使用。因此，光学玻璃是否适用于非球面精密压型，其首要的条件是 T_g 温度低于600℃，同时，T_g 温度越低，精密模具寿命就越长，非球面镜片的生产成本就越低。因此，近年来，为了满足非球面精密压型的需求，低软化温度光学玻璃得到了较大的发展。

低软化温度稀土光学玻璃是在环保稀土光学玻璃的基础上，添加碱金属氧化物 Li_2O、二价氧化物 ZnO 等，T_g 温度可显著下降。

Li_2O、Na_2O、K_2O 同属于碱金属氧化物。碱金属氧化物加入玻璃中，会起到助熔作用，降低玻璃的溶解温度，使玻璃熔化变得容易。从玻璃结构方面来看，碱金属离子进入玻璃中，能打断玻璃网络。适当打断玻璃网络，可以降低玻璃的高温黏度，降低玻璃的 T_g 温度。但是，如果过多的碱金属氧化物进入玻璃，玻璃网络将受到严重破坏，将大幅度降低玻璃的化学稳定性、抗析晶性能等。因此，选择合适的碱金属氧化物种类和含量，对实现熔炼工艺、玻璃黏度、化学稳定性、抗析晶性能、玻璃的 T_g 温度、玻璃的膨胀系数等方面的平衡可以起到非常重要的作用。

在同样的质量分数下，Li_2O 破坏玻璃网络的能力最强，与 Na_2O 和 K_2O 相比，降低玻璃 T_g 温度的能力最强。尤其重要的是，与 Na^+ 和 K^+ 相比，Li^+ 场强较大，对周围离子的聚集能力较其他两种碱金属离子强，在同样含量的条件下，玻璃膨胀系数会降低。但 Li_2O 加入量不宜过多，否则容易导致玻璃析晶，对铂坩埚腐蚀加重，化学稳定性下降。

ZnO 加入到玻璃中可以调节玻璃的折射率和色散，并且可以降低玻璃的 T_g 温度。尤其重要的是，ZnO 加入低软化温度玻璃系统，可以提升玻璃系统成玻璃能力。

6.2.7.3 高折射率稀土光学玻璃

传统的高折射率光学玻璃主要是以 PbO 为主体，添加部分 SiO_2 和 B_2O_3 作为玻璃网络形成体，添加少量 TiO_2 和 Bi_2O_3。为了提升玻璃的稳定性，添加少量 ZnO、BaO、CdO 等。如前苏联定型的 036181 与德国定型的 933209 等牌号。以上这些高折射率光学玻璃牌号主要是高折射高色散玻璃，同时含有几种目前不能使用的非环保原料，因此目前已经不再使用。

由于稀土氧化物具备高折射的特点，是制备高折射率光学玻璃的理想材料，但是由于过去原料、工艺的限制，高折射率稀土光学玻璃发展较慢。

2000 年以来，便携式数码光学设备得到了巨大的发展，其发展趋势主要有两点：一是体积越来越小，可以做到很轻薄，方便使用者随身携带；二是成像质量越来越高。折射率高于 1.96 以上的光学玻璃一般称为高折射率玻璃，使用在光学成像设备上可以极大地缩短成像的焦距，减少镜头成像所需要的长度，从而大幅度降低镜头的体积。高折射率光学玻璃的出现，使得镜头小型化，轻薄化成为可能。同时，高折射率光学玻璃应用于成像镜头可以大大提升镜头的变焦能力，使轻薄成像设备拥有较大的变焦能力。另外，高折射率光学玻璃与特低折射率玻璃（氟磷酸盐光学玻璃）耦合使用，可以有效减少成像设备的相差、色差等，有效提升成像设备的成像质量。部分专利中收集的高折射率稀土光学玻璃组分构成见表 6－2。

表 6－2　部分专利中收集的高折射率稀土光学玻璃组分构成

序号	组分构成				折射率 n_d 阿贝数 v_d	专利号	申请人
	La 系元素	其他高折射组分	Si,B,P	R_2O,RO			
1	w(La) = 15% ~30% w(Gd) = 10% ~30%	w(Nb) = 13% ~27% w(Ta) = 5% ~50% w(Ti) = 15% ~25% w(Y) = 10% ~30%	w(Si) = 10% ~22% w(B) = 10% ~24%	w(Zr) = 9% ~22% w(Ga) = 5% ~15%	n_d = 1.87 ~1.93 v_d = 29 ~32.5	CN200810236828.1	新华光

续表 6-2

序号	组分构成				折射率 n_d 阿贝数 v_d	专利号	申请人
	La 系元素	其他高折射组分	Si,B,P	R_2O,RO			
2	w(La+Gd+Y)=45%~65%	w(Ti+Nb)=1%~20%	w(Si+B)=5%~32%		n_d=1.89~2.0 v_d=32~38	CN200910174549.1	HOYA
3	x(La)=5%~30%	x(Zr+Ta+Ti+Nb+W+Bi)=12.5%~20%	x(B)=5%~45%	x(Zn)=10%~40%	n_d≥1.87	CN200980000421.1	HOYA
4	x(La)=10%~50%	x(Ti)=0.1%~22% w(Nb+Ta)<14%	x(B)=10%~55%	x(Li+Na+K)<5% x(Mg+Ca+Sr)<5%	n_d=1.92~2.2 v_d=25~45	CN200910151243.4	HOYA
5	x(La)=5%~35%	x(Ti+Nb)=2%~45% x(W)=1%~25%	x(B)=25%~60%	x(Zn)=1%~40%	n_d=1.78~2.2 v_d=16~40	CN200780045504.3	小原
6	x(La)=5%~20% x(Gd)=1%~20% x(La+Gd+Y+Yb)=10%~30%	w(W+Ta+Nb+Ti)>10%	x(B)=15%~45%	x(Zn)=10%~45%	n_d≥1.86 v_d=35~39.5	CN200910148965.4	HOYA
7	w(La)=10%~50%	w(Ti)=0.01%~15% w(TaO)=1%~25% w(Nb)=5%~40% $w(TiO_2)/w(Nb_2O_5)$<0.26 $w(GeO_2)/w(Nb_2O_5)$<0.38	w(B)=5%~22%		n_d≥1.90 v_d<38	CN200910001182.3	小原

续表 6－2

序号	组分构成				折射率 n_d 阿贝数 v_d	专利号	申请人
	La 系元素	其他高折射组分	Si,B,P	R_2O,RO			
8	$w(La)=20\%\sim55\%$		$w(B)=4\%\sim16\%$		$n_d\geq1.95$ $v_d\leq35$	CN200810302238.4	光明
9	$w(La_2O_3)=20\%\sim40\%$	$w(TiO_2)=1\%\sim10\%$ $w(ZrO_2)=3\%\sim10\%$ $w(Nb_2O_5)=10\%\sim30\%$ $w(WO_3)=1\%\sim10\%$	$w(B_2O_3)=15\%\sim30\%$	$w(ZnO)=1\%\sim25\%$	$n_d=1.89\sim1.91$ $v_d=30\sim32$	CN200710051216.0	新华光
10	$w(La_2O_3+Y_2O_3+Gd_2O_3+Yb_2O)=31\%\sim33\%$	$w(TiO_2)=2\%\sim20\%$ $w(Nb_2O_5)=2\%\sim32\%$	$w(SiO)=2\%\sim22\%$ $w(B_2O_3)=3\%\sim24\%$	$w(ZnO)=8\%\sim30\%$ $w(CaO+BaO+ZnO)=10\%\sim50\%$	$n_d\geq1.79$ $v_d\geq27$	CN200680002489.X	小原
11	$x(La_2O_3)=5\%\sim40\%$	$x(TiO_2)=5\%\sim40\%$	$w(SiO_2)=3\%\sim50\%$ $w(B_2O_3)=5\%\sim50\%$		$n_d>1.80$ $v_d\leq35$	CN200510003478.0	HOYA
12	$x(La_2O_3)=5\%\sim30\%$ $x(Y_2O_3)=0\sim10\%$ $x(Gd_2O_3)=0\sim20\%$ $x(La_2O_3+Gd_2O_3)=10\%\sim30\%$ $x(La_2O_3)/x(\sum RE_2O_3)=0.67\sim0.95$ (其中 $\sum RE_2O_3=La_2O_3+Gd_2O_3+Y_2O_3$		$x(SiO_2)=0\sim20\%$ $x(SiO_2+B_2O_3)=15\%\sim50\%$	$x(ZnO)=12\%\sim36\%$	$n_d\geq1.87$ $v_d=35\sim40$	CN200810000235.5	HOYA

续表 6 - 2

序号	组分构成				折射率 n_d 阿贝数 v_d	专利号	申请人
	La 系元素	其他高折射组分	Si,B,P	R_2O,RO			
12	$+Yb_2O_3+Sc_2O_3+Lu_2O_3$) $x(ZrO_2)$ = 0.5% ~10% $x(Ta_2O_5)$ = 1% ~15% $x(ZrO_2)$ = 0.5% ~10% $x(Ta_2O_5)$ = 1% ~15% $x(Nb_2O_5)$ = 0 ~8% $x(TiO_2)$ = 0 ~8%						
13	$w(La_2O_3)$ = 10% ~50%		$w(B_2O_3)$ = 2% ~45%	$w(La_2O_3+B_2O_3+SiO_2+ZnO+ZrO_2+Nb_2O_5+BaO+TiO_2+Sb_2O_3)$ ≥99%		CN200710006345.8	HOYA
14	$w(La_2O_3)$ = 10% ~50%	$w(Nb_2O_5)$ = 1% ~30% $w(TiO_2)$ = 1% ~30%	$w(SiO_2)$ =1% ~18% $w(B_2O_3)$ = 3% ~24%	6% < $w(BaO)$ ≤25% $w(CaO)$ <7% $w(SrO)$ ≤6%	n_d >1.80 v_d = 28 ~40	CN200610071102.8	HOYA
15	$x(La_2O_3)$ = 5% ~20% $x(Gd_2O_3)$ = 1% ~20%	$w(WO_3+Ta_2O_5+Nb_2O_5+TiO_2)$ >10%	$x(B_2O_3)$ = 15% ~45%	$x(ZnO)$ = 10% ~45%	n_d >1.86 v_d <35	CN200510052935.5	HOYA
16	$w(La_2O_3)$ = 23% ~32% $w(ZrO_2+TiO_2+La_2O_3)$ ≥ 44%	$w(Nb_2O_5)$ = 12% ~20.5% $w(ZrO_2)$ = 8% ~10% $w(TiO_2)$ = 7% ~11%	$w(SiO_2)$ =6% ~9% $w(B_2O_3)$ = 15% ~19% $w(SiO_2+B_2O_3)$ <26%	$w(CaO)$ =8% ~13%	n_d >1.88 v_d ≥30.4	CN98802074.2	康宁

高折射率光学玻璃为了达到较高的折射率，会加入大量的 La_2O_3、Y_2O_3、Gd_2O_3 等稀土高折射氧化物。但这些氧化物通常来说非常昂贵，随着稀土资源的枯竭趋势，其价格在未来还有很大的上涨预期。TiO_2 是一种常用的化工原料，价格相对于稀土氧化物便宜。TiO_2 加入玻璃组分中能扩大玻璃成玻范围，提升玻璃折射率，同时能提升玻璃的化学稳定性。所以，通常在高折射率光学玻璃中加入一定量的 TiO_2，取代部分稀土氧化物，使玻璃成本降低。但是，TiO_2 加入量如果过大，在玻璃熔炼过程中会产生着色，严重降低玻璃的光透过率。所以研究如何加大 TiO_2 在玻璃组分中的含量，同时又能获得光透过率较好的光学玻璃对于光学玻璃产业持续发展非常重要。

在制造光学镜片的过程中，通常的工艺是按压型规格把光学玻璃切割为毛坯，然后放入高温模具中，根据其 T_s 温度的不同，升温至 850 ~ 1000℃并保持 15 ~ 20min 使其软化，压制为镜片毛坯，然后再进行研磨抛光等后续工序。这种加工手段在光学制造领域称为二次压型。在二次压型过程中，其升温温度一般处在玻璃的析晶区间，这就要求玻璃具有较好的抗失透性能（抗失透性能包括表面抗析晶性能与内部抗析晶性能）。与较低折射率玻璃相比，高折射光学玻璃网络形成体如 SiO_2、B_2O_3 等含量就相对较小，玻璃一般析晶性能较一般低折射率光学玻璃要差一些。这就要求玻璃组分配比合理，使得在生产过程和后期二次压型过程中玻璃不产生析晶。

6.2.7.4 单反相机与智能手机的高速发展对光学玻璃行业的刺激

镧系光学玻璃具有高折射的特质，有助于照相机、手机的轻型化、便携化，适应现在市场的需求。在市场扩大、稀土原材料价格下降的大环境下，镧系光学玻璃的发展将处于一个比较好的宏观经济环境。

6.3 其他非光学类稀土玻璃专利申请情况分析

6.3.1 检索概述

检索式：CL = （la or lanthanum）NOT CTB = （optical ADJ glass）AND AD > = （20050101）AND AB = （glass）AND IC = （（C03C））。

检索结果：一共检索到 1562 件专利，其中含有 900 个 INPADOC 同族专利。

检索平台：Thomson Innovation。

6.3.2 专利申请人情况

在检索中，排名第一的申请人是圣戈班，排名第二的是旭硝子株式会社、第三名是小原株式会社。分别拥有 136 件、63 件、45 件非光学玻璃镧系稀土玻璃的专利。前 10 名申请人专利数量排名情况为：136 件、63 件、45 件、22 件、29 件、26 件、31 件、21 件、22 件、25 件，如图 6 – 34 所示。

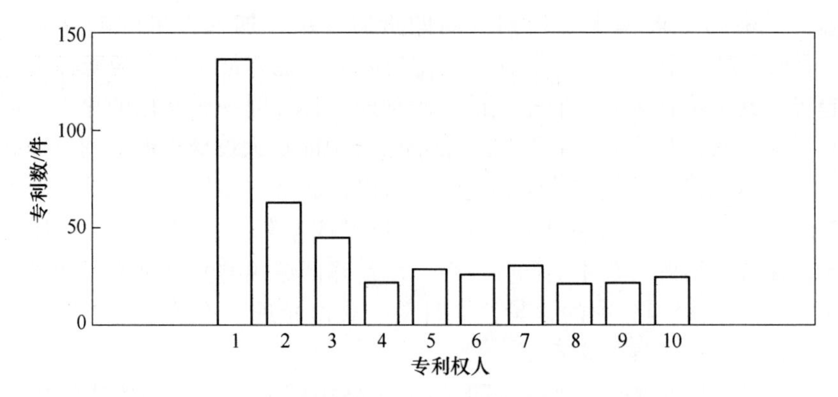

图 6-34 专利申请人情况

1—Saint Gobain；2—AGC Glass Europi；3—OHARA KK；4—Saint Gobain Isover；
5—SCHOTT AG；6—EUROKERA；7—AGC Flat Glass Europe；
8—Saint Gobain Vetrotech；9—Corning Inc.；10—旭硝子

（来源：Thomson Innovation®，www.thomsoninnovation.com）

6.3.3 申请国别分析

非光学玻璃类稀土应用技术申请专利最多的是欧洲，其次是日本和中国，分别有576件、81件和76件专利申请，如图6-35所示。

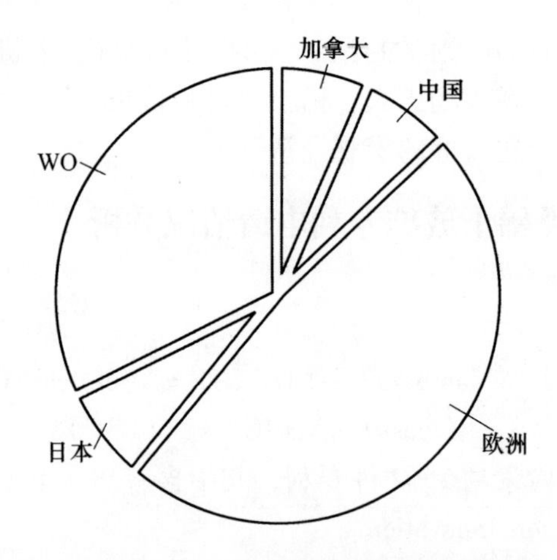

图 6-35 专利申请国分布情况

（来源：Thomson Innovation®，www.thomsoninnovation.com）

6.3.4 典型专利代表

典型专利代表见表6-3。

表6-3 典型专利代表

序号	专利公开号	专利名称	申请人	镧系稀土运用
1	CN104193179A	一种硅太阳能正面银浆纳米级玻璃粉及其制备方法	江苏博迁新材料有限公司	用作硅太阳能正面银浆纳米级玻璃粉
2	CN1421412A	一种太阳能电池密封玻璃	国家电网公司，国网山东省电力公司，临沂供电公司，国网山东沂水县供电公司	太阳能电池
3	CN1421412A	高应变点玻璃	美国康宁	电子装置用玻璃基底
4	CN102030476A	含氧化镧的掺钴镁铝硅基纳米微晶玻璃及其制备方法	中国科学院上海精密机械研究所	1.2~1.6μm 波段激光器
5	CN102659312A	稀土铝硼硅酸盐玻璃组合物	肖特	降低部分激光离子浓度
6	CN102815875A	一种新型特种玻璃的制备方法	广东富睿实业集团有限公司	提高玻璃密度和导热系数，具有高折射和低色散特性
7	CN103753896A	一种掺杂硼化镧 AZO 低辐射镀膜玻璃及其制备方法	天津南玻节能有限公司	热稳定性
8	CN103819090A	高氧化镧含量的有色微晶玻璃	曹小松	改善微晶玻璃的力学性能，提高抗弯强度，减低黏度
9	CN104024174A	在高频范围内作为电介质的微晶玻璃	肖特	在高频范围内作为电介质的微晶玻璃
10	GB1246889 (A)	变色玻璃	电气硝子	提高稳定性
11	US3615766 (A)	镧硼光纤玻璃	飞利浦	作为光纤引入元素使用

6.4 发达国家技术发展趋势

稀土玻璃的技术可分为生产技术、产品技术、支撑技术以及环境相关技术。本节从四个方面叙述发达国家玻璃技术现状及发展趋势。

6.4.1 玻璃生产技术

6.4.1.1 玻璃的熔融、澄清技术

各国板玻璃、光学玻璃、电气玻璃、玻璃容器等方面的熔融技术水平都相当高，如气泡、条纹、结石等玻璃缺陷减少，在节能、减少 CO_2 排放等方面也进行了大量的研究工作。以品质提升为目标的澄清，均化技术均有所进步。

减压脱泡技术，是减压下（60795~81060Pa（0.6~0.8atm））使玻璃液中气泡成长，上浮的脱泡技术，没有必要像原来那样升温到1600℃。而且脱泡速度快，澄清速度提高，由于冷却工序也能缩短，放热引起的能源损失也相应减少，能耗可比原来降低30%。这种技术以日本旭硝子和德国SCHOTT最佳。

光学玻璃领域的小型熔融技术进展显著。特别是提高玻璃均匀性的最重要的搅拌技术的改进，连熔技术的开发，生产性显著提升，同时折射率的一致性可达 $\pm3\times10^{-5}$，有望制造高档光学透镜和激光用玻璃等。光学玻璃的这些技术开发，日本HOYA、小原，德国肖特等公司在量和质两个方面都有了明显进步。

从2005年开始，日本以NEDO为先导，进行开发的“气中玻璃熔解（in-flight-melting）”研究已经有所进展，将加工成颗粒状的原料投放到高温气体中马上熔解，运用这一革新性技术预计会节能50%以上。目前日本正在进行面向实用化的研究，开发了每天1t规模的试验炉。

6.4.1.2 气相合成技术

作为用于通信的石英系列光纤的制法，主要有4种气相合成法，即美国开发的外置及内置法、纯国产技术VAD法、荷兰开发的PCVD（等离子气相成长）法。其中，VAD法及外置法，速度快，适用于大型玻璃体制造，竞争力强。这些由制造多孔质母材的工序和在所定气体气氛下，实施热处理，透明化工序组成。由于经过多孔质母材，具有能够降低气相合成及透明化的温度，比二氧化硅的蒸气压高，能有效添加 GeO_2 来控制折射率等特征。使用的原料为能得到高纯度品且在气相转移便利的 $SiCl_4$ 和 $GeCl_4$ 等液体氯化物。此外，为了降低对环境的影响，美国使用无氯有机材料作原料。

气相合成法不仅用于光纤，也作为光学材料用于石英玻璃的制造中。气相合成法中存在热处理多孔质体的工艺。这种热处理工艺中，利用气体和加热条件，可以对石英玻璃中残留的水分和玻璃缺陷进行修复，因此，作为要用于半导体石印、对深紫外线透过特性和激光耐性有很高要求的石英玻璃的制造而言，这是一项非常重要的技术。

6.4.1.3 成型技术

英国Pilkington公司发明的浮法在建筑、汽车以外的显示器用基板玻璃领域也得到了应用，同时可适用于LCD用铝硅酸盐玻璃的成型。成型温度与目前的钠钙玻璃相比要高得多。

美国的康宁公司发明的溢流法也是特殊玻璃材料需要的新的成型法，应用于LCD玻璃基板等的成型，此外也应用于数十微米厚的超薄板成型中。

日本压型技术已可实现画面对角50in（约1.2m）大面积压制成型。这是由成型机械、模具制造技术、成型技术三位一体而实现的。

光学玻璃的精密压型技术已不需要研磨，是一种使用范围正在急速扩大的高精度光学零件技术。

6.4.1.4 二次加工技术

随着玻璃用途的扩大，切割、粗磨、抛光、热处理、钢化等二次加工技术逐渐进步，提高了产品的附加值和质量。

切割一般情况下是采用金刚石切割机及超硬合金机轮等，在英国、德国已实现无玻璃粉的激光切割。采用化学机械性研磨（CMP）法对光掩膜基版、磁盘用玻璃、LCD用基板玻璃等进行连续自动研磨，可达到1μm以内的高平面度及0.1nm以内的表面粗糙度。美国、德国正在进行直径为8m以上的超大型天体望远镜用反射透镜的大面积研磨。

热处理技术中，将折射率分布的均匀性控制在10^{-6}以下的精密退火技术已被应用于超精密光学透镜中。并且，汽车用玻璃的三维弯曲加工及薄板结合技术等随着热处理技术的进步，在日、法已得以实现。

玻璃的钢化大致分为物理钢化（热钢化、风冷钢化）和化学钢化（离子交换），物理钢化以小汽车轻量化为目标，对板厚为2.5mm的薄板进行钢化也已经成为可能。化学钢化是对采用物理钢化法原本不能进行的薄形物及异型物进行钢化的方法，随着玻璃成分及钢化条件的优化，板厚为1mm以下的磁盘用玻璃经钢化后，已能达到未钢化玻璃5倍的强度，最近正扩大应用于磁盘玻璃和触控面板玻璃上。

6.4.1.5 表面处理技术

表面处理技术广义上讲包括研磨及蚀刻等表面加工技术、离子更换及离子注入等表面质量改善技术。

通过对玻璃表面进行镀膜，能够赋予其红外线反射、防反射、隔热、隐蔽保护、透明电极、提高强度等各种功能。成膜技术大致分为以蒸镀法及溅镀法为代表的物理方法和以喷镀法、CVD（化学气相成长）法及溶胶-凝胶法为代表的化学方法两大类。虽然这些技术各不相同，但是它们都有同样的发展趋势，即特性的改善和无缺陷化，镀膜的高速化和大面积化，低成本化。LCD及PDP（等离子显示器）的透明电极的ITO（indium tin oxide）膜一般情况下就是由溅镀法制造而成的。通过改良的比电阻值被降低到$1.2\times10^{-4}\Omega\cdot cm$，成膜速度也提高了。在红外线反射及低放射率的$SnO_2$透明导电膜的镀膜中，浮法生产线中安装CVD

装置的在线 CVD 法被实用化。ITO 膜以日本为中心，SnO_2 膜以欧美为中心，正在不断推进开发。另外，湿式法的溶胶－凝胶法也在防反射膜、防眩光反射镜、干涉滤光片、红外线反射膜、紫外线截至膜、防水膜、CRT 防反射、防带电膜等的制造中被广泛使用。另外，镀膜玻璃基板的前处理及表面调整也是很重要的技术。采用清洗剂、酸、碱的清洗，以及要除去这些清洗剂的清洗等有时也需要进行非常精巧的处理。现在这些技术成为了各公司的诀窍。

6.4.2 玻璃产品技术

6.4.2.1 建筑用玻璃

建筑玻璃有浮法玻璃板、网线玻璃、钢化玻璃、防火玻璃等多种制品，除了在玻璃上进行有色镀膜外，还使其中空，具有隔热、绝热、隔音等功能。

下一代节能标准显示，需要同时具有节能和透明性的玻璃建材。与此对应正在开发生产高隔热玻璃、高绝热玻璃或 Low－E（低放射）玻璃等。红外吸热玻璃、红外反射玻璃，由于玻璃本身的组成变更和玻璃表面金属镀膜等使其实现隔热效果比普通玻璃板高 25%～50%。Low－E 玻璃是在玻璃表面镀远红外区域低放射率的膜，可见光透过率几乎不变，可将室内暖气能量或夏季与外界热气隔断，提高隔热性。

夹层玻璃是指两块玻璃板之间封入干燥空气或惰性气体的物体，日本在世界上率先上市的真空夹层玻璃，两层玻璃间保持真空状态，成功地使传热率降至 $1.5W/(m^2 \cdot K)$（约是透明板玻璃的 25%）。此外，在真空夹层玻璃和 Low－E 玻璃之间封入惰性气体的夹层玻璃，传热量能进一步提高，达到 $0.8W/(m^2 \cdot K)$。

6.4.2.2 汽车玻璃

汽车用玻璃的正面玻璃、侧面玻璃、后面玻璃区别很大。由于汽车车体的设计多用曲面，玻璃也必然要求复杂曲面，要求开发出成本更低的自重法三维深度弯曲技术。

为了确保雨天行走时的视野，开发了亲水性玻璃和防水性玻璃。侧面玻璃和后面玻璃，使用结实，安全性能好。20 世纪 70 年代初用 4～5mm 厚的钢化玻璃，车体轻量化的呼声促使改进钢化方法，现在 2.8～3.1mm 厚的薄的钢化玻璃已实用化。

具有冷气负荷减轻和隐蔽保护机能的红外线反射膜着色玻璃，紫外截止玻璃，也已实用化。

6.4.2.3 电子玻璃

A 平面显示器（FPD）用基板玻璃

TFT－LCD 用无碱基板玻璃的生产，最初是由康宁公司研制的，但随后根据

LCD 制造厂的要求，各公司竞相开发各种不同组分的玻璃并量产。FPD 基板玻璃的制造方法有浮法和溢流法，这种玻璃的品质要求高，要求气泡异物少、低热收缩性、高平坦性等。康宁公司采用的下拉溢流法生产，德国肖特和日本旭硝子主要采用浮法。

另外，与 FPD 的大型化相反，玻璃的厚度逐渐变薄，制造工序中的搬运越来越难，因此开始要求开发不易破碎的玻璃。

B 保护玻璃

随着消费类电子市场的发展，世界主要厂商都推出了自己的保护玻璃。

康宁公司于 2009 年下半年开始生产化学强化 Gorilla 玻璃，使用生产 LCD 玻璃的池炉生产 Gorilla 玻璃。除了化学强化 Gorilla 玻璃外，康宁公司还生产全薄板集成触摸（full sheet integrated touch，FIT）玻璃，它是一种集成面板玻璃和触摸板的一片式玻璃解决方案（one glass solution，OGS）。其表面和边缘强度类似于 Gorilla 玻璃，但它能在离子交换后进行切割和机械加工。

旭硝子（AGC）从 2010 年开始生产铝硅酸盐化学强化面板玻璃。其目前在生产 PDP 和其他钠钙玻璃的池炉中进行生产 Dragontrail 玻璃，Dragontrail 玻璃的厚度为 0.5 ~ 1.1mm，常规玻璃板尺寸为 1219mm × 737mm，但这可以根据要求进行调整。

电气硝子（NEG）2011 年 4 月面向智能手机、平板电脑等 Mobile 终端的化学强化专用保护玻璃——CX - 01™ 开始量产。NEG 最初采用压延工艺生产面板保护玻璃，但其性能、厚度、产能都不能与竞争对手的玻璃进行竞争。

2011 年 10 月，肖特 Xensation™ Cover 系列上市，该公司采用微浮法工艺生产保护玻璃。同时肖特还提供了一款非常适用于三维设计的 3D 玻璃盖板玻璃 Xensation™ Cover 3D，3D 用于弯曲型设计的保护玻璃。该公司宣称其厚度为 0.55 ~ 1.11mm，玻璃母板的最大尺寸为 5 代到 6 代。肖特是世界上唯一一家能为目前的四种触摸技术（电容，电阻，光学和声学）提供触摸屏玻璃的玻璃厂商。

除此之外，日本中央硝子、板硝子、AvanStrate（AST）等公司也推出了自己的保护玻璃。

C 磁盘用玻璃

硬盘装置原来一直使用铝基板磁盘，已实现高密度化、耐冲击强度高的玻璃磁盘生产。其制造方法是将成型的板状玻璃加工成环状，再进一步研磨而成。人们正在开发在高速旋转下不变形的轻量化的高刚性磁盘玻璃。将来需开发 PHB（烧孔效应）、近场光记录、三维记录磁盘玻璃。

6.4.2.4 光通信玻璃

光通信玻璃的基础材料是石英光纤和各种光零部件。日本、美国、欧洲的技术力量处于世界领先地位，多重波长（WDM）传送和光增幅器已经成为一个完全成熟的技术。

多重波长传导中，需要使用高增益、宽带域光纤增幅器，已有掺铒的磷酸盐、铋酸盐、碲酸盐玻璃光纤，微晶玻璃的光纤接头在实现光纤低成本、低损耗上已实用化。今后需在波长转换组件、光开关等课题方面进一步开发。

6.4.2.5 光学仪器用玻璃

在光学仪器中，玻璃是最重要的材料。在镜头的设计中，因为能够将折射率、色散、部分色散等光学常数不同的玻璃从种类繁多的光学玻璃中选择出来，所以镜头设计上的自由度很大，且能够得到高性能的成像特性。光学常数区别于一般玻璃的“特殊色散玻璃”在消除镜头像差方面效果非常明显，近年来，这样的新型玻璃的开发对于小型、高性能照相机镜头等实用化作出了很大的贡献。日本稳定生产高质量光学玻璃的技术居世界首位。

精密压型的玻璃非球面透镜，已应用于 MD、CD 机、MO 磁盘、照相机等。这种非球面透镜使用的玻璃具有容易加工、成本低、色散低等极其重要的特点，现已作为新型玻璃活跃起来。并且精密压型，在透镜制造中大大减少了废弃量，作为环境对策技术也令人瞩目。

透镜之外，在光学仪器中，棱镜、反射镜、焦点板、刻度板、滤光片等多种玻璃用途也非常广泛。光学玻璃给人的印象是一种完全成熟的技术，事实上日渐强烈新组成的开发或者对现有组成进行改良的要求，今后还有待继续进行进一步的研究。

近年来，光学仪器领域令人瞩目的折射率分布型透镜，自聚焦透镜已实用化，但还没有实现在大口径光学透镜领域的实用化。

6.4.2.6 半导体制造领域用玻璃

石英玻璃在半导体制造工艺特别是高温工艺中是必须的工装材料。利用其良好的透光性，在光照相印刷系统中作为光学零部件（光刻机用透镜、光掩膜基版）使用。而且，半导体制造工序的尖端工艺以外的光刻机用透镜中，会用到多成分光学玻璃。

玻璃在半导体制品领域中的需求有：

（1）通过半导体组件的高集成化，伴随组件的更新换代，要求提高部件材料品质（高纯度化、高精度化、低废尘化、新型光照相印刷光源的应对等）。

（2）低成本化的要求、单结晶材料大型化的应对（300mm 单结晶应对）等。伴随着半导体组件的高集成化而来的是设计规则的精细化，与此一致的光照相印刷用激光光源，从 KrF（248nm）转移到 ArF（193nm）。这种尖端工序中的光学零部件用的是合成石英玻璃制品。有关与将来的设计规则 32nm 以下相对应的光照相印刷用光源的短波化会进一步进化，由 ArF 准分子激光转移到极端紫外线

(EUV)。使用极端紫外线（13.5nm）的照相印刷，必须要用反射镜材料替代过去的透过型光学零部件，光掩膜基版也存在光能吸收的问题，室温附近的零膨胀特性是重要的要求事项。因此，要使用混合了氧化钛的合成石英玻璃。

为适应大型化，生产出硅单晶生长用的不透明石英坩埚。过去制造直径已经达到32～36in（813～914mm），单晶尺寸将来也可能达到450mm，与此对应的，预计会开发超大型的坩埚。另外，随着LCD用的薄板玻璃的大型化，LCD用光掩膜也变得大型化，已经开发出最大1620mm×1780mm的光掩膜。

6.4.3 玻璃生产支援技术

6.4.3.1 工艺模拟技术

玻璃企业核心设备的玻璃熔炼炉的模拟技术，在炉子的开发、设计、运转的优化方面，其重要性日益提高。玻璃成型模拟领域，包括板玻璃成型、压型成型、吹制成型、纤维成型、管成型等各种产品形状，这就要求有与此相配套的成型软件。虽然有部分大企业使用自己公司制作的软件，但仍要依赖有经验人士的技能，有很多领域都还没有进行模拟。

欧洲的物理、数学模拟较为先进，出现了比较专业的软件和技术公司。

6.4.3.2 组分模拟技术

玻璃是过冷却液体，玻璃的物理化学性质依靠于构成玻璃的各氧化物的含有量（组成）。因此，把玻璃的性质作为组成函数，从很早以前，日本就进行了模拟尝试，采用了众所周知的APPEN方法和Hwggins方法。但是，模拟精度不高，而且也有像硼酸异常，混合碱效应，性质与组成的加成性明显脱离的现象。因此，为了构筑组成模拟，首先必须积累。组成和物性有关的实际数据，有必要定量理解阳离子周围配位的氧原子数和玻璃微观构造等对玻璃性质带来的影响要素。

在日本以“新玻璃研究会”（NGF社）为中心，产学官以及海外主要玻璃厂家的合作下，开发了玻璃组成数据库INTERGLAD。

INTERGLAD收录的玻璃数据有29万件，玻璃的种类不仅有氧化物玻璃，还有硫化物玻璃、卤化玻璃、非晶型金属、结晶化玻璃，把玻璃作为基块的复合材料，变性玻璃（钢化玻璃等），收集的物理性质有线膨胀系数、黏度、折射率、耐酸性等，几乎全都包罗。同时也包含特性数据的有无，形状、制法、用途等。

6.4.3.3 炉材、金属材料技术

A 炉材

在玻璃熔融窑的炉顶上通常采用硅砖，但是，在最近陆续普及的氧燃烧中，由于碱蒸气引起的腐蚀严重，采用铝系和AZS系电铸砖的情形日渐增多。随着对氧燃烧的转换，今后要解决适合于各种玻璃组成的炉顶材料选择问题。虽然在熔

融槽底部，通常采用AZS系列电熔砖，对玻璃产品中的气泡残留量要求严格的产品，部分采用高锆质电熔砖，出现了可喜成绩。但随着新型电铸耐火砖的登场，炉材领域的技术开发竞争日益激化。

B 模具材料

在精密压型用的模具材料中，有以下几点要求：

（1）高温强度。

（2）要有能得到镜面的致密组织。

（3）超精密加工性。

（4）不易与玻璃发生反应性（耐氧化性）。

（5）低热膨胀率等特性。

但是单体材料是不能满足这些特性的，所以一般是以超硬合金和陶瓷作为基础材料，在表面上喷镀贵金属和陶瓷膜后使用。例如：超硬合金（基材）Pt - Ir或Pt - Rh；超硬合金（基板）/Ni - Cu - P喷射膜/贵金属膜；氧化铝（基材）/Cr_2O_3扩散胶合膜等。

在CRT用玻璃成型中，使用在铸模钢和不锈钢等钢铁材料上用电镀法镀Cr和Ni合金或者使用由熔射法镀超合金的模具材料。在此领域，日本的技术可以说是非常高的。

C 贵金属

由于铂类在高温下很稳定，为了生产玻璃而在各种工序之中都使用它。特别是在生产高品质玻璃时，大多使用铂坩埚，在生产光纤玻璃中更需要使用大量的铂。作为坩埚材料，使用了标准的Pt、Pt - Rh、锆强化Pt、Pt - Au等。其中，锆强化Pt由于不易变形，因此利用率极高。另一方面，作为高温用的热电偶，使用各种Pt - Rh系材料。贵金属的提纯技术、加工、成型技术方面，日本和欧洲一样拥有世界领先的技术。

6.4.3.4 自动化技术

在玻璃的制造、成型工艺中，要求在最佳的条件下，能稳定操作，并且要省人化。因此，需要各种信号敏感技术和控制技术以及将它们综合一起的系统技术。板玻璃、电气玻璃、光学玻璃、玻璃纤维、瓶玻璃等各个公司，在板玻璃的制造中，配料控制、窑炉数据的收集、操作管理、切割采板控制等技术，现在几乎已全部自动化。

作为板玻璃表面和内部缺陷的在线识别装置，以激光扫描为主，而近年来，使用在线传感器相机识别缺陷种类，进行大小判定成为主流。但对于镀膜的斑点和光学应力等外观缺陷，仍需要熟练工的检查。同时，虽然能够检出玻璃表面的缺陷和玻璃微小片，但对于液晶用、太阳能用等高品质玻璃而言，仍要进一步提高性能。

以前日本是根据客户需求在线进行小件切割，但近年来也和欧美一样，在生产线上直接进行大块切割，然后在加工中心等进行小件切割，这种方式成为主流。

6.4.3.5 分析、评价技术

为了维护产品质量、信誉性，分析、评价技术是必不可少的技术。特别是电子用玻璃和光学玻璃，随着主要用途的信息、通信仪器的快速发展，要求比以前更高精度的技术。

在玻璃原料和玻璃组成分析方面，适合于各种各样对象的分析方法的选择，已知分析值的标准试样的活用是重要的。美国、德国提供了很多的标准样品玻璃，可使世界水平用同一尺度来评价。另外，日本正在开发的高精度、短时间的二氧化硅的定量湿式分析技术，寄望于电子玻璃的高品质化。原料和玻璃组成的工业化管理，荧光X射线法已在世界上广泛应用。另外，为了开发、利用高纯度玻璃材料，必须具有微量分析 1×10^{-9} 水平的精度，此项技术已在美国、德国、日本实现。

LCD用基板玻璃、磁盘用玻璃、光掩膜基版等玻璃表面形状的测定，在评价技术方面，表面光洁度的测定特别重要，一般使用触针式表面粗糙度仪和激光焦点型变位仪，相位干涉型激光变位仪等近表面粗糙度仪。最近用原子力显微镜检测表面粗糙度较多，但检测处理时间长，难以在工序管理上实用化。

长期以来，作为表面分析装置，使用的是扫描型电子显微镜、透过电子显微镜（TEM）、X射线微量分析、X射线光电子分光法、二极管电子分光法、二次离子质量分析法等，其发展和高精度化十分显著。特别是在日本，通过用TEM薄膜观察，能够观察分析可靠性好的格子像，美国能通过SIMS对Na离子等进行高精度的定量分析，给开发创造高机能玻璃带来了希望。

除此之外，就玻璃的热物性、机械物性和光学物性的测定，也正往高精度化发展。这些分析评价技术对今后玻璃机能的高精度化和新材料的开发非常重要。

6.4.4 与环境有关的技术现状

6.4.4.1 促进节能

氧气燃烧法是让重油燃烧，熔融加热玻璃时，用氧气取代空气的一种方式。这种方式能大幅度减少 NO_x 的发生，比原单位节能40%，能将排气中的 CO_2 减少50%，在省能、环保方面是一种良好的燃烧方式。

6.4.4.2 促进循环

所谓产生玻璃碴的地方，在玻璃制造工序内和玻璃利用市场有很大差别。在玻璃生产厂内，发生的玻璃碴，几乎100%能再次熔炼，作为玻璃产品而再生。但是，即使在工序内发生的玻璃碴，也有难以再利用的，如玻璃纤维由于用有机

黏结剂进行表面处理，并堆积如山，过去作为产业废物而被处理掉。近些年，在高温中分解有机黏结剂，将玻璃纤维粉末化后，容易再次利用的技术已确立。

6.4.4.3 促进减少环境负荷

在玻璃制造工艺中，各种对环境带来负荷的排出物随时产生。从玻璃熔融工序来看，有重油燃烧和原料的化学反应引起的 CO_2、NO_x、SO_x 等；切割、研磨、清洗工序中有玻璃碴、废液；光学玻璃和玻璃加工制造中使用的氧化铅，由于在配料和熔炼过程中会飞散而引出问题。此外，作为着色和消色剂使用的硒，在熔炼过程中挥发率相当高，为了减轻这种有害物引起的环境污染，而实施了以集尘器、过滤机为主的各种措施。

虽然铅玻璃具有折射率、熔融性、机械加工性等诸多特征，用途极广，但是铅作为有害物体受到社会的指责。所以环保型光学玻璃（环保玻璃）等替代组成玻璃正在开发。无论是日本 HOYA、小原，还是德国肖特、中国成都光明和新华光，在这一方面，都进行了很多努力，上市的产品都可以实现环保化。

此外，回收循环技术的探讨也在积极进行。对于含铅量大的玻璃材料，特别是用于 PDP 的组分正在用 Bi 系替代。

6.4.5 从专利角度分析国内外技术水平与差距

国外对稀土光学玻璃的研究工作主要集中在配方、熔炼工艺方法及装置等领域的稀土（镧系）光学玻璃制造专利技术等方面，从降低稀土原料引入量等稀土光学玻璃配方优化技术及配套工艺改进等方面入手开展深入研究，从而提高玻璃熔炼过程中稀土原材料有效利用率，以满足不同光学系统对折射率、阿贝数以及透过率等光学性能指标要求。而国内企业则通过积极开展专利引证分析、专利同族分析等研究工作，梳理出本领域的核心专利技术，开展专利侵权分析与绕道专利设计等工作，规避国外专利技术，在稀土光学玻璃核心制造领域打破国外专利技术壁垒，促进国内企业积极创建核心技术，开发更多拥有自主知识产权的产品。具体研究采取的方法包括对国际上光电材料著名制造商肖特（SCHOTT）、保谷（HOYA）、小原（OHARA）等公司的专利进行深入研究，找出不同的技术解决方案与路线，通过降低稀土元素引入量等方法，设计系列稀土光学玻璃配方，提高稀土资源的有效利用；其次，对稀土光学玻璃关键技术如配方、工艺、熔炼及检测设备等，进行分题专利检索、分析、对比，形成专题数据库和分析报告。

从专利反应的技术生命周期来看，稀土光学玻璃的相关技术进入成熟期。从 2011 年之后，该领域专利的申请趋于一个平缓的状态，甚至有所下滑。专利申请量出现峰值之后下降的趋势意味着该领域技术已经进入成熟阶段，这正好与镧系光学玻璃的实际情况相吻合。

从专利的整体申请量来看，稀土光学玻璃的主要竞争对手来自日本。最具竞争力的公司依次为保谷、旭硝子和小原株式会社。国内企业需要加大对这些日本企业公开专利的跟踪。

从专利对技术的公开程度来看，该领域的专利对配方组成、熔制工艺、熔炼装置、检测设备等关键技术的公开较为充分。早在20世纪50年代，德国肖特、美国康宁等公司就对镧系光学玻璃有相关专利的公开。到20世纪80年代，日本公司也开始涉足该领域。国内以成都光明光电为代表的光学玻璃生产企业在对镧系光学玻璃研究的方面，充分参考借鉴了先前的专利。

从专利申请内容来看，以配方组分专利为重，其次是成型、退火和测试，所以在该领域，配方组成专利的竞争最为激烈。国内企业研发与销售要绕开的就是国外公司在配方方面的专利壁垒，尤其是在专题报告的重点专利清单当中提到的重点专利。除此之外，国内企业可以参考已公开的专利，认真分析，加大专利申请，反守为攻。从外企在华申请专利状况来看，中国是除日本以外，申请量最大的国家。在华申请的专利量在2000年之后，增长速度非常快，这在一定程度上反映了竞争对手对我国市场的重视，以及我国在镧系光学玻璃上起步的缓慢。由于竞争对手在华申请量的扩大，国内企业更需要扩大自己在镧系光学玻璃方面的申请。据了解，国内已有企业主动开展了这方面的专题战略研究，并建立了稀土光学玻璃专利文献数据库，汇总专利信息，形成主要竞争对手重点专利清单。截至2014年，围绕稀土光学玻璃核心技术领域国内企业已申请了数十项发明专利和PCT国际专利。

6.5 面向制造企业知识产权方面的建议

从专利趋势可以分析出，稀土玻璃领域已经进入成熟阶段，市场准入的程度较高，而市场的需求依然较大，对成都光明光电来说，该领域仍然有大量的机会。

由于本领域起步较早，专利公开程度较深，对本领域专利的研究可以对企业技术开发起到较大的帮助作用。

本领域也存在大量的失效专利，国内企业可以通过对该部分专利的整理，从中获得不少有启发的技术要点，如找出专利的空白，并对该空白进行专利申请，从而为打破国外竞争对手的专利壁垒提供有效的帮助。据以建议包括：

（1）积极实施竞争对手专利跟踪战略，是建立专利战略体系的基础。通过专利跟踪，可以了解竞争对手的研发动态、潜在市场和基本战略特征等信息，在实施专利跟踪的过程中，应注意把握以下四方面内容：

1）跟踪收集的内容。专利文献检索是获取大量专利技术和战略情报最直接方便的手段。企业通过建立适合自身特点的专利文献检索系统，能够及时发现与本企业有关的竞争对手的专利或专利申请，及时提出无效等决策意见。

2）跟踪信息的整理。把原始信息的内容进行细分的依据是课题所包含的对象、内容范畴、领域、主题以及时间、空间等。通过对跟踪信息的整理，使信息从无序变为有序，形成便于利用的信息形式。

3）跟踪信息的鉴别。企业应该重视对跟踪信息的可靠性考察，从信息的真实性、完整性、科学性和典型性四方面加以分析，去伪存真，挖掘竞争对手的真实意图。可以说，对跟踪收集的专利信息进行可靠性、先进性和适用性鉴别，关系到分析情报的质量，对企业制定引进型创新战略、跟随型创新战略和交叉许可等战略尤为重要。

4）跟踪信息的分析。企业通过重视对跟踪信息的分析，可以更好地了解竞争对手，把握其发展动态，进而掌握市场竞争的主动权。

（2）加大专利申请是实施整体专利战略的基础。对企业而言，企业只有结合自身的经营发展战略，剖析权利选择、申请时机、专利类型、申请国别等基础问题，做出正确决策，才能最大限度地发挥发明创造的价值，实现企业利益最大化。在专利申请工作中应注意以下几点：

1）权利选择。企业选择什么样的方式来保护发明创造，需要结合自己的经营发展战略。对于技术比较复杂、竞争对手难以绕过去的基本发明，通过申请专利能有效地控制竞争对手的技术创新成果。竞争对手容易获得该发明创造成果技术要点的，市场潜力较大但创造性较低的发明创造成果等可以采用专利申请的方式加以保护。

2）专利类型。决定了申请专利之后，还需进一步解决申请何种专利的问题。区分和了解专利类型，有利于企业制定完善且有效的专利申请战略，以达到事半功倍的效果。另外，企业在分析竞争对手，特别是国外竞争对手的专利技术情报时，也应该注意区分对方的专利类型，以免被误导，造成经济损失。

3）申请时机。申请专利必须选择一个合适的申请时机。进行选择时可以参考以下几方面内容：一是充分考虑竞争对手目前的研发状况；二是注意技术创新阶段的保密；三是对于企业的基本发明专利申请的时间，应该考虑其应用研究和周边研究的成熟度。

4）申请国别。专利的地域性特征决定了企业只有在其他国家申请专利才能在该国获得专利保护。市场占领、控制竞争对手、专利制度及申请方式等因素在企业确定专利申请国时起到了关键作用。

专利申请战略依专利技术内容、申请时机、申请国别等因素的不同而呈现不同的模式。企业应该根据所属行业、技术水平、发展阶段、竞争对手的情况等进行综合考虑，使专利申请决策最有利于企业发展，为企业整体专利战略的实施打下坚实基础。

（3）积极应对专利侵权纠纷，预知知识产权风险。在知识产权侵权纠纷中，只有积极应对才有可能减少损失。积极应对的作用在于尽早识破知识产权的欺诈，做到知己知彼，从而取得尽可能有利于自己的结果。而提前预知自己的技术风险采取手段规避，尽早消除技术发展中的壁垒，则更有利于在专利搏击中获得有利于自己的结果。对在产品、技术研发过程中出现的专利侵权风险从以下几个方面进行规避：

1）产品、技术研发前的侵权风险规避。规避设计的方法包括借鉴专利文件中技术问题的回避设计，借鉴专利文件中背景技术的回避设计，借鉴专利文件中发明内容和具体实施方案的回避设计，借鉴专利审查相关文件的回避设计，借鉴专利权利要求的回避设计。

2）生产过程中的侵权风险规避。产品的生产制造活动是与专利关系密切的一项业务，主要涉及专利侵权风险评估、专利维持评估及专利价值评估等行为，虽然研发过程中进行了专利调查分析，但专利风险始终是无法完全排除的，产品投产后仍有可能面临专利侵权的风险。专利风险规避管理应当成为企业的生产制造活动中一种常态制度和习惯。

3）产品/技术大规模推广前的侵权风险规避。企业的市场营销活动也是与专利关系最密切的业务之一，其中主要涉及专利信息整合、专利侵权分析、专利有效性分析、专利诉讼/专利许可及其他反侵权措施、专利调查等行为。

（4）专利战略以实施为本。保护、鼓励专利实施，促使其转化为现实生产力，产生效益，促进社会经济发展，是实行专利制度的根本目的和归宿。专利实施中，企业将会遇到生产、技术、经济、市场和应用等诸多实际问题，不仅是一个技术过程，也是一个经济过程。企业应灵活运用如下多种专利实施战略，最大程度地实现专利的价值。

1）独占实施战略。本企业的专利由本单位实施，不对外转让或许可他人实施，以便独占市场。

2）交叉许可战略。交叉许可战略是指企业间以专利技术作为合同标的进行对等交换的一种战略，即企业以专利技术、专有技术的输出换取对外国专利技术、专有技术的使用。

3）合作实施战略。合作实施战略是指若干企业共同管理、经营其专利，企业间的合作有利于加快建立具有中国特色的行业技术标准，一旦形成行业标准，就能很好地保护国内的市场竞争优势。

4）失效专利利用战略。在专利临近到期或要提前失效时，企业可以进行开发实施的准备工作，做好专利实施前的市场调查、跟踪和预测。另外，企业还应重视在实施过程中的二次开发。

制定和实施企业专利战略不是权宜之计，而是一项连续性很强的工作。企业应该将专利战略的具体内容融入到日常的专利工作与专利管理中。只有这样，企业的专利战略才能在新产品研发与生产经营中发挥最大作用。

参考文献

[1] 王承遇．玻璃成分设计与调整［M］．北京：化学工业出版社，2006.
[2] 李维民．新型光学材料发展综述［J］．光学技术，2005，31（2）：50~53.
[3] 王耀祥．光学玻璃的发展及其应用［J］．应用光学，2005，26（5）：61~66.
[4] 光学玻璃市场现状分析［EB/OL］．http：//cllan1986.blog.163.com/blog/static/8629628-2009102641138261.

7 稀土玻璃的应用与发展趋势展望

7.1 稀土光学玻璃在光电信息产业领域的应用情况

7.1.1 稀土光学玻璃在光电信息产业领域的主要应用与终端产品

随着光学、信息技术、航空航天等技术的迅速发展，稀土光学玻璃突破了传统光学仪器系统应用范围，逐渐在光通信、光存储、显示、光转换等领域得到了广泛应用。除数码相机、摄像机、投影仪、智能手机、显微镜、光刻机等传统领域，在车载、安防、智能家居、运动 DV 、VR（虚拟现实）、AR（增强现实）、MR（混合现实）、无人机、机器人视觉、激光电视等新兴领域也已显现出巨大潜力。这些领域及终端产品的技术进步与普及将带动稀土光学玻璃应用与发展升级。

7.1.2 主要应用终端市场情况及发展趋势

目前来看，在未来一定时期内，数码相机、投影仪、安防监控、车载、激光电视、智能手机将是稀土光学玻璃相当重要的应用领域，其市场与技术发展走向对稀土光学玻璃有着重要影响。

7.1.2.1 数码相机市场状况及发展趋势

照相机镜头大多由 10 片以上的透镜组成，有凸透镜、凹透镜、凸镜凹镜胶合透镜、非球面镜片等，光学玻璃镜片使用数量多，消费群体广，市场容量大，特别是数码相机取代胶片相机，有力推动了数码相机的高速发展，经历 10 年高速增长期，2014 年全球出货量达到 1.4 亿台，曾是稀土光学玻璃应用量最大终端市场。

近年来，受高像素拍照智能手机快速发展的冲击，卡片数码相机市场持续萎缩，来自 CIPA（日本国际相机影像器材工业协会）的数据显示：数码相机和交换镜头 2011 年全球出货 1.4 亿台，到 2014 年已下滑到 6636 万台，同比下降 52%，下降趋势明显[1~3]。

近年来数码相机及镜头出货情况如图 7 - 1 所示。

然而，可拍照手机却无法替代中高端相机产品，要想拍出更专业更清晰的照片，单反数码相机与单电相机是不错的选择，另外，随着生活水平的提高，人们的购买力也在不断增加，中高端相机开始越来越受到摄影爱好者的青睐，市场较稳定。

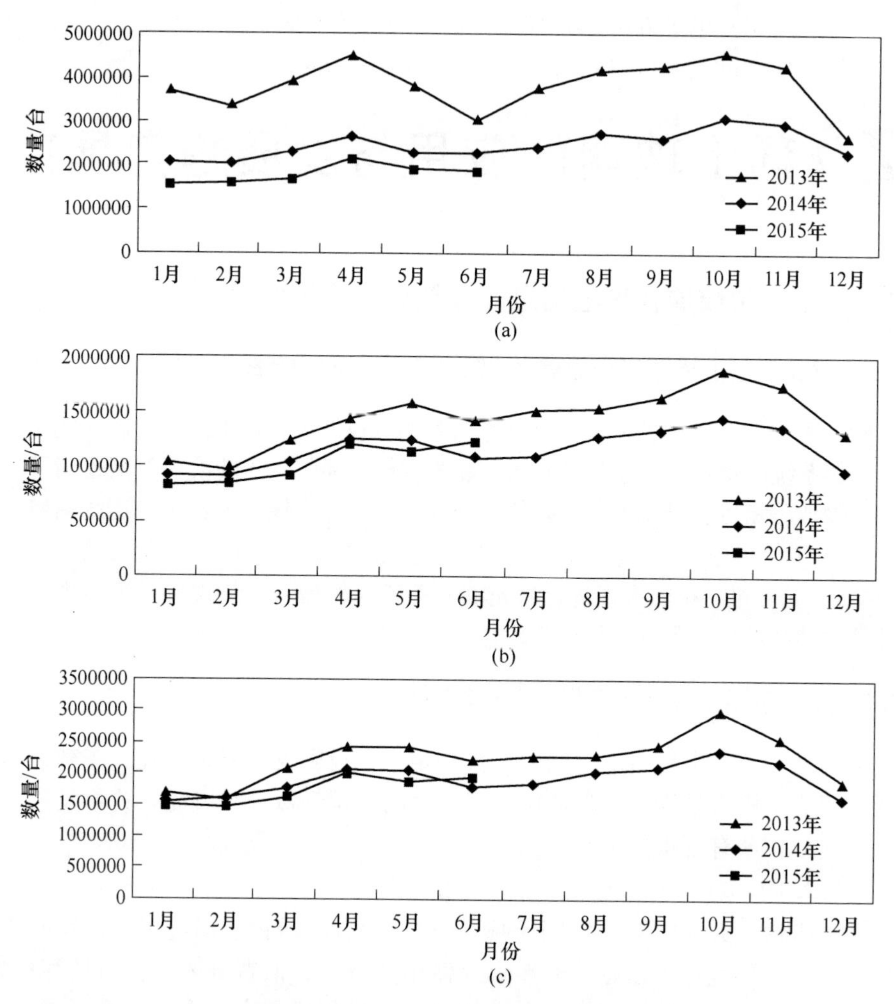

图 7-1 近年来数码相机及镜头出货情况

（a）消费级数码相机；（b）数码单反；（c）交换镜头

数码相机的主要发展趋势为：高画质、高像素；小型化与便携化；4K 视频拍摄及网络化。未来伴随着数码相机核心部件——图像传感器的技术进步和更高性能的光学镜头材料的开发应用，将可以看到更多突破目前技术极限的相机诞生。

7.1.2.2 投影机市场状况及发展趋势

中国自 2012 年起成为全球最大单一投影机市场，近几年仍是全球增长较快的市场之一。目前教育、商务、工程、家庭娱乐成为投影机的主要市场。从数据来看，2014 年中国投影机市场突破 200 万台，销售额也增长至近 120 亿元，比 2013 年增长 8.6%（见图 7-2），这主要得益于超短焦、4K、激光、3D 等创新技术的应用，拉升单机价格。尤其是教育市场，从传统的长焦投影机大规模转为短焦、超短焦投影机应用，整体上拉高投影机销售额及利润。

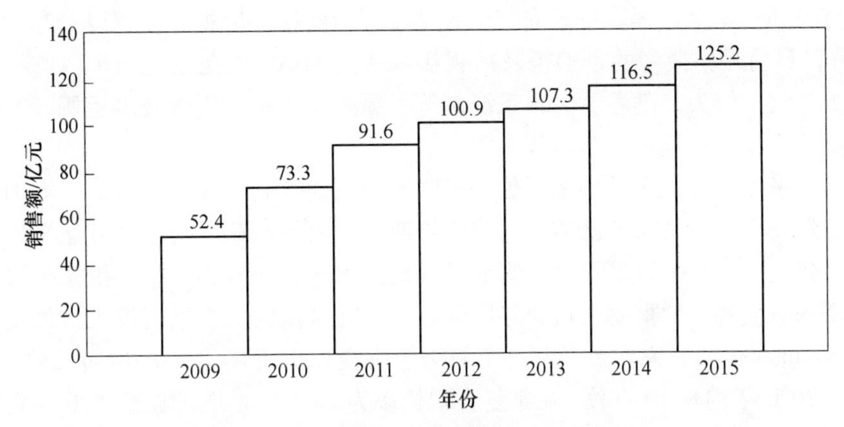

图 7－2　近年来中国投影机市场销售情况

投影机产品的主要发展方向为：一是超短焦成为核心趋势技术；二是为解决3D 眼镜带来的亮度衰减和更大画面的需求，激光光源将成为投影机未来发展着力点；三是智能微投影在手机伴侣、客厅娱乐等消费数码领域的应用。

7.1.2.3　车载摄像头市场状况及发展趋势

根据 IHS（全球最大的经济和金融分析机构之一）于 2013 年年底发布的预测数据，由于驾驶员的安全意识增强，中国的汽车驾驶辅助系统（ADAS）收入 2019 年将比 2013 年增加 3 倍。目前车载市场主要生产厂商有：索尼（SONY）、博世、松下（Panasonic）、德国大陆、中国舜宇等，其中舜宇车载已经成为国内最大、全球前三的车载摄像头供应商，占全球市场的份额超过 20%（见图 7－3）。

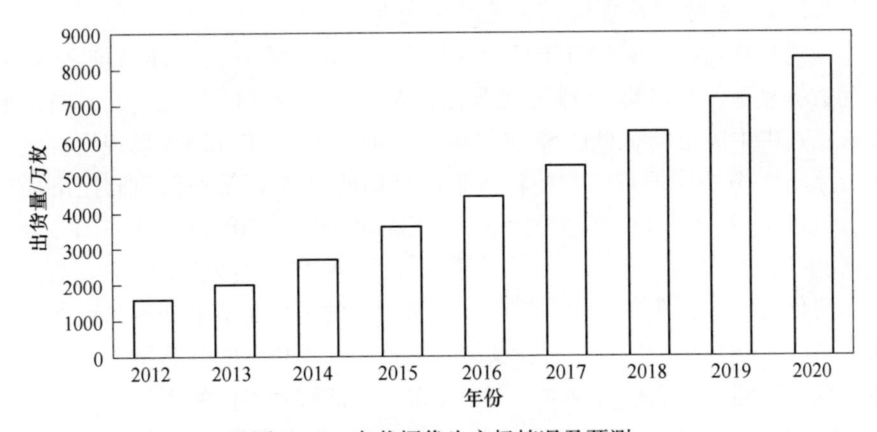

图 7－3　车载摄像头市场情况及预测

车载摄像头应用广泛。按照应用领域可分为行车辅助（行车记录仪、ADAS先进驾驶辅助系统与主动安全系统）、驻车辅助（全车环视）与车内人员监控，贯穿行驶到泊车全过程。按照安装位置又可分为前视、后视、侧视以及车内监控4部分，目前运用最多的是前视及后视摄像头。ADAS环视系统与车内监控共需要至少7枚摄像头，随着ADAS系统渗透率提高及人脸识别等技术运用，车内及侧视摄像头将会得到进一步应用。

从未来发展看，车载摄像头处于车联网与自动驾驶市场双风口。一方面，通往自动驾驶桥梁的ADAS已迎来高速成长期，国内外汽车巨头早已开始布局，福特、奔驰、一汽、上汽等均投巨资研发关键技术；另一方面，车载摄像头将会作为车联网信息处理的重要入口，谷歌、百度等互联网巨头也巨资投入该领域。根据IHS Automotive研究人员预测，车载摄像头全球出货量将从2014年2800万枚增长至2020年的8270万枚，6年复合增长率为19.8%，并且随着2020年之后完全自动驾驶时代的来临，车载摄像头市场将呈现几何速度增长。

车载摄像头的技术发展方向：

（1）观察用途的镜头将由单一视图向环绕视图发展。

（2）传感用途的镜头致力于生产驾驶辅助用ADAS镜头。

（3）观察用途和传感用途一体化。

（4）可检测更远距离和小障碍物的具有高像素的产品会得到发展，如4K摄像头。

上述技术的发展将带动高折射、低色散、特殊色散、非球面低软化温度、高透过率、高强度滤光等高性能光学材料的开发和应用。同时，相比数码相机或手机摄像头，车载摄像头用光学材料还需具有更好的机械强度（HK）、耐候（CR）、耐酸（SR）和耐碱（AR）等性能。

7.1.2.4 安防监控市场状况及发展趋势

中国的视频监控和安防市场是全球最大也是增长最快的终端市场之一。IHS发布的数据显示，2014年全球视频监控设备市场销售143.2亿美元，同比增长14.2%；其中中国市场总量达57.1亿美元。预计2017年安防市场规模有望达到1700亿美元，其中中国视频监控将占全球市场的30%以上。目前监控市场热点是：百万以上像素的IPC高清监控、4K超高清监控、180°/360°全景IPC及PTZ云台（指云台全方位（上下、左右）移动及镜头变倍、变焦控制）IPC监控。

高清化是安防行业发展的必然趋势。高清化的关键是安防监控系统前端的影像采集系统——高清摄像机，它涉及的四大核心技术包括：高清镜头超精密模压非球面技术、超低色散材料技术、多层宽带增透镀膜技术、精密变焦凸轮设计技术。前两项核心技术需要低软化温度和超低色散光学玻璃。从过去的“看得见”，到现在的“看得清”，高清、超高清摄像技术的发展，为今后安防监控向网络化、高清化、智能化的发展打下了良好的基础。

7.1.3 主要应用终端技术发展趋势

从上述终端产品的市场发展状况可以看出：高像素、高清晰（4K、8K、16K）、智能化、微型化或大型化、宽光谱（可见－红外）、多功能一体化是各终端产品未来技术发展的共同趋势（见图7－4）。

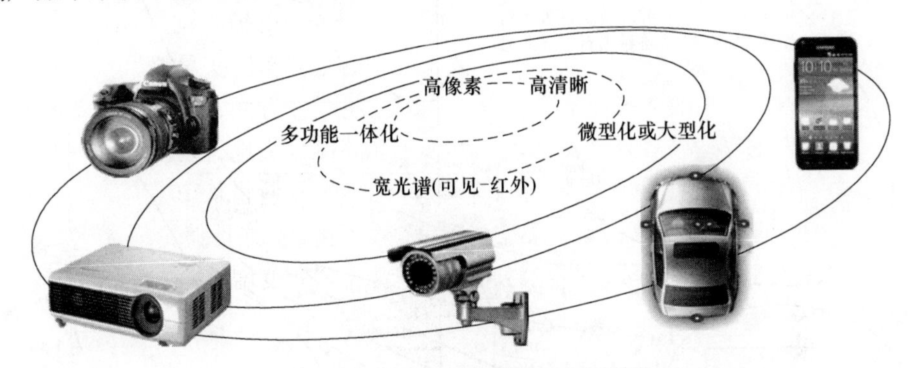

图7－4 光学玻璃终端技术发展趋势

7.1.4 终端产品对稀土光学玻璃性能要求及材料研发趋势

稀土光学玻璃是光电信息技术发展的重要基础材料，为支撑应用终端的技术进步，稀土光学玻璃材料研发与制造趋势如下：

（1）折射率 $n_d>1.95\sim2.15$ 的特高折射率光学玻璃。高折射率镜片可以有效缩短整个光学系统的长度，适用于设计紧凑体积的镜头产品；折射率越高，清晰的视野越大；镜片的厚度越薄。

（2）阿贝数 $v_d>90$ 的超低色散光学玻璃。这类玻璃具有很强的抗色散能力，使成像清晰度高，色差小。

（3）低软化温度玻璃。高性能的低软化温度玻璃是非球面模压透镜批量生产的关键材料，该类材料的应用可极大简化光学系统，提高成像质量。

（4）高透过率玻璃。该类玻璃具有更高的蓝紫光谱透过率，提高了光学系统色贡献指数，减少了成像系统热透镜效应，降低了能量吸收，使图像呈现更好的中间视觉效果，使系统即便在恶劣天气下都能呈现成像锐利、对比丰富和明亮的图像。

（5）降低成本及改进性能方面。一是在保持原有性能前提下，减少稀土氧化物、稀贵氧化物用量或者用低价格原料替代高成本原料，降低稀土玻璃的原料成本；另一方面是以优化改进玻璃材料性能为目标进行配方开发。

另外，根据光学玻璃领域图对稀土光学玻璃发展趋势进行展望：光学玻璃新牌号的开发目前主要集中在实线区域，随着技术的不断进步，人们希望今后能在虚线区域也能出现新的发明创造（见图7-5）。

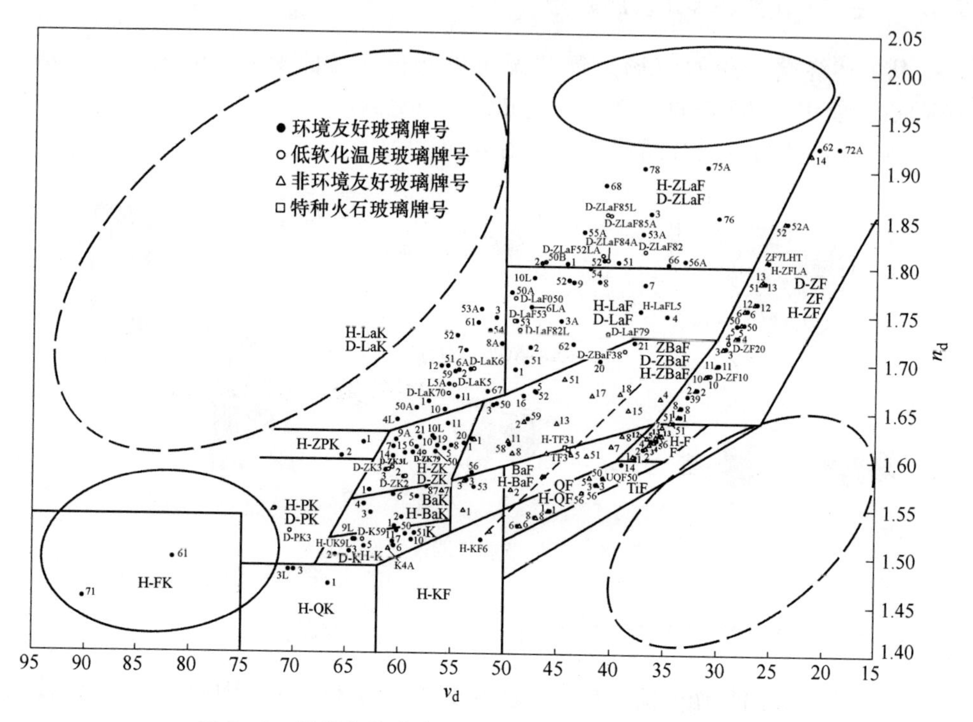

图7-5 根据光学玻璃领域图对玻璃发展趋势进行展望

7.2 稀土玻璃在其他领域的应用情况与趋势

7.2.1 滤光玻璃的发展应用

目前，在最大可能的光谱范围内开发了许多浓度不同的着色剂以及许多不同类型的基础玻璃，促进滤光片的分类研发，获得极好的滤波特性。有色滤光玻璃能够在可见光波长范围内进行选择性吸光。在可见波长自200nm以上的范围，滤光玻璃片已超过60个品种，主要有：

（1）通带滤光片，具有某一波长范围的光线可穿过滤光片。

（2）长波通滤光片，具有长波波长的光线可穿过滤光片。

（3）短波通滤光片，具有短波波长的光线可穿过滤光片。

（4）中性密度滤光片，在可见光谱内，滤光片衰减恒定。

（5）对比度增强型滤光片，专为显示应用而开发的滤光片，可在全彩色显示器上实现超清晰（绿色显示器）和真彩色。

（6）多频带滤光片，波长具有若干频带的光线可穿过滤光片。

其中彩色玻璃滤光具有以下性能优势：高透过率、高阻断、滤光器曲线几乎不受入射角的影响、优质、可靠和耐用、具有偏振效应。所有有色玻璃类型都能够被用作薄膜镀层的基板来生产干涉滤光片，在生产各种复杂类型的玻璃方面，一直对表面质量、拟合误差、超薄和低厚度公差有非常严苛的专业要求。

其应用范围不断扩展，现主要应用于：

(1) 消费电子类光学组件中。吸热滤光片/放热滤光片（影印机、幻灯片放映机)、摄像机（符合人类视觉灵敏度)、红外截止滤光片。

(2) 工业设备中。机场照明、传感器应用、条形码扫描器、紫外辐射（分子、指纹、纸币识别)、紫外激发可见滤光片、红外截止滤镜。

(3) 医学和生物科技中。手术照明（手术室灯)、牙科照明、荧光显微镜、消毒设备。

(4) 安全保障中。激光安全、红外线技术、夜晚监测系统、潜望镜。

7.2.2 新型的滤光玻璃

7.2.2.1 对比度增强型滤光片

超清晰和真实的色彩表现为：对比度增强型滤光片只允许显示设备中特定波长的光线透过，而过滤掉其他不相关的波长光线，从而使显示设备达到较高的对比度。此外，全彩色显示器能够更为自然地再现色彩。

单色对比度增强型滤光片能够抑制其他波长光线进行绿光传导，并提供最佳单色显示能力。全彩色镀膜玻璃滤光片能够传导红、蓝、绿光，同时减少其他中间波长的传导。

主要应用于工业生产线显示器、商用航空电子显示器等电子交易终端机工业设备和安全保障方面的传感器（安全监控系统)。

干涉滤光片是使用干涉效应获得光谱透射，通过把不同折射率的薄膜沉积到基片上来进行制造的。光谱范围在200~3000nm之间，具有特殊表面性能和超强热稳定性。对于温度和湿度的变化，表现出优秀的耐候性以及非常稳定的光谱特性。

对比度增强型滤光片主要应用于：天文仪器中使用的带通滤波器；光电和电信等消费电子类光学组件；测量、测试和控制工程工业设备，条形码扫描器，传感器（工业、汽车和水处理)，照相影印等工业设备；半导体显微光刻机；荧光显微镜和喇曼光谱学，分析学：量度、环境、生物科技、化学等医药和生物技术领域；安全保障方面的传感器（安全监控系统)。

7.2.2.2 近红外滤光片

近红外滤光片（NIR）应用广泛，它使图像传感器传导出最自然真实的图像，使数码相机拍出和肉眼视觉一样的照片。近红外滤光片是夜视系统的显示和操控界面（NVIS 兼容设备）必不可少的部分，医疗和工业相关的激光安全设备也广泛应用该滤光片。具有可分为专为严苛环境而设计的高防潮性滤光片和专为高精密度光学应用而设计的高陡度滤光片。

（1）高防潮性滤光玻璃。在极其恶劣的环境中依然有着卓越的表现。这些镀膜的滤光片能够连续1000多个小时保持绝对透明，表面不会产生任何腐蚀现象，从而持续传输超高品质的图像。

（2）高陡度滤光玻璃。光学特性包括在需要透过的波段具有高的透过率，在需要截止的波段透过率极低，并且二者的过渡波段非常窄。此外，在近红外波长区域需要高吸收率滤光片时，这些可见光带通滤光片也是理想的选择。红外边的斜率是非常独特的，保证了对可见光和近红外线的准确分辨与过滤。

近红外滤光片主要应用于：小型数码相机、单反相机、线扫相机系统、测距仪、手机和平板电脑等消费光学设备；工业、医药和生物技术数码相机；安全和保障领域的监控摄像头和夜视（NVIS）仪器。

7.2.2.3 晒黑滤光玻璃

晒黑滤光玻璃是具有特定紫外线透射率的滤光片，供日光浴床使用的特殊紫外线滤光玻璃。该晒黑滤光玻璃具有明确定义了安全范围内晒黑辐射的透射率，透明和蓝色滤光片的结合，具有可选择性地透过紫外线和红外线的特性。

晒黑滤光玻璃主要应用于：原料检测技术灯、油漆/颜料固化设备和法医用技术灯等工业设备以及日光浴床（全身或局部）等医药和生物技术领域。

总之，今后玻璃产业的技术课题整理归纳后大致划分为以下三个领域：

（1）使玻璃产业持续发展的下一代工艺、生产性能提高技术。

（2）将玻璃特性提高到极限的高功能、新材料技术。

（3）面向构筑循环型社会的环境相关技术。

其中，特别值得重视的是玻璃熔炼的能耗性和废玻璃的回收性。在能耗性方面，玻璃需要生产无细小气泡的高品质玻璃，且由于组分难于熔融，需要消耗大量的能源，因此要求采取节能措施，期待采用氧气燃烧技术。为了进一步实现节能、低排放，希望能开发减压除泡技术、低温熔炼技术、电脑模拟技术。

参考文献

[1] 日本玻璃工业协会. 日本玻璃产业2030年战略 [R]. 2010.

[2] New Glass. 日本新玻璃协会会刊，2013（4）.

[3] CIPA. 数据报告 [EB/OL]. http：//www. cipa. jp/index_c. html.

索　引

β值　82

B

比热容　40，120
表面疵病　135，145，155
表面夹杂物　101
表面裂纹　101
波长标定玻璃　198，200
玻璃　1
玻璃碴　54，74，80，82，315
玻璃增敏技术　249
铂单坩埚熔炼　86
铂器皿　55
补偿法　85
不定形耐火材料　129

C

CeO_2 旋光玻璃　246
彩电防疲劳高折射率低密度眼镜玻璃　269
彩色乳浊玻璃　209
掺铥（Tm）飞秒光纤　238
掺铥光纤　237
掺铒光纤　236
掺钕激光玻璃　2，223
掺镨光纤放大器　238
掺镱光纤　238
掺镱激光玻璃　229
常温耐压强度　121
超声波清洗　166
澄清池　56
澄清剂　16，18，64，66，205
弛垂温度　39，103
触摸屏技术　275

D

导热系数　40
低铅晶质玻璃　217
低软化温度稀土光学玻璃　21，300
点胶上盘法　163
电极材料　50
电熔刚玉砖　124
电熔锆刚玉制品　122
电熔技术　49
电熔耐火材料　122
电炸备料　94
铥钬离子混合掺杂飞秒光纤　239
对比度增强型滤光片　326，327

E

铒镱共掺杂飞秒光纤　239
二次气泡　61，68
二次压型　24，93，99，102，305

F

法拉第旋光玻璃　244
飞边　100
非线性折射率　222
氟化物玻璃　227，251
浮胶上盘法　163

G

干福熹计算方法　26
干切割备料　94
干切割设备　96

干涉滤光片 176，327
刚性法上盘 164
刚玉莫来石制品 128
高白料玻璃 214
高陡度滤光玻璃 328
高防潮性滤光玻璃 328
高铝制品 127
高温荷重软化温度 122
高温抗折强度 121
高温耐压强度 121
高温蠕变性 121
高折射、低密度眼镜玻璃 264
锆英石砖 128
隔热耐火材料（轻质耐火材料） 130
工业护目镜玻璃 268
鼓泡器 59
固着磨料精磨（高速精磨） 148
光弹系数 30
光胶法上盘 164
光敏玻璃 248
光敏光纤 240
光敏微晶玻璃 4，249
光谱内透过率 34，182
光谱特性 190，200，205，226
光圈 135，155
光吸收系数 34，182，184
光学玻璃瓷铂连续熔炼池炉 52
光学均匀性 29，180
光学眼镜玻璃 260
光致变色眼镜玻璃 265
硅钼棒 87
硅碳（SiC）棒 56，87
硅线石制品 127
硅质耐火材料 126
滚磨外圆 160

H

红色玻璃 208
厚薄差 101
化学澄清 64
化学脱色 212
化学稳定性 34，200，205
环保化稀土光学玻璃 21
黄色玻璃 208
黄色乳浊玻璃 209

J

机械冲刷 133
激光玻璃 220
激光防护 231
激光护目镜玻璃 268
激光微晶玻璃 228
加热法下盘 165
夹模上盘法 165
夹杂物 32，62
减压脱泡技术 308
搅拌器 56，61
杰姆金娜计算方法 26
截止型滤光玻璃 198
近红外滤光片 327
精密退火 103
局部加热法 165
均化池 56
抗失透性能 24，305
抗渣性 122

K

烤炉 54，57，134
靠体上盘法 165
克罗克赛眼镜玻璃 263
克罗克斯眼镜玻璃 263

L

镧火石玻璃 27
镧冕玻璃 19，27
冷冻法下盘 165
领域图 27，325
炉前校正 74，82

卤化物玻璃 251
绿色玻璃 207

M

模拟技术 313
磨耗度 40
莫来石质隔热砖 130

N

奶油色乳浊玻璃 210
耐潮湿气体稳定性 35
耐候稳定性 36
耐火材料 117
耐火泥浆 129
耐火涂料 130
耐火纤维 131
耐碱性 36
耐磷酸稳定性 38
耐热微晶玻璃 217
耐水的稳定性 34
耐酸性 35，200
耐紫外辐射稳定性 205
逆磁光玻璃维尔德常数 245
黏结材料 162
黏土制品 127
黏土质隔热砖 131
努普硬度 40

P

抛光 150
批次管理 102
平面粗磨 138

Q

气泡度 32，186，199，205
气相合成技术 308
敲击法下盘 165
切割备料 95
清洗 162，166
全电熔 49
全排法 85

R

热备料 95
熔化池 52，54
软化温度 39

S

散粒磨料精磨 146，149
色品 205
色温变换能力 205
晒黑滤光玻璃 328
上盘 162，163
烧结耐火材料 126
石膏模上盘法 165
石英玻璃 9，25，312
手工清洗 166
手修 144
受激发射截面 222
熟料生产 92
顺磁光玻璃维尔德常数 245

T

Tb_2O_3 旋光玻璃 246
弹性法上盘 164
套筒 55
特高折射率稀土光学玻璃 23
天光玻璃 202
天光滤光镜 207
条料生产 91
条纹度 31，185，199
退火点温度 39

U

UV 光白托片眼镜玻璃 261

W

微晶玻璃 4，217，228

维尔德常数 244
物理澄清 67
物理脱色 213

X

析晶 19，24，76，305
稀土玻璃脱色 211
稀土掺杂光学光纤 234
稀土掺杂激光玻璃 223
稀土功能玻璃 6
稀土光纤玻璃 3
稀土光学玻璃 1
稀土红外玻璃 4
稀土激光玻璃 2
稀土滤光玻璃 190，197
稀土上转化发光材料 240
稀土微晶玻璃 4
稀土荧光玻璃 202
稀土有色玻璃 190
下盘 162，165
显色 205
线膨胀系数 39，120
修磨 98，145
选择吸收型滤光玻璃 198，200

Y

氧化铈抛光粉 151
应力双折射 30，176，178，200，205
荧光寿命 222
荧光特性 200，205
永久应力 106
原料干度 43
原料均匀度 43
原料颗粒度 43

Z

暂时应力 106
粘胶用垫板 139
粘胶用夹模 139
遮阳眼镜玻璃 261，267
折叠 99
折射率温度系数 29，176
震动磨 93，97
直线退火规程 112
中性暗色滤光玻璃 199
重镧火石玻璃 20，27
专利同族 281，316
转变温度 39，103，126
着色度 34，78，183
紫色玻璃 207
紫色乳浊玻璃 211
组合脱色 213
组件成型 93